Emil Lederer
Technischer Fortschritt
und Arbeitslosigkeit

Emil Lederer, 1882 in Pilsen geboren, studierte in Wien, lehrte später vornehmlich in Heidelberg und Wien. 1933 mußte er emigrieren. Bis zu seinem Tode 1939 war er Professor für Wirtschafts- und Sozialwissenschaft an der New School of Social Research in New York. Er hat zahlreiche Bücher und Aufsätze zu Themen der Wirtschaftstheorie, der Wirtschaftspolitik, der Zeitgeschichte und der Gesellschaftstheorie veröffentlicht.
Wenn nicht alle Zeichen trügen, dann werden in den kommenden Jahren die schweren Schatten des zerfallenden Wachstumsoptimismus und der steigenden Arbeitslosigkeit die innere Verfassung der Industriegesellschaften bis zur Unkenntlichkeit verdüstern. Noch ist nicht abzusehen, welche – möglicherweise explosiven – Auswirkungen die Einschnürung der Lebensverhältnisse der Bevölkerung und der Verfall der großen, einstmals stabilisierenden Parolen des »Fortschritts« tatsächlich haben werden. Fest steht, daß die jahrzehntelang sorglos verbreiteten und gutgeheißenen ökonomischen und sozialen Zielvorstellungen ins Wanken geraten sind. Wohin wird die Reise gehen?
Technischer Fortschritt und Arbeitslosigkeit wurde 1938 vom Internationalen Arbeitsamt in Genf publiziert. Das Buch befaßt sich mit den »sowohl fördernden als auch hemmenden Einflüssen« des technischen Fortschritts auf den Wachstumsprozeß der Wirtschaft und den Arbeitsmarkt. Im einzelnen werden untersucht: die verschiedenen Formen des Fortschritts, der Begriff der technologischen Arbeitslosigkeit, das Gleichgewicht auf dem Arbeitsmarkt, die Wirkungen technischer Entwicklungen (und Erfindungen) auf den ökonomischen Gesamtprozeß, die Elastizität der modernen Geldsysteme und ihre Bedeutung, die Rolle der Technik im Konjunkturzyklus, der »Sonderfall der kapitalsparenden technischen Fortschritte«. Die Wirtschaftsentwicklung seit den dreißiger Jahren hat Lederers Analyse nicht außer Kraft gesetzt, sondern sie vielmehr in ihren wichtigsten Punkten bestätigt.

Emil Lederer

Technischer Fortschritt und Arbeitslosigkeit

Eine Untersuchung der Hindernisse des ökonomischen Wachstums

Mit einem Nachwort von Robert A. Dickler

Europäische Verlagsanstalt

CIP-Kurztitelaufnahme der Deutschen Bibliothek

Lederer, Emil:
Technischer Fortschritt und Arbeitslosigkeit:
E. Unters. d. Hindernisse d. ökonom. Wachstums / Emil
Lederer. – Frankfurt am Main: Europäische
Verlagsanstalt, 1981.
ISBN 3-434-00482-3

Motiv: Dokumentarphoto © Filip Tas 1965
Umschlaggestaltung: Atelier Rambow, Lienemeyer und van de Sand
Produktion: Klaus Langhoff, Friedrichsdorf
Gesamtherstellung: Fuldaer Verlagsanstalt

Printed in Germany
ISBN 3-434-00482-3

Inhalt

Vorwort

Die vorliegende Studie will die Wirkungen des technischen Fortschritts auf den Arbeitsmarkt und auf den Prozeß der dynamischen Wirtschaft überhaupt klarstellen und ist die Weiterführung einer theoretischen Analyse, die ich 1931 veröffentlichte.

Jetzt aber ist die Frage viel weiter gefaßt: sowohl die fördernden als auch die hemmenden Einflüsse des technischen Fortschritts auf den Wachstumsprozeß der Wirtschaft werden erörtert; daher war es unvermeidlich, den dynamischen Prozeß in den Kreis der Betrachtung einzubeziehen, doch hoffe ich, darin nicht weiter gegangen zu sein, als es die hier behandelte Frage erfordert.

Einige Fachgenossen, die Herren H. Barger, G. Colm, A. Halasi, W. Lederer, F. Lehmann, J. Marschak, haben sich der Mühe unterzogen, das Manuskript zu lesen und mich mit ihren Ratschlägen zu unterstützen; mit zahlreichen anderen konnte ich die Hauptthesen des Buches durchsprechen und habe auch ihnen wertvolle Anregungen und Kritik zu danken. Aber es bedarf keiner besonderen Hervorhebung, daß ich allein die Verantwortung für den Inhalt trage.

Das Manuskript der vorliegenden Arbeit wurde im wesentlichen im Frühjahr 1936 abgeschlossen; aus verschiedenen Gründen kann aber die Veröffentlichung erst jetzt erfolgen.

E. L.

Zusammenfassung

Ökonomisches Wachstum während der Vorkriegszeit

Die Arbeitslosigkeit ist das Problem unserer Zeit. Das 19. Jahrhundert kannte die Arbeitslosigkeit als internationale und dauernde Erscheinung überhaupt nicht. Im Gegenteil: Der Aufbau des modernen industriellen Produktionssystems war sowohl durch die Knappheit an Kapital als auch durch die Knappheit an Arbeitskräften gehemmt. Im Beginn des Industriesystems waren alle Voraussetzungen für ein sehr rasches Wachstum der Warenerzeugung vorhanden:

1. Günstige Gewinnchancen in der Industrie als Folge der Kostenersparnis gegenüber dem Handwerk und den Manufakturen.
2. Aufbau eines neuen Verkehrssystems durch Schaffung eines Eisenbahnnetzes, dessen Wirkungen dreifach waren: Investitionen großer Kapitalien, Beschäftigung großer Arbeitermassen beim Bau und der Erhaltung des Bahnsystems, Steigerung der Absatzfähigkeit vieler Produkte durch Senkung der Transportkosten ohne Verringerung der Arbeiteranzahl bei der Erzeugung der verfrachteten Produkte.[1]
3. Herabsetzung der Zollschranken, die ähnlich wirkte wie die Schaffung des Eisenbahnnetzes.
4. Verfügung über große Mengen billiger Arbeitskräfte aus der Überschußbevölkerung in der Landwirtschaft und infolge rascher Vermehrung der Bevölkerung als Resultat verringerter Sterblichkeit.
5. Große Ersparnisse, die mobilisiert werden und die Reserven an Produktionsmöglichkeiten in Bewegung setzen konnten. Verteilung des Sozialprodukts unter die einzelnen Klassen der Bevölkerung. Daß dieses selbst ohne Unterbrechung wachsen würde, wurde sowohl von den Unternehmern als auch von den Arbeitern und von den Regierungen wie eine Selbstverständ-

1 Die hohen Frachtraten auf den Landstraßen wirkten wie ein Verbot, Waren von der Produktionsstätte zu transportieren.

lichkeit betrachtet. Hat doch selbst die Marxsche Theorie die historische Rechtfertigung und den Beruf der kapitalistischen Wirtschaftsordnung in der raschen Entfaltung der Produktivkräfte gesehen. Die Steigerung des Lohnniveaus, die eine Folge der wachsenden Effizienz war, wurde wahrscheinlich überschätzt; aber es wurde von niemand bestritten, daß Produktion, Beschäftigung und Reallohn im großen und ganzen von 1800 bis 1914, von kurzen Rückschlägen abgesehen, anstiegen.

Veränderungen seit 1914

Nach vier Richtungen sind seit 1914 wesentliche Änderungen eingetreten:
1. Politische Unruhe, die von Investitionen abschreckt;
2. Zerstörung zahlreicher Währungen, Unsicherheit der Wechselkurse, Hemmungen des internationalen Handels bis zur völligen Drosselung durch Quoten, das Prinzip der Gegenseitigkeit und Autarkiebestrebungen, die wieder die politische Unruhe steigern;
3. Hemmungen der Wanderungsbewegungen;
4. Änderungen in der Struktur des technischen Fortschritts.

Diese vier Störungsgruppen hängen alle zusammen und haben ihre Wurzel im Weltkrieg. Sie sind aber doch nicht derselben Art; denn während 1 und 2 die direkte Folge des Weltkrieges, der Währungswirren und politischen Ambitionen sind, ist 3 dem allgemeinen Vordringen nationalistischer Gedanken und dem Siege der monopolistischen Tendenzen auf seiten der Arbeiterschaft zuzuschreiben. Der technische Fortschritt endlich ist heute zu einem guten Teil der Lösung anderer Fragen, insbesondere der Kostensenkung, und nur in geringerem Maße dem Aufbau neuer Produktionen gewidmet. Diese Änderung im Charakter des technischen Fortschritts hängt ursächlich ebenfalls mit dem Weltkrieg, der militärischen Überlegenheit der Serienerzeugung in größtem Maßstab und in der höchsten Verfeinerung zusammen.

Es wäre also unmöglich, die tiefgreifenden Störungen der Weltwirtschaft wie der Einzelwirtschaften auf eine einzige der genannten Ursachen zurückzuführen. Die einzelnen Momente sind zu wichtig und ihre Verzweigungen zu vielfältig, als daß der eine oder andere Grund als vorwiegend entscheidend angesehen werden könnte. Da sie alle kumulativ wirken, ist es auch schwer, ihre Anteile festzustellen. Nur so viel kann gesagt werden, daß schon die Beseitigung entweder der politischen Störungen oder die Kompensation der Wirkungen des technischen Fortschritts die Gesamtlage wesentlich verbessern würde.

Die Wiederherstellung einer vertrauenerweckenden politischen Atmosphäre entzieht sich der Erörterung im Rahmen der Wirtschaftspolitik heute mehr denn je, da in einigen der wichtigsten Staaten der Primat der Politik bei weittragenden ökonomischen Entscheidungen anerkannt ist. Das macht es praktisch unmöglich, politische Probleme vom Gesichtspunkt ökonomischer Vernunft aus zu diskutieren. Die Wiederherstellung freier Wanderungen ist heute nirgendwo in der Welt aktuell, so daß auch diese Frage aus dem Bereich praktischer Wirtschaftspolitik ausgeschieden werden muß. So blickt man immer mehr nach Lösungen, die innerhalb eines Staates den unterbrochenen oder verlangsamten Wachstumsprozeß wiederbeleben könnten. Und da begegnen wir dem Problem des technischen Fortschritts, heute in der ökonomischen Theorie heftig umstritten, dessen Klärung für die wirtschaftspolitischen Maßnahmen auch innerhalb der Grenzen eines Staates von Bedeutung sein könnte.

Technischer Fortschritt als ökonomisches Problem

Es ist die Aufgabe dieses Buches, das Phänomen des technischen Fortschritts in seinen verschiedenen Formen und in seinen Wirkungen, insbesondere auf die Arbeitslosigkeit und die Kapitalbildung, zu untersuchen. Diese Wirkungen sind keineswegs eindeutig. Wenn man die Frage ihrer ganzen Bedeutung nach aufrollt, so zeigt sich sofort, daß sie ein Problem des Wachstumsprozesses überhaupt, also der Dynamik ist. Ein großer Teil meiner Ausführungen gilt daher der Analyse unseres dynamischen Wirtschaftsprozesses.

Der dynamische Prozeß und steigender Ertrag

Der Angelpunkt meiner Darstellung des Wachstumsprozesses ist die These, daß ganz überwiegend, von gewissen Produktionen und kurzen Phasen des Konjunkturverlaufs abgesehen, die Produktion unter dem Gesetz des steigenden Grenzertrags steht. Dieser Begriff wird in verschiedenen Bedeutungen gebraucht. Bald versteht man unter dem Grenzertrag die Steigerung der Produktionsmenge, welche erwartet werden kann, wenn man ein Produktionselement bei gleichbleibenden Mengen der übrigen Produktionselemente vermehrt, bald die Änderung des Ertrags bei gleichzeitiger Vermehrung sämtlicher oder wenigstens der wichtigsten Produktionselemente. Es besteht ziemliche Übereinstimmung darin, daß bei gleichzeitiger Vermehrung aller Produktionselemente der Ertrag mindestens ebenso rasch wachsen wird, wie die Mengen der Produktionselemente vermehrt werden. Für unsere Betrachtung jedoch ist es maßgebend, *ob der Grenzertrag eines zusätzlichen Produktionselements bei gleichbleibenden Mengen der übrigen Elemente steigt, gleichbleibt oder sinkt.* Die allgemeine Auffassung geht dahin, daß er sinkt. Diese Auffassung ruht auf der Voraussetzung, daß die übrigen Produktionselemente bereits voll ausgenutzt sind sowie daß die optimale Gruppierung der Faktoren erreicht ist, und daß daher eine Vermehrung der Menge eines Produktionselements zu einer technischen Umorganisation zwingt, die den Ertrag der zusätzlichen Produktionselemente unter ihren bisherigen Grenzertrag herabdrückt. Ich basiere aber die Analyse auf die m. E. realistischere Voraussetzung, daß die Produktionselemente, insbesondere die technische Ausstattung eines Betriebes, in der weitaus größten Zahl der Fälle nicht voll ausgenutzt sind und daß der Grenzertrag daher, in Produkten ausgedrückt, wenigstens nicht sinkt. Etwa plötzlich auftauchende neue Arbeitskräfte könnten daher in einem gegebenen Produktionssystem innerhalb praktisch weiter Grenzen so verwendet werden, daß die Kopfquote der Erzeugung nicht zurückgeht. Diese These ist a fortiori richtig, wenn plötzlich verfügbare neue Arbeitskräfte gleichzeitig teilweise zur Erzeugung von Produktionsmitteln und teilweise zur Erzeugung von Konsumgütern eingesetzt werden: Wenn die ganze Volkswirtschaft ständig mit Reserven arbeitet, so kann der Grenzertrag eines Produktionselementes nur bei voller Ausnutzung und Unvermehrbarkeit anderer wichtiger Produktionselemente sinken. Dies wird selbst in the short run richtig sein, für den wir die Konstanz der übrigen Produktionselemente annehmen können. Das Hinüberspielen der Diskussion auf die Wertproduktivität, d. h. auf die Verschiebungen der Rentabilität an Stelle der Veränderungen in der physischen Produktivität, würde zu ganz anderen Fragen führen. Gibt man nämlich zu, daß zusätzliche Produktionselemente die erzeugten Mengen nicht weniger vermehren als die bereits früher angewendeten Produktionselemente, so kann im Fall des plötzlichen Auftauchens von Arbeitslosigkeit das Verharren des Reallohnes auf seinem alten Niveau nicht die Ursache dafür sein, daß zusätzliche Arbeitskräfte keine Beschäftigung finden. Das Argument, daß der Grenzertrag der Arbeit sinke und deshalb auch der Lohn herabgehen müsse, um die Vollbeschäftigung der Arbeiter zu garantieren, kann dann nicht angewendet werden. Wenn also die Einfügung zusätzlicher Arbeitskräfte bei Vorhandensein von Reserven insbesondere in der Depression nicht vorankommt, so sind es die im Zuge des kapitalistischen Produktionsprozesses auftretenden Hemmungen der Produktionserhöhung, welche die Schuld tragen. Solche Hemmungen würden für eine planmäßig organisierte Wirtschaft nicht bestehen.

Etwas anders steht es mit der Grenzproduktivität des Kapitals. In allen Industriestaaten wächst das Kapital schneller als die Bevölkerung; auch wenn sämtliche verfügbaren Arbeitskräfte in Beschäftigung stehen, würde das nicht notwendigerweise bedeuten, daß der Grenzertrag zusätzlicher Kapitalinvestitionen sinkt. Er würde aber nur dann nicht sinken, wenn mit wachsendem Kapital jede Steigerung der Kapitalausrüstung auch bei gleichbleibender Anzahl der Arbeiter einen gleichen Zuwachs in den Produktionsmengen bewirken würde. Wäre das der Fall, was sehr unwahrscheinlich ist, so würde auch bei Vermehrung des Kapitalangebots der Zinsfuß nicht sinken müssen, da ja unter diesen Voraussetzungen für die Benutzung des zuwachsenden Kapitals derselbe Preis bezahlt werden könnte wie für das bereits früher investierte Kapital. Ist eine Reserve von Arbeitskräften vorhanden, so würde ein sinkender Ertrag des Kapitals in der Entwicklung nicht anzunehmen sein.

Wirkungen von »Erfindungen«

Nach der allgemeinen Feststellung des Charakters dieser dynamischen Entwicklung gilt es, die Wirkungen des technischen Fortschritts zu analysieren. Zunächst ist eine Begriffsklärung des Phänomens des technischen Fortschritts erforderlich. Ich schlage vor, die Kategorie der Erfindungen von technischen Fortschritten im engeren Sinn des Wortes zu trennen. Unter Erfindungen sollen jene technischen Neuerungen verstanden sein, welche zur Erzeugung neuer Güter führen, die den Umkreis der begehrten Bedürfnisse erweitern (Fahrrad, Telefon usw.). Erfindungen dieser Art werden bei vorhandener Arbeitslosigkeit das Gesamtvolumen der Erzeugung erweitern. Sie werden daher vorzüglich geeignet sein, eine rasch wachsende Bevölkerung in Arbeit zu halten und eine aus andern Gründen entstehende Arbeitslosigkeit rasch aufzusaugen. Ähnlich wirken eine Verschiebung von Bedürfnissen und, unter Umständen, auch eine Erweiterung des internationalen Handels. Diese Erweiterung des gesamten Produktionsvolumens wird so lange dauern, bis sich das neue Produkt durchgesetzt hat. Es können Jahrzehnte vergehen, bis sich ein solches neues Produkt einbürgert, und durch diese ganze Periode hindurch wird die Zahl der Beschäftigten in dieser neuen Industrie steigen können, ohne die Beschäftigung in anderen Wirtschaftszweigen zu verringern.
Die wichtigste Frage liegt aber darin, wie es mit den Wirkungen der arbeitsparenden technischen Fortschritte steht. Meist wird angenommen, daß in der Verkehrswirtschaft nicht nur alle Produktionen ohne Reserven und da-

her mit der vollen Ausnutzung ihrer Kapazität arbeiten, sondern es wird auch angenommen, daß jede Änderung – sei es eines Zolles oder eines Marktes oder der Rohstoffpreise, sei es eine bloße Änderung in der Menge der Produktionsmittel, z. B. Entstehung neuen Kapitals, Einwanderung von Arbeitskräften, ja selbst das Erscheinen von neuen Massen (Mittelstand) auf dem Arbeitsmarkt – durch entsprechende Änderungen in den Preisen der Waren bzw. den Preisen für die Leistungen der Produktionselemente ausgeglichen werden kann. Wäre diese These richtig, so würde auch der arbeitsparende technische Fortschritt die Arbeitslosigkeit nicht erhöhen, da ja jede Arbeitslosigkeit, welche Ursache sie auch haben möge, durch das Spielen des Ausgleichsmechanismus binnen kurzer Frist zum Verschwinden gebracht werden könnte. Eine gewisse Frist würde auch dieser Prozeß beanspruchen, weil die Adjustierung auf die neuen Bedingungen Zeit braucht. Besonders wichtig ist das für die konjunkturelle Arbeitslosigkeit. Gelingt die Anpassung innerhalb einer bestimmten Frist nicht, so kann nach dieser Auffassung nur die Starrheit in bestimmten Preisen, im Falle der »technologischen Arbeitslosigkeit« in den Löhnen, die volle Ausnutzung der Produktionselemente für längere Zeit verhindern. Allerdings würden die meisten Ökonomen zugeben, daß der Anpassungsprozeß in besonderen Fällen unmöglich ist, z. B. wenn eine spezielle Industrie getroffen wird, deren Arbeiter ihren Wohnsitz nicht verlassen und auch nicht umgeschult werden können. Dann würde nur durch Umlenkung des Nachwuchses in andere Industrien und allmähliche Verpflanzung anderer Betriebe in diesen Distrikt die Vollbeschäftigung erreicht werden können.
Abgesehen von solchen Sonderfällen beschleunigt nach allgemeiner Auffassung der technische Fortschritt die Aufwärtsbewegung der Produktion; bedeutet er doch Erzeugung mit geringeren Kosten. Das muß entweder Preissenkung und damit Erweiterung des Marktes oder aber höheren Gewinn und damit verstärkte Investitionen oder verstärkten Konsum der Unternehmer zur Folge haben. Da die gesamte Kaufkraftsumme (so geht wohl der Gedankengang) sich nicht ändert, wird sich auch die Anzahl der Arbeitskräfte nicht ändern, und es wird entweder bei Verbilligung der Produkte sofort oder bei Investition des Gewinnes späterhin das Gesamtprodukt zum allgemeinen Besten vermehrt werden. Dabei kann der Fall des Konsums dieses Gewinnes durch die Unternehmer, der am Endresultat auch nichts ändern würde, vernachlässigt werden. Freilich wird im gleichen Atemzug behauptet, daß arbeitsparende technische Fortschritte, welche Arbeiter freisetzen, die Grenzproduktivität der Arbeit verringern und damit eine Senkung des Lohnes notwendig machen, die ja bei gleichbleibender Nachfrage nach Arbeitskräften nicht einzutreten brauchte. Trotz dieses in-

neren Widerspruches spielt diese Forderung eine erhebliche Rolle. Es wird gesagt, daß die Gesamtheit der Arbeiter leicht bei gesenkten Löhnen Beschäftigung finden könnte. Dann würden die Gewinne steigen, die Produktion würde sich rasch ausdehnen, die Preise würden sinken, und der alte Reallohn würde sich wiederherstellen. Es sei daher ein Unverständnis der Arbeiter, wenn sie bei technologischer Arbeitslosigkeit der Herabsetzung der Löhne Widerstand leisteten. Aus diesen Gründen wird die Möglichkeit einer technologischen Arbeitslosigkeit abgelehnt. Die beiden Argumente stehen, wie gesagt, miteinander in Widerspruch. Außerdem liegt dieser Argumentation die Vorstellung eines Entwicklungsprozesses zugrunde, in welchem es keine Konjunkturschwankungen gibt.

Wirkungen technischer Fortschritte in einem harmonisch wachsenden System; der Prozeß der Kompensation

Meine Untersuchung geht von dem einfachen Fall einer harmonischen Dynamik aus, in der die Produktion gleichmäßig und kontinuierlich wächst. Die Analyse führt zu dem Resultat, daß Fälle denkbar sind, in denen sich innerhalb der technisch-dynamischen Produktion nach Ausschaltung von Arbeitskräften als Folge technischer Fortschritte ein völliges Gleichgewicht herstellt, so daß innerhalb der Industrien, in denen arbeitsparende Methoden eingeführt wurden, keine Nachfrage entsteht, welche die freigesetzten Arbeiter wieder aufsaugen könnte. Diese werden also nicht durch die Wirkungen des technischen Fortschrittes selbst, sondern nur durch die allgemeinen Ausgleichskräfte des Marktes (und daher mit Lohnsenkungen) wieder beschäftigt werden können.
Der Grund für diese überraschende Möglichkeit liegt darin, daß die Produktion mit geringeren Kosten zur Übertragung des Einkommens und damit auch der Güter, welche die entlassenen Arbeiter bisher konsumierten, an andere Personen (Unternehmer oder Konsumenten) führen kann, so daß sich, unter Kontraktion der Tauschkette, die Einkommenssumme innerhalb der Volkswirtschaft verringert. Allerdings ist das ein besonderer Fall. Andere Fälle können günstiger liegen, und es ist die Aufgabe der Analyse, die wichtigsten Möglichkeiten zu entwickeln. Dabei wird dem Leser viel Geduld zugemutet; aber ich glaube, daß eine umständliche Auseinanderlegung notwendig ist, da eben die Wirkungen arbeitsparender technischer Veränderungen verschiedene sind und von den näheren Umständen abhängen. Unter diesen näheren Umständen sind insbesondere die organi-

sche Zusammensetzung der Produktionen, die Elastizität der Nachfrage und die Vermehrungsmöglichkeiten des Kapitals von Bedeutung.
Der erste Teil der Analyse wird unter der Voraussetzung geführt, daß die Produktionsmittel sämtlich ausgenutzt sind und daß infolgedessen die zur Verfügung stehenden Kapitalien durch die laufenden Ersparnisse begrenzt sind. Wenn der arbeitsparende technische Fortschritt zusätzliches Kapital erfordert, so ändert sich nicht nur die organische Zusammensetzung der dynamischen, sondern auch der übrigen Produktionszweige. Unter diesen Voraussetzungen tritt eine beträchtliche primäre und sekundäre Schrumpfung in der Anzahl der Beschäftigten ein, welche nicht durch die von den technischen Fortschritten selbst ausgelösten Veränderungen kompensiert werden kann.
Es wird dann untersucht, was geschehen müßte, um diese Arbeitslosigkeit innerhalb derjenigen Industrien zu resorbieren, die das Zentrum der Störungen sind. Da die einzige Möglichkeit dazu darin liegt, die Erzeugung dieses Produktes, das jetzt mit geringeren Kosten hergestellt werden kann, zu erhöhen, so wird viel von der Elastizität der Nachfrage abhängen; aber auch wenn die Elastizität der Nachfrage größer als 1 ist, kann gezeigt werden, daß eine Erweiterung der Produktion bis zur Wiedereinschaltung aller Arbeitskräfte in diesen Produktionsprozeß so drastische Lohnsenkungen notwendig machen würde, daß diese praktisch außerhalb des Bereichs der Möglichkeit liegen. Obschon also in abstracto die These des Gleichgewichtstheorems richtig ist, so hat sie doch keinen wirtschaftlich-politischen Wert.
Daher werden bei isolierten technischen Fortschritten die Arbeiter, wenn sie können, in andere Produktionszweige oder Dienste auszuweichen suchen. Sind sie aber dazu nicht in der Lage (wegen Bindung an ihren Wohnort, Notwendigkeit besonderer Schulung usw.), oder treten technische Fortschritte in mehreren großen Wirtschaftszweigen gleichzeitig auf, so wird die Arbeitslosigkeit lange dauern und hartnäckig sein.
Unter unseren Voraussetzungen wird auch das Hinüberwandern in andere Wirtschaftszweige schwierig sein, weil ja die Kapitalversorgung in diesen knapper wird und weil daher die Produktion nur mit wachsenden Kosten ausgedehnt werden könnte, was eben die Ausdehnung verhindert. Es bleibt dann nur die Lohnsenkung zur Überwindung der Schwierigkeiten, die aber nicht eine vorübergehende wäre, sondern lange dauern würde. Und es ist ja überhaupt fraglich, ob in einem Zeitpunkt rascher Freisetzung großer Arbeitermassen die Unternehmer überhaupt gesonnen sind, ihre Erzeugung auszudehnen.
Die Analyse dieses Prozesses muß, wie erwähnt, sehr ins Detail gehen und zeigt dann, wie weit die Löhne gesenkt werden müssen, sei es um den techni-

schen Fortschritt weniger rentabel zu machen und daher zu verlangsamen oder um die Arbeitskräfte unterzubringen. Solche Überlegungen werden selten angestellt, weil die Theorie den automatischen Ausgleich als ein göttliches oder natürliches Gesetz ansieht, das zur Geltung kommen muß, was immer die Wirkungen für einen Teil der Betroffenen, hier der Arbeiter, sein mögen. Der Nachweis, daß unter unseren Voraussetzungen ein solcher Ausgleich praktisch unmöglich ist, nimmt dem abstrakten Gedanken der Tendenz zum Gleichgewicht nichts von seiner wissenschaftlichen Bedeutung, wenngleich er ohne nähere Verarbeitung nicht ausreicht, die Fragen der Arbeitslosigkeit zu lösen, die als Folge technischer Fortschritte entsteht. Die Störungen durch arbeitsparende technische Fortschritte werden also zunächst unter sehr strengen Bedingungen erörtert. In Übereinstimmung mit dem Vorgehen der meisten Theoretiker wird in dem ersten Teil der Untersuchung von dem Vorhandensein von Reserven abgesehen. Die Berücksichtigung derselben aber würde das Entstehen der sekundären Arbeitslosigkeit, die auftritt, wenn die Kapitalversorgung der statischen Industrien durch die dringenden Kapitalbedürfnisse der dynamischen Industrien beeinträchtigt wird, nur vorübergehend verhindern; im Zuge eines Wachstumsprozesses, der fortgesetzt mit solchen arbeitsparenden und kapitalerfordernden technischen Fortschritten zu rechnen hat und in dem daher das Investitionsbedürfnis über die normalen Ersparnisse hinausgeht, würden in der Tat die Reserven bald vollkommen ausgenutzt sein, wie sie ja überhaupt bei normaler Kapazitätsausnutzung zwar eine zeitweilige, aber nicht eine dauernde Steigerung der Gesamtleistung und daher der Beschäftigung ermöglichen.

Eine Prüfung all der Wirkungen, die von technischen Fortschritten ausgehen, zeigt, daß unter den anfangs gemachten Voraussetzungen in den meisten Fällen erhebliche Reste einer technologischen Arbeitslosigkeit übrigbleiben, selbst wenn eine gewisse Kompensation stattfindet. Führt die Kostensenkung zu entsprechender Preissenkung, so wird diese doch nie ausreichen, um die entlassenen Arbeiter wieder in Beschäftigung zu bringen, außer wenn die Elastizität der Nachfrage sehr hoch ist. Aber selbst noch bei einer Elastizität zwischen 1 und 2 wird vielfach Arbeitslosigkeit nicht zu vermeiden sein, da ja der Preis auch die Verzinsung und Amortisation des Kapitals in sich schließt. Die Kosten und daher die Preise sinken um einen geringeren Prozentsatz als die Lohnsumme. Daher wird nur bei großer Elastizität der Nachfrage die Preissenkung, soweit sie der Kostensenkung folgt, eine solche Steigerung des Bedarfs nach sich ziehen, daß die Beschäftigung wieder auf den früheren Stand gebracht wird. Es muß daher eine – oft sehr erhebliche – Lohnsenkung hinzutreten, um diesen Erfolg herbeizuführen.

Die Gegenwerte der Amortisation und Verzinsung endlich sind bei unseren obenerwähnten Voraussetzungen nicht neue Einkommen, sondern sie wären ohne die technischen Fortschritte an andern Stellen der Volkswirtschaft entstanden, und das ganze System ist auf sie eingestellt. Ihre Verwendung auf dem Markte bedeutet daher nicht die Schaffung zusätzlicher Arbeitsmöglichkeiten. So bleibt auch bei Preissenkung oft ein erheblicher Rest an Arbeitskräften übrig, ebenso aber bei Investierungen eines etwaigen Übergewinns. Auch diese führen nur zur Wiederbeschäftigung eines Teils der Arbeitslosen, und nur sehr allmählich werden neue Arbeitsplätze geschaffen, die eine dauernde Mehrbeschäftigung ermöglichen. Im Laufe der Zeit aber tritt eine Absorption der Arbeitslosen ein, wenn nicht immer wieder neue technische Fortschritte neue Arbeitslosigkeit verursachen. Die technologische Arbeitslosigkeit ist also ein mittelfristiges Problem.
All diese verschiedenen Möglichkeiten der Kompensation und ihrer Reichweite können nur anhand von Zahlenbeispielen geklärt werden, wobei ich das Bestreben hatte, den Daten für die organische Zusammensetzung realistische Annahmen zugrunde zu legen. Diese Zahlenbeispiele mögen für viele Leser ermüdend sein, und daher drängt sich die Frage auf, ob sie nicht durch allgemeine Formeln ersetzt werden könnten. Das ist nun bei der Natur des hier zu untersuchenden Prozesses unmöglich, denn es ist ja ein vielgliedriger Vorgang, der hier in seinen Verzweigungen und seinen verschiedenen Möglichkeiten verfolgt wird. Hingegen gibt eine allgemeine Formel ihrer Natur nach immer den Endzustand des Gleichgewichts, ohne erkennen zu lassen, welche Zwischenstadien durchlaufen werden, um dieses Gleichgewicht zu erhalten, und welcher Zeitraum bis dahin vergeht. Auch sehe ich nicht, wie solche Formeln ohne numerische Koeffizienten irgend etwas aussagen könnten. Legen wir Zahlenbeispiele zugrunde, so wird es vermieden, sich dabei zu beruhigen, daß ein Endzustand des Gleichgewichts mathematisch konstruierbar ist, sobald wir nachweisen können, daß die Erreichung des Gleichgewichts sozial Unmögliches in sich schließen würde. Auch die menschliche Arbeitskraft hat ihre physischen und vor allem ihre sozialen Produktionskosten, und die Annahme, daß sie immer und unter allen Umständen in den Mengen, in welchen sie vorhanden ist, auch Verwendung finden könnte, kann nur gemacht werden, wenn man bei der menschlichen Arbeitskraft von dieser Grenze für die Lohnsenkung absieht. Würde man das nicht tun, so hätte man schon längst das trügerische Raisonnement einer Theorie durchschauen müssen, die von einer Lösung des Problems spricht, wo allenfalls die Beschäftigung aller Arbeitsuchenden dadurch erreicht wird, daß ein Teil derselben durch die »ökonomisch gerechtfertigten und nötigen« Löhne aus dem Prozeß endgültig ausgestoßen wird.

Es sei nochmals betont, daß diese Untersuchungen lediglich die Wirkungen arbeitsparender technischer Fortschritte beschreiben sollen. Handelt es sich um ganz neue Produktionen, so kann leicht nachgewiesen werden, daß bei Vollbeschäftigung nur ein Produktionszweig durch den andern verdrängt werden wird, während bei Arbeitslosigkeit die Nachfrage nach Arbeitskräften steigen wird. Neue Industrien können daher, wenn sie ein hinreichend großes Fassungsvermögen für Arbeiter haben, eine etwa entstehende Arbeitslosigkeit auch ohne Lohnsenkung rasch zum Verschwinden bringen. Es ist für die gegenwärtige Phase der Wirtschaftsentwicklung bezeichnend, daß solche neue Industrien im Gegensatz zum 19. Jahrhundert selten entstehen.

Wirkungen technischer Fortschritte innerhalb des Konjunkturverlaufs

Der Prozeß verläuft in der Zeit etwas anders, wenn er in den Konjunkturverlauf eingeschaltet ist und wenn die arbeitsparenden technischen Fortschritte im Zuge des Aufschwungs finanziert werden. Dann wird nämlich infolge der Krediterweiterung auch der Kapitalbedarf der technisch statischen Industrien befriedigt werden können, und es wird nicht nur keine sekundäre Arbeitslosigkeit eintreten, sondern der anschwellende Investitionsbedarf wird zu zusätzlicher Beschäftigung führen. Das wird in der oft ausgeführten Weise Produktion und Beschäftigung kumulativ steigern.
Daß ein erheblicher Teil der neuen Investitionen der Kostensenkung bestehender Produktionen dient und nicht dem Ausbau neuer oder der Erweiterung bestehender Produktionen, macht zunächst für den Verlauf der Aufschwungperiode keinen Unterschied. Es braucht auch die Investitionstätigkeit keineswegs größer zu sein als normalerweise in einer guten Konjunktur. Allerdings kann es sein, daß schon im Verlauf des Aufschwungs eine starke Verlangsamung in der Erhöhung des Beschäftigungsgrades fühlbar wird. Wenn nämlich die arbeitsparenden Methoden schon während der Aufschwungperiode anfangen, ihre Wirkung zu üben, so wird die Beschäftigung in der Industrie, welche diese arbeitsparenden Methoden anwendet, zurückgehen, und das wird sekundäre Arbeitslosigkeit nach sich ziehen. So kann schon während des Aufschwungs die Beschäftigung hinter der Produktionssteigerung zurückbleiben, wie das z. B. in den Vereinigten Staaten im Jahre 1929 der Fall war, wo bei einem Produktionsvolumen von 134 die Beschäftigung gegenüber dem „Normalzustande" (1923–1925) nur um 3–4 v. H. gestiegen war. Es ist dieses Zurückbleiben der Beschäftigung, das auch die gegenwärtige erhebliche Arbeitslosigkeit bei Wiedererreichung eines hohen Produktionsniveaus erklärt.

Kommt nun die Aufwärtsbewegung zum Stillstand, dann bricht die Investitionskonjunktur zusammen, um so mehr, als auch die Erneuerungen unterbleiben. Wenn aber die Tendenz zur Rationalisierung während der Aufschwungperiode vorherrschend war und wenn sie in der Depression als Anpassung an die veränderte Marktlage fortschreitet, so wird der Beschäftigungsstand auch in der Konsumgüterindustrie nachlassen. Je größer der Rückstoß im Beschäftigungsgrad ist, desto größer auch die kumulativen Wirkungen und damit die Überkapazität. Dann verschmilzt die technologische Arbeitslosigkeit mit der konjunkturellen, trägt aber beträchtlich zu deren Steigerung bei. Es muß aber nach dem Ergebnis unserer Analysen in der Depressionsperiode besonders schwierig sein, diejenigen kompensierenden Wirkungen auszulösen, welche wir in unserem Schema einer konjunkturlosen Dynamik abgeleitet haben. Denn erstens erfolgt die Verringerung in der Nachfrage nach Arbeitskräften schlagartig – die durch die ganze Aufschwungperiode latent gebliebene Freisetzung tritt kumuliert in Erscheinung. Ferner: Die Gewinne, welche als Folge der Rationalisierung normalerweise eintreten würden, fallen weg, weil die erhebliche Schrumpfung der Produktion, auch in den rationalisierten Betrieben bei höherem Kapitaldienst und bei den Erfordernissen für die Amortisation eines viel größeren Kapitals, die Gewinne zum Verschwinden bringt. Soweit solche Gewinne jedoch erzielt werden, gehen sie auf Kosten einer um so stärkeren Schrumpfung in der Erzeugung der technisch rückständigen Betriebe. Diese Gewinne werden aber in der Depression nicht investiert werden. Wenn umgekehrt die Preise entsprechend den sinkenden Kosten herabgesetzt werden, so bedeutet das bei starker Produktionsschrumpfung erhebliche Verluste. Daher werden die Preise meist nur im Vergleich mit denen der Hochkonjunktur, doch nicht in dem Ausmaß sinken, das bei Vollbeschäftigung der neuen Betriebe und unter Zugrundelegung der Lohnersparnisse möglich wäre. Dann wird aber auch die Nachfrage nicht derart steigen, daß sie zu einer Kompensation eines beträchtlichen Teiles der Freisetzung führen könnte. Nehmen wir dazu, daß sich der Konsum in der Depression zurückhält, weil die Preise sinken, so stehen wir damit zwar vor einem bekannten Phänomen, dessen Ausmaße freilich jetzt viel größer sind. Die kumulativ zerstörenden Wirkungen dieser Schrumpfung der Erzeugung und des Beschäftigungsgrades wird so weit gehen können, daß staatliche Eingriffe notwendig werden, um den Zerfall der Märkte aufzuhalten. Jedenfalls wird die Deflationspolitik, die in einer normalen Krise zwar schmerzhaft, aber wirksam wäre, jetzt durch fortgesetzte Senkung der Kaufkraft den Boden abgraben, den sie gewinnen könnte, wenn die Herabsetzung der Preise oder der Löhne, oder beides, die Gesamtkaufkraft unberührt ließe.

Wenn hingegen während des Konjunkturprozesses nicht eine Rationalisierung großen Ausmaßes vorbereitet wurde, so wäre der Rückstoß nicht so heftig; die neuen, während des Aufschwungs begründeten Produktionen würden arbeiten, und nach Bereinigung der faulen Posten in der Bilanz könnte der Gesamtprozeß in eine neue Aufwärtsbewegung eintreten.

Kapitalsparende technische Fortschritte

Bisher haben wir von arbeitsparenden Erfindungen gesprochen. Die in der Literatur häufig damit kontrastierten kapitalsparenden Erfindungen sind aber von den arbeitsparenden technischen Fortschritten ihren Wirkungen nach nicht verschieden. Denn auch die kapitalsparenden Erfindungen sind ausnahmslos für die Unternehmungen, welche die Kapitalgüter herstellen, arbeitsparende Erfindungen, z. B. Bagger beim Eisenbahnbau oder mechanische Förderungsinstrumente in Kohlenbergwerken. Daher kann man auch nicht annehmen, daß diese kapitalsparenden Erfindungen die ungünstigen Wirkungen der arbeitsparenden Erfindungen kompensieren. Weit davon entfernt, verschärfen sie die Situation und schaffen ein neues Problem, nämlich, wie die durch die kapitalsparenden Erfindungen effizienter werdenden Sparbeträge investiert werden sollen. Da sie außerdem zu einer Herabsetzung der Werte früher erzeugter Kapitalgüter zwingen, bringen sie ein neues Störungsmoment in die Wirtschaft.
Die Schwierigkeit liegt in einer Depressionsperiode des hier gekennzeichneten Charakters mit großer Arbeitslosigkeit und unausgenutzter Kapazität darin, daß selbst nach der finanziellen Bereinigung der Situation und nach Anreicherung des Kapitalmarktes die Wege zu neuen Investitionen versperrt sind. Sie bleiben versperrt, solange fast alle Wirtschaftszweige mit Überkapazitäten arbeiten; und eine forcierte Ausweitung der Konsumgütererzeugung für Konsumenten kommt an sich überhaupt nicht in Frage, weil unter den gegebenen Umständen jede Erweiterung den Markt mit Produkten überfluten würde, die nur zu Verlustpreisen verkauft werden könnten.

Wie eine Planwirtschaft die »technologische Arbeitslosigkeit« beseitigen würde; Folgerungen für ein kapitalistisches System

Eine Planwirtschaft könnte diesen Engpaß leichter überwinden, weil sie gegen eine Verlustproduktion unempfindlicher wäre. Selbst wenn sich, was unwahrscheinlich ist, eine ähnliche Situation innerhalb einer Planwirtschaft ergeben sollte (z. B. als Folge disproportionaler Erweiterung der Produktion im Zuge von Rüstungen), so würde die Forcierung der Erzeugung von Konsumgütern nur bedeuten, daß in einzelnen Wirtschaftszweigen die Kosten größer wären als die Einnahmen, was ja auch innerhalb der Depression vorkommt und deren Wucht verringert. Diese Verluste würden nun ganz bewußt und sozusagen mit gutem Gewissen ertragen werden. Es ist zudem fraglich, ob sie größer wären als die innerhalb der Depression unvermeidlichen Defizite der privaten Betriebe und die Aufwendungen für die Arbeitslosigkeit.

Diese Verluste innerhalb der Planwirtschaft würden dadurch entstehen, daß Arbeitskräfte und Produktionsmittel jetzt anstatt zur Erzeugung von Produktionsmitteln zur Erzeugung von Konsumgütern verwendet würden. Da die Einkommensumme gleichbliebe, müßten die Konsumgüterpreise stark herabgesetzt werden. Nimmt man z. B. an, daß alle Arbeitslosen in die Konsumgüterindustrie übergeführt würden, und nimmt man an, daß sich infolgedessen die Arbeitskräfte in diesen Industrien um 10 v. H., die Menge der Konsumgüter um etwa 15–20 v. H. vermehren würden, so müßten die Preise bei einer Elastizität von 1 etwa um denselben Betrag von 15–20 v. H. sinken, und der Verbrauch aller Arbeitskräfte würde demgemäß steigen.[2]

Diese Steigerung in der Erzeugung von Konsumgütern würde aber bald wieder die Erzeugung von Produktionsmitteln für die Verbrauchsgüterindustrien notwendig machen und damit den Arbeitsmarkt entlasten, die Konsumgütererzeugung verringern und daher die Preise so weit erhöhen, daß die Kosten gedeckt werden.

Solange nun die Übererzeugung von Konsumgütern fortgesetzt würde, würde sich die Konsumgüterindustrie an die Zentralbank verschulden müssen. Innerhalb dieses Zeitraums würde ein Teil der erzeugten Konsumgüter an die Konsumenten weggeschenkt werden, und zwar derjenige Teil, der im normalen Prozeß des Wachstums verkauft würde, um mit dem Erlös den Ersatz der verbrauchten Produktionsmittel und neue Investitionen zu bezahlen. Die Verluste der Konsumgüterindustrien würden also dem Werte der temporär nicht notwendigen Ersatz- und Neuanschaffungen entsprechen. Solche »Verluste« aber sind unvermeidlich, wenn als Folge einer vorangegangenen forcierten Erzeugung ein Überfluß an Kapitalgütern vorhan-

2 Die Wirkung einer solchen Umgruppierung der Produktionselemente wäre weniger drastisch, wenn ein erheblicher Teil der in der Produktionsmittelerzeugung überschüssig werdenden Arbeitskräfte in die Erzeugung lang dauernder Konsumgüter geleitet würde, z. B. den Häuserbau. Das Angebot an Wohnraum würde natürlich viel weniger schnell wachsen als die Vermehrungsrate seiner Erzeugung, weil ja der neu erzeugte Wohnraum nur einen kleinen Bruchteil des bereits existierenden Wohnraums ausmacht. Demgemäß wären auch die Wirkungen auf das Preissystem geringer.

den war; solange die Ausrüstung mit Produktionsmitteln noch überreichlich ist, sind sie auch unbedenklich. Daher würde es auch unbedenklich sein, die Schulden der Konsumgüterindustrie an die Zentralbank zu streichen, d. h. abzuschreiben, wie das auch in der kapitalistischen Wirtschaft in vielen Fällen geschieht. Wird die Schuld abgeschrieben, so wird ein Deflationsprozeß vermieden. Läßt man die Schuld aber bestehen und muß sie abgetragen werden, so müssen Kaufkraftsummen aus der Konsumgüterindustrie in die Zentralbank geleitet und dort vernichtet werden. Das würde aber zu einer Senkung des Preisniveaus führen, die überflüssig ist.

Daß die Streichung der Verluste keine weiteren Nachteile für die Gesamtwirtschaft haben würde und daß umgekehrt die Abdeckung derselben späterhin sogar zu einer Schrumpfung des Wirtschaftsprozesses führen könnte, liegt daran, daß die Verluste – um diesen privatwirtschaftlichen Ausdruck hier für einen Tatbestand zu gebrauchen, der innerhalb einer Planwirtschaft nichts ist als eine gewollte Ausnutzung überreichlicher Produktionselemente – ja bereits entstanden sind, wenn die Preissumme geringer ist als die Kostensumme. Sie können auch dadurch nicht aus der Welt geschafft werden, daß sie späterhin wieder abgetragen werden. Das verbessert zwar den Status eines Gläubigers innerhalb einer Privatwirtschaft, hat aber keinen zureichenden ökonomischen Zweck in einer Planwirtschaft. Im Gegenteil, die Abdeckung der Verluste, die zu einer Vernichtung von Kaufkraft führt, weil diese nicht wieder investiert wird, verringert entweder das Produktionsvolumen oder bringt eine überflüssige Senkung der Preise mit sich. Werden aber die an die Zentralbank zurückgezahlten Beträge wieder verliehen, so ändert sich an der Kaufkraftsumme nichts, und die Konsumgüterindustrie hätte diese Kaufkraftbeträge ebensogut selbst verwenden können. Wo sie verwendet werden sollten, ob in ihrer eigenen Sphäre oder anderswo, wäre innerhalb einer Planwirtschaft ja ohnedies von einer Zentralstelle zu entscheiden.

Das Ganze ist keine Hexerei, sondern es zeigt sich in diesem Gedankengang nur die Absurdität einer Drosselung von Produktion und Verbrauch gerade zu einem Zeitpunkt, in welchem die Ausstattung mit Produktionsmitteln und Arbeitskräften besonders groß ist, also am Ende des Aufschwungs. Innerhalb einer Privatwirtschaft verläuft der Prozeß ähnlich, allerdings zugleich mit erheblicher Arbeitslosigkeit. Auch innerhalb der Privatwirtschaft werden die Unternehmer Verluste auf sich nehmen, um nicht noch größere zu erleiden. Auch sie schenken also einen Teil ihrer Erzeugung ohne Gegenwert an die Verbraucher weg. Ferner, wenn die öffentliche Hand Arbeitslosenunterstützungen bezahlt, die keineswegs nur aus Steuern kommen, sondern aus der Mobilisierung von Ersparnissen, so werden auch

Konsumgüter verteilt, die in einer harmonischen Dynamik den Gegenwert von Produktionsmitteln bilden würden. Dasselbe trifft zu für die ökonomische Bedeutung öffentlicher Arbeiten. Denn auch durch diese werden Konsumgüter an Verbraucher geleitet, die normalerweise an Arbeiter in privaten Produktionsmittelindustrien gehen würden.
Auch in der kapitalistischen Wirtschaft wird dann über kurz oder lang die Produktionsmittelindustrie durch Aufträge der privaten Industrie wieder stärker beschäftigt werden, und es wird der Verkauf von Konsumgütern nur mehr an solche Personen stattfinden, die ihr Einkommen aus der privaten Wirtschaft beziehen. In der Zwischenzeit wird sich der Staat an die Allgemeinheit verschuldet haben, und es wird aus Steuerbeträgen eine Summe aufgebracht werden müssen, die genügt, um die Schulden zu verzinsen und zu amortisieren. Nach dieser Periode jedoch werden die Sparbeträge, die vorübergehend zur Erhaltung der Arbeitslosen verwendet wurden, allmählich wieder für Investitionen bereitgestellt werden. Die Investitionen im ganzen aber werden trotz der zusätzlichen Steuerlast als Folge dieser öffentlichen Schulden nicht sinken, wenn die Zeichner der Anleihe ihre Zinseinnahmen investieren und wenn die Steuerzahler die zusätzliche Steuer aus Einkommensteilen bestreiten, welche sie auch investiert hätten. Die Steuerlast an sich bedeutet daher keine Verringerung der zur Investition zur Verfügung stehenden Kaufkraftbeträge, da ja die Zinsen der Anleihe nicht für Staatsleistungen ausgegeben werden, sondern private Einkommen bilden. Die Belastung der Allgemeinheit liegt bei der Begebung der Anleihe nämlich darin, daß die Leistungen irgendwelcher Produktionsfaktoren nicht in die private Wirtschaft geleitet wurden und daher auch nicht privates Kapital aufbauten, sondern bei öffentlichen Arbeiten benutzt oder bezahlt werden, ohne überhaupt benutzt zu werden (Unterstützungen). Das, worauf man vom Gesichtspunkt der Gesamtwirtschaft bei diesem Prozeß sehen muß, ist, ob die Mengen an Produktionsmitteln, Boden, Maschinen und Arbeitskräften nach der Depression größer oder geringer sind als vorher, ohne Rücksicht auf den monetären Ausdruck dieses Prozesses. Gemeinhin werden die öffentlichen Arbeiten den Verfall der realen Produktionskräfte und -möglichkeiten aufhalten. Da öffentliche Anleihen nur ein Anrecht der Gesamtheit auf Zinszahlungen an sich selbst schaffen, verringern sie weder das Nationaleinkommen noch bedeuten sie eine Belastung desselben. Nur wenn in dem Prozeß, der durch die Anleihe finanziert wird, Teile des realen Reichtums aufgezehrt und die Möglichkeiten der Produktion für die Zukunft eingeschränkt würden, würde darin eine Belastung der Zukunft liegen.
Es wäre also auch innerhalb einer privatkapitalistischen Wirtschaft mög-

lich, die unausgenutzten Produktionsmittel wieder zu beschäftigen und etwaige Schwierigkeiten eines raschen Wachstums der Produktionskapazitäten zu beheben. Aber traditionelle Hemmungen gegen eine energische Krisenbekämpfung und deren soziale Wirkungen erklären es, daß eine Privatwirtschaft die Wachstumsstörungen beschleunigter Entwicklung schwerer überwindet als eine Planwirtschaft, die in der Wahl ihres Weges und in der Ausnutzung der Mittel viel freier wäre. Die Analyse einer analogen Situation in einer Planwirtschaft gibt aber Fingerzeige dafür, wie die durch technischen Fortschritt freigesetzten Arbeitskräfte wieder in den Produktionsprozeß eingeschaltet werden können.

Anregungen für Spezialuntersuchungen

Meine Behandlung des Problems ist überwiegend theoretisch und daher notwendigerweise kompliziert. Einige der hier aufgeworfenen Fragen könnten allerdings durch entsprechende Detailuntersuchungen aufgeklärt werden. So würde eine Erforschung der folgenden Tatbestände viel zu einer richtigen Beurteilung unseres Problems beitragen:
1. Eine historische Untersuchung der Erfindungen und technischen Verbesserungen während des 19. Jahrhunderts und in der Gegenwart würde vermutlich Licht auf die Verschiebungen in der relativen Häufigkeit der einen und der andern Form technischer Veränderungen werfen.
2. Eine Analyse der lang dauernden Prosperitätsperiode 1923–1929 in den Vereinigten Staaten mit besonderer Berücksichtigung der Zwecke, für die Kapital investiert wurde, und eine entsprechende Untersuchung der gegenwärtigen Prosperitätsperiode in den Vereinigten Staaten und in Großbritannien.
3. Eine Untersuchung der Beziehungen zwischen Kapitalinvestitionen (gemessen durch die Aufwendungen für Verzinsung und Amortisation) zu den Ersparnissen an Arbeitskosten.
4. Eine Analyse der Wirkungen, welche der Aufbau von Eisenbahnsystemen auf die Struktur der Erzeugung hatte.
5. Eine Analyse der Ausdehnung von »Service«-Industrien und ihrer Bedeutung für die Wiedereinstellung freigesetzter Arbeiter.
6. Eine Untersuchung des Industrialisierungsprozesses unter der Einwirkung kapitalsparender Erfindungen, illustriert durch einen Vergleich des Industrialisierungsprozesses in China mit demselben Prozeß in Japan.

Kapitel I

Die verschiedenen Formen des technischen Fortschritts

Technischer Fortschritt vor der industriellen Revolution

Der technische Fortschritt ist erst im Industriesystem zu einem ökonomischen Problem geworden. Altertum und Mittelalter sowie die ersten zwei Jahrhunderte der Neuzeit kannten bald ein langsameres, bald ein schnelleres Tempo technischer Veränderungen. Die Erfindungen jener Epochen entsprangen dem Zufall, selten wohl systematischer Beobachtung. Sie sind vielfach anonym. Es mag oft Jahrhunderte gedauert haben, bevor eine uns ganz selbstverständliche Technik gefunden wurde.[1] Aus Beobachtungen, die technisch hätten ausgewertet werden können, wurden keine Schlüsse gezogen. Allmählich erst floß die Kenntnis des Materials und der Technik seiner Bearbeitung zu einem System zusammen, das auf der Basis wirtschaftlicher Forschung kontinuierlich mit logischer Folgerichtigkeit weitergebildet werden konnte.

Der große Sektor der Naturalwirtschaft einerseits, das Vorherrschen der Handarbeit andererseits begründeten es, daß sich alle technischen Verbesserungen nur in Erhöhung der Lebenshaltung – meist der herrschenden Klassen – umsetzten. Erst die Einführung der Maschine, d. h. des durch mechanische Kraft getriebenen Werkzeugs im Kapitalismus hat zugleich mit der Schaffung eines industriellen Proletariats den technischen Fortschritt zu einem sozialökonomischen Problem gemacht, wenn man von den gelegentlichen Maschinenrevolten der Handwerksgesellen absieht. Aber die ersten größeren Arbeiterbewegungen gegen die Maschinen wurden bald durch den raschen Wachstumsprozeß der kapitalistischen Nationalwirtschaften und der Weltwirtschaft gedämpft und überwunden, und erst die Nachkriegszeit hat das Phänomen der technologischen Arbeitslosigkeit als eine der großen Fragen der Gegenwart vor uns hingestellt.

1 Vgl. Leo Löwenthal, »Zugtier und Sklaverei«, in: *Zeitschrift für Sozialforschung,* Band II, 1933.

In der Erörterung des Problems, ob der technische Fortschritt Arbeitslosigkeit zur Folge haben könnte, wird meist der Tatbestand, um den es sich handelt, nicht genauer analysiert. Für die wirtschaftliche Betrachtung ist der allgemeine Begriff des technischen Fortschritts, d. h. die Auffindung neuer und wirksamerer Methoden zur Erzeugung eines bereits bekannten Produkts oder die Erzeugung eines neuen Produkts, auf der einen Seite zu weit, auf der anderen zu eng. Er ist zu weit, weil ja nicht alle technischen Fortschritte ökonomisch vorteilhaft sind. Meistens müssen sie erst einer langen Durcharbeitung unterzogen werden, um, in die Produktion eingeführt, die Erfolgschancen von Unternehmen zu verbessern oder die Grundlagen neuer gewinnbringender Unternehmungen zu bilden. Erst damit werden technische Fortschritte ökonomisch relevant. Aber der Begriff ist auch zu eng, weil er Veränderungen ausschließt, die zwar nicht technische Neuerungen sind, aber ebenso wirken. So wird jedes bessere Disponieren mit den Rohmaterialien, Arbeitskräften, Betriebsräumen den Ertrag erhöhen. Diese Veränderungen, welche wir organisatorische Verbesserungen nennen können, stehen in der Wirkung den technischen Fortschritten vollkommen gleich. Auch läßt sich die Grenzlinie zwischen technischen Fortschritten und organisatorischen Verbesserungen nur sehr schwer ziehen. So ist fraglich, ob eine bessere Arbeitsteilung im Betrieb als eine organisatorische Veränderung oder als ein technischer Fortschritt zu bezeichnen ist. Jedenfalls gilt alles, was wir vom kostensparenden technischen Fortschritt zu sagen haben, auch für organisatorische Verbesserungen. Doch der kostensparende technische Fortschritt ist nur eine spezielle Art technischer Veränderungen überhaupt.

Erfindungen und technische Fortschritte; Verschiedenheit ihrer Wirkungen

Ich schlage vor, zwei Arten technischer Veränderungen zu unterscheiden:

1. die technischen Veränderungen, die es gestatten, bisher unbekannte Produkte zu erzeugen. Technische Veränderungen dieser Art sollen im folgenden »Erfindungen« genannt werden. Erfindungen ersetzen demnach ein bisher schon bekanntes Produkt teilweise oder ganz durch andere Produkte oder bieten die Möglichkeit, ganz neue Bedürfnisse zu befriedigen;
2. technische Veränderungen, die es gestatten, dasselbe Produkt wie bisher mit geringeren Kosten oder eine größere Produktionsmenge als bisher mit Aufwendung derselben Kosten auf den Markt zu bringen. Im fol-

genden sollen die technischen Veränderungen dieser Art als »technischer Fortschritt« bezeichnet werden.

Ad 1. Erfindungen differenzieren also die Produktion. Sie bringen neue Produkte auf den Markt, die an die Stelle bisher bekannter Produkte treten oder ganz neuen, erst mit der neuen Produktion entstehenden Bedürfnissen dienen. Zur ersten Untergruppe gehören alle Surrogate (z. B. Margarine an Stelle der Butter, Kunststeine, Merzerisierung von Baumwolle, in erheblichem Umfang das Auto, soweit es die Eisenbahn ersetzt). Viele dieser Erfindungen müssen aber auch zur zweiten Gruppe gerechnet werden. Ich zähle zu dieser zweiten Gruppe das Fahrrad, das Telefon, den Telegrafen, das Grammophon, das Kino, das Radio, viele Heilmittel, aber auch die Füllfeder, das Automobil, das Flugzeug, die Eisenbahn, das elektrische Licht, die Wasserleitung, die Zentralheizung usw. Die meisten dieser Produkte zeigen ökonomisch ein doppeltes Gesicht: Sie schaffen auf der einen Seite neue Bedürfnisse und erweitern insofern den Kreis der Erzeugung, in den meisten Fällen aber verdrängen sie zugleich andere Produktionen. So hat die Eisenbahn die Postkutsche verdrängt, und das Automobil hat zuerst die Kutsche aus dem Feld geschlagen und ist späterhin in den Bereich der Eisenbahn eingedrungen. Das Grammophon kann als Konkurrent der Musikinstrumentenindustrie betrachtet werden, das Kino hat die Rentabilitätsgrundlage des Theaters erschüttert. Auch das Radio greift in die Marktbedingungen zahlreicher anderer Produktionen ein, so der Zeitungen, der Orchester, der Oper. Nur Erfindungen wie das Fahrrad, das Telefon, der Telegraf, zahlreiche Heilmittel, neuartige Gegenstände der Mode, die zusätzlich verbraucht werden, wie z. B. Kosmetika, Pelzüberschuhe, schaffen sich einen Markt, der mit keinem der bisherigen Märkte konkurriert. Es entstehen in diesen Fällen ganz neue Bedürfnisse, deren Befriedigung, wenn sie als vordringlich empfunden wird, zwar die Befriedigung anderer Bedürfnisse bei gleichbleibendem Einkommen unmöglich macht, aber jedenfalls nicht die Intensität der subjektiven Bedürfnisse nach anderen Produkten beeinträchtigt. (Daß nicht alle bisher befriedigten Bedürfnisse zum Zuge gelangen, liegt an der Beschränktheit der Einkommen. Nur in einigen Fällen werden die neuen Bedürfnisse die subjektive Dringlichkeit anderer Bedürfnisse herabsetzen.) Meist wird die Wirkung solcher Erfindungen eine zusammengesetzte sein. Sie werden teilweise den Bedarf nach andern Produkten herabsetzen, teilweise die Grundlage neuer Konsumakte werden, indem sie bisher unbekannte »echte« oder »soziale« Bedürfnisse schaffen. Die Füllfeder z. B. verdrängt die Stahlfeder vom Markte, aber sie dient zugleich der Befriedigung von Bedürfnissen, die bisher überhaupt nicht zu ihrem Recht kommen konnten, wie z.B. eine immer gleichbleibende, der persönlichen Eigenart des Schreibenden angepaßte Feder zu benutzen, und der Möglichkeit, überall ohne Schwierigkeiten mit Tinte schreiben zu können. Das elektrische Licht hat z.B. das Gas, in den Bauernhäusern die Petroleumlampe verdrängt, es hat aber zugleich das Bedürfnis nach Beleuchtung erweitert, weil jetzt seine Befriedigung auch dort möglich wurde, wo sie früher wegen der Feuergefahr erschwert (wie in Scheunen) oder ausgeschlossen war (wie auf der Landstraße) – ganz abgesehen davon, daß Gas und elektrisches Licht überhaupt erst das Bedürfnis nach stärkerer Beleuchtung und ganz neuen Verwendungsarten von Licht, z.B. in der Reklame, geschaffen haben. Das gleiche gilt von vielen der genannten Erfindungen.

Ad 2. Technische Fortschritte haben ein außerordentlich weites Feld. Hierher gehören alle Veränderungen, die den Prozeß der Handarbeit durch die Maschine ersetzen, wie die mechanische Spindel, der mechanische Webstuhl, der Bagger, die Schrämmaschine im Bergbau, die Nähmaschine, die Maschinen in der Schuhindustrie usw. Aber auch bessere Ausnutzung des Rohmaterials, bessere Ausnutzung der Kohle durch erhöhte Ausnutzung ihres Wärmegehalts sind technische Fortschritte, ebenso wie endlich alle Verbesserungen an den Maschinen, die zur Abkürzung der Produktionsdauer dienen. Die Funktion all dieser Verbesserungen ist letztes Endes, die aufgewendete Arbeitszeit zu verringern, gleichgültig, auf welcher Stufe der Produktion diese Verringerung erfolgt.

Die ökonomischen Wirkungen dieser zweiten Gruppe der technischen Veränderungen sind sehr verschieden. Wenn wir die kurz- und mittelfristigen Wirkungen betrachten, welche den Gegenstand unserer Untersuchung bilden, so läßt sich sagen, daß nur die Gruppe 2 (»technische Fortschritte«) technologische Arbeitslosigkeit schaffen kann. Die technischen Veränderungen dieser Gruppe verringern jedenfalls unmittelbar die Nachfrage auf dem Arbeitsmarkt. Ob und wann dies zu längerer oder kürzerer Arbeitslosigkeit führt, bildet den Gegenstand unserer Untersuchung.

Hingegen werden die Erfindungen, soweit sie neue Bedürfnisse schaffen, diese Wirkungen nicht haben, und zwar aus folgenden Gründen: Soweit Erfindungen zur ersten Untergruppe gehören (»Surrogate«) und soweit die neuen Produktionen ebenso viele Arbeiter und insbesondere Arbeiter derselben Kategorie beschäftigen, als in denjenigen Betrieben tätig waren, deren Erzeugnisse jetzt vom Markte verdrängt werden, tritt nur eine Verschiebung auf dem Arbeitsmarkt ein, jedoch wird der Beschäftigungsgrad nicht sinken. Freilich wird hier die Rentabilität des Kapitals in den ausgeschalteten oder in ihrem Absatz beeinträchtigten Betrieben herabgesetzt werden, und insofern werden diese Profite verschwinden. Da aber Kapital in den neuen Betrieben investiert wird und dort Gewinn abwirft, tritt ein neues Kapitaleinkommen an die Stelle des wegfallenden. Die Profitsumme in der ganzen Volkswirtschaft wird jedenfalls nicht verringert werden. Auf das Ganze der Volkswirtschaft gesehen, werden daher Erfindungen dieser Art den Beschäftigungsgrad nicht herabsetzen, sondern ihn sogar vorübergehend während der Dauer der Investitionen erhöhen.[2] Geht doch hier die neue Nachfrage nach Arbeitskräften zeitlich voraus, so daß auch keine vorübergehende Arbeitslosigkeit eintritt. Zwar wird in einem solchen Falle keine dauernde zusätzliche Arbeitsgelegenheit geschaffen, doch der Arbeitsfassungsraum der Volkswirtschaft wird auch nicht verringert. Wir könnten nur in dem Sinne von einer technologischen Arbeitslosigkeit sprechen, daß durch die Absorption neu gebildeten Kapitals in dieser Art von Betrieben der Gesamtbeschäftigungsgrad keine Erhöhung erfahren kann, so daß bei wachsendem Angebot auf dem Arbeitsmarkt Beschäftigungslosigkeit eintreten wird. Es werden indes nicht Arbeiter freigesetzt, sondern es sind nur die Wege versperrt, auf denen neue zusätzliche Arbeiter Beschäftigung finden können. Es wird also im Sinne der unten entwickelten Terminologie sekundäre Arbeitslosigkeit eintreten. Dementsprechend wird auch die weitere Steigerung des Sozialproduktes, die im Zuge der Entwicklung zu erfolgen pflegt, unterbleiben. Sofern freilich die neue Produktion dieselben Produktionsmengen, die zum Ersatz anderer dienen, mit weniger Arbeit herstellt, wird derselbe Sachverhalt wie unter 2 vorliegen, d.h., in einem solchen Falle wird eine Erfindung sich mit technischem Fortschritt in dem oben entwickelten Sinn verbinden, und insofern wird auch eine Freisetzung mit allen später zu erörternden Konsequenzen eintreten.

Ökonomisches Wachstum, herbeigeführt durch Erfindungen

Soweit Erfindungen zur zweiten Untergruppe der Gruppe 1 gehören, eröffnen sie ein neues Feld der Warenerzeugung. Dabei spielt sich etwa folgender Prozeß ab: Eine neue Industrie, z.B. die Fahrradindustrie oder die Radioindustrie, wird geschaffen. Diese Industrie wird, wie alle neuen Wirtschaftszweige, normalerweise, vom Fall zusätzlichen Kredits abgesehen, durch Investition von Ersparnissen aufgebaut. Kommt sie in Gang und finden ihre Produkte Absatz, so wird dadurch für eine Anzahl von Arbeitern

2 Vgl. hierzu meinen Aufsatz »The Problem of Development and Growth in the Economic System«, in: *Social Research,* Februar 1935, S. 37.

dauernd Beschäftigung geschaffen. Nehmen wir nun selbst den ungünstigsten Fall an, daß nämlich das Einkommen aller übrigen Konsumenten, der Arbeiter und Unternehmer, ungeändert bleibt. Auch dann wird die so eingeleitete Entwicklung in der Volkswirtschaft keine Störung hervorrufen. Denn die bisherigen Produzenten werden als Konsumenten jetzt nur ihr Einkommen anders verwenden, sie werden ihre Nachfrage umstellen, um die neuen Produkte kaufen zu können. Wenn, in der Sprache der Grenznutzenlehre, das neue Produkt für sie einen höheren Wert repräsentiert als der innerhalb ihres Einkommens realisierbare Grenznutzen, so werden sie weniger an andern Produkten verbrauchen, z. B. ihren Konsum an Nahrungsmitteln oder Kleidung einschränken. (Es scheint, daß eine solche Umschichtung der Nachfrage in den Vereinigten Staaten seit der Verbilligung des Automobils beobachtet werden kann: Bei gleichem Einkommen werden häufig kleinere Wohnungen nachgefragt, um den Ankauf und den Betrieb eines Automobils finanzieren zu können. Oder es werden Häuser in billigerer Lage gemietet, was die Zahlungen für Grundrente und Dienste verringert, beziehungsweise ein weiteres Ansteigen der Grundrente hemmt.)

Diese Einschränkung der Nachfrage in der Verwendung der »alten« Einkommen wird aber dadurch kompensiert, daß jetzt die zusätzlich beschäftigten Arbeiter sowie die neuen Unternehmer Nachfrage entfalten, die sich zum größten Teil, soweit sie nämlich nicht Erzeugnisse ihrer eigenen Tätigkeit verbrauchen, auf diejenigen Produkte richten wird, deren Verbrauch von den alten Konsumenten eingeschränkt wurde. Mit einigen wenigen Verschiebungen (die sich in der Wirklichkeit durch das Vorhandensein von Reserven reibungslos abwickeln können) wird also die bisherige Produktion ihrem Umfang nach *neben* der neuen Produktion ungeändert aufrechterhalten bleiben, und die Gesamtzahl der Arbeiter und Unternehmer wird vermehrt sein, ebenso aber die Zahl der Angestellten, die Menge der notwendigen Transportleistungen und der öffentlichen Dienste usw.

Theoretisch müßte zwar eine Ausdehnung des Produktionssystems bei steigender Bevölkerung auch ohne den Aufbau neuer Produktionen glatt erfolgen können. In der Wirklichkeit aber stößt eine solche Ausweitung auf Reibungsschwierigkeiten, während Erfindungen eine besonders vorteilhafte, reibungslose Form des Wachstums eines Produktionssystems mit sich bringen. Ihre Wirkung wird noch größer sein, wenn das System derart entfaltet werden kann, daß die alten Konsumenten in der Lage sind, ihren bisherigen Verbrauch aufrechtzuerhalten. Das kann der Fall sein, wenn ihre eigene Effizienz steigt oder wenn sie in der Lage und bereit sind, mehr Arbeitsleistungen aufzuwenden, und wenn diese in der Produktion Aufnahme finden

können. Nun ist eine allgemeine Senkung des Konsums einer breiten Konsumentenschicht bei gleichzeitiger Aufrechterhaltung des Absatzes derjenigen Industrien, deren Produkte von der betreffenden Schicht nicht mehr in demselben Umfang aufgenommen werden können wie bisher, einer der stärksten Antriebe zur Wiederherstellung der alten Konsumhöhe. Insbesondere ist es günstig, wenn sich dieser Wunsch nach Wiederherstellung des alten Konsums über einen weiten Kreis von Industrien verteilt, weil dann eine gleichmäßige Steigerung der Arbeitsleistungen eintreten kann. Wenn die »alten« Konsumenten gar noch ihren Konsum an den Produkten, die sie bisher konsumierten, aus Ersparnissen wenigstens zeitweilig aufrechterhalten, so erleichtert das jene Ausdehnung des gesamten Produktionsvolumens, das ihnen zugleich das Einkommen zuschwemmt, aus dem sie einen dauernd gestiegenen Konsum bestreiten können. Es wird dann eine allgemeine Ausweitung der Produktion erfolgen können, ohne daß es zu wesentlichen Störungen, insbesondere zu Freisetzung, kommt.
Endlich noch zur psychologischen Seite dieses Prozesses: Im normalen Verlauf des Wachstums einer Volkswirtschaft werden zwar alle Wirtschaftssubjekte den Wunsch haben, ihren Konsum auszudehnen. Sie werden aber nicht in allen Fällen bereit sein, ihre Arbeitsleistung entsprechend zu erhöhen. Selbst wenn sie es wären, so werden sowohl der Steigerung der Arbeitsintensität als auch der Verlängerung des Arbeitstages erhebliche Hindernisse entgegenstehen. Anders, wenn aus neu auftauchenden Bedürfnissen heraus auch der Antrieb zur Steigerung der Arbeitsleistung wächst. Vermutlich hätten die dynamischen Kräfte, soweit sie bei dem Wachstumsprozeß der modernen Volkswirtschaften lebendig waren, nie eine solche Stärke erlangt, wenn nicht die fortgesetzte Weckung neuer Bedürfnisse die psychologischen Antriebe zur Mehrerzeugung permanent und geradezu zu einer sozialen Gewohnheit gemacht hätte. Es ist richtig, daß diese psychologischen Antriebe nur bei Eigenproduktion unmittelbar wirken. Aber sie wirken in einem gewissen Umfange auch in die kapitalistische Erzeugung hinein. Außerdem ist der Sektor der Eigenerzeugung, insbesondere in der Landwirtschaft, nicht so gering.

Monetäre Seite dieses Wachstums

Was diese neuen Produktionen anlangt, so kann man annehmen, daß im Zuge der Entwicklung einer Volkswirtschaft sowohl die Kapitalien als auch die Arbeitskräfte für die Ingangsetzung der neuen Betriebe zur Verfügung stehen werden. Soweit diese Voraussetzung nicht zutrifft, wird die Entwicklung abgebremst sein.

Auch dieses Wachstum der Erzeugung wird natürlich, wie jede Etappe der Entwicklung, einen Finanzierungsprozeß voraussetzen. Die Finanzierung der Investitionen wird in der Entwicklung an sich angelegt sein. Soweit nur Ersparnisse zum Aufbau dieser neuen Industrien verwendet werden, steht die Kaufkraft zur Erzeugung der Produktionsmittel zur Verfügung. Vielleicht findet eine Ablenkung aus anderen Verwendungen, wie dem Häuserbau, statt; jedenfalls bietet jedoch die Finanzierung keine Schwierigkeiten und kann auch keine Störungen mit sich bringen. Im Gegenteil, ist doch eine glatte Investition von Ersparnissen eine wichtige Voraussetzung zur Erhaltung des Gleichgewichts in der Entwicklung.
Aber auch der Umschlag der neu erzeugten Produkte bietet keine Schwierigkeiten. Allerdings wird die Kaufkraft jetzt einen andern Weg einschlagen, und der Weg, den sie zurücklegen muß, um alle Produkte umzuschlagen, wird über eine Station mehr führen als bisher.
ABCDE seien die bisher bestehenden Produktionszweige; deren Erzeugnisse tauschen sich unter den Produzenten aus. Auch bei einer gewissen Wachstumsrate der Geldeinkommen und der Produktmengen werden die Wege, welche die einzelnen Geldmengen zurücklegen, ungeändert bleiben. Tritt nun die neue Produktion *F* auf, so wird, wie erwähnt, die Finanzierung der Investitionen selbst schon vorbereitet sein. Der Absatz der Produkte wird aber auch kein schwieriges monetäres Problem bieten; denn nur ein Teil des Geldes hat eine Station mehr als bisher zurückzulegen. Nehmen wir an, daß das Einkommen von *ABCD* und *E* 100 ist und daß sie 5 v. H. dieses Einkommens für die neuen Produkte aufwenden, so werden 5 v. H. der als Einkommen zirkulierenden Geldmenge den Umweg über *F* nehmen müssen. Sie werden, durch *F* hindurchgehend, wieder zu *ABCDE* zurückkehren. Nun ist die Umlaufgeschwindigkeit des Geldes, soweit es Bankgeld ist und soweit die Zahlung durch Umschreibung erfolgen kann, außerordentlich elastisch und in der Regel nicht voll ausgenutzt. Aber auch soweit Barzahlungen in Frage kommen, beweisen die statistischen Ermittlungen über die Umlaufgeschwindigkeit, daß in der Wirklichkeit viel größere Schwankungen vorkommen als hier erforderlich werden. Wenn die Umlaufgeschwindigkeit des Geldes z. B. 10 ist, so wird sie, bei den obigen Annahmen, auf $10^1/_2$ steigen müssen. Es ist aber eine Verschiebung des Konsums um 5 v. H. von einem Moment auf den andern bereits weitaus mehr, als im Zuge auch einer beschleunigten Entwicklung erwartet werden kann. Eine Steigerung der Umlaufgeschwindigkeit von 10 auf 10,2 oder 10,3 dürfte weitaus allen an das Geldsystem gestellten Anforderungen genügen. Änderungen der Umlaufgeschwindigkeit in dieser Größenordnung kommen aber zu jeder Zeit vor, ohne daß sie überhaupt bemerkt werden. Jede Ver-

mehrung der Erzeugung, jede Änderung der Lebensgewohnheiten (z. B. Sommerreisen), jede Änderung der Zahlungsgewohnheiten haben Verschiebungen zur Folge, die durch die zeitliche Massierung der Störungen im Umlauf weitaus größere Anforderungen an das Geldsystem stellen und doch glatt bewältigt werden können.
Außerdem wird in einer wachsenden Volkswirtschaft das Geldsystem selbst elastisch, d. h. auf die Ausdehnung der Kaufkraftmenge im Verhältnis der Produktionssteigerung eingerichtet sein müssen. Dann werden aber die Mittel, um den Umschlag der neuen Erzeugung finanzieren zu können, ohne weiteres zur Verfügung stehen. Aber auch bei gleichbleibender Geldmenge werden keine Schwierigkeiten entstehen.[3]
Noch ein Wort zur Frage der Kapitalbeschaffung für den Aufbau solcher neuer Produktionen: Innerhalb einer gleichmäßig wachsenden Volkswirtschaft wird bei gleichbleibender Kapitalbildung eine Abziehung von Kapital aus andern Verwendungssphären erfolgen (zusätzlicher Kredit wird bei dieser Annahme ausgeschaltet), was eine Verlangsamung des Wachstums in den Erzeugungsmengen der »andern Produktionen« bedingt. Das bedeutet keine Verringerung in der Gesamtnachfrage nach Arbeitskräften überhaupt, wenn keine Änderung in der organischen Zusammensetzung des gesamten Produktionssystems gegenüber den »normal« zu erwartenden Verschiebungen stattfindet. Es besteht aber kein Grund dafür, daß solche neuen Produktionen die durchschnittliche organische Zusammensetzung des Produktionszuwachses erhöhen sollten. Anders bei arbeitsparenden technischen Fortschritten, die ja immer eine Erhöhung der organischen Zusammensetzung in sich schließen.
Es ist gesagt worden, daß die Gegenwart nicht minder reich an Erfindungen sei als das 19. Jahrhundert – insbesondere könne das Automobil in seiner Wirkung hinsichtlich der Arbeitsbeschaffung durchaus mit derjenigen der Eisenbahn verglichen werden, habe doch der moderne Straßenbau erst durch das Automobil den entscheidenden Anstoß erhalten. Wenn man all die Arbeit für Reparaturen und in den Garagen zum Arbeitsvolumen hinzurechne, das für den Bau der Wagen erforderlich sei, so sei anzunehmen, daß die Bedeutung des Autos für den ökonomischen Wachstumsprozeß nicht geringer sei als die der Eisenbahn. Wahrscheinlich würde auch die Kapital-

3 Es ist in der Tat gelegentlich darauf verwiesen worden, daß die Steigerung des Beschäftigungsgrades bei der Entstehung solcher neuen Industrien darin ein Hindernis finden wird, daß die Umlaufgeschwindigkeit des Geldes nicht erhöht werden könne. (Otto Conrad, »Die Möglichkeiten einer Erweiterung des Arbeitsbedarfs«, in: *Jahrbücher für Nationalökonomie und Statistik,* III. Folge, Bd. 83, 1933, S. 36 ff.). Darin liegt nach dem oben Gesagten eine Verkennung der Elastizität der Umlaufgeschwindigkeit des Geldes.

beschaffung keine geringeren Mittel beanspruchen. Warum sei also die Eisenbahnära eine Periode fast ununterbrochenen Wachstums gewesen, und warum konnte nicht die Automobilindustrie – wenn nur andere Störungen des Gleichgewichts unterblieben wären – ebenso eine lange Periode des Wachstums auslösen?

Eisenbahn und Automobil, verglichen in ihren Wirkungen

Diese Überlegung zeigt, wie wenig das Problem noch durchforscht ist. In der Tat fehlen uns zuverlässige Grundlagen der Beurteilung. Folgende Punkte scheinen mir von Bedeutung:

1. Schafft das Automobil, ähnlich wie die Eisenbahn, tatsächlich neue Bedürfnisse? Insofern als dies der Fall ist, gilt, was oben von Erfindungen überhaupt gesagt wurde. Um aber einen richtigen Vergleich zu haben, müßte man außerdem die für die Eisenbahn notwendigen Investitionen und den Zeitraum kennen, innerhalb dessen sie erfolgten. Endlich ist die relative Bedeutung des Kapitalbedarfs in dem einen wie dem andern Fall (im Verhältnis zum Anfall neuen Kapitals) von Bedeutung.
2. Der Eisenbahnbau hat nicht nur die Investitionsindustrien außerordentlich gesteigert, sondern indirekt durch die Städtebildung neue Investitionsfelder geschaffen (insbesondere Häuserbau). Das Auto wirkt in der entgegengesetzten Richtung, aber viel langsamer, durch die Auflockerung der Großstadtbildung.
3. Der Kapitalbedarf der Eisenbahn schuf zusätzliche Investitionen und zusätzliches Einkommen dort, wo die Eisenbahn rentabel war. Jedenfalls aber haben diese Investitionen keine andern Kapitalien entwertet, außer in gewissem Umfang Kanäle, während das Automobil an die Stelle der Eisenbahn tritt und auch sonst zerstörend wirkt.
4. Immerhin ist die Entfaltung der Automobilindustrie nebst allem, was daran hängt, ein außerordentlich konjunkturförderndes Moment, wie ja überhaupt die Investitionstätigkeit an sich das Wichtige ist und verglichen damit nur von sekundärer Wichtigkeit, ob alte Kapitalien entwertet werden oder nicht.
5. Der Aufbau des Eisenbahnnetzes hat durch die Senkung der Transportkosten für Massengüter die gesellschaftliche Arbeitsteilung weiter differenziert und damit die Gesamtproduktion erhöht. Eine gleiche Wirkung ist vom Automobil nur in geringem Maße ausgegangen.
6. Die Einbürgerung des Automobils in den großen Industriestaaten ist begleitet von arbeitsparenden technischen Erfindungen in anderen Pro-

duktionszweigen, und es hat gerade die bei der Autoerzeugung entwickelte Methode des Fließbandes neue arbeitsparende Methoden in sehr vielen Industrien angeregt.

Zusammenfassend können wir also sagen, daß die Wirkungen des Automobils gewisse Ähnlichkeiten mit denen der Eisenbahn zeigen, wobei die wertevernichtenden Wirkungen der Bahnen allerdings weitaus geringer waren als die des Automobils. Der entscheidende Unterschied liegt darin, daß die Eisenbahnen das moderne industrielle System einleiteten und möglich machten, während das Automobil nur ein, wenngleich sehr wichtiges, Element in einem Wirtschaftssystem ist, das in seinen Grundzügen nicht geändert wurde.[4]

Zur Frage der Erfindungen zurückkehrend, kann abschließend gesagt werden, daß im Falle vollständiger Beschäftigung Erfindungen natürlich nicht die Zahl der Beschäftigten erhöhen können. Sie können jedoch die »Nutzenbilanz« verbessern und eine Verlängerung des Arbeitstages herbeiführen. Herrscht Arbeitslosigkeit, so werden Arbeitslose eingestellt werden, und zwar selbst in einer Konjunkturlage, die die Ausdehnung bestehender Industrien nicht zulassen würde.

Autonome und induzierte Erfindungen

Eine andere Einteilung des technischen Fortschrittes scheidet zwischen spontanen »autonomen« und induzierten Erfindungen, je nach der Art der Entstehung, und zwischen kapital- und arbeitsparenden, je nach der ökonomischen Wirkung (Hicks und Káldor).

Die Entscheidung, ob eine Erfindung spontan ist, d. h. aus der Eigenbewegung der technischen Arbeit herauswächst, oder induziert, d. h. durch die Preisrelationen bewirkt ist, ist in sehr vielen Fällen einfach. So werden neue technische Ideen, wie z. B. das Radio, wohl allgemein als spontane Erfindungen bezeichnet werden. Doch wird niemand übersehen, daß auch spontane Erfindungen an der marktwirtschaftlichen Rechnung orientiert sind und daß erst ihre kommerzielle Verwertbarkeit sie in den Lichtkreis des ökonomischen Prozesses rückt. Bis dahin sind sie vielleicht technisch, aber nicht ökonomisch vorhanden. Umgekehrt werden die meisten ökonomischen Fortschritte im technischen Prozeß der Produktion im allgemeinen Sinne dieser Unterscheidung induziert sein, d. h. sie erfolgen, um die Renta-

4 Vgl. jedoch Clark Warburton, »Plateaus of Prosperity and Plains of Depression«, in: *Economic Essays in honor of W. C. Mitchell,* 1935, S. 497 ff.

bilitätsbedingungen bestehender Produktionen zu verbessern. Sie werden jedoch nur in selteneren Fällen in dem Sinne induziert sein, daß sie eine ungünstige Entwicklung im Verhältnis der Preise, z.B. eine absolute und relative Erhöhung des Lohnes gegenüber den Kapitalkosten bzw. umgekehrt, kompensieren, insbesondere aber die durch Lohnerhöhungen eintretenden Verluste wettmachen sollen.

Wenn man die Rationalisierung der modernen Industrie prüft, die ja in erster Linie als ein induzierter Prozeß bezeichnet werden kann, so findet man, daß die Effizienzsteigerung der Arbeit außerordentlich groß ist und daß die Methoden unter der Voraussetzung eines glatten Absatzes der Gesamtproduktion auch bei sehr niedrigem Lohnniveau lohnender wären als die vorher übliche Produktionsweise. Das gilt z. B. von der Methode des laufenden Bandes, von der Einführung der Maschinen im Bergbau usw.

Man wird solche weitgehenden Steigerungen der Effizienz daher schwerlich als induziert im engeren Sinne des Wortes bezeichnen können. So war der Übergang zur Serienerzeugung im Automobilbau der Vereinigten Staaten nicht die Folge erzwungener (»künstlicher«) Lohnerhöhungen bei gleichbleibender relativer Seltenheit des Faktors Arbeit, sondern erwuchs aus einer ganz anderen ökonomischen Überlegung, in der gerade das allgemeine hohe Lohnniveau die Grundlage der Kalkulation für den Absatz bildete. Daran zeigt sich schon die enge Verflechtung von Produktions- und Absatzbedingungen, die bei der Prägung des Begriffes einer induzierten Erfindung übersehen wird. Diese Überlegung hat eben immer nur die Bedingungen des einzelnen Unternehmens bzw. der einzelnen Industrie im Auge, ohne die Marktstruktur der Gesamtwirtschaft zu beachten.

Auch sei darauf hingewiesen, daß sehr viele Verbesserungen, die Rohstoffe sparen oder besser auswerten (z. B. Heizstoffe), sich auch bei sinkenden Löhnen, wie in der letzten Depression, durchsetzen, weil eben die Effizienz dieser Verfahren so groß ist, daß sie die Lohnsenkung überholt. Überhaupt muß darauf hingewiesen werden, daß die meisten der technischen Fortschritte, die an sich durch ein hohes Lohnniveau induziert sein könnten, in der Depressionszeit bei sinkenden Löhnen durchgeführt werden.

Kapital- und arbeitsparende Erfindungen

Die Unterscheidung zwischen kapital- und arbeitsparenden Erfindungen trägt der inneren Verbundenheit aller ökonomischen Tatsachen zuwenig Rechnung. Sie ist an der scharfen Trennung zwischen Kapital und Arbeit orientiert, die für den einzelnen Betrieb von Bedeutung ist. Betrachtet man aber die Volkswirtschaft als einen Gesamtprozeß, so erweisen sich auch kapitalsparende Erfindungen als arbeitsparend insofern, als ja selbst in der Erzeugung der Kapitalgüter die Arbeit das letzte Kostenelement ist, wenn man den Boden als Kostenelement in dieser Betrachtung ausschaltet. Es muß ja auch letztlich für die Gesamtnachfrage nach Arbeit gleichgültig sein, ob Arbeit bei der Erzeugung eines Konsumguts erspart wird, oder Arbeit, deren Äquivalent als Produktionsmittel Verwendung findet.

Hicks gibt als Muster einer kapitalsparenden Erfindung, für die, wie er sagt, schwer Beispiele zu finden seien, die drahtlose Telegrafie an. Dieses Beispiel veranschaulicht die Möglichkeit, den physischen Bestand sowie die Kosten der gesamten Kapitalanlage bei gleicher Effizienz zu reduzieren. In diesem Falle wird das Kapital für die Produktion und die Legung der Kabel gespart. Diese kapitalsparenden Erfindungen aber sind für die Industrie der Produktionsmittel arbeitsparende Erfindungen. Es kann z. B. keinem Zweifel unterliegen, daß der Bagger im Eisenbahnbau arbeitsparend, für das Unternehmen der Bahn aber kapitalsparend ist.

Daher ist diese Unterscheidung bei Betrachtung des volkswirtschaftlichen Gesamtprozesses wenig brauchbar. Die spezielle Note der letzten Phase des technischen Fortschritts besteht ja geradezu darin, daß arbeitsparende Methoden in der Erzeugung von Produktionsmitteln zu großer Bedeutung gelangt sind, so im Bauwesen. Auch hierbei handelt es sich meist um Verbesserungen, die so effizient sind, daß sie nicht etwa durch einen zu hohen Zinsfuß ausgelöst wurden, sondern daß sie bei jedem praktisch vorstellbaren Zinsfuß eine Ersparnis ermöglichen, die ihre Anwendung rechtfertigt.

Aus diesen Gründen halte ich die von mir vorgeschlagene Gruppierung für zweckmäßiger. Denn sie orientiert sich an den Wirkungen, die auf den Gesamtprozeß, nicht nur auf die Einzelunternehmen, ausgeübt werden. Eines der letzten Kapitel wird sich aber mit den besonderen Problemen beschäftigen, die durch kapitalsparende technische Fortschritte aufgeworfen werden.[5]

Der Prozeß ökonomischen Wachstums als Folge von Erfindungen; andere Ursachen für ökonomische Expansion

Es unterliegt für mich keinem Zweifel, daß der größte Impetus für das Wachstum der europäischen Volkswirtschaften aus der Entfaltung von In-

5 Hicks definiert arbeitsparende Erfindungen von ihrer Wirkung her: Sie senken das Grenzprodukt der Arbeit im Verhältnis zum Grenzprodukt der anderen Faktoren; aber wenn das Grenzprodukt der Arbeit plötzlich sehr verringert wird, so wird die Freisetzung von Arbeitern unvermeidlich. Daher deckt sein Begriff im Wesen denselben Tatbestand, den man im allgemeinen im Auge hat, wenn man von arbeitsparenden technischen Fortschritten spricht.

dustrien auf der Basis von Erfindungen kam bzw. aus Entwicklungstatsachen, die dieselben Konsequenzen nach sich ziehen wie diese Erfindungen (Bedarfsverschiebungen – darüber siehe unten).

Dabei mag ein Teil der Wirkungen störend gewesen sein. Per Saldo jedoch muß jede neue Industrie, deren Produkte wirklich einer zahlungsfähigen Nachfrage begegnen, d. h. die auf wirkliche Bedürfnisse von Konsumenten abgestellt ist, den Gesamtumfang der Erzeugung und auch den Beschäftigungsgrad erhöhen. Das ist besonders dann von Wichtigkeit, wenn die Investition von neugebildetem Kapital, aus welchen Gründen immer, auf Schwierigkeiten stößt.

Die bisher skizzierte Entfaltung der Gesamterzeugung durch Schaffung ganz neuer Erzeugungszweige schließt eine Erweiterung der ökonomischen Gesamtaktivität in sich, die viel weiter reicht, als der Umfang der neuen Produktionen vermuten läßt. Jede Produktion bedarf eines Handelsapparates, ihre Produkte müssen transportiert werden, Verwaltungsakte hängen daran, die neu eingestellten Arbeiter massieren sich vielfach in neuen Orten, wo für sie Wohnhäuser, für ihre Kinder Schulen errichtet werden müssen, und so fort. Die Natur dieser Gesamtausdehnung, die von den neuen Investitionen eingeleitet wird, ist neuerdings vielfach analysiert worden, und viele Versuche wurden gemacht, um den sogenannten »Multiplier«, das heißt das Verhältnis festzustellen, in dem die Steigerung der Gesamterzeugung zur ursprünglichen Investition steht.[6] Dieses Phänomen wird natürlich auch bei Investitionen auf der Grundlage von Erfindungen zu beobachten sein. Aber Erfindungen führen oft besonders weit, wie die Geschichte der Eisenbahnen und, in geringerem Maße, die des Automobils gezeigt haben. (Ein anderer Fall wäre ein billiges System der Luftkühlung.) Sie können eine Umformung des ganzen ökonomischen Systems mit sich bringen, mit weitreichenden Wirkungen auf die Beschäftigung. Diese können schwerlich in eine Formel eingefangen werden, in der die Steigerung der Gesamterzeugung als Folge einer gegebenen Investition beschrieben wird.

Die neuen Erzeugnisse fügen sich also glatt in den Tauschkreis ein, ohne daß die Schaffung korrespondierender Tauschwaren notwendig wäre, die erforderlich ist, wenn im Zustand des Gleichgewichts plötzlich einer der bereits bestehenden Produktionszweige isoliert sein Erzeugungsvolumen steigert. Dann kann natürlich ein Gleichgewicht nur erzielt werden, wenn ir-

6 Vgl. die Aufsätze von R. F. Kahn »The Relation of Home Investment to Unemployment«, in: *Economic Journal,* London, Juni 1931, und M. Mitnitzky »The Effects of a Public Works Policy on Business Activity and Employment«, in: *International Labour Review,* Oktober 1934; ferner Gerhard Colm und Fritz Lehmann »Public Spending and Recovery in the United States«, in: *Social Research,* Mai 1936.

gendeine Nachfrage für diese zusätzliche Erzeugung auftaucht, und das wieder wird nur der Fall sein, sofern neue Produktionen als Träger der zusätzlichen Nachfrage korrespondierend heranwachsen, da ja die bestehende Nachfrage bereits von den bestehenden Produktionen befriedigt wird. Ein solches Wachstum der bereits bestehenden Produktionszweige wird oft nicht genau einander korrespondieren und daher Gefahren des Rückschlages ausgesetzt sein. Hingegen steht der Erfolg neuer Erzeugungen nur unter der Voraussetzung, daß ein genügend starker Bedarf nach den neuen Produkten vorhanden ist. Dann wird die neue Erzeugung den notwendigen und hinreichenden Kaufkraftstrom auf sich lenken und wird sich organisch und ohne Störung in den Gesamtaufbau einfügen. Die einzige Bedrohung einer solchen Entwicklung liegt vielleicht darin, daß sie unter Erleichterungen durch inflationistische Maßnahmen zu schnell vor sich geht. Es sind im Wesen Unternehmungszweige dieser Art, welche die Entwicklung energisch vorwärtsstoßen. Verläuft die Entwicklung reibungslos, so werden naturgemäß auch die Träger all derjenigen Transportleistungen und Dienste geschaffen werden, in welche die Erzeugung von Waren eingebettet ist.
Neue Produktionen werden besonders bei Stockungen im Gesamtprozeß wichtig. Sie geben dann einen Anstoß, der kaum durch abstrakte Kaufkraftsteigerungen in der Wirkung erreicht werden kann. Das gilt insbesondere gegenüber der produktionsschaffenden Wirkung öffentlicher Ausgaben. Ob diese einen in sich geschlossenen Kreislauf von Erzeugungen auslösen, der sich aus eigener Kraft wiederholt, hängt ja von dem Widerhall ab, welchen die getroffenen Maßnahmen in der Gesamtwirtschaft finden, d. h. davon, daß diese den Rahmen der Gesamterzeugung erweitern, ohne das Preissystem in Unordnung zu bringen. Hingegen ist bei der Entstehung neuer Erzeugungen auf der Grundlage von Erfindungen von vornherein der Weg zur Angliederung der notwendigen »Außenschläge« der Produktion unter Ausweitung des Gesamtapparates gegeben. Die entstehende Anpassung des Geldsystems an diesen erweiterten Umfang ist gefahrlos, weil ihr ja eine Erweiterung des Produktionsvolumens vorangegangen ist und weil die Absatzwege der neuen Erzeugungen schon gebahnt sind. Wachstum durch neue Produktionen kann daher geradezu mit einem organischen Wachstum verglichen werden. Der Prozeß der Kaufkraftausweitung wird sich dann besonders glatt vollziehen, wenn die Nachfrage nach den »neuen« Gütern richtig antizipiert wird. Wird die neue Produktion in der späteren Phase der Depression begonnen, so steht genügend Kapital zu angemessenen Bedingungen zur Verfügung. Ist die neue Produktion von ausreichender Größe, so kann sie eine neue Konjunkturperiode einleiten.
Ökonomisch von der gleichen Wirkung wie Erfindungen, und daher wich-

tig, wenn der Wachstumsprozeß, aus welchen Gründen immer, ins Stocken gerät, sind einige andere Tatbestände, die in dem Ausbau der modernen Volkswirtschaften eine erhebliche Rolle gespielt haben. Sie seien schon hier erörtert, weil sie trotz ihrer scheinbaren Verschiedenheit dieselben Wirkungen wie Erfindungen hervorrufen.

a) Außenhandel

Der Außenhandel führt auf den ersten Blick nicht zu einem Wachstum der Gesamtwirtschaft, bedeutet er doch nur, daß ein Teil der eigenen Erzeugung, die sonst im Inlande abgesetzt werden würde, ins Ausland geht und sich gegen andere Waren austauscht, die in vielen Fällen Bedürfnisse befriedigen, welche aus der heimischen Erzeugung nicht befriedigt werden können. Insbesondere hatte der Außenhandel am Beginn der modernen industriellen Entwicklung die Einfuhr von Produkten zum Gegenstand, die im Inlande gar nicht erzeugt werden konnten. Dieser Kolonialhandel zeigt aber bei näherer Analyse deutlich, in wie hohem Maße er der Anstoß zu neuer Produktion werden konnte. Wäre der Außenhandel lediglich Austausch der fremden Produkte gegen eigene, derart, daß die Bevölkerung des importierenden Landes auf einen Teil ihres bisherigen Konsums verzichtet, um fremde Produkte, z. B. Gewürze, zu kaufen, so könnte sich in der Tat der Umfang der Gesamterzeugung grundsätzlich nicht ändern. Der Außenhandel schließt aber eine Fülle von zusätzlichen wirtschaftlichen Leistungen im importierenden Lande in sich: Schiffsbau, Handelsunternehmungen mit ihren Kontoren, Lagerhäuser, Häfen, Verwaltungseinrichtungen usw.; alle Personen, die derart direkt oder indirekt im Außenhandel, d. h. im Umschlag der Waren, beschäftigt sind, sind Träger zusätzlicher Arbeitsleistungen, die im Preis der importierten Produkte bezahlt werden müssen, ebenso wie der Gewinn. Es werden also nicht nur Waren exportiert, sondern es wird ein Teil der bisherigen Erzeugung, um die Importwaren kaufen zu können, auf den ganzen Personenkreis übertragen, der das komplizierte Gebäude des Import- und Exporthandels schafft und erhält. Insofern liegt in der Einbeziehung fremder Waren in den wirtschaftlichen Kreislauf unmittelbar eine Erweiterung des eigenen Wirtschaftskörpers, die darin begründet ist, daß der im Außenhandel erzielbare höhere Gegenwert für die eigene Erzeugung all diese notwendigen zusätzlichen Leistungen tragen kann.

Der Außenhandel schließt aber noch weitere Möglichkeiten in sich, von denen auf zwei hingewiesen werden soll. 1. ist es möglich, daß besondere Exportwaren, z. B. böhmische Glasperlen, Textilerzeugnisse, Metallwaren,

hergestellt werden, die im eigenen Land gar nicht nachgefragt wurden. In diesem Fall wird ganz offenkundig die Nachfrage nach Arbeitskräften in der Produktionssphäre erhöht werden. Man kann dann theoretisch sagen, daß diese Exportwaren eigentlich die Importe erzeugen. Insofern liegt dann dasselbe Problem vor wie bei der Schaffung neuer Industrien auf Grund von Erfindungen, d. h., es wird ein neuer Produktionszweig eingegliedert, und die Zahl der unmittelbaren Produzenten wird vermehrt; 2. kann auch eine Erweiterung der eigenen Erzeugung an Waren, die auch das Inland konsumiert, für den Export stattfinden. Wenn z. B. an Stelle von 100000 Textilerzeugnissen 105000 produziert werden, um die importierten Gewürze zu bezahlen, so wird in solchen Fällen der Konsum der Inländer an bisher konsumierten Waren zwar zunächst einmal sinken müssen, da ja die Bezahlung der Importe eine Einschränkung der Ausgaben für andere Erzeugnisse voraussetzt. Dann aber werden Konsumgüter frei, welche nun von den Produzenten der zusätzlich für den Export nötigen Textilwaren nachgefragt werden. In diesen beiden Fällen tritt eine Ausweitung der Inlandserzeugung ein, weil ein *neues* Produkt in den Tauschkreis aufgenommen wird. Das monetäre Problem liegt genauso wie in dem oben erörterten Fall der Erzeugung einer bisher unbekannten Ware im Inland.
Nun wollen wir den Fall betrachten, daß die eingeführte Ware auch im Inland erzeugt werden kann und bisher erzeugt wurde. Durch Importe dieser Ware aus dem Ausland wird also ein Teil des bisherigen Marktes von der fremden Ware erobert. Dann wird man Gegenwerte ausführen müssen. Man wird z. B. die Erzeugung auf eine Exportware umstellen. Es möge die Textilindustrie für den eigenen Bedarf zurückgehen, weil nur ein Teil der Betriebe bei niedrigeren Preisen konkurrieren kann. Die entlassenen Arbeiter sowie die stillgelegten Betriebe werden zwar versuchen, sich wieder in den Kreislauf einzuschalten, was allerdings seine Schwierigkeiten haben wird. Im günstigsten Fall indes wird hier nach Umstellungen, wenn Kapital und Arbeiter in der Erzeugung von Exportwaren beschäftigt werden können, der Beschäftigungsgrad unverändert bleiben. In diesem Fall wird sich aber keine Möglichkeit einer unmittelbaren Erweiterung des Produktionssystems nur als Folge von Importen einer Ware ergeben, die auch schon bisher im Inland erzeugt worden war. Was hier vorliegt, ist eine bloße Steigerung des Angebots einer Ware, deren Nachfrage durch die bisherige Produktion bei herrschenden Preisen befriedigt wurde. Da jetzt deren Preise sinken, werden die Grenzproduzenten eliminiert und, wenn alles gutgeht, in den Exportindustrien beschäftigt werden. Da der Preis der importierten Ware niedriger als der Inlandspreis der gleichen Ware sein wird, so wird zwar eine bessere Befriedigung der Bedürfnisse der Konsumenten erzielt

werden, aber der Beschäftigungsgrad wird nicht erhöht, von den auf S. 46 beschriebenen Wirkungen abgesehen. Das wird insbesondere richtig sein, wenn die Elastizität der Nachfrage gleich 1 ist. (Der Senkung der Gewinne in den konkurrenzierten Inlandsindustrien wird eine Steigerung der Gewinne in den Exportindustrien gegenüberstehen.)

b) Änderungen in der Bedürfnisskala

Nehmen wir an, daß in einer Volkswirtschaft plötzlich eine Umschaltung in der Bedürfnisskala eintritt. Die Konsumenten steigern, ohne Veränderung in ihrem Einkommen, die Nachfrage nach Textilwaren, z. B. als Folge der Mode. Die Nachfrage nach Kleidern oder Schuhen wird z.B. größer, und zwar werden bisher schon konsumierte Produkte in höherem Maße als bisher nachgefragt. Ceteris paribus kann eine solche Verschiebung nur dann eintreten, wenn die Konsumenten ihren Verbrauch an andern Erzeugnissen einschränken. Diese nicht mehr nachgefragten Produkte werden dann wohl zum großen Teil von den Produzenten der zusätzlich erzeugten Produkte verbraucht werden. Nehmen wir z. B. an, daß in einem besonders kalten Winter die Nachfrage nach Kohlen steigt. Das wird zusätzliche Arbeitsleistungen erfordern. Die übrige Produktion wird hingegen aus den erwähnten Gründen nicht zurückgehen, d. h. also, der gesamte Beschäftigungsgrad wird steigen. Ebenso wird z. B. ein Schneefall, der hohe Kosten verursacht, die aus Steuergeldern finanziert werden, zur Einschränkung des Konsums und zur Übertragung der Kaufkraft auf die neu eingestellten Arbeiter führen. Das heißt: Solche Ausgaben werden nicht nur zu einer Verschiebung, sondern zu einer Steigerung der Beschäftigung führen, die auch in den beiden zuletzt genannten Fällen sogar mit einer Erhöhung der psychischen Einkommen verbunden sein wird. Denn die Wegschaffung des Schnees bzw. die Sicherung einer warmen Wohnung gewährleistet einen größeren Nutzen als die Befriedigung derjenigen Bedürfnisse, die nunmehr unbefriedigt bleiben müssen.

Nun ist in dem auf S. 39 erwähnten Aufsatz von Conrad gesagt worden, diese Überlegung könne nicht richtig sein, da man ja »nur« eine Verschiebung der Bedürfnisse herbeiführen müßte, um den Beschäftigungsgrad wirksam zu erhöhen. An diesem Einwand ist alles richtig bis auf das Wörtchen »nur«. Denn es wäre außerordentlich schwer, die subjektive Dringlichkeit der einzelnen Bedürfnisse planmäßig zu verändern. In einem gewissen Umfang kann innerhalb der Modeindustrie eine solche Veränderung von der Erzeugungssphäre her induziert werden. Aber da handelt es sich um etwas ganz anderes als im Beispiel der stärkeren Nachfrage nach Kohle. Es wird da nämlich von vornherein in den meisten Fällen (wenn man von der Schaffung neuer zusätzlicher Bedürfnisse absieht) nur die äußere Erscheinungsform desselben Gutes geändert. Die Erzeugung erfolgt meistens in denselben Betrieben, in denen bisher schon die früher konsumierten Waren erzeugt wurden, und meist auch mit denselben Arbeitern, und irgendeine Ausweitung der Gesamterzeugung über den bisherigen Stand ist daher gar nicht gegeben. Man kann in solchen Fällen den Tatbestand theoretisch so konstruieren, daß man sagt, Güter, die bereits erzeugt wurden, hätten nur ihre Gestalt geändert, bei gleichbleibendem Verbrauch von Rohstoffen und Arbeitsleistungen. Infolgedessen wird ein solcher Wechsel der Mode nicht immer die oben auseinandergelegten Wirkungen haben können.

Die wirkliche Umgestaltung der Bedürfnisskala ist also sehr selten. Sie ist oft nur temporär, wie im Falle des gesteigerten Kohlenverbrauchs, und sie kann nicht durch wirtschaftsorganisatorische Maßnahmen oder durch Unternehmerinitiative herbeigeführt werden (die Schaffung neuer Bedürfnisse steht ja auf einem andern Blatt). Dasselbe Resultat ergibt sich übrigens aus der Überlegung, daß der größte Teil des Einkommens, insbesondere des Masseneinkommens, gebunden ist und daß eine Änderung in der Verwendung eines Einkommens, das zu 90 v. H. und mehr für die Befriedigung von Existenzbedürfnissen verwendet wird, überhaupt nur in sehr engen Grenzen erfolgen kann. Das sind ja zugleich die Grenzen, die dem Auftauchen neuer Bedürfnisse und dem Absatz neuer Produkte für den Massenverbrauch gezogen sind. (Dies ist ja der Grund dafür, daß neue Produkte, deren Anschaffung mehr als einen sehr niedrigen Prozentsatz des Arbeitseinkommens erfordert, nur auf der Basis der Konsumfinanzierung hergestellt werden können. So schließt ja auch der kapitalistische Häuserbau eine Konsumfinanzierung in sich, wobei nur der Kapitalist auch noch das Risiko des Absatzes der Leistungen trägt.)

Das Problem des Wachstumsprozesses eines ökonomischen Systems ist mit den vorstehenden Bemerkungen noch nicht erschöpft.[7] Sie mögen aber auf dessen Gesetzmäßigkeiten, auf die wichtigsten Antriebe und den Verlauf des Prozesses Hinweise geben, die bei einer Erörterung, die von der Einzelunternehmung ihren Ausgangspunkt nimmt, nicht gewonnen werden können. Meistens wird die Frage des Wachstums überhaupt nicht gesondert abgehandelt, zumal sie ja im dynamischen Prozeß beschlossen ist. Deshalb dürfte es sich lohnen, noch einen Blick auf den Wachstumsprozeß zu wer-

7 Vgl. hierzu meine Abhandlung: »The Problem of Development and Growth in the Economic System«, in: *Social Research,* Februar 1935.

fen, der sich ohne das Auftreten neuer Produktionen, also lediglich im Rahmen des bestehenden Systems vollzieht.

Ein solches Wachstum ist gegen Störungen viel empfindlicher. Es setzt ja voraus, daß sich das Produktionsvolumen in einem Tempo verändert, das nicht nur auf die Sparrate eingespielt ist, sondern auch den ständig vor sich gehenden Verschiebungen in den Nachfragekurven Rechnung trägt. Es setzt überdies Anpassung der Einkommen an die Bedürfnisse des Wachstumsprozesses voraus. Tritt eine Störung ein, innerhalb deren vorhandene Kapazitäten nicht ausgenutzt werden können, so wird sofort das Gleichgewicht zwischen Verbrauchsgüter- und Produktionsmittelindustrie verschoben, was zu kumulativen Produktionseinschränkungen führt. Der Prozeß der Neuadjustierung, wie er sich in der Depression vollzieht, kann dann lang und verlustreich sein. Das Wachstum eines gegebenen Produktionssystems setzt die Wirksamkeit dynamisierender Faktoren, d. h. aber die systematische Ausbreitung des gesamten Produktionsumfanges voraus. Es kann nicht aus den in den Industrien liegenden Antrieben allein erfolgen. Hingegen wird die Möglichkeit einer neuen Produktion, die einem dringenden Bedürfnis entgegenkommt, einen genügenden Anreiz bieten, um die in der Volkswirtschaft immer vorhandenen Ersparnisse in die Bahnen der Akkumulation zu lenken, und es wird auch sofort ein neues Gleichgewicht mit erweitertem Produktionsumfang vorbereitet. Ein solches Wachstum wird sich ohne Rücksicht auf den Verlauf der Konjunktur vollziehen, wenn die Chancen der neuen Produktion ausgesprochen günstig sind. So hatten z. B. in der schwersten Wirtschaftsstörung die Industrien für den Wintersport in den Jahren 1931 und 1932 einen glänzenden Beschäftigungsgrad, weil gerade die Ausbreitung dieser Sportarten neue Bedürfnisse schuf, zu deren Befriedigung die erforderliche Kaufkraft tatsächlich zur Verfügung gestellt wurde. Je weiter solche neuen Produkte ökonomisch reichen, je tiefergehend die Umwälzung der Lebensgewohnheiten und damit die Notwendigkeit der Umstellung des Konsums sind, um so größer wird der Anteil der neuen Produktionen an dem Wachstumsprozeß sein.

Kapitel II

Der Begriff der technologischen Arbeitslosigkeit

Freisetzung durch technischen Fortschritt als Teil der Arbeitslosigkeit überhaupt

Nicht jede Änderung des technischen Verfahrens zieht Arbeitslosigkeit nach sich, d. h., wenn es überhaupt eine technologische Arbeitslosigkeit gibt, so knüpft sie an besondere Arten des technischen Fortschritts an. Umgekehrt, die Arbeitslosigkeit als Massenphänomen und als Problem der Gesamtwirtschaft geht auf zahlreiche Ursachen zurück. Wir haben also verschiedene Schichten der Arbeitslosigkeit zu unterscheiden, die jeweils verschiedenen Ursachen zuzurechnen sind. Die technologische Arbeitslosigkeit wird daher nur ein Teil der Arbeitslosigkeit überhaupt sein, und es ist die Frage, ob wir sie aussondern können.

Jedes ökonomische Phänomen, das eine Störung verursacht, kann Wirkungen auslösen, die diese Störung verstärken oder – umgekehrt – kompensieren.

a) Arbeitslosigkeit kann durch Fortpflanzung von Nachfrageverminderungen neue Arbeitslosigkeit nach sich ziehen, genauso wie eine Steigerung der Nachfrage durch Induzierung einer neuen Produktion eine Welle von neuen Produktionen hervorrufen kann. Soweit solche Arbeitslosigkeit, monetär durch Kaufkraftschöpfung vorübergehend überwunden, späterhin zu tiefwirkenden Deflationsprozessen mit einer Schrumpfung des Beschäftigungsgrades führt, kann eine kumulative Steigerung der Arbeitslosigkeit eintreten. In diesen Fällen aber ist das Phänomen mit dem ganzen Konjunkturprozeß verknüpft und daher sowohl begrifflich als auch statistisch schwer auszusondern.

b) Arbeitslosigkeit kann durch kompensierende Faktoren überwunden werden. Diese können ganz unabhängig von der Arbeitslosigkeit wirken, so z. B. natürliche Wachstumstendenzen der Volkswirtschaft, die stark genug sind, um den natürlichen Bevölkerungszuwachs und darüber hinaus die arbeitslos gewordenen Massen wieder in eine Beschäftigung zu bringen. Oder

es kann die Tendenz zum Gleichgewicht unter gewissen Bedingungen Wirkungen ausüben, die innerhalb bestimmter Grenzen die Arbeitslosen resorbieren. Inwieweit dazu Preis- und Lohnänderungen gehören und inwieweit diese kompensierende Wirkungen haben können, wird später zu erörtern sein. Ebenso wie wir aber von Arbeitslosigkeit nur sprechen, soweit sie nicht kompensiert ist, werden wir nur dann technologische Arbeitslosigkeit annehmen, wenn keine genügend starken Gegenwirkungen im Spiele sind. Wir betrachten also die technologische Arbeitslosigkeit, wie Arbeitslosigkeit aus andern Ursachen auch, als eine Restgröße.
Entsprechend der Terminologie des Kapitels I werden wir die Freisetzung von Arbeitskräften nur bei technischen Fortschritten im engeren Sinn des Wortes erwarten. In allen diesen Fällen wird die Gesamterzeugung bei gleichbleibender oder sogar sinkender Arbeiteranzahl erheblich steigen. Dieser Prozeß wird eine Steigerung des Kapitalanteils in sich schließen. Freilich kann die technische Verbesserung zugleich auch kapitalsparender Art sein. Deren Wirkung wird gesondert zu untersuchen sein.
Wir heben also diejenigen technischen Fortschritte heraus, die eine Steigerung der Arbeitseffizienz zum Ziele haben. Nur bei diesen treten als Folge der technischen Veränderungen unmittelbar Arbeiterentlassungen ein. In welchem Maß das geschieht, darüber geben für die amerikanische Industrie speziell einige Veröffentlichungen des Internationalen Arbeitsamtes und einige Erhebungen des Department of Labor Aufschluß.[1] Die Resultate dieser Erhebungen sind zwar kein schlüssiger Beweis für die Existenz und den Umfang der technologischen Arbeitslosigkeit, sie geben aber einen Begriff davon, wie groß die durch den technischen Fortschritt ausgelösten unmittelbaren Störungen auf dem Arbeitsmarkt sind, die überwunden werden müssen, um technologische Arbeitslosigkeit zu kompensieren.
Die Freisetzung von Arbeitskräften trifft innerhalb der kapitalistischen Wirtschaft auf einen sehr komplizierten Tatbestand. Sie verschmilzt mit einer ganzen Reihe von Schichten Arbeitsloser, die ihre Arbeit aus anderen Gründen verloren haben, z. B. wegen Saisonarbeitslosigkeit, konjunktureller Arbeitslosigkeit, Arbeitslosigkeit infolge einer Verschiebung im Altersaufbau der Bevölkerung oder des Zudranges spezieller Schichten zum Arbeitsmarkt (z. B. Mittelstand, Frauenarbeit), »notwendiger Arbeitslosigkeit«, welche die Bewegungsreserve des Arbeitsmarktes darstellt. Auch Störungen besonderer Art führen zu Arbeitslosigkeit, so z. B. der plötzliche Rückruf kurzfristiger Kredite, die Tatsache übermäßig anschwellender Warenlager, politische Störungen, Währungsänderungen, die zu Einfuhr-

1 Vgl. die Anmerkungen auf S. 239 ff. und die auf S. 212 f. genannten Schriften.

und damit zu Ausfuhrhemmnissen Anlaß geben, Zolländerungen usw. Von größter Wichtigkeit war ferner die Gleichzeitigkeit von Agrar- und Industriekrise in den letzten Jahren, allerdings auf das engste mit dem technischen Fortschritt verknüpft.[2]

Da sowohl die konjunkturelle als auch die technologische Arbeitslosigkeit Gegenkräfte auslösen, die alsbald die Arbeitslosigkeit verringern, ist schwer zu sagen, was als technologische Arbeitslosigkeit zu bezeichnen ist. Wie soll sie aus dem Gesamtphänomen der Arbeitslosigkeit herausgelöst werden? Vollends ist es unmöglich, festzustellen, welche der verschiedenen Ursachen der Arbeitslosigkeit im konkreten Falle kompensierende Wirkungen hervorruft.

Damit haben wir schon den Prozeß der Aufsaugung der Arbeitslosen berührt und angedeutet, daß es sich bei der technologischen Arbeitslosigkeit, wie bei der Arbeitslosigkeit überhaupt, um ein mittelfristiges Problem handelt. Es ist einerseits richtig, daß die Entstehung von Arbeitslosigkeit an sich ökonomisch noch nicht interessant ist, da sie ja von kurzer Dauer sein kann. Sie wird erst dann ein Problem, wenn sie über eine Wirtschaftsperiode hinaus andauert. Ebenso ist es andererseits richtig, daß über kurz oder lang, wenn man sich genug Zeit läßt, die Arbeitslosigkeit verschwinden wird, besonders dann, wenn man das Entstehen neuer Wellen von Arbeitslosigkeit verhindern könnte. Nur um dieses mittelfristige Problem handelt es sich, das also für eine Periode anzunehmen ist, die länger ist als ein Jahr, aber wahrscheinlich nicht länger als drei bis fünf Jahre.

Der Prozeß der Aufsaugung von Arbeitslosen braucht eine gewisse Zeit. Es braucht eine gewisse Zeit, bis die kompensierenden Wirkungen ins Spiel kommen können. Vermutlich ist unter den modernen Verhältnissen die Zeitspanne, die verstreicht, bis die technologische Arbeitslosigkeit kompensiert wird, länger als diejenige, welche früher zwischen dem Zusammenbruch des Preissystems in der Wirtschaftskrise und dem Wiederbeginn des Aufstiegs lag. Möglicherweise erklärt das, warum die Dauer der Depressionsperiode in der Gegenwart vermutlich länger ist, als sie durchschnittlich im 19. Jahrhundert war.

Definition der »technologischen Arbeitslosigkeit«

Nach Darlegung all dieser Schwierigkeiten kann man versuchen, mit allen gebotenen Vorbehalten einen Begriff der technologischen Arbeitslosigkeit

2 Eine gute Übersicht über die verschiedenen Schichten der Arbeitslosigkeit gibt Henry Clay in seinem Buch *The Post-War Unemployment Problem,* 1930.

zu formulieren: Es ist derjenige Teil der Arbeitslosigkeit, der, durch technische Fortschritte verursacht, weder durch die Folgewirkungen des technischen Fortschritts bzw. der durch ihn ausgelösten Veränderungen innerhalb eines bestimmten Zeitraums noch durch die autonome spontane Entwicklung innerhalb des Wirtschaftssystems kompensiert wird. Technologische Arbeitslosigkeit wäre also erst bei einem Tempo des technischen Fortschritts anzunehmen, welches das »normale« Tempo übersteigt. Dieses »normale« Tempo hängt von der Intensität des Wachstums der Volkswirtschaft und der Kapitalbildung ab, die wiederum keine konstanten Größen sind. Innerhalb jeder dynamischen Wirtschaft wird man aber mit einem gewissen technischen Fortschritt rechnen müssen, der zu den wichtigsten Wesenszügen der dynamischen Wirtschaft gehört. Dieser »vorgesehene« technische Fortschritt würde keine Freisetzung zur Folge haben. Im folgenden ziehen wir nur eine solche Arbeitslosigkeit in Betracht, die länger als ein Jahr dauert; diese Zeitspanne ist willkürlich gewählt. Sie ist aber lang genug, wenn man in Betracht zieht, daß die meisten der ausgleichenden Kräfte innerhalb eines Jahres wirksam werden, und sie empfiehlt sich auch aus praktischen Gründen. Sehen doch die Arbeiterversicherungsgesetze nie eine Fortdauer der Unterstützung über einen längeren Zeitraum vor.

Schnelligkeit des technischen Fortschritts bis 1914 und in der gegenwärtigen Periode; Untersuchung einiger statistischer Daten

Eine quantitative Bestimmung oder gar die Aufstellung einer Formel, die gestatten würde, die technologische Arbeitslosigkeit aus gegebenen Daten zu errechnen, ist daher kaum möglich. Immerhin könnte man eine ungefähre Annäherung erreichen: Man könnte feststellen, in welchem Maß technische Fortschritte, in dem hier allein betrachteten Sinne, also nicht Erfindungen aller Art, vor dem Kriege, im Laufe des 19. Jahrhunderts, die Effizienz der menschlichen Arbeit, und zwar nicht in der Industrie allein, sondern im ganzen Gewerbe und in der Landwirtschaft, gesteigert haben. Dagegen könnte man die Steigerungssätze der Gegenwart stellen. Wenn man nun – eine vielleicht nicht sonderlich gewagte Hypothese – annimmt, daß diese Steigerung der technischen Effizienz der Vorkriegszeit im ökonomischen Prozeß kompensiert werden konnte und daß dieser Kompensationsprozeß – was allerdings eine gewagte Annahme ist – größere Effizienzsteigerungen nur mit Schwierigkeiten resorbieren kann, dann würde die Differenz der Effizienzsteigerungen die Obergrenze der technologischen Arbeitslosigkeit in dem bezeichneten Zeitraum andeuten.

Nimmt man, mit den meisten Theoretikern, an, daß im großen und ganzen, in the long run, der Reallohn der Effizienz entspricht, daß er sich mit dieser bewegt, daß sich die Einkommensverteilung nicht ändert, so muß man auf Grund der unten[3] gegebenen Daten vermuten, daß das Wachstum der Effi-

3 Vgl. die Artikel »Wages« von Bowley in der *Encyclopaedia Britannica,* ferner »Index Numbers« ebenda; danach stieg der Lohn in England von 8s. 6d. im Jahr 1795 auf 17s. im Jahr 1850, während die Preise unter Schwankungen, insbesondere erheblichen Steigerungen nach den Napoleonischen Kriegen, wieder auf das alte Niveau zurückkehrten. Ebenso hat sich dann der Reallohn wieder von 1850 bis 1914 verdoppelt. Diese Schätzungen sind allerdings etwas problematisch. Es scheint mir, daß sie eine Zeit sehr hoher Preise und niedriger Reallöhne als Ausgangspunkt wählen. Außerdem ist die Zugrundelegung des Brotpreises zur Messung des Reallohns nicht zu empfehlen, weil bei steigendem Einkommen der Verbrauch immer differenzierter wird. Sombart, *Der moderne Kapitalismus,* III, 1, S. 513, gelangt auf Grund der von ihm verwerteten Daten zu wesentlich geringeren Steigerungssätzen für den Reallohn zwischen dem Ende des 18. Jahrhunderts und der Zeit vor dem Kriege. Er kommt auf eine Steigerung aufs 2–$2^{1}/2$fache. Hierfür gibt es folgende Reihen des Reallohns:

Frankreich Indexziffer: 1900 = 100 (nach: Tyzka, in den Schriften des Vereins für Socialpolitik, 145, 64)		Großbritannien 1913 = 100		USA 1913 = 100
1810	55.5	1790–1799	37	–
1820	53,5	1800–1809	41	–
1830	54,0	1810–1819	41	–
1840	57,0	1820–1829	47	–
1850	59,5	1830–1839	47	48
1860	63,0	1840–1849	49	56
1870	69,0	1850–1859	58	52
1880	74,5	1860–1869	63	53
1890	89,5	1870–1879	74	77
1900	100,0	1880–1889	84	85
1910	106,0	1890–1899	98	103
		1900–1909	102	103
		1913	100	100

Daten für England: *Economic Journal,* Sept. 1923; *Journal of Statistical Society,* März 1909, *Review of Economic Statistics,* Okt. 23. Suppl. für die USA: *American Economic Review,* März 1925.

Nach Abschluß dieser Arbeit erschien die Abhandlung von Rufus S. Tucker, »Real Wages of Artisans in London 1729–1935«, in: *Journal of the American Statistical Association,* März 1936, die meine obige Annahme voll bestätigt. Wenn man den Reallohn für 1900 = 100 setzt, so ergibt sich auf Grund sorgfältiger Berechnung eines den Änderungen der Konsumgewohnheiten sich anpassenden Index der Lebenshaltungskosten und der tatsächlich gezahlten Löhne für die Jahre 1729–1739 ein Reallohn von durchschnittlich 67. Der Reallohn sank mit Schwankungen bis auf 32,6 (1800), um dann wieder zu steigen. Erst im Jahrzehnt 1870–1880 erreichte er wieder den Stand von 1729–1739, stieg dann auf 100 bis 1900, sank schon vor und noch mehr während des Krieges, erreichte 1927 wieder den Stand von 100 und stieg auf 112 (1935). Gleichzeitig sank allerdings auch die Arbeitszeit. Trotzdem zeigen diese Daten deutlich, daß die häufig vertretene Annahme einer Steigerung des Reallohns aufs Vierfache im Laufe des 19. Jahrhunderts nur darauf zurückgeht, daß die Geldlöhne im 18. Jahrhundert im Wesen gleich blieben, während die Preise stiegen, so daß der Reallohn um 1800 auf einem sehr tiefen Niveau stand. (Diese Daten scheinen darauf hinzudeuten, daß die ersten zwei Drittel des 19. Jahrhunderts von einem Prozeß ausgefüllt waren, in dessen Verlauf die Arbeiter erst allmählich einen Teil des So-

zienz der Arbeit per Jahr wesentlich weniger als 2 v. H., vielleicht nur 1 v. H. betrug. Hingegen ist zwischen 1914 und 1926 die Effizienz in der amerikanischen Industrie um 50 v. H. gestiegen, oder im Durchschnitt per Jahr um $3^{1}/_{2}$ bis 4 v. H.

Beim Vergleich dieser beiden Daten ist folgendes zu bemerken: Ein Wachstum der Effizienz um 1 v. H. jährlich nähert sich sehr der Annahme Cassels einer durchschnittlichen Steigerung der Produktion von 3 v. H., bei der raschen Ausdehnung der industriellen Erzeugung überhaupt, und bei gleichzeitiger Erhöhung in der Zahl der Arbeitenden um $^{1}/_{2}$ bis 1 v. H. jährlich. Wie schon in der Anmerkung angedeutet, ist das Tempo in der Steigerung des Arbeiter-Realeinkommens zu bezweifeln.[4]

Aber selbst wenn man diese Daten zugrunde legt und die Steigerung des Realeinkommens der Arbeiterschaft im großen und ganzen als Index der Steigerung der Effizienz der Arbeit betrachtet, darf nicht übersehen werden, daß vermutlich eine besonders hohe Quote der zur Verfügung stehenden bzw. freigesetzten Arbeitskräfte während des 19. Jahrhunderts in neu entstehenden Produktionen Aufnahme fand, wodurch neue Bedürfnisse ausgelöst wurden, was zu dem oben in Kapitel I beschriebenen Prozeß führte.

Wenn wir die Steigerung der Effizienz der Arbeit im 19. Jahrhundert mit

zialprodukts erhielten, welcher der steigenden Effizienz entsprach. Die Steigerung des Reallohns per Stunde ist etwas größer, da der Arbeitstag verkürzt wurde. Allerdings auch wieder mehr im Vergleich mit 1800 als etwa dem ersten Drittel des 18. Jahrhunderts.) Diese Ziffern beziehen sich auf gelernte Arbeiter. Vergleiche der Löhne ungelernter Arbeiter über diese Periode würden vermutlich ein anderes Bild ergeben.

4 Vgl. z. B. Douglas, *Theory of Wages:* Reallöhne in England, S. 387. Danach stiegen die Reallöhne, immer mit Rückschlägen, von 91 im Jahre 1861 auf 170 im Jahre 1900 und sanken wieder auf 157 im Jahre 1912. Das ist eine Steigerung der Reallöhne in 50 Jahren um ca. 72 v. H., was einem Wachstum der Effizienz von wenig über 1 v. H. per Jahr entspricht.

Nach Wolman in *Recent Social Trends* (S. 820) bewegte sich der Reallohn in allen Zweigen der Beschäftigung, also für Arbeiter, Angestellte in Industrie, Transportwesen und Landwirtschaft, in der Periode 1890 bis 1914, also durch 24 Jahre, zwischen 96 und 100. Erst nach dieser Zeit einer Stagnation erfolgte mit Sprüngen und Rückschlägen eine Erhöhung von 100 auf 132 in der Zeitspanne 1915 bis 1928, also innerhalb von 14 Jahren. Hätte dieses Tempo der Lohnerhöhung schon im Jahr 1890 eingesetzt, so hätten die Löhne 1928 180 v. H. der im Jahre 1890 gezahlten Löhne betragen müssen. Diese Daten zeigen nur, daß wir uns hier auf etwas schwankendem Boden bewegen.

Diese Daten für die Lohnbewegung scheinen in einer gewissen Übereinstimmung mit den Veränderungen in der Erzeugung per Kopf zu sein: Frederick C. Mills gibt die Steigerung der Erzeugungsmenge per Kopf mit 20 v. H. für die Periode 1899–1914 an. Eine Veröffentlichung des National Industrial Conference: *Machinery, Employment and Purchasing Power,* 1935, S. 55, gibt nur eine Steigerung der Erzeugung per Kopf von 16 v. H. an.

Zur Ergänzung seien noch etwas abweichende Ziffern gegeben, die von Woodlief Thomas stammen. Der Autor, welcher der Division of Research and Statistics im Federal Reserve Board angehört, veröffentlichte in der *American Economic Review* (Supplement, Bd. 18, Nr. 1, März

den analogen Daten für die Zeit nach 1914 vergleichen, so müssen noch folgende Gesichtspunkte berücksichtigt werden:

a) Die Daten beziehen sich für beide Perioden nur auf die Industrie. Sie enthalten nicht die Landwirtschaft. In der Vorkriegszeit stand die Landwirtschaft, wenigstens Europas, unter dem Gesetz des sinkenden Ertrags; soweit überseeische Böden mit den europäischen konkurrierten, waren geringe Zollsätze (bis etwa 20 v. H. des Handelswertes) hinreichend, um die fremde Konkurrenz auf das für die europäische Landwirtschaft erträgliche Maß zu reduzieren. Der Übergang der europäischen Landwirtschaften zu arbeitsintensiveren Produktionen erleichterte die Einführung der wachsenden Überseeproduktion in den Weltmarkt. Hingegen spielte in der Nachkriegszeit gerade die moderne Technik in der Landwirtschaft und Rohstofferzeugung eine sehr große Rolle und setzte z. B. zwischen 1920 und 1930 in der amerikanischen Landwirtschaft 1,2 Millionen Arbeitskräfte frei. Die Zahl der Arbeitskräfte im Bergbau sank in der gleichen Periode um 100000.

b) Ein Vergleich der Effizienz über einen sehr großen Zeitraum hin ist schwierig, weil ja innerhalb desselben neue Wirtschaftszweige entstehen, für die also keine Vergleichsdaten für den Beginn der Periode angegeben werden können.

1928) (40th Annual Meeting of the American Economic Associaton, Washington, 1927) folgende Daten, die, soweit ich sehe, die Grundlage sehr vieler späterer statistischer Publikationen wurden:
Danach sei 1899 bis 1927 die industrielle Erzeugung in den Vereinigten Staaten per Kopf um etwa 50 v. H. gestiegen. Diese Steigerung war in den ersten 20 Jahren sehr gering und erlitt in Krisenjahren Rückschläge. So war 1919 wegen der Neuadjustierungen an geänderte Verhältnisse ungünstig. Dann aber schoß die Effizienz herauf. Offenbar wurden die während des Krieges getroffenen Verbesserungen überhaupt erst jetzt sichtbar. In den Jahren 1921 bis 1923 stieg die Effizienz um 23 v. H., von 1923 bis 1925 um 11 v. H., oder von 1909 bis 1925 im Durchschnitt der Jahre um 1,8 v. H., oder doppelt soviel als im Jahrzehnt 1899 bis 1909. Da von 1909 bis 1923 die Arbeitszeit um 11 v. H. gesenkt wurde, so betrug die Effizienzsteigerung seit 1899 mindestens 50, wahrscheinlich aber 70 v. H. Der Autor ist wohl mit Recht der Meinung, daß die Entwicklung der Technik kontinuierlicher verlief, als man nach diesen Daten annehmen würde, und daß die Auswirkungen nur durch Krisenjahre verdeckt waren. Jedenfalls war die Entwicklung seit 1899 sehr schnell, denn eine Wachstumssteigerung von 70 v. H., auf die Arbeitsstunde gerechnet, in 25 Jahren würde ja eine Steigerung von 100 auf 800 im Laufe von 100 Jahren bedeuten. Das heißt, die Steigerung der technischen Effizienz würde gestatten, das Realeinkommen im Laufe von 100 Jahren zu verachtfachen. Es ist kaum zu verwegen, anzunehmen, daß Effizienzsteigerungen in diesem Tempo innerhalb einer Tauschwirtschaft Störungen mit sich bringen würden, da sich ja die Wirtschaft bei jeder Änderung der Daten erst auf diese Verschiebungen der technischen Struktur adjustieren muß. (Daß die Zeit bis zum Weltkrieg – wenigstens in wichtigen Industrien, deren »große Zeit« bereits vorbei war – keine sehr starke Steigerung der Effizienz brachte, geht auch aus den von G. T. Jones ermittelten Daten hervor: Danach sanken die Produktionskosten in der Textilindustrie von 1850–1910 um 17 v. H. Vgl. hierzu sein Buch, *Increasing Return,* Cambridge 1933.)

Mit 1914 setzt eine neue Periode ein, welche in zwei Phasen zerfällt: 1914–1919, während des Krieges, stieg die Erzeugung per Arbeiter fast überhaupt nicht, da vermutlich die Industrie alle Arbeiter beschäftigen mußte, die überhaupt verfügbar waren; so stieg, nach Mills, die Erzeugung der arbeitenden Bevölkerung per Kopf von 1914–1920 nur um 5,6 v. H.; die neuen Produktionsmethoden, die während des Krieges und nachher ausgearbeitet wurden, zeigten erst nach 1920 ihre volle Wirksamkeit: die Erzeugung per Kopf stieg von 1921–29 um 34 v. H. oder beinahe 4 v. H. per Jahr.
Ähnliche Beobachtungen wurden für Deutschland gemacht; die Statistik zeigt dort ein jährliches Wachstum der Erzeugung per Kopf um $1^1/_2 - 1^3/_4$ v. H. in den Jahren 1890–1904; dann ein Stagnieren bis 1913 und ein Ansteigen von 3,5 v. H. per Jahr seit etwa 1914.[5]

Versuchsweise Schätzung der technologischen Arbeitslosigkeit

Auf Grund der angeführten Daten könnte man versuchsweise folgende Überlegung anstellen: Wenn im 19. Jahrhundert die jährliche Steigerung der Effizienz der menschlichen Arbeit selbst mit 1,5 v. H. angenommen wird, und wenn sie im Durchschnitt von 12 Jahren je 3,5 v. H. betrüge, und wenn eine Effizienzsteigerung von 1,5 v. H. jährlich noch kompensiert werden kann, dann könnte eine durchschnittliche Steigerung der Effizienz um 3,5 v. H. jährlich zu einer Arbeitslosigkeit führen, die nach 12 Jahren bis zu 24 v. H. ansteigen könnte. Wenn nun die mittlere Dauer für die Aufsaugung der Arbeitslosen drei Jahre beträgt, so wäre die technologische Arbeitslosigkeit 6 v. H.; wenn vier Jahre, so 8 v. H., wenn fünf Jahre, so 10 v. H. Dazu kämen noch kumulative Wirkungen. Das ergibt sich bei der Annahme, daß freisetzende Wirkungen einer Effizienzsteigerung von 2 v. H. jährlich, aber nicht ein größerer Prozentsatz kompensiert werden können, aus Gründen, die in den inneren Schwierigkeiten für die rasche Anpassung einer rapiden Effizienzsteigerung liegen. Wenn sich also das Tempo, in dem die Produktionsleistung per Kopf wächst, gegenüber der Vorkriegszeit verdoppelt hat und wenn überdies der Prozeß der Effizienzsteigerung in einigen Produktionszweigen konzentriert ist, ist der Anpassungsprozeß viel schwieriger, zumal wenn keine neuen Industrien entstehen. So wäre also die technologische Arbeitslosigkeit kaum geringer als 10 v. H., was etwa der höchsten Gesamtarbeitslosigkeit vor dem Kriege in Europa entspricht.
Die Auswirkung technischer Fortschritte auf den Arbeitsmarkt braucht

5 Willy Bauer, »Technischer Fortschritt und Produktivität«, in: *Vierteljahrshefte für Konjunkturforschung,* 1936, Heft 2, Teil A; Neue Folge, S. 138.

Zeit. Die erste Phase ist meistens mit steigender Nachfrage nach Arbeitskräften als Folge einer Investitionskonjunktur verbunden, die unter günstigen Kreditverhältnissen, unter dem Ansporn der technischen Impulse, durch Vorwegnahme künftigen Konsums, durch reichlichen Kapitalexport, der ja immer Export von Waren bedeutet, zu gefährlicher Höhe gesteigert werden kann. So ist bei der Zugrundelegung einer Indexziffer von 100 für die Jahre 1923 bis 1925 bei gleichzeitig rasch zunehmender Effizienz die Beschäftigung in der letzten Konjunkturperiode in den Vereinigten Staaten gestiegen: in der Maschinenindustrie bis auf 125 (allerdings nur in dem einen Jahr 1929), in der Eisen- und Stahlindustrie auf 102, in der chemischen Industrie auf 115, in der Gummiindustrie auf 110, und, als Folge des gesteigerten Beschäftigungsgrades sowie der Erhöhung des Reallohnes, ebenso in einigen Fertigindustrien wie Nahrungsmittelindustrie (113) und Textilindustrie (104).

Wie stets innerhalb eines Konjunkturzyklus ist die Spannung zwischen tiefstem und höchstem Beschäftigungsgrad in den Produktionsmittelindustrien am größten. Die Beschäftigung stieg in Eisen und Stahl von 66 (1921) auf 102 (1929), in der Maschinenindustrie von 77,5 auf 125,8, d. h. um 62 v. H., hingegen in der Nahrungsmittelindustrie von 93,6 auf 113, also über 20 v. H., in der Textilindustrie von 92,7 auf 104,8 oder um 13 v. H.[6]

Entsprechend ist dann der Beschäftigungsgrad bis 1933 zurückgegangen: in der Maschinenindustrie auf 58,8, in Eisen und Stahl auf 58,6, in der chemischen Industrie auf 95, in der Gummiindustrie auf 74, hingegen in der Nahrungsmittelindustrie nur auf 94,4 und in der Textilindustrie auf 88,1. Aber all diese Indizes liegen weit unter dem Tiefpunkt des Jahres 1921, wofür besondere Umstände der Konjunkturperiode bis 1929 verantwortlich gemacht werden können, die zum guten Teil in der Auswirkung des technischen Fortschritts bestanden.

Die Gesamtziffern für Produktionsvolumen und Arbeiterzahlen spiegeln die rasch steigende Kopfleistung und sowohl die latente[7] als auch die tatsächliche Arbeitslosigkeit während dieser Periode wider.[8]

	Produktionsvolumen	Beschäftigung	Wöchentliche Arbeitsstunden
1923–1925	100	100,0	48,1
1929	119	104,7	48,3
1932	64	65,5	34,8
1935	90	85,9	37,2

6 Siehe *Federal Reserve Bulletin,* Juni 1934, S. 328.

7 Latente Arbeitslosigkeit liegt vor, wenn die Beschäftigung langsamer wächst als die Anzahl derer, die Beschäftigung suchen.

8 *Survey of Current Business,* 1936, Supplement.

Unter allen Vorbehalten kann daher ein Vergleich der Effizienzsteigerungen in Industrie und Landwirtschaft (letztere ist in diesen Daten nicht enthalten) zu der Annahme führen, daß unter der Voraussetzung von Schwierigkeiten für eine schnelle Kompensation mindestens mittelfristige technologische Arbeitslosigkeit periodisch gegeben ist. Diese mittelfristige Arbeitslosigkeit wird zu einer langfristigen, wenn mehrere Wellen technischer Fortschritte rasch aufeinanderfolgen. Wenn man z. B. die auf S. 58 hypothetisch gemachte Annahme zugrunde legt, wonach die Wiedereingliederung der freigesetzten Arbeiter drei Jahre erfordere (was natürlich nicht bedeutet, daß der individuelle freigesetzte Arbeiter drei Jahre warten muß, bis er wieder Beschäftigung findet), so würde die technologische Arbeitslosigkeit *chronisch* etwa 6 v. H. betragen (alle gemachten Annahmen sind wahrscheinlich zu günstig; man wird für viele Länder mit mindestens 7–8 v.H. rechnen müssen). Im Konjunkturverlauf würde allerdings das Ausmaß der technologischen Arbeitslosigkeit in der Depression größer sein. Es wäre eine dankenswerte Aufgabe, die Konjunkturperioden des 19. Jahrhunderts einmal auf die Frage hin zu untersuchen, ob und inwiefern Dauer und Intensität der Arbeitslosigkeit aus Verschiebungen der technischen Effizienzen folgten, wobei die Erfindungen im Sinne des Kapitels I ausgeschaltet bleiben müßten. Für eine solche Untersuchung wäre vielleicht ein einigermaßen ausreichendes Material bei einer Durchforschung der Geschichte der modernen Industrien zu beschaffen.

Kapitel III

Steigender und sinkender Ertrag

Ertrag in der Einzelfirma und im ökonomischen System als Ganzes gesehen

Bevor auf den Prozeß eingegangen werden soll, der durch den arbeitssparenden technischen Fortschritt ausgelöst wird, sei vorweg ein allgemeineres, grundlegendes Problem behandelt, dessen Bedeutung mir für unseren Fragenkomplex ausschlaggebend scheint. Es muß hier einbezogen werden, da sonst die Erörterung wesentliche Seiten unserer Untersuchung nicht klären könnte.

Prüft man, wie Arbeitslosigkeit überhaupt – also auch Arbeitslosigkeit durch technische Fortschritte – im allgemeinen und besonders von der Lohnseite her überwunden werden kann, so ist es von ausschlaggebender Bedeutung zu wissen, ob die Produktion eines Landes bei den obwaltenden Verhältnissen unter steigendem oder gleichbleibendem oder sinkendem Ertrag steht. Diese Frage wird in der Literatur meist nur im Hinblick auf das Einzelunternehmen unter sonst gleichbleibenden Bedingungen der Volkswirtschaft erörtert.[1] Wir müssen die Frage aber aus dieser Isolierung herauslösen und sie für das Ganze der Volkswirtschaft stellen. Steht eine Volkswirtschaft unter dem Gesetz sinkenden Ertrags, wie etwa in dem Schema von Malthus, dann ist jede Ausdehnung der Erzeugung, jede Einstellung von Arbeitslosen nur bei sinkenden Löhnen möglich. Steigt der Ertrag im Gesamten der Volkswirtschaft, so könnten andere Maßnahmen die Arbeitslosigkeit beheben, und es ist zweifelhaft, ob die Senkung des Lohnes überhaupt zu einer Aufsaugung der Arbeitslosen führen würde. Daher ist es von allergrößter Bedeutung zu wissen, wie der Produktionskörper technisch strukturiert ist, ob also eine Ausdehnung der Erzeugung in der Tat nur unter wachsenden Kosten für die zusätzlich zu erzeugenden Produkte erfolgen kann.

1 Neuerdings wird die Frage zunehmender Erträge besonders im Zusammenhang mit dem Problem der monopolistischen oder unvollständigen Konkurrenz behandelt; meist wird jedoch nur die Preispolitik einzelner Unternehmungen oder Industrien erörtert, während die vorliegende Untersuchung trachtet, stets die Verflechtung der Produktionszweige im Auge zu behalten.

Die in Kapitel II angeführten Daten zeigen nun deutlich, daß seit dem Beginn der industriellen Ära die Effizienz pro Kopf der beschäftigten Arbeiter in den europäischen Produktionskörpern wuchs, und zwar besonders schnell, wenn man die Verkürzung der Arbeitszeit in Rechnung stellt. Es ist also gar keine Frage, daß das Wachstum der kapitalistischen Volkswirtschaften im Durchschnitt unter steigendem Ertrage stand.

Physischer und Wert-Ertrag

Die bisherigen Bemerkungen beziehen sich auf das Ertragsgesetz der Gesamtwirtschaft bzw. auf die Einzelwirtschaft, in der die Menge aller Faktoren wächst. Ein anderer Ertragsbegriff hat zum Gegenstand die Wachstumsrate der Erzeugung nach Hinzufügung zusätzlicher Dosen eines Faktors, während die Ausstattung mit den übrigen gleichbleibt.
Unter dieser Voraussetzung muß zunächst der Begriff des steigenden oder sinkenden Ertrages genauer untersucht werden. Das Problem kommt bekanntlich von der Landwirtschaft her. Es bezieht sich immer auf den physischen Ertrag. In der Landwirtschaft wird bei gegebener, bereits in Anbau genommener Bodengrundlage und bei gleichbleibender Technik eine steigende Anwendung von Kapital und Arbeit von einer bestimmten Grenze ab relativ sinkende, d. h. langsamer wachsende zusätzliche Erträge abwerfen. Das ist schon in den Voraussetzungen begründet. Denn bei gegebener Menge und Qualität wird jeweils eine bestimmte Kombination jeder Bodenart mit Kapital und Arbeit zur Erzielung eines Gleichgewichtzustandes erforderlich sein. Man wird diejenige Kombination wählen, in welcher der Grenzertrag einer Einheit von Kapital und Arbeit sich mit dem Grenzertrag einer Einheit von Kapital und Arbeit in der Industrie deckt.[2] Wie viel von

2 Um Verwirrung zu vermeiden, sei gesagt, daß der Vergleich von Grenzerträgen in den verschiedenen Produktionszweigen sich allerdings auf einen Wertbegriff beziehen muß, da die physischen Erträge in der Landwirtschaft (z. B. Weizen) und in der Industrie (z. B. Eisen) nicht auf einen gemeinsamen Nenner reduziert werden können. Die Intensität der Nachfrage, gemessen an den Preisen, welche die Käufer bereit sind zu bezahlen, bestimmt die Proportionen, in denen die verschiedenen Güter erzeugt werden, und deshalb auch die Verwendung der einzelnen Produktionsfaktoren; ist aber die Entscheidung darüber einmal getroffen, so bleibt das Problem doch bestehen, ob die Hinzufügung weiterer Einheiten eines Produktionsfaktors (Arbeit oder Kapital) die physischen Erträge in einem abnehmenden, gleichbleibenden oder zunehmenden Maße vermehren wird.
Nun mag man sagen, daß die Vermehrung der Erzeugungsmenge den Wert herabsetzen wird und daß dies der Sinn der Hypothese vom abnehmenden Ertrag sei. Aber das schiebt die Frage auf ein andres Geleise; denn wenn mehr Einheiten eines Faktors verwendet werden, dann wird entweder *a)* auch die Einkommenssumme steigen, und daher werden die Preise bei einer richtigen Verteilung den zusätzlichen Einheiten eines Produktionsfaktors auf die einzelnen Produk-

dem vorhandenen Boden hierbei zur Verwendung gelangt, bildet kein Problem, weil »Arbeitslosigkeit des Bodens«, jeweils nur die schlechtesten Bodenleistungen betreffend, weder sozial noch ökonomisch einen Druck auf den Markt ausübt und daher auch nicht auf eine Veränderung der Daten hindrängt. Im Produktionsprozeß der Landwirtschaft ist nun zweierlei möglich:

1. Bei einer Vermehrung der Menge von Kapital und Arbeit bei gleichbleibender Bodenmenge kann der Ertrag noch relativ steigen. Das ist selbst bei gleichbleibender Technik möglich, wenn z. B. die bisherige Kombination die Leistungen von Arbeit und Kapital wegen ihrer zu geringen Mengen nicht entsprechend ausnutzen konnte und eine Kombination dieser Arbeits- und Kapitalmengen mit kleineren Bodenmengen aus technischen Gründen nicht möglich war. Um so mehr kann bei Änderungen der Technik der Ertrag auch relativ steigen bzw. gleichbleiben.[3]

2. In vollbesiedelten Ländern wird normalerweise eine Vermehrung der Arbeits- und Kapitalmengen das Gesamtprodukt in einem geringeren Maß steigen lassen, als die Ausstattung mit Kapital und Arbeit auf derselben Bodenfläche wuchs. Das wird immer dann der Fall sein, wenn bei voller Ausnutzung des vorhandenen Bodens bereits das Optimum des Ertrages erreicht wurde. Es wird eben jetzt die Bodengrundlage, die auf eine Dosis von Arbeit und Kapital entfällt, sinken und demgemäß auch die von ihr erzeugte Produktenmenge.

Dieselbe Gesetzmäßigkeit gilt, wenn der Grund und Boden zur Errichtung eines landwirtschaftlichen Betriebes auf dem Markt gekauft wird und daher als Kostenelement in die Rechnung eingeht. Bei gegebenen Preisen für den Boden sowie für Arbeits- und Kapitalleistungen wird irgendeine Kombination die optimale sein. Bei freier Auswirkung der Marktgesetze wird sich der Bodenpreis so fixieren, daß der künftige Unternehmer bzw. Betriebsinha-

tionszweige gleichbleiben; oder *b)* wenn die Geldmenge gleichbleibt, werden zwar die Geldpreise sinken, aber nicht die relativen Preise, was allein von Wichtigkeit ist; oder *c)* wenn eine allgemeine Steigerung in der physischen Produktivität zu einer merklichen Senkung des Nutzens zusätzlichen Einkommens führt, dann wird der Arbeitstag verkürzt werden, und die Menge der verwendeten Produktionsfaktoren wird sich demgemäß nicht ändern. Aber in all diesen Fällen kann doch festgestellt werden, ob die Erträge im physischen Sinn wachsen, gleichbleiben oder abnehmen. Die Interpretation des Ertragsgesetzes im Sinne von Werterträgen schaltet m. E. entscheidende Probleme der ökonomischen Entwicklung aus und insbesondere solche Fragen, die sich im Zusammenhang mit dem technischen Fortschritt ergeben. (Die hier gewählte Betrachtungsweise ist sehr ähnlich der von Ph. A. Wicksteed, *The Common Sense of Political Economy,* Band II, Kap. V: »The Theory of Increasing and Diminishing Returns«.)

3 Vgl. hierzu Marshall, *Principles of Economics,* 4. Buch, Kap. II, 1. Daß trotz steigenden (physischen) Ertrags nicht weiteres Kapital und Arbeit in der Landwirtschaft angewendet werden, kann seinen Grund darin haben, daß auch in der Industrie die Erzeugung unter steigendem Ertrag steht.

ber mit den ihm zur Verfügung stehenden Mitteln den durchschnittlichen Zinssatz auf das investierte Kapital nebst Profit und die üblichen Lohnsätze (nebst Vergütung der übrigen Kostenelemente) herauswirtschaften wird. Damit ist aber schon gesagt, daß bei jeder Vermehrung der Arbeiteranzahl oder der Kapitalmenge der Grenzertrag sinken würde. Steigt das Arbeitsangebot in der Landwirtschaft, so wird das zur Steigerung der Grundrenten führen, weil ja auch die bisherigen Arbeiter mit einem niedrigeren Lohn vorliebnehmen müssen. Das von der Theorie ganz nach Ricardos Gedankengang allgemein angenommene Gesetz sinkender Erträge ist daher in den Voraussetzungen begründet.[4]

Steigender Ertrag in der Industrie

Dem Gesetz des sinkenden Ertrages in der landwirtschaftlichen Produktion wird meist das Gesetz des steigenden Ertrages in der Industrie gegenübergestellt, so bei Marshall[5] wie bei Pigou[6] und demgemäß in der ganzen englischen Literatur, so z. B. bei Hicks[7] und G. T. Jones.[8] Als Gesetz des steigenden Ertrages wird der Tatbestand verstanden, wonach das Wachstum von Kapital und Arbeit in der Industrie die Erträge infolge von »internal and external economies« innerhalb weiter Grenzen ansteigen läßt (Erträge hier, wie in der Landwirtschaft, zunächst als physische Produktmengen verstanden). Der Tatbestand, der diesem Gesetz zugrunde liegt, ist also von ganz

4 Das Gesetz des sinkenden Ertrages in der Landwirtschaft ist hier in der üblichen Weise (und nach Marshall) verstanden als Gesetz der Änderung des physischen Ertrags bei einer Verschiebung in dem Mengenverhältnis zwischen Land einerseits, Kapital *und* Arbeit andererseits. (Vgl. Marshall, *Principles of Economics,* 8. Aufl., S. 150 ff. und S. 169 ff. Anm.) Dabei ist eine Variation zwischen Kapital und Arbeit vorgesehen, wenn diese vorteilhaft ist. Was demnach von Marshall untersucht wird, ist die Verschiebung des Ertrags einer *Dosis* von Kapital und Arbeit, wobei z. B. als eine »Dosis« eine Kombination von Kapital und Arbeit angenommen wird, die den Wert von 10 einfachen Arbeitstagen hat. Diese Dosis wird dann so zusammengesetzt gedacht, daß ihr Ertrag ein Maximum ist. Dasselbe Gesetz des sinkenden Ertrags würde natürlich auch gelten (a fortiori), wenn man annähme, daß z. B. Boden und Kapitalausstattung *gegeben* sind und daß die Menge der angewandten Arbeitsleistungen steigt (desgl. für Kapitalleistungen). Eine solche Beschränkung des Problems auf *einen* Faktor (z. B. Arbeit) ist notwendig, wenn man den Tatbestand treffen will, der die Grundlage zur Beantwortung der Frage bildet, ob eine plötzlich auftauchende Arbeitslosigkeit nur durch Lohnsenkung beseitigt werden kann.

5 Marshall, *Principles of Economics,* Definition: 4. Buch, XIII, 2. Ebenda auch »Constant Return«.

6 Pigou, *Economics of Welfare* (1920), Bd. II, Kap. II, § 9.

7 Hicks, *Theory of Wages.*

8 G. T. Jones, *Increasing Return,* 1933, S. 5 ff.

anderer Art als der sinkenden Ertrags. Das hat Marshall auf Grund von Bullock sehr klar gesehen, wenn er sagt (S. 319, Anm.):

»The forces which make for Increasing Return are not of the same order as those that make for Diminishing Return: and there are undoubtedly cases in which it is better to emphasise this difference by describing causes rather than results and contrasting Economy of Organisation with the Inelasticity of Nature's response to intensive cultivation.«[9]

Würde man den Tatbestand für die Landwirtschaft ebenso konstruieren, so würden sich auch dort steigende Erträge ergeben; denn dem Wachstum von Kapital und Arbeit in der Industrie würde ein (gleichmäßiges) Wachstum von Boden, Arbeit und Kapital in der Landwirtschaft entsprechen, und insofern auch in der Landwirtschaft ein größerer Betrieb infolge der »internal und external economies« rationeller geführt werden kann, wenn die Unternehmerleistung den Anforderungen des großen Betriebes gewachsen ist, so würde auch für die Landwirtschaft das Gesetz steigenden – oder wenigstens gleichbleibenden – Ertrags gelten. Das Gesetz steigenden Ertrags im herkömmlichen Sinne des Wortes betrifft das Wachstum der Gesamterzeugung bei Vermehrung *aller* Produktionselemente. Dem Tatbestande, aus dem in der Landwirtschaft das Gesetz des sinkenden Ertrags abgeleitet wurde, würde also in der Industrie ein Sachverhalt entsprechen, in dem *ein* Produktionselement bei gleichbleibenden Mengen der übrigen Produktionselemente vermehrt würde. Das ist aber der Tatbestand, um den es sich bei der Frage handelt, ob die Eingliederung von Arbeitslosen in den Produktionsprozeß notwendig zu einer Senkung des Grenzertrages der Arbeit und daher zu einer Lohnsenkung (Reallohn) führen muß, wenn die Kapitalausstattung keine Änderung erfährt.

In der Wirklichkeit ist dieses Problem bei *reibungsloser* Entwicklung nicht gegeben, weil die Kapitaldosierung rascher zu wachsen pflegt als die Anzahl der Arbeitskräfte; hingegen könnte es aus demselben Grunde für das Kapital gegeben sein. Das Problem des Ertrages in der Industrie wie in der Landwirtschaft sollte also in der Fragestellung erörtert werden, wie sich der – physische – Erfolg einer Produktion verändert, wenn sich bei gleichbleibenden Mengen aller übrigen Produktionselemente die Dosierung mit einem einzigen Produktionselement verschiebt. Diese Annahme dient insbesondere als Ausgangspunkt für die Erörterung des Zurechnungsproblems. Sie ist von großer Wichtigkeit für die theoretische Grundlage einer Lehre vom ökonomisch richtigen Arbeitslohn.

9 Vgl. Wicksteed, a. a. O., Bd. II, S. 528 ff.

Gesetz des abnehmenden Ertrags und Zurechnung

In der Erörterung des Zurechnungsproblems taucht also wieder das Gesetz vom sinkenden Ertrag auf. Die allgemein übliche Vorstellung nach J. B. Clark[10] geht dahin, daß bei gleichbleibender Kapitalausrüstung die Hinzufügung weiterer Arbeitseinheiten und bei gleichbleibender Arbeiteranzahl die Hinzufügung weiterer Kapitaleinheiten abnehmende physische Erträge abwirft. Dieses in der Landwirtschaft ohne weiteres einleuchtende Gesetz des abnehmenden Ertrages wird aber in der Industrie nur unter der Voraussetzung gelten, daß Kapital wie Arbeit beliebig miteinander kombiniert werden können, d. h. also, daß eine gegebene technische Einrichtung je nach der verwendeten Arbeiteranzahl so umgeformt werden kann, daß sie sich eben auch einer größeren oder geringeren Anzahl von Arbeitern anzupassen vermag.[11] In der Wirklichkeit aber wird bei einer gegebenen Kapitalausrüstung das Produkt mindestens im gleichen Verhältnis wie die Arbeiteranzahl gesteigert werden können, wenn die Kapazität noch nicht voll ausgenutzt ist. Ist sie aber voll ausgenutzt, so wird eine weitere Steigerung strenggenommen gar nicht stattfinden können. Wenn z. B. ein Hochofenbetrieb oder eine Baumwollspinnerei kontinuierlich voll arbeitet, so wird für zusätzliche Arbeiter überhaupt kein Spielraum sein. Es wird also im allgemeinen der Ertrag mit der wachsenden Arbeiterzahl steigen, und dann wird plötzlich jede Steigerung unmöglich werden.[12] Wenn die Nachfrage ei-

10 *Distribution of Wealth.*

11 Die Parallele des Gedankengangs zur Landwirtschaft liegt auf der Hand. In der Landwirtschaft ist arbeitsextensiverer wie arbeitsintensiverer Betrieb bei gleicher Bodengrundlage möglich. In Clarks Vorstellung verhält sich das Kapital gegenüber der Arbeit wie Grund und Boden in der Landwirtschaft. Diese Parallele lag für Clark um so näher, als der Grenzgedanke schon in seiner Anwendung auf die Schätzung der Konsumgüter zunächst von einer beliebigen Teilbarkeit, d. h. beliebigen Variierbarkeit der Konsumgüter untereinander ausgeht. Diese Freiheit, an der Grenze infinitesimal die Proportionen zu ändern, wird von Clark auf die Produktionssphäre der Industrie übertragen. Es ist also ein technologisches Moment, das bei ihm eine ganz entscheidende Rolle spielt. Bei fixen technischen Relationen wird der Gedankengang unbrauchbar – ein wichtiger Hinweis darauf, daß auch die Geltung der abstrakten Theorie an sehr konkrete Bedingungen geknüpft ist. (In der Geschichte der Verteilungslehre spielen ja überhaupt technologische Tatbestände eine größere Rolle, als der reine Theoretiker gemeinhin wahrhaben möchte, so bei den Physiokraten, bei Marx, bei Ricardo mit seinem Gesetz vom abnehmenden Bodenertrag, bei Böhm-Bawerk in seiner Lehre von den Produktionsumwegen.) Es sind also überall die technischen Faktizitäten, die wichtig werden. In der Geschichte der Theorie sind sie ein immer wiederkehrendes Moment, mehr noch als die Sozialstrukturen, die wenigstens als nicht vorhanden gedacht werden können, während ja der Prozeß der Produktion notwendigerweise ein technologischer Prozeß ist.

12 So auch D. H. Robertson »Wage Grumbles«, in: *Economic Fragments,* London 1931, S. 42 ff., insbes. S. 50/1. Die Nachfragekurve nach Arbeit ist, sagt er, in einer rationalisierten Welt von einer sehr beunruhigenden Gestalt; »nearly flat for part of its length, and then suddenly dropping almost vertically«. Daher mag eine völlig rationalisierte Welt eine Marktsituation für Arbeit bieten, in der ein gewisser Teil der Arbeiterschaft zu sehr hohen Löhnen Arbeit finden würde, »while the remainder could hardly find it on any terms at all«.

ne Erzeugung rentabel erscheinen lassen sollte, welche über die volle Ausnutzung der Kapazität der bestehenden Betriebe hinausgeht, so wird notwendigerweise die Erzeugung auf diese größere Produktionsmenge umorganisiert werden, oder es wird eine neue Produktionsstätte angefügt. In diesem Fall werden natürlich die Durchschnittskosten zunächst steigen, wenngleich hier als Folge geringeren Kapitalertrages. Jedenfalls wird man dieses Phänomen steigender Kosten bei steigender Erzeugung[13] deutlich von dem Tatbestand unterscheiden können, den man beim Gesetz der sinkenden Erträge im Auge hat. Der Gedankengang Clarks ist also irreal, und soweit er anwendbar ist, ist er dies lediglich innerhalb gewisser Grenzen.[14]

Nun wird gesagt, daß zwar die Kapitalausrüstung nicht von heute auf morgen in ihrer Struktur und in ihrem Verhältnis zur Arbeitsmenge geändert werden kann, daß dies aber im Laufe der Zeit möglich sei. Immer werde ja Kapital durch Abnutzung verbraucht und könne dann eben in einer anderen technischen Form erneuert werden. Doch auch diese Hilfskonstruktion kann den Gedankenbau nicht stützen. Denn meist kann ja die Kapitalstruktur nicht stückweise in einem lange dauernden Prozeß geändert werden, sondern nur auf einmal. Man kann nicht bei Vermehrung der zur Verfügung stehenden Arbeiterzahl sukzessive in einer Automobilfabrik oder in einer Spinnerei oder in einem Hochofenbetrieb die Kapitalausrüstung vom arbeitsextensiven zum arbeitsintensiven Betrieb umstellen, wie das in der Landwirtschaft, besonders in dem Verhältnis zwischen Bodenmenge und Arbeiteranzahl, von einem Jahr zum andern möglich ist. Auch die Vorstellung, daß die neu entstehenden Betriebe bei größerem Arbeitsangebot arbeitsintensiver werden können, ist in den meisten Fällen irreal. Denn die kapitalintensiven Betriebe sind meistens um so vieles effizienter, daß eine Umstellung auf größere Arbeitsintensität den Ertrag in einem Ausmaße senken würde, das jede Rentabilität ausschließen müßte. Daher ist die praktisch wichtigste Frage die, ob die Kapazität der Betriebe voll ausgenutzt ist oder nicht. Ist sie es nicht, so wird der (physische) Ertrag zusätzlicher Arbeit nicht sinken. Ist sie es, so wird eine noch so große Übersetzung des Arbeitsmarktes und die daraus folgende Lohnsenkung nur dann zur Produktionserhöhung führen können, wenn Investitionen vorausgehen. Werden nun neue Betriebe aufgebaut, so wird die Produktion der zusätzlichen Einheiten zunächst teurer sein. Sie wird aber dann, besonders da man ja inzwischen eine Weiterentwicklung im technischen Felde erwarten kann, bald sogar billi-

13 Aber auch diese Erweiterung der Erzeugung wird im Zuge der Entwicklung nicht notwendigerweise mit steigenden Kosten für die Grenzquantitäten verbunden sein. Vgl. S. 68.

14 Die Voraussetzungen von Clark sind die Grundlage für die Annahme, daß die Nachfrage nach Arbeit, selbst innerhalb einer Industrie, kontinuierlich verläuft.

ger werden als in den alten Betrieben. Dieser Fall erfordert jedoch die Hinzufügung von Kapital und gehört also gar nicht hierher. Jedenfalls ergibt sich kein Spielraum für den Gedanken, daß zusätzliche Arbeit an bereits vorhandenen unverändert bleibenden Kapitalmengen sinkende physische Erträge produziert.
Viel realer als die Annahme Clarks ist die Vorstellung, daß die Kapazität in einem Betrieb noch nicht voll ausgenutzt ist, daß also noch Reserven vorhanden sind.[15]

Kapazitätsreserven und Ertragsgesetz

Diese Annahme ist grundlegend, sie ist durch die Tatsache als notwendig aufgedrängt und wird hier durchgängig gemacht, wenngleich das eine wesentliche Abweichung von den üblichen Voraussetzungen der statischen Theorie ist. Nimmt doch die Statik schon definitionsgemäß an, daß alle Produktionselemente im Zustand des Gleichgewichts voll ausgenutzt sind, ohne hierbei etwas Näheres über den Begriff dieser vollen Ausnutzung zu sagen. Diese Statik ist freilich eine künstliche Welt, deren Vorstellungen für uns keine verpflichtende Kraft haben. Die Annahme, daß keine Reserven vorhanden sind, ist aber nicht einmal für die Statik nötig. Können wir doch im Gegenteil auch für diese weit realistischer behaupten, daß sie gewisser normaler Reserven bedarf. Jedes ökonomische Disponieren, jede Produktion bedürfen einer gewissen Bewegungsmöglichkeit, die nur die Existenz von Reserven schafft. Der Begriff der Reserven muß in einem ganz allgemeinen Sinn gefaßt werden. Ich nehme immer dann das Vorhandensein von Reserven an, wenn die Erzeugung mit den vorhandenen Produktionselementen ohne neue Investitionen noch gesteigert werden kann. Die Möglichkeit von Überstunden einerseits, die Möglichkeit, Rohstoffe vom Lager zu nehmen oder auf Lager zu arbeiten, andererseits sind ganz elementare Tatbestände jeder, auch der einfachsten und in ihren Mitteln beschränktesten Produktion. Und doch schließen diese Tatbestände das Vorhandensein von Reserven in sich. Genau wie ein lebendiger Körper seine Anstrengungen zeitweilig steigern und sich in der Ruhezeit regenerieren kann, so wird auch jeder Produktionskörper auf die an ihn herantretenden Forderungen mehr oder weniger elastisch reagieren können. Das und nichts anderes ist die Tatsache der Reserven. Es sei hinzugefügt, obwohl das zu einem anderen Problem gehört, daß ohne sie das Phänomen des Wachstums, der Ausdehnung

15 Vgl. Piero Sraffa, »The Law of Returns under Competitive Conditions«, in: *Econ. Journal*, Dezember 1926, S. 537–538.

der Erzeugung gar nicht denkbar wäre. Diese vollzieht sich ja so, daß in der Periode des Wachstums selbst in der Hochkonjunktur durch Ausnutzung der vorhandenen Produktionsreserven der Strom der Produkte anschwillt. Derart ist eine Steigerung der Konsumgütererzeugung zugleich mit einer Ausweitung der Produktionsmittelbasis vereinbar. Dieses Wachstum erfolgt also auf der Grundlage der vorhandenen Reserven; die zusätzlichen Investitionen bereiten gleichzeitig die Grundlage für eine weitaus größere Kapazität vor, wobei jeweils auch schon die entsprechenden Reserven für eine größere Dauererzeugung mitgeschaffen werden. Ein analoger Prozeß vollzieht sich im Felde des Geldwesens. Dieser Sachverhalt kommt auch darin zum Ausdruck, wie die »volle Ausnutzung der Kapazität« verstanden wird. Man unterscheidet eine »theoretische Kapazität«, welche die volle Ausnutzung aller Produktionsmittel in sich schließt, und eine »praktische Kapazität«, deren volle Ausnutzung angenommen wird, wenn die »theoretische Kapazität« zu 80 v.H. oder 85 v.H. beansprucht wird. Der für die Praxis wichtige Begriff der vollen Ausnutzung läßt also einen gewissen Spielraum für Reparaturen und gelegentliche Störungen im Betrieb. Doch kann auch die »theoretische Kapazität« von Fall zu Fall voll ausgenutzt werden, wenn das durch die Marktlage oder dringende Bestellungen erfordert wird. Wird die »praktische Kapazität« während eines längeren Zeitraums voll ausgenutzt, dann werden neue Investitionen notwendig werden, die sowohl die theoretische als auch die praktische Kapazität erhöhen. Auch im dynamischen System sind daher Reserven zugleich Bedingung und Resultat des Wachstumsprozesses.

Für den Prozeß der Erzeugung selbst bedeutet das Vorhandensein von Reserven, daß eine nicht voll ausgenutzte Kapazität nicht die Ausnahme, sondern die Regel bildet. Sie ist selbst noch in der ersten Phase der Hochkonjunktur vorhanden. Die Tatsache, daß in den Hochkonjunkturen des 19. Jahrhunderts das entscheidende Problem die Versorgung mit Arbeitskräften war, weist darauf hin, daß auch damals die Kapazitäten nie voll ausgelastet waren. Ist doch, so paradox dies klingt, die Schaffung neuer Kapazitäten geradezu an das Vorhandensein eines gewissen Kapazitätsspielraums geknüpft. Das wird auch dadurch bewiesen, daß die Produktion von Konsumgütern, auf den Kopf der Beschäftigten gerechnet, nie zurückging, sicher aber nicht in der Hochkonjunktur, selbst wenn der größte Teil des Kapital- und Arbeiterzuwachses auf die Produktionsmittelerzeugung entfallen sein sollte.[16] So verband sich die Schaffung neuer Kapazitäten stets

16 Mit dieser Tatsache ist wohl vereinbar, daß das Arbeitereinkommen in der Hochkonjunktur langsamer steigt als das Unternehmereinkommen (vgl. meine »Konjunktur und Krisen«, in: *Grundriß der Sozialökonomik*, Bd. IV).

mit der Ausnutzung der vorhandenen Reserven und konnte sich nur so vollziehen, weil ja sonst die Erhaltung bzw. Steigerung des Realeinkommens, wie sie die Hochkonjunktur kennzeichnet, gar nicht möglich gewesen wäre. (Nur während des Krieges erfolgte die Gründung neuer Produktionsmittelbasen auf Kosten der Konsumgütererzeugung. Das lag aber an der Knappheit der Arbeitskräfte und der Rohstoffe, die ihrerseits wieder auf die Anforderungen des militärischen Apparates, auf politische Sperren und Blockaden zurückging.) Machen wir also die Annahme von Reserven, dann wird eine Mehrung der produktiven Arbeiter eine entsprechende Erhöhung der Produktion auch ohne neue Investitionen mit sich bringen.
In diesen Fällen wird also der (physische) Ertrag der Arbeit über eine lange Spanne hin wenigstens gleichbleiben. Der Durchschnittsertrag der Arbeit wird sogar genaugenommen bis zur Vollausnutzung der Kapazität ansteigen, wenn wir berücksichtigen, daß jeder Betrieb unproduktive Arbeiter braucht, deren Zahl mit steigender Erzeugung nicht wächst. Die Kurve dieses Durchschnittsertrages wird sich allerdings, je größer die Arbeiteranzahl wird, um so mehr abflachen. Sind z. B. 10 unproduktive Arbeiter im Betrieb notwendig (zur Bewachung, für Transportleistungen innerhalb des Betriebes, für Reinigungsarbeiten, für die Wasserführung im Bergbau usw.), und ist das Produkt bei der Beschäftigung von 10 produktiven Arbeitern 100, bei der Beschäftigung von 11 produktiven Arbeitern 110, bei 12 Arbeitern 120 usw., so ist das Grenzprodukt in allen Fällen 10. Das Durchschnittsprodukt, das auf einen Beschäftigten entfällt, ist jedoch bei 20 Arbeitern (wovon 10 unproduktiv) 5, bei 21 = 5,25, bei 22 = 5,45, bei 23 = 5,65 und bei 110 Arbeitern = 9,09. Hier wird also der Durchschnittsertrag asymptotisch den Grenzertrag erreichen.[17] Solange dieser Sachverhalt vorliegt, wird bei gleichbleibenden Preisen eine Ausdehnung der Erzeugung bis zur Ausnutzung der vollen Kapazität erfolgen müssen. Wenn nun in der Wirklichkeit selbst noch bei sehr großen Kapazitätsreserven die Ausdehnung der Erzeugung, d. h. Einstellung neuer Arbeiter bei gleichbleibendem Lohn nicht profitabel erscheint, so liegt das daran, daß sich mit einer Ausdehnung der Erzeugung der Preis senkt.[18] In der Tat wird nun das Phänomen sinkenden Ertrags manchmal in dem Sinn verstanden, daß eine Ausdehnung der Erzeugung den Preis herabsetzen wird, so daß auch bei gleichbleibendem oder sogar steigendem physischen Ertrag der Ertrag in Geld ausgedrückt sinken wird. Das ist selbst vom Gesichtspunkt eines einzelnen Unternehmens aus dann richtig, wenn die Erhöhung der Produktmenge eines einzelnen Betrie-

17 Die Kurve verläuft etwas anders, aber das Prinzip bleibt das gleiche, wenn auch die anderen Generalunkosten berücksichtigt werden.
18 Siehe hierüber z. B. bei Marshall u. a. V, XII, 2 u. 3 und Anhang H.

bes genügt, um die Preise zu senken.[19] Aber dieser Tatbestand hat natürlich mit der Frage der physischen Ergiebigkeit der Arbeit, der physischen Grenzproduktivität des Faktors Arbeit nichts zu tun. Denn eine Vermehrung der Arbeiteranzahl in allen Betrieben würde ja nicht nur die Angebots-, sondern auch die Nachfrageseite durch Schaffung neuer Einkommen verschieben. Stiege die Arbeiteranzahl harmonisch in allen Betrieben, so könnte bei gleichbleibendem Ertrag theoretisch der Reallohn nicht sinken. Investitionen wären dann infolge des Vorhandenseins von Reserven nicht erforderlich. Da sich alle Produktion in Einkommen umsetzt, müßte sie bei proportional richtiger Vermehrung selbst bei gleichbleibenden Preisen abgesetzt werden können. Würde der Ertrag steigen, so würden bei harmonischer Entwicklung die Preise, nicht jedoch die Geldlöhne sinken, und die Reallöhne müßten sogar steigen. In einem solchen Fall liegt auch kein Anlaß dafür vor, daß der Anteil der Arbeit, im ganzen genommen, sinken müßte. Die größere Wahrscheinlichkeit spricht dafür, daß sich bei vorhandenen Kapazitätsreserven die auf den Arbeiter durchschnittlich entfallende Produktmenge erhöht, weil ja die unproduktiven Arbeiter jetzt eine geringere Quote darstellen und weil die Erträge des Kapitals auch schon vorher verdient worden waren. Das Schema einer solchen Produktionseinheit mag dann folgendermaßen aussehen:

Das investierte Kapital sei 200; die Generalunkosten betragen 20 (10 für Verzinsung und 10 für Amortisation);

die Auslagen für Rohstoffe seien 40 (für 100 Produkteinheiten) und für Löhne auch 40 (wobei 10 auf unproduktive Arbeitsleistungen entfallen mögen).

Die Kostenrechnung ist dann:

20	Generalunkosten
40	Rohstoffe
40	Löhne
100	Produktionseinheiten.

Eine um 10 v. H. größere Erzeugung würde folgende Kostenrechnung aufweisen:

20	Generalunkosten
44	Rohstoffe
43	Löhne
107	für 110 Einheiten.

19 Das ist dann der Fall, wenn, wie Marshall sagt, der einzelne Betrieb eben nicht mit dem Markte für sein Produkt im allgemeinen, sondern mit einem begrenzten Markte für sein spezielles Erzeugnis zu rechnen hat. Dieser Fall des Oligopols und der Fall der differenzierten Produkte werden jetzt ausführlich in der Theorie der unvollständigen Konkurrenz behandelt.

Die Preise würden sinken (etwa um 3 v. H.), und die Realeinkommen der Arbeiter wie Unternehmer würden infolge dieser Preissenkung, bei gleichbleibenden Geldeinkommen, steigen.
Nehmen wir aber realistischer an, daß die Geldmenge steigt, weil die Mehrausgabe für Löhne und Rohstoffe aus Bankkrediten finanziert werden kann, dann wird bei proportional richtiger Verteilung der zusätzlichen Leihkapitalien und Arbeitskräfte weder eine Senkung der Grenzproduktivität in Geld ausgedrückt noch eine Verringerung der Nominallöhne eintreten.

Falsche Verteilung der Produktionsfaktoren als Ursache des abnehmenden Wertertrages

Wenn man daher den Begriff des steigenden oder sinkenden Ertrags streng im Sinne von Naturalertrag faßt, so zeigt sich, daß bei steigendem Ertrag nur eine unrichtige Proportion in der Verteilung der Produktionselemente der Verwendung aller Einheiten Halt gebieten kann.[20] Gibt es also überhaupt gewerbliche Betriebe, in denen man von einem abnehmenden Ertrag (im Sinne physischen Ertrags) sei es der Arbeit, sei es des Kapitals sprechen kann? Wir werden Betriebe scheiden müssen, in denen wenig oder gar kein Kapital dauernd investiert ist, von solchen, in denen große Kapitalinvestitionen üblich und durch die Entwicklung der Technik unvermeidlich geworden sind. Zur ersten Gruppe gehören heute wohl nur mehr die Baubetriebe und das Handwerk, wenngleich auch bei ihnen Maschinen bereits eine erhebliche Rolle spielen. In all diesen Betrieben, in denen die Kapitalanlage verhältnismäßig gering ist, wird eine Vermehrung der Arbeiterzahl zu einer entsprechenden Steigerung des Produkts führen, wenn die Arbeitskräfte, was wir ja annehmen müssen, gleicher Qualität sind.[21] Wenn in solchen Betrieben mit wenig fixem Kapital Maschinen eingeführt werden, ist der Vorsprung der Maschinen gegenüber der Handarbeit besonders groß, z. B. Bagger, Kranen usw. im Baugewerbe oder Maschinen in der Schuherzeugung. Nach dieser Mechanisierung ist aber dann die Relation Kapital–

20 Ein anderer Hinderungsgrund kann darin liegen, daß die Geldmenge nicht entsprechend mit der Vermehrung der Produktionselemente wächst. Aber das würde eher eine Reibung sein, die durch Preissenkung überwunden werden könnte, die weder eine Senkung des Realeinkommens noch eine Neuverteilung der Faktoren erfordern würde.

21 Natürlich muß das für die zusätzlichen Arbeiter erforderliche Werkzeug vorhanden sein. Aber entweder bringt es der Arbeiter mit (Baugewerbe) oder ist eine Reserve vorhanden. Strenggenommen liegt aber auch hier derselbe Tatbestand vor wie bei einem kapitalintensiveren Betrieb, auch wenn das Werkzeug nur einen geringen Wert repräsentieren mag.

Arbeit wieder nicht variabel. Man kann also sagen: In kapitalintensiven Betrieben gilt das Gesetz steigenden Ertrags in dem oben erörterten Sinn, bei reiner Handarbeit (wofür kaum Beispiele zu finden sein werden – von reinen Dienstleistungen abgesehen –) des gleichbleibenden Ertrags. Als ein Beispiel sinkenden Ertrags pflegt der Bergbau angeführt zu werden. Aber offenbar ist es beim Bergbau nicht eine Änderung in der Kombination von Kapital und Arbeit, sondern das Fortschreiten zu weniger ergiebigen Vorkommen, das den Grenzertrag herabsetzt. Demgemäß wird es kaum Betriebe oder Industrien geben, in denen das Gesetz des sinkenden Ertrags gilt, da die theoretische Kapazität ja selten voll ausgenutzt ist.

Andere Ursachen des sinkenden Ertrages

Eine andere Seite der bisher besprochenen Probleme ist die Tatsache, daß ein Ansteigen der Erzeugung in einem bestimmten Wirtschaftszweig, z. B. Tucherzeugung, steigende Geldkosten bedingen kann, auch wenn die Erzeugung unter dem Gesetz gleichbleibenden oder sogar steigenden physischen Ertrags steht. Das kann mehrere Ursachen haben: Erstens kann die Erzeugung eines notwendigen Produktionselementes unter steigenden (Arbeits-) Kosten stehen (z. B. Wolle). In diesem Fall werden sich aber die Kosten des Rohstoffs für die Gesamterzeugung erhöhen, nicht nur die Kosten für die zusätzlichen Einheiten. Der sinkende Ertrag in der Erzeugung der Rohstoffe reflektiert sich hier in einer gleichmäßigen Steigerung der Kosten per Produktionseinheit bei größerer Erzeugung.
Zweitens kann der *Preis* eines Produktionselements, z. B. Wolle, steigen, nicht weil die Erzeugung dieses Produktionselements unter dem Gesetz des (physisch) sinkenden Ertrags steht, sondern weil die Ausdehnung seiner Erzeugung nicht proportional zur Ausdehnung der Erzeugung jener Produkte erfolgte, in die es als Produktionselement eingeht. Dann liegt eine Disproportionalität vor. Auch hier steigen die Durchschnittskosten der Einheit einer größeren Produktmenge in dem von uns betrachteten Wirtschaftszweig (z. B. Tuch), aber diese Steigerung kann durch eine andere Verteilung der Produktionselemente vermieden werden, die im Laufe der Zeit auch erfolgen wird.
Es kann sich aber auch, drittens, der Preis eines Kostenelements erhöhen als Folge steigender Löhne in der Erzeugung dieses Kostenelements (z. B. Kohle oder Wolle).
Die Erhöhung des Lohnes in der vorgelagerten Produktion (die an sich noch unter dem Gesetz gleichbleibenden oder steigenden physischen Er-

trags steht) wird dann ihren Grund darin haben, daß in ihr keine sofort verfügbaren Arbeitskräfte vorhanden sind. Diese Erhöhung der Arbeitskosten wird dann dieselbe Wirkung auf die Kostengestaltung der Tucherzeugung haben wie der oben behandelte Fall sinkenden Ertrags in diesem vorgelagerten Produktionszweig. Wenn nun in der Tucherzeugung Arbeitslosigkeit herrscht, und wenn die Steigerung der Kosten einer größeren Produktion auf Lohnerhöhungen in einer Vorstufe der Tucherzeugung zurückgeht, dann besteht ein Interessengegensatz zwischen den verschiedenen Arbeiterschichten. Es wird erst eine Verschiebung in der relativen Besetzung der einzelnen Berufsgruppen der Arbeiterschaft eintreten müssen, um die bei gleichbleibendem oder sogar steigendem physischen Ertrag der Tuchproduktion an sich mögliche Vollbeschäftigung aller Arbeiter herbeizuführen. In den hier erörterten Fällen wird man also nur dann davon sprechen können, daß auch die Tucherzeugung unter sinkendem Ertrag steht, wenn die Steigerung der Preise einzelner Kostenelemente (z. B. Wolle) durch sinkende (physische) Erträge in dieser Erzeugung (Wolle) verursacht ist, und wenn diese Steigerung der Preise *nicht* durch steigende Erträge (in der Tucherzeugung) kompensiert wird. Die Erzeugung des Rohstoffs wird dann ökonomisch als ein Teil der Fertiggütererzeugung betrachtet. Inwieweit die Erzeugung einzelner Produktionselemente (insbesondere Rohstoffe) wirklich unter sinkendem Ertrag steht, ist also eine technologische Frage. (Monopole in den vorgelagerten Produktionen können eine analoge Wirkung haben wie abnehmender Ertrag.)

Statistische Daten für steigenden Ertrag der Gesamterzeugung

Die Frage, ob eine Produktion unter steigendem oder gleichbleibendem oder sinkendem Ertrag steht, wird sich schwer statistisch beantworten lassen. Denn wir haben kaum Daten, die z. B. zeigen, ob die Erzeugung einer zusätzlichen Produktmenge dieselbe oder eine größere oder eine geringere Anzahl von Arbeitsleistungen (ceteris paribus) erfordern würde als bisher. Deshalb seien folgende Daten als Beitrag zu dieser schwierigen Frage angeführt: Nach dem Bericht eines Committee on Technological Employment (1931), das durch den Arbeitsminister in Kooperation mit der »American Society of Mechanical Engineers« gebildet wurde, wurden auf Grund einer Umfrage bei 160 Industrien verwertbare Daten für die Arbeitseffizienz in 15 großen Betrieben gesammelt. Es zeigte sich, daß in den Jahren 1928 bis 1930 fast in allen Betrieben die Leistung per Kopf bei sinkender Belegschaft und sinkender Produktion sehr stark zurückging, d. h. die Arbeiterzahl sank weniger schnell als die Erzeugung oder, was dasselbe ist, der Arbeitsaufwand für die Produkteinheit stieg bei sinkender Erzeugung. Man kann annehmen, daß sich in diesen drei Jahren die Technik selbst wenig änderte, da die entscheidenden Verbesserungen als Folge der Krise erst später stattfanden. Wenn sich aber die Technik geändert haben sollte, so wäre die Effizienz per Kopf gestiegen, und das Argument würde a fortiori gelten. Die Daten sind daher ein Beweis dafür, daß man die Produktion per Arbeiter nicht durch Verringerung der Arbeiterzahl erhöhen kann, weil die Kapitalausstattung eben nicht umgeformt werden kann. Das ist aber nur ein anderer Ausdruck für das Gesetz des steigenden Ertrages.

Bisher habe ich hauptsächlich die Frage erörtert, wie sich der Grenzertrag infolge eines Wechsels in der Menge eines Produktionsfaktors verändert, während die übrigen konstant bleiben; das ist ein richtiger Ausgangspunkt für die Erörterung kurzfristiger Störungen. Nun aber müssen wir die Frage prüfen, ob die Gesamtproduktion eines Landes dem Gesetze des steigenden oder gleichbleibenden oder sinkenden Ertrags unterworfen ist.

Wenn wir ein Produktionssystem wie das der Vereinigten Staaten oder Großbritanniens betrachten, dann ist die Situation von der in einer einzelnen Industrie verschieden: Wenn wir nämlich auf die Daten für Gesamterzeugung, Beschäftigung und geleistete Arbeitsstunden sehen, so wissen wir nie, inwieweit die Steigerung in der Anzahl der Arbeiter von einem Wechsel in der Kapitalausrüstung begleitet war. Mit anderen Worten, diese Daten stehen in einem Prozeß des Wachstums, in dem sich auch alle andern Faktoren mehr oder weniger ändern.[22] Dasselbe trifft für die Daten zu, die Colin Clark für Großbritannien gibt.[23]

22 Die Hauptschwierigkeit, festzustellen, ob im allgemeinen zusätzliche Arbeit relativ steigende oder sinkende Erträge bringt, liegt darin, daß sich ja mit der Arbeiteranzahl stets die Kapitalausrüstung ändert, und zwar manchmal parallel, manchmal gegenläufig. Immerhin seien folgende interessante Beziehungen zwischen Arbeiteranzahl und Erzeugung in der amerikanischen Industrie notiert:

Monatlicher Durchschnitt	Gewerbliche Erzeugung[1]	Belegschaft[2]
1923/25	100	100
1929	119	104,7
1932	64	65,5
1935	90	85,9

1 Federal Reserve Board.
2 *Statistical Abstract.*

Es ist also von 1923/25 bis 1929 die Erzeugung schneller gestiegen als die Zahl der Beschäftigten; es ist dann von 1929 bis 1932 die Erzeugung rascher gesunken als die Zahl der Beschäftigten; und es ist von 1932 bis 1935 die Erzeugung wieder schneller gestiegen als die Zahl der Beschäftigten; das sind alles aber Anzeichen für *steigenden* Ertrag der Arbeit, der sich ja darin ausdrücken muß, daß eine Senkung der Erzeugungsmenge von einer relativ geringeren Senkung der benötigten Arbeiterzahl, eine Steigerung der Erzeugung von einer relativ geringeren Steigerung der Arbeiterzahl begleitet sein muß. (Die Verlangsamung im Ansteigen der Beschäftigten seit 1932 ist teilweise auch der Verlängerung der durchschnittlichen wöchentlichen Arbeitszeit zuzuschreiben.)

Aus diesen Daten dürfen allerdings nicht zu weitgehende Schlüsse gezogen werden. Eine Kurve, die die Abhängigkeit der Produktion je Kopf von der Anzahl der Beschäftigten zeigen würde, würde die Wirkung des technischen Fortschritts auch in sich enthalten. Da die Leistungssteigerung je Kopf, die im technischen Fortschritt begründet ist, nicht eliminiert werden kann, können die Beziehungen zwischen Erzeugung je Kopf und Beschäftigungsgrad nur für nahe aneinander liegende Zeitpunkte verglichen werden.

Monatlicher Durchschnitt	Belegschaft	Wöchentliche Arbeitszeit[1] Durchschnitt	Gesamtarbeitszeit (Meßziffer)	Produktion je Arbeitsstunde (Meßziffer)
1923/25	100	46	100	100
1929	104,8	48,3	109,8	108
1932	64,1	34,8	48,4	132
1935	82,3	37,2	66,2	136

1 *Survey of Current Business,* Okt. 1936, S. 17.

Der allgemeine Trend der Produktionssteigerung bleibt also durch die ganze Periode bestehen, und die Produktionsleistung je Stunde ist besonders hoch im Jahre 1932, in dem die Zahl der geleisteten Arbeitsstunden am niedrigsten war. Vergleicht man jedoch kurze Zeiträume – die Schwankungen der Erzeugung per Arbeitsstunde innerhalb eines Jahres –, so findet man auch da fast ausnahmslos eine Erhöhung der Produktionsleistung je Stunde mit steigender und eine Senkung mit sinkender Erzeugung. Das zeigt besonders deutlich die graphische Darstellung IV in dem Artikel Dr. Alfred Kaehlers, »The Problem of Verifying the Theory of Technological Unemployment«, in: *Social Research,* Nr. 35, S. 455.

23 Colin Clark vergleicht (siehe sein Buch: *National Income and Outlay,* 1937, S. 257 ff.) die Änderungen im Produktionsvolumen mit den durchschnittlichen tatsächlichen Arbeitskosten per Produkteinheit; seine Tabelle 113 zeigt, daß die Arbeitskosten per Einheit steigen, wenn das Produktionsvolumen sinkt und umgekehrt. Ich reproduziere einige Daten dieser Tabelle, die sich auf Bergbau und Industrie beziehen:

	Produktionsvolumen 1927–29 = 100	Durchschnittliche tatsächliche Arbeitskosten per Einheit
1928 I	98,1	102,6
1929 III	106,0	96,3
1930 IV	89,6	100,9
1931 IV	87,4	101,0
1932 IV	84,8	102,5
1933 IV	95,6	97,3
1934 IV	102,0	93,2
1935 IV	110,1	88,7
1936 I	117,1	83,0

Clark (Tabelle 114, S. 259) gibt folgende Daten für die Beziehung zwischen Produktionsvolumen und Grenzkosten:

Produktionsindex	Grenzkosten
87,5	44,9
92,5	43,2
97,5	37,4
102,5	40,0
107,5	28,4
112,5	27,4

Im zweiten Quartal 1936 waren die Grenzkosten noch im Sinken begriffen (a. a. O., S. 259, Anm. 1).

Diese Daten beziehen sich auf Bergbau und Industrie. Andere Produktionszweige zeigten nicht diese Tendenz steigender Erträge (a. a. O., S. 257).

Leider ist aus der Tabelle (114) nicht ersichtlich, auf welche Jahre sich die Daten beziehen, und es ist auch der Begriff der Grenzkosten nicht definiert.

Steigender Ertrag und der Prozeß der Anpassung während der Depression

Die Tatsache, daß in einer Volkswirtschaft die überwiegende Anzahl der Betriebe – oder sogar alle Betriebe – unter dem Gesetz steigenden physischen Ertrags stehen, besagt nicht, daß etwa vorhandene arbeitslose Arbeiter bei steigender Erzeugung auch nur zu gleichbleibenden Löhnen beschäftigt werden könnten. Ist nämlich eine allgemeine Wirtschaftskrise ausgebrochen, etwa wegen Disproportionalität der Produktionszweige, so wird die Tatsache der unzweifelhaft vorhandenen Kapazitätsreserven doch nicht zu einer Ausdehnung der Erzeugung führen. In diesem Fall pflegt man zu sagen, daß die Kostenbasis zu hoch ist. Der einzelne Unternehmer ist geneigt, nur auf seinen Betrieb oder seine Industrie zu sehen, und er findet dann, daß er bei niedrigeren Preisen einen höheren Absatz erzielen könnte. Deshalb erhofft er alles von einer Lohnsenkung, da die übrigen Kostenelemente entweder nicht zu Buch schlagen (wie Zinssätze) oder da ihre Verbilligung auch von einer Lohnsenkung bei deren Erzeugung abhängen kann. Für das Ganze der Volkswirtschaft handelt es sich aber nicht so sehr um die *Herabsetzung* der Preise, sondern um die Herstellung einer Relation, die zu einer richtigen Verteilung der Produktionselemente führt. Das erfolgt in der Krise durch eine *ungleichmäßige* Senkung der Preise, was für einzelne Preise relativ eine Steigerung bedeuten wird. In diesem Prozeß werden also Preise, Mengen und schließlich – als Rückwirkung all dieser Änderungen – auch die Kapitalwerte der Betriebe so verändert, daß das System nach Durchführung dieser Änderungen wieder ins Gleichgewicht kommt.

Die Disproportionalität der Wirtschaftszweige und der Bewertungen, die eine Krise hervorruft, kann lange dauern, ohne sich selbst zu korrigieren, weil in der Hochkonjunktur auch eine Disproportionalität der Einkommensgruppen entsteht, die dieses Mißverhältnis zwischen den großen Wirtschaftszweigen (Kapital- und Konsumgütererzeugung) versteift. Und die »richtigen« Proportionen zwischen den einzelnen Einkommenschichten können deshalb so schwer wiederhergestellt werden, weil ja die Annäherung an die richtigen Proportionen allein durch Preis- und Lohnsenkungen, d. h. also unter heftigem Widerstande der Beteiligten, erfolgen kann. Das, was die Theorie und Praxis den »Bereinigungsprozeß« nennt, ist die Herstellung dieser richtigen Relationen, bei deren Herstellung eben die schwächsten derjenigen Betriebe eingestellt werden müssen, deren Erzeugung zu stark ausgedehnt worden war. Wenn also Arbeitslose gar nicht oder nur zu sehr viel niedrigeren Löhnen beschäftigt werden können, so ist das kein Beweis dafür, daß die Löhne über der Grenzproduktivität stehen und daß die Produktion unter sinkendem Ertrag steht – es beweist nur, daß die

Entwicklung disharmonisch vor sich ging, und daß das System einen, besonders für die Arbeiter schmerzhaften Readjustierungsprozeß durchmachen muß. Um so berechtigter sind dann alle Bestrebungen, die auf eine Vermeidung der Disproportionalitäten abzielen, da der Zusammenbruch des Lohnniveaus in der Krise ja nicht auf eine Senkung in der Effizienz der Arbeit, sondern auf falsche Disposition mit der Arbeit zurückgeht.

Abnehmende Erträge der Gesamterzeugung

Eine Senkung der Löhne als Folge sinkenden Ertrags der Arbeit ist natürlich auch möglich. Sie würde unter folgenden Annahmen unvermeidlich sein: Wenn die Produktionsausrüstung der Betriebe voll ausgenutzt wäre, und wenn mit den gerade beschäftigten Arbeitern eine optimale Dosierung erzielt wäre, wenn aber trotzdem noch Arbeitslose auf dem Markt wären, und wenn neues Kapital nicht zur Verfügung stände – wenn es endlich die technische Natur der Betriebe gestatten würde, sofort oder nach einer Umformung des Produktionsapparates auch noch die Arbeitslosen, wiewohl zu geringerem (physischen) Ertrag zu beschäftigen, dann würde der Lohn sinken müssen, um das Gleichgewicht herzustellen.

Die Darstellung dieser Bedingungen genügt, um zu zeigen, daß der in der Wirklichkeit vorhandene Druck auf die Löhne andere Gründe hat als sinkende Effizienz der Arbeit.[24]

In einem anderen Sinn erfolgt periodisch, wie noch hinzugefügt sei, ein Übergang zu einer Phase geringeren Ertrags: Wenn nämlich veraltete Betriebe wieder in Gang gesetzt werden. Das ist entweder der Fall in der Hochkonjunktur, in der die Gewinne, welche aus der Preissteigerung zu erwarten sind, auch die ineffizienten Betriebe bei hohen Löhnen rentabel machen; ebenso können ineffiziente Betriebe in der Depression wieder in Betrieb kommen, wenn bei ihnen die fixen Kosten eine weitaus geringere Rolle spielen. Dann ist es bei starker Schrumpfung der Erzeugung vorteilhafter, die modernen Betriebe mit den hohen fixen Kosten ganz stillzulegen. Gerade dieser zweite Fall ist ein besonders krasses Beispiel für die verheerenden Wirkungen falscher Dispositionen, die mit dem Phänomen des sinkenden

24 Trotzdem mag es notwendig werden, in einer Depression die Löhne zu senken, als Folge einer besonderen Marktlage auf einzelnen Arbeitsmärkten. Das Hauptbeispiel ist der Baumarkt, auf dem eine Lohnsenkung die Errichtung neuer Häuser begünstigen mag. Selbst trotz einer Senkung des Zinsfußes mag eine solche Lohnsenkung wünschenswert sein, besonders, wenn die Differenzen der Löhne in den einzelnen Industrien sehr groß sind. Das Beispiel aber zeigt, daß die Lage im einzelnen geprüft werden muß. Allgemeine Lohnsenkungen können sehr ungünstige Wirkungen haben. (Vgl. meine *Wirkungen des Lohnabbaues,* Tübingen 1932).

Ertrags nichts zu tun haben. In all diesen hier erörterten Fällen handelt es sich um das Problem steigenden oder sinkenden Ertrags der Arbeit bei *gleichbleibender* Kapitalausrüstung. Im Wachstum des Gesamtsystems ist es unbestritten, daß – zumal bei einer konstanten technischen Entwicklung und fortdauernder Kapitalbildung – der Ertrag der Arbeitsleistung, sofern Störungen vermieden werden können, ununterbrochen ansteigen wird. Die obigen Daten – z. B. S. 75 – beziehen sich auf das Gesamtsystem und zeigen es in seiner Entwicklung. Das ist weniger bedenklich, wenn die Zwischenräume in der Datenreihe möglichst kurz gewählt werden.

Steigender Ertrag und Zurechnung

Noch ein Wort über die allgemeine werttheoretische Bedeutung des zunehmenden Ertrages. Sie liegt darin, daß der Gedanke der Grenzproduktivität für die Betriebe steigenden Ertrages nicht angewendet werden kann. Dieser war aber die Rettung aus einer Sackgasse, in die sich die Diskussion des Zurechnungsgedankens verrannt hatte, da sie dem Problem nachjagte, wie der produktive Beitrag des einzelnen Faktors innerhalb der Kombination ermittelt werden könne. Die Idee von Böhm-Bawerk vom »Schlußstück« war natürlich nur partiell anwendbar und versagte gerade dort, wo alle Produktionselemente beliebig ersetzbar waren. Der Gedanke von Wieser las nur die Lösung von der Wirklichkeit ab, bzw. er konstatierte nur, daß eine Lösung stattfindet, ohne anzugeben, wie sie theoretisch formuliert werden könnte, bevor das Problem in der Wirklichkeit gelöst wird. Dann kam Clark und stellte die Frage auf einen neuen Boden, indem er das Problem in Analogie zur Landwirtschaft konstruierte. Bei ihm wirkt der sinkende Ertrag als Mittel zur Bestimmung der Anteile. Nur wenn der physische Ertrag von Schritt zu Schritt abnimmt, und zwar in jedem einzelnen Betriebe, und damit den Preis der einzelnen Produktionsfaktoren bei Änderung ihrer Menge verschiebt, und nur wenn diese Änderung der Preise dann auf alle Einheiten der Faktoren reflektiert, wird sich die Aussonderung der Anteile und ihre Änderung automatisch vollziehen und nach der Grenznutzenlehre dargestellt werden können. Erst der sinkende Ertrag macht also das Zurechnungsproblem, dessen praktische Lösbarkeit nie bezweifelt wurde, auch theoretisch nach dem Grenznutzengedanken deutbar. Wenn der Ertrag aber steigt, ist der Grenzertragsgedanke offenbar nicht anwendbar.[25]

25 So auch Marshall, *Principles,* Anhang H. Er nimmt zwar an, daß bei kurzen und raschen Schwankungen in der Nachfrage die Produktion dem Gesetz des sinkenden Ertrages ent-

Wir können zur Bestimmung der einzelnen Preise für Arbeitsleistungen und zur Bestimmung der Zinshöhe vielleicht am besten auf folgendem Wege vordringen: Für jede Arbeitsart wird es ein Existenzminimum geben, das in seinem Kern auf physiologischen (von Nation zu Nation vielleicht verschiedenen, auch vom Klima abhängigen) Tatsachen ruht, soweit die Regeneration der Arbeitskraft von bestimmten Konsumakten abhängt. Diese Existenzminima werden jedoch nur bei einfacher physischer Arbeit und dann nicht immer objektiv feststellbar sein. Soweit das Arbeiten und die Arbeitsfähigkeit auch ein psychischer Tatbestand sind, wird die Sicherung der psychischen Bedingungen zur Sicherung der Arbeitsfähigkeit erforderlich sein. Je qualifizierter die Arbeitsleistung ist und je mehr die Effizienz durch aktives Mitgehen des Arbeitenden in der Arbeit bedingt ist, um so bedeutsamer wird dieses psychische Element sein. Es ist aber nicht ein individualpsychologisches, sondern ein soziales, insofern eine gewisse Lebenshaltung den sozialen Rang bestimmen mag und nur bei Garantierung eines bestimmten Ranges günstige psychische Bedingungen für die Arbeitsleistung erfüllt sind. Nun sind aber sowohl die Rangordnungen im sozialen Raum als auch die Tatsachen der Lebenshaltung, durch die sich ein sozialer Rang beweist, verschieden und nicht auf ein Schema zu bringen. Welche Arbeitsleistungen sozial betont sind und daher im historischen Ablauf soziale, in »standards of living« ausgedrückte Äquivalente erfordern, ist durchaus nicht objektiv, d.h. weder durch physiologische noch durch psychologische absolute Notwendigkeiten bestimmt. Man kann es auch so ausdrücken, daß für jede Arbeitsart nur ein größerer oder geringerer Teil ihrer Vergütung objektiv durch die Notwendigkeiten der Reproduktion bestimmt ist. Darüber schichtet sich ein relativ größerer oder geringerer Lohnanteil auf, der um so mehr als objektiv notwendig empfunden werden wird, je länger er wirklich dem Träger der Arbeitsleistung im sozialen Prozeß zufließt. Dieser Teil des Lohnes ist aber sozial und kann unter entsprechendem Druck auch wegfallen, ohne die Reproduktion der Arbeitskraft auf die Dauer zu gefährden.
Innerhalb des ökonomischen Systems wird derart die Bestimmung der Löhne und Entgelte im einzelnen variieren können, wenngleich sich auf die

spricht (auch das ist ja nicht immer der Fall). Er fährt dann fort: »But in problems in which the tendency to increasing return is an effective force, there is no clearly defined marginal product. In such problems [...] we have to consider the cost of a whole process of production without any attempt to isolate that of a single commodity, such as a single rifle or yard of cloth.« Die Situation für den einzelnen Unternehmer ist allerdings ähnlich dem Fall sinkenden Ertrages, wenn er sieht, daß er eine steigende Menge seiner Erzeugung nur zu sinkenden Preisen absetzen könnte. Aber da dies meist einer falschen Verteilung der Produktionsfaktoren zuzuschreiben ist, sollte sich unter freier Konkurrenz die Situation rasch ändern und zeigen, daß die Grenzerträge in der Tat ansteigen oder gleichbleiben.

Dauer die Gesamtsumme der Löhne und Entgelte aus dem Sozialprodukt einerseits, den notwendigen Ersparnissen andererseits ergeben wird. Die Höhe des Sozialprodukts ist eine Frage technischer Effizienz und ökonomischer Organisation und wird bis zu einem gewissen Grade auch wieder von der Lohnhöhe, der Arbeitszeit sowie von sozialen Prämien abhängen. Diese Abhängigkeit wiederum ist keine strenge, sondern sie schwankt. Insoweit ist selbst bei voller Ausnutzung der Produktionselemente das Sozialprodukt selbst in seiner Größe nicht fest bestimmt.

Entwicklung und »Gleichgewicht« in einem dynamischen System

Das Wachstum einer kapitalistischen Wirtschaft ist mit dem Sparprozeß verknüpft. Die Ersparnisse sind teilweise, soweit sie aus den hohen Einkommen fließen, vom Zinsfuß abhängig; nicht weil die Zinshöhe das Sparen entscheidend beeinflußt, sondern weil die Höhe des Zinsfußes und der Gewinne entscheidenden Einfluß auf die Höhe der großen Einkommen hat, deren Sparquote ja am größten ist.[26] Soweit Ersparnisse aus kleinen Einkommen fließen, sind sie von der Zinshöhe weitgehend unabhängig. So werden ceteris paribus, bei allseitiger Ausnutzung aller Produktionselemente, niedriger Lohn und Wachstum der Gesamtwirtschaft in einer engen Wechselbeziehung stehen, da die Akkumulation um so größer sein kann, je niedriger der Lohn ist. – Das Wachstum der Gesamtwirtschaft ist also zwar insoweit eine Funktion der Akkumulation, aber die Höhe der Ersparnisse bestimmt noch keineswegs die Schnelligkeit des Wachstumsprozesses, da ja nicht immer alles Sparkapital investiert wird. Die Investitionsrate hängt vom erwarteten Gewinn ab. Das Wachstumstempo ist außerdem durch viele Daten bedingt, wie Vermehrung der Bevölkerung, technische Entwicklung, Entwicklung des Außenhandels, politische Verhältnisse. Wenn das Wachstum durch Zurückbleiben der Akkumulation behindert sein sollte, das seinerseits auf ein hohes Lohnniveau zurückgeht, so werden sich etwaige Auftriebstendenzen in einer kapitalistischen Wirtschaft durch Anleihen im Auslande oder Ausweitung des Kredits durchsetzen können. Dadurch wird dann bei »zu hohen« Löhnen entweder eine intensivere Ausnutzung der Produktionselemente erreicht, oder es wird, durch Preisbewegungen, der Lohn auf ein niedrigeres Niveau heruntergebracht.

So stellt sich die Gesamtwirtschaft als ein interdependentes System dar, innerhalb dessen die großen Sektoren der Einkommen, nämlich Löhne und

26 Das braucht nicht immer so zu bleiben. Vgl. Colin Clark, a. a. O., S. 191.

Gehälter sowie Profite, nicht starre, sondern in gewissen Grenzen flexible Größen sind, insbesondere in einem Entwicklungsprozeß der Gesamtwirtschaft, in dem auch das Tempo des Wachstums bald größer, bald kleiner, jedenfalls aber nicht eine gegebene, sondern eine abhängige Größe ist. Im ganzen System der dynamischen Volkswirtschaft herrscht derart ein nicht ganz bestimmtes Gleichgewicht, das sich innerhalb gewisser Grenzen verschieben kann, ohne die Existenz und Weiterentfaltung des Gesamtsystems zu hindern.

Natürlich ist diese Vorstellung verschieden von der Idee des Gleichgewichts in der Statik. In der Dynamik kann die Störung des Geichgewichts der Ausgangspunkt einer Entwicklung werden, während in der Statik entweder das alte Gleichgewicht nach einer Störung wiederhergestellt wird oder durch ein neues, ebenso statisches Gleichgewicht ersetzt wird. Auch werden in der Statik alle Preise und demgemäß auch die Löhne eindeutig bestimmt sein, und es wird unter der Herrschaft des Gesetzes vom abnehmenden Ertrag das Austauschverhältnis der einzelnen Produktionsfaktoren durch ihre Grenzproduktivität bestimmt werden. Doch mit diesen Begriffen kommt man eben in der Dynamik keinen Schritt weiter, und man kann von ihnen nichts anderes ableiten als einen anschaulichen Begriff der Dynamik und die Einsicht, daß diese in der Tat im Wertbildungs- und -verteilungsprozeß mit den Begriffen der Statik nicht adäquat erfaßt werden kann.

Kapitel IV

Das Gleichgewicht auf dem Arbeitsmarkt

I. Gleichgewicht in einem statischen System

Der Gleichgewichtsbegriff als die Achse des statischen Systems

Das Problem des Gleichgewichts wird hier nicht in seinem ganzen Umfang, sondern im Hinblick auf seine Bedeutung für den Arbeitsmarkt erörtert, besonders für die Frage, ob aus der Tendenz des ökonomischen Systems zu einem Gleichgewicht hin die Beschäftigung sämtlicher Arbeitskräfte mit Notwendigkeit gefolgert werden kann. Der Begriff des ökonomischen Gleichgewichts findet seine adäquate Anwendung in der Statik. Diese ist durch die Voraussetzungen, welche sie macht, der meisten Probleme entleert, mit denen die Wirklichkeit zu kämpfen hat. Trotzdem hat die Analyse der Statik eine Bedeutung für die Probleme der Dynamik, wenn wir annehmen, daß die Veränderungen in den Daten des dynamischen Systems gleichmäßig sind. Mit den Annahmen, daß die Menschen in ihren gegebenen Verhältnissen bleiben wollen, und daß die Produktion ohne alle Reserven arbeitet, wird jede Entwicklung von vornherein ausgeschlossen. Bietet sich doch für sie kein Ansatzpunkt. (Dabei muß man auch gleichbleibende Bevölkerung unterstellen.) Dann kennt aber der ökonomische Prozeß nur zwei Probleme: 1. Wie ist er als ein dauernder möglich, d. h. wie müssen die Elemente des Systems sich im Austausch aufeinander beziehen, damit sich der Produktionsprozeß stets in der gleichen Weise erneuern kann? 2. Was geschieht, wenn diese Ordnung einmal durchbrochen wird? Da an den oben genannten Voraussetzungen festgehalten wird, auch wenn Störungen erfolgen, da keine Störung im statischen System das Verhalten der Menschen selbst grundlegend ändert, d. h. da sie nach jeder Störung zu den früheren Verhältnissen zurückkehren wollen, da für sie die Änderung der Situation tatsächlich nur eine Störung, nicht eine Führung oder Verführung zu anderen Zuständen bedeutet, und da der Mangel an Reserven fortdauert, so stellt jede Störung eben nur das Problem der Wiederherstellung des Gleichgewichts. Nebenbei sei bemerkt, daß auch diese statische Betrachtung außerökonomische Voraussetzungen benötigt, so die technische Voraussetzung, daß es eine Produktion gibt, ferner daß die Bedingungen der Produktion reproduziert werden können; die Voraussetzung, daß der Mensch Bedürfnisse habe und sie durch die Produktion befriedigen kann, daß aber diese Produktion an die Reproduktion seiner eigenen Kräfte gebunden ist, usw. Auch die Statik macht also eine Menge Voraussetzungen, die außerökonomischer Natur sind, so daß der Anspruch der Theorie, »rein« zu sein, nicht aufrechterhalten werden kann.

Nimmt man also für die Statik eine Mehrheit von Wirtschaftssubjekten an, die in Arbeitsteilung produzieren, nimmt man ferner an, daß Arbeit, Boden und sachliche Produktionsmittel verschiedenen Wirtschaftssubjekten zugehören, konstituiert man die Notwendigkeit des Tausches in dieser arbeitsteiligen Gesellschaft, setzt man voraus, daß die Wirtschaftselemente (Boden, Arbeit, sachliche Produktionsmittel) in ihren Mengen gegeben sind, daß zwei dieser Grundelemente, nämlich Arbeit und sachliche Produktionsmittel, immer wieder in einem ökonomischen, d. h. Kosten verursachenden Prozeß erzeugt werden, so ergibt sich als Zentralproblem die Frage nach dem Gesetz dieses Austausches, der Produktion und Konsum verbindet. Das Gesetz dieses Austausches wird aber nur dann in der Statik gelten, wenn es in sich eine Tendenz zur Herstellung eines Zustandes hat, in dem das System dauernd verharren könnte, solange es nicht von außen gestört wird. Ein solcher Zustand wird Gleichgewicht genannt.

Zum Bild der einfachen arbeitsteiligen Verkehrswirtschaft der Statik gehört ferner, daß die einzelnen Wirtschaftssubjekte nicht aus ihrer gewohnten Bahn heraustreten. Das einmal geschaffene Gleichgewicht wird nicht durch dynamische Elemente, z. B. geänderte Intensität der Arbeit oder Auffindung neuer Produktionsverfahren, aufgehoben.

Gleichgewicht schließt nicht Verwendung aller Faktoren ein

Nicht unter allen Umständen wird sich aber zwischen den gegebenen Elementen eines solchen Systems ein Gleichgewicht herstellen.[1] Daß es Um-

1 Ich setze hier also voraus, daß die letzten Produktionselemente von vornherein gegeben sind. Doch wird nicht angenommen, daß sie notwendigerweise in denselben Mengen bzw. Mengenverhältnissen gegeben bleiben. Die Auswirkung der Preisgesetze kann zu Marktpreisen für das eine oder andere Produktionselement, z. B. Arbeit, führen, die unter denjenigen Preisen stehen, welche die Bedingung der Möglichkeit der Reproduktion bilden. Soweit das der Fall ist, werden die Mengen der Produktionselemente eingeschränkt werden müssen. Dann erst ist ein Gleichgewicht erreicht, was ja nichts anderes heißt, als daß die Reproduktion des Systems in seinem bisherigen Umfang gesichert ist. Umgekehrt wird ein Preis, der höher ist als er sein muß, um die Reproduktion zu garantieren, zu einer Erhöhung der Mengen dieses Produktionsele-

stände geben kann, unter denen nicht alle vorhandenen Produktionselemente dauernd im Erzeugungsprozeß erhalten und reproduziert werden können, ist schon in den Vorausetzungen begründet. So kann wegen Mangels an anbaufähigem Boden oder wegen Mangels an Produktionsmitteln, die auch nicht durch Einschränkung des Verbrauchs vermehrt werden können, weil der Ertrag der Arbeit gerade nur das physische Existenzminimum erreicht, eine Anzahl von Arbeitern überschüssig sein. Ebenso kann bei einer gegebenen Bevölkerungszahl, die sich, aus welchen Gründen immer, nicht vermehrt, ein Teil des anbaufähigen Bodens auf die Dauer außer Bebauung bleiben, wenn das Optimum des Ertrags per Arbeitseinheit erzielt wird, bevor aller Boden in Bebauung genommen ist. Ferner können sachliche Produktionsmittel derart aus dem Prozeß ausgeschaltet bleiben. Die Statik löst dieses Problem durch Vernichtung der überschüssigen Elemente, z. B. durch Absterben der überschüssigen Arbeitskräfte bzw. Brachlegen der überschüssigen sachlichen und natürlichen Produktionselemente, die durch Nichtgebrauch allmählich auch vernichtet werden, sind doch diese überschüssigen Elemente für das System gewissermaßen nicht vorhanden. Die Vernichtung bzw. das Brachlegen ist ein Prozeß, der vor der Erreichung des Gleichgewichts, vor der Etablierung des statischen Systems liegt und dessen Vermeidung unter den Voraussetzungen der Statik unmöglich ist. Hingegen gehört es zu den wichtigen Problemen der Dynamik, wie das Brachliegen von Produktionselementen vermieden werden kann, und zwar

mentes führen können. Der Unterschied zu der Annahme Clarks, daß die Produktionselemente im statischen System gegeben bleiben und daß nur das Gleichgewicht zwischen diesen gegebenen Mengen gesucht wird, liegt auf der Hand. Soll doch gerade hier gezeigt werden, daß zwar gegebene Mengen den Ausgangspunkt der Betrachtung bilden können, daß es aber durchaus Situationen geben kann, in denen ein Gleichgewicht erst nach einer Änderung der Mengenverhältnisse sich herstellen kann. Von diesen möglichen Änderungen ist für uns besonders die Ausschaltung bestimmter Quantitäten aus dem ökonomischen Prozeß interessant. (Vgl. zur Fragestellung für die Konstruktion des statischen Systems Lionel Robbins, »On a certain ambiguity in the conception of stationary equilibrium«, in: *Economic Journal,* Jan. 1930.)
Die von Robbins behandelte Frage, ob wir uns in der Statik mit Schumpeter einen zinslosen Zustand vorstellen müssen und können, ist für unsere Betrachtung von geringer Bedeutung. Jedenfalls müssen wir aber annehmen, daß das Zinseinkommen, sofern es in der Statik erzielt wird, auch verbraucht wird, oder daß es, wenn es nicht verbraucht wird, gerade ausreicht, um die von anderen Wirtschaftssubjekten verbrauchten Kapitalien zu ersetzen, was eben gleichbedeutend damit ist, daß die dem Zinseinkommen äquivalente Wertsumme in den Verbrauch eingeht. Würde das nämlich nicht der Fall sein, so wäre die Statik durchbrochen, da ja jede Akkumulation über das bereits investierte Kapital hinaus zur Steigerung der Produktionsmengen führt. Auch jede Hortung führt zu Störungen des Preissystems und zu einem andern Gleichgewichtszustand, der wieder nicht endgültig sein kann, wenn die Hortung andauert. Was vom Gesichtspunkt der Statik eine Störung involviert, kann freilich vom Gesichtspunkt der Entwicklung ein nicht wegzudenkendes Element des Tatbestandes sein, und daher eine Bedingung des ungebrochen verlaufenden Wachstumsprozesses.

durch Mittel, die sich innerhalb der Statik nicht darbieten können, wie z. B. Veränderungen in der Technik.
Diese Vorstellung der Statik spielt oft in die Erörterungen dynamischer Probleme in der Fassung hinüber, daß eine Einbeziehung aller gegebenen Produktionselemente als selbstverständlich angenommen wird. Die Annahme ist aber gerade von den Voraussetzungen der Statik her gänzlich unbegründet, da ja gerade die Statik die Einbeziehung sämtlicher Wirtschaftselemente davon abhängig macht, daß etwa überschüssige vorher ausgetilgt werden.
Diese optimistische Grundhaltung der Theorie entspringt der Einstellung der Laissez-faire-Schule, die in das ökonomische System der Wirklichkeit eine Harmonie hineindeutet, die gerade in der exakten und innerlich kühlen Schematik des statischen Systems ganz unbegründet ist.

Jedes System gegebener Mengen spielt sich also unter den üblichen theoretischen Annahmen auf ein Gleichgewicht ein, und zwar durch die Adjustierung der Mengen einerseits und die der Austauschverhältnisse andererseits. Für unsern Problemkreis ist die entscheidende Frage die der Einbeziehung aller Arbeitskräfte. Übersteigt die Anzahl der Arbeitenden bei gegebener Ausrüstung mit Boden und sachlichen Produktionsmitteln eine gewisse Grenze, so wird die Vergütung von Arbeitsleistungen unter Umständen unter das physische Existenzminimum sinken, und die überschüssigen Arbeiter werden erbarmungslos ausgestoßen werden. Doch selbst wenn die technischen und Natur-Bedingungen die Beschäftigung sämtlicher Arbeiter im Produktionsprozeß dauernd auf dem Niveau eines physischen Existenzminimums gestatten würden, können soziale Hemmungen der unbeschränkten Konkurrenz auf dem Arbeitsmarkte wirksam sein, und zwar auf Seite der Käufer wie der Verkäufer von Arbeitsleistungen. Diese würden dann die Menge der Arbeitskräfte verringern, die dauernd im System beschäftigt werden können. Da die Grenze zwischen physischem und sozialem Existenzminimum flüssig ist, wird sich das Vorhandensein sozialer Hemmungen objektiv nicht einmal feststellen lassen. (Völlig verschieden davon ist indes die Frage, ob solche sozialen Hemmungen vorteilhaft sind oder nicht. Das hängt davon ab, ob man die Existenz der größten Zahl von arbeitenden Menschen an sich für einen Wert hält oder nicht.)
Führen wir nun solche Hemmungen ein, z. B. auf der Seite der Arbeiter Widerstände dagegen, ihre Leistungen zu einem Preise zu verkaufen, der es nicht ermöglicht, die Arbeitskraft zu reproduzieren, von seiten der Käufer von Arbeitsleistungen Hemmungen aus der Überlegung heraus, daß eine Senkung der Lebenshaltung der Arbeiter unter ein gewisses Niveau die Lei-

stung beeinträchtigen könnte, so wird ein Teil der Arbeitskräfte dauernd aus dem Prozeß ausgeschaltet sein.[2]

Endlich ist noch ein dritter Fall zu erwähnen, in dem die Beschäftigung aller Arbeitenden nicht gewährleistet sein wird. Er betrifft eine Situation, in der sich die Zahl der Arbeitenden plötzlich stark vermehrt. Selbst eine Verringerung des Preises für Arbeitsleistungen wird in einer solchen Situation die Beschäftigung aller Arbeiter nur dann gewährleisten, wenn bei gegebener Ausstattung mit sachlichen Produktionsmitteln und mit Boden verschiedene Kombinationen gewählt werden können. Nehmen wir aber an, daß bei gegebener Ausrüstung und Produktionsmitteln die Anzahl der Beschäftigten ganz starr begrenzt ist, so müßte bei jeder Vermehrung der Arbeitskräfte der Lohn schließlich bis auf Null sinken, ohne daß sich die Anzahl der nachgefragten Arbeitsleistungen erhöhen würde.

Mit der Erörterung dieser Fälle sind wir schon aus dem Bereich der Statik herausgetreten. Sie können von dieser aber immer noch als Störungen erörtert werden. In der Wirklichkeit würde also ein Teil der Arbeiter unbeschäftigt bleiben. Es würde sich ein Gleichgewicht unter Fernhaltung eines gewissen Teiles des Angebots an Arbeitsleistungen vom Markt bilden, freilich nur unter der Voraussetzung, daß die vom Markte ausgeschlossenen Arbeiter sich in ihr Schicksal ergeben oder irgendwie von der Gesellschaft mitgeschleppt werden. Der Ausschluß eines Teiles der Arbeiter wäre dann nicht nur vorübergehend, sondern definitiv, solange nicht die für die Arbeitslosen erforderliche Kapitalausrüstung bereitgestellt werden kann. Ein dauerndes, sozial nicht bedrohtes Gleichgewicht würde sich nur dann herstellen und erhalten, wenn und solange bestimmte Größenverhältnisse in den relativen Mengen der einzelnen Produktionselemente bestünden.

Jede Feststellung, die für ein statisches System gilt, wird kurzfristig auch für ein dynamisches System gelten und sogar mittelfristig, wenn einer raschen Änderung der Mengenverhältnisse oder Preise im dynamischen System institutionelle Hemmungen entgegenstehen. D. h. auch im dynamischen Sy-

2 Für unsere Überlegung handelt es sich also, wie aus der Problemstellung hervorgeht, nicht um die Frage der richtigen relativen Mengen verschiedener Güter bzw. Arbeitsarten. Diese werden durch Verschiebungen der Preise, wenn man nur Verwendbarkeit von Produktionsmitteln und Arbeitsleistungen für verschiedene Erzeugungszweige annimmt, immer ins richtige Verhältnis gesetzt werden können. Wir gehen vielmehr von der Frage aus, ob bei gegebenen Mengenverhältnissen zwischen den letzten Produktionselementen immer alle Produktionselemente dauernd beschäftigt sein können. Dasselbe Problem wie für Arbeitsleistungen kann sich auch, wie oben schon angedeutet, für Kapital ergeben, wenn das Angebot von Kapital an die Gewährung einer bestimmten Vergütung geknüpft ist, oder wenn die Nachfragekurve nach Kapital vorübergehend scharf nach unten läuft oder sogar bis zur Abszissenachse abstürzt.
Auch Marshall betont, wie verschieden das Problem des Gleichgewichts auf dem Arbeitsmarkt liegt (S. 335, 336), besonders beim »temporary equilibrium«.

stem werden sich aus verschiedenen Gründen, zu denen technische Fortschritte gehören können, Zustände des Gleichgewichts herausbilden, welche verhältnismäßig lange dauernde Ausschaltung von Arbeitskräften (ebenso von Boden und sachlichen Produktionsmitteln) zur Folge haben.
Daß ein Gleichgewicht in der Wirklichkeit mittelfristig nicht notwendig die Einfügung aller vorhandenen Produktionselemente in sich schließt, wird jetzt wohl allgemein anerkannt.[3] Eine solche Vorstellung konnte ja auch nur unter bestimmten Voraussetzungen und auf dem Grunde eines nicht bezweifelten Optimismus erwachsen. Dieser war so stark, daß er die Augen der meisten Nationalökonomen vor den auffallendsten Tatsachen der Wirklichkeit verschloß. Es ist aber gerade dieses Gleichgewicht mit Ausschluß bestimmter Mengen einzelner Produktionselemente, das jetzt theoretisch das Interesse auf sich zieht, also ein Gleichgewicht, das keineswegs im Sinne einer sozialen Harmonie verstanden werden kann.
Der hier erörterte Fall ist, wie betont sei, verschieden von anderen Fällen, in denen das Gleichgewicht nicht eindeutig oder aber unbestimmt ist. Von diesen sei der folgende erwähnt: Das Zurückschwingen der Angebotskurve für Arbeitsleistungen, was so viel heißt, daß die Menge der angebotenen Arbeitsleistungen mit sinkendem Preis derselben ansteigt. Dann können zwei Lösungen des Gleichgewichtsproblems in den Daten begründet sein.[4]
Dieser Punkt ist auch praktisch wichtig, da man annehmen kann, daß in der modernen Wirtschaft bei sinkenden Löhnen die Bereitschaft der Arbeiter wachsen wird, einen längeren Arbeitstag zu akzeptieren. Ist diese negative Elastizität der Angebotskurve für Arbeitsleistungen entsprechend groß, so besteht natürlich keine Aussicht, die Arbeitslosigkeit durch Lohnsenkungen zu verringern.
Unter den Bedingungen des statischen Systems wird ein einmal erreichtes Gleichgewicht auch fortdauern, besonders wenn man den Begriff der Statik im engsten Sinn des Wortes faßt, in dem ein Hinaustreten aus der Bahn, ein

3 Vgl. Otto von Zwiedineck-Sedenhorst, »Die Arbeitslosigkeit und das Gesetz der zeitlichen Einkommensfolge«, in: *Weltwirtschaftliches Archiv,* Bd. 34, 1931; und Hans Neisser, »Lohnhöhe und Beschäftigungsgrad im Marktgleichgewicht«, ebenda, Bd. 36, 1932.

4 Vgl. hierzu Schumpeter, »The instability of Capitalism«, in: *Economic Journal,* Sept. 1928, S. 364. Schumpeter erörtert in erster Linie das Problem, ob in einem statischen System alle Preise eindeutig bestimmt seien, und bemüht sich, nachzuweisen, daß dies häufiger der Fall ist, als man gemeinhin annimmt. Die eindeutige Fixierung der Preise, d. h. die Tatsache, daß nicht mehrere Preise zu gleicher Zeit (auf Grund der Preisgesetze) möglich sind, ist *eine* der Bedeutungen, in denen der Begriff der ökonomischen Stabilität verstanden werden kann, besonders in der Statik. In der Betrachtung dynamischer Probleme kann man jedoch von den sozialen Bestimmungen der ökonomischen Elemente nicht absehen, und daher ist in der ökonomischen Wirklichkeit ein Gleichgewichtszustand noch keineswegs gesichert, auch wenn bei Vorhandensein der in der Statik angenommenen Voraussetzungen die Preise eindeutig bestimmt wären.

Abweichen von der Tradition und von der bloßen Wiederholung des vorangegangenen Wirtschaftsprozesses definitionsmäßig ausgeschlossen ist. Diese psychologischen Voraussetzungen sind von der größten Bedeutung, da jedes dynamische ökonomische Motivieren zu einem Verlassen des Gleichgewichtszustandes führen wird. Selbst wenn wir keine Änderung des technischen Prozesses annähmen, würde eine dynamische Haltung allein schon ausreichen, um zu einer Durchbrechung des statischen Gleichgewichtszustandes zu kommen. Läßt man jedoch irgendwelche typischen Veränderungen (Wachstum irgendwelcher ökonomischen Quantitäten) zu, so ist der Folgewirkungen kein Ende.
Wir sehen uns dann in ein Gefüge von sekundären Veränderungen verstrickt, die Daten nehmen andere Proportionen an, die auf neue Verschiebungen hinweisen, und wir erreichen bald das Bild eines sich bewegenden, sich entwickelnden Systems, das nur dann als störungslos aufgefaßt werden kann, wenn es sich fortgesetzt ausbaut. In ihm ist daher der Begriff des Gleichgewichts nicht mit Ruhe, sondern im Gegenteil mit richtungsbestimmter Bewegung gleichzusetzen.[5] Daher sollte der Begriff des Gleichgewichts im dynamischen System überhaupt nicht verwendet und durch eine andere Grundvorstellung ersetzt werden, die im folgenden erörtert werden soll.

5 Schumpeter zieht den Tatbestand der Statik weiter: Er sagt, daß sie keineswegs ein Ruhezustand sei. Vielmehr können die Bedingungen wechseln. Da gäbe es Saisonschwankungen, ferner zufällige Datenänderungen, die in das Bild einbezogen werden können, wenn die Reaktion auf diese Änderungen nur Anpassung sei. Vielfach wird allerdings eine solche bloße Anpassung nicht erfolgen; wenn sie möglich ist, so bedeutet sie m. E. den Übergang von einem statischen Zustand zu einem andern. Endlich aber – und das ist das Wichtigste – bezieht Schumpeter in das Bild der Statik Wachstum der Bevölkerung, des Kapitals und daher des Volkseinkommens ein. Denn diese Änderungen, sagt er, gehen dauernd vor sich, und daher ist auch die Anpassung eine dauernde (a. a. O., S. 373, 374). Dieser Begriff der Statik, verschieden von demjenigen, den Schumpeter selbst früher ganz radikal vertrat (vgl. *Wesen und Hauptinhalt der ökonomischen Theorie* passim, z. B. S. 184–6), scheint große Ähnlichkeit mit der Problemstellung bei John St. Mill zu haben (vgl. dessen *Principles*, Buch IV, Kap. 1).
Trotzdem glaube ich, daß man gute Gründe für die Beschränkung des statischen Systems auf den oben enger gezeichneten Tatbestand anführen kann. 1. wird bloßes Wachstum der Bevölkerung und des Kapitals, bei Geltung des Gesetzes vom abnehmenden Bodenertrag, das ja bei gleichbleibender Technik unvermeidlich in Kraft tritt, früher oder später zu einem völlig statischen Zustand im Sinne der Repetition des Bestehenden führen müssen. Das heißt also, das Wachstum der Bevölkerung wird zum Stillstand kommen, und es wird sich ein statisches System in der oben angedeuteten strengen Form bilden (Ricardo). 2. In dieser ganzen Epoche der Bewegung auf einen stationären Kreislauf hin muß man bei Geltung des Gesetzes vom abnehmenden Bodenertrag mit Verschiebungen in den Anteilen der einzelnen Einkommenszweige im Volkseinkommen rechnen, weil ja der Anteil der Renten wachsen und der von Arbeit und Kapital sinken muß. Das hat aber Verschiebungen in den Nachfragekurven zur Folge, da die Realeinkommen der ersten Gruppe steigen, die der andern zurückgehen. Verschiebungen in den Nachfragekurven bedeuten Verschiebungen in den Profitraten der einzelnen Industrien, Entwertung bestimmter Produktionsmittel, Wertsteigerung anderer, kurz, es sind hier schon zahl-

II. Gleichgewicht auf dem Arbeitsmarkt in einem dynamischen System

Dynamisierende Faktoren

Historisch hat es eine Statik nie gegeben. Das Gedankengebilde derselben ist ein Idealtyp, gewonnen durch systematischen Ausbau einiger Züge magischer und mittelalterlicher Wirtschaft. Die Eigentümlichkeiten dieser Wirtschaftssysteme, z. B. das Festhalten an der »Nahrung« als einem konstanten »standard of life«, sind indes weniger die natürlichen Züge des Homo oeconomicus, sondern dienen eher zur Aufrechterhaltung eines Monopols oder eines gegebenen Zustandes. In der Tat ist der Begriff der statischen Wirtschaft theoretischen Bedürfnissen entsprungen.

Der Begriff der Dynamik umschließt verschiedenartige Tatbestände, da es ja mehrere dynamisierende Faktoren gibt, und da infolgedessen die ökonomische Entwicklung in verschiedenartigen Figuren verlaufen kann. Zunächst seien die dynamisierenden Faktoren aufgezählt:

a) Eine dynamische Psychologie der Wirtschaftssubjekte. Sie geben sich nicht damit zufrieden, im gewohnten Geleise zu bleiben, sondern treten aus

reiche Phänomene der Dynamik gegeben, wenngleich nicht der so heftige Ausschlag vom Gleichgewicht weg, wie in der Dynamik mit technischem Fortschritt. Die Tatsache, daß die Abweichungen minimal sein können, scheint mir kein richtiges Kriterium im Unterschied zwischen Statik und Dynamik zu sein, vielmehr die Tatsache, ob Änderungen eingeführt werden, an die eine endgültige Anpassung der übrigen Daten nicht stattfinden kann, weil sie in sich eine fortdauernde Tendenz zu weiteren Verschiebungen haben. Liegt eine solche dauernde Tendenz zu Verschiebungen vor, dann haben wir es mit einer Entwicklung zu tun, wenngleich diese Entwicklung für viele Schichten ein Rückgang ist, der schließlich zur Statik hinführt. Nimmt man vollends an, daß die Renteneinkommen, da sie ansteigen, teilweise akkumuliert werden, so wird eine neue Linie einzuzeichnen sein, die den Tatbestand noch mehr kompliziert, die Entwicklung noch rascher weitertreibt, besonders wenn die Akkumulation des dann verringerten Zinseinkommens nicht nachläßt.

Dabei sehe ich drittens ganz davon ab, daß in einem solchen Wirtschaftsprozeß schon Kapitalprofit und damit dynamische Unternehmen angenommen werden müssen, die bei tendenziellem Fallen des Profits auf die Senkung ihres Einkommens mit der einzig möglichen Reaktion, Veränderung des technischen Verfahrens, antworten werden. Damit haben wir aber alle Wesenselemente der Dynamik gesetzt, von der sich die Statik lediglich durch das Tempo des Wachstums unterscheiden würde.

Diese ganze Frage, wie man Statik definieren soll, ist zunächst freilich nur eine terminologische, der keine größere Bedeutung zuzukommen scheint. Doch ist sie wichtig, weil uns ja die Statik als Bezugsebene zur Dynamik dienen soll, und weil die Ergebnisse aus der Analyse des statischen Systems auch unmittelbar verwendet werden können, wenn man die Elemente einer dynamischen Situation »statisiert« denkt (z. B. die Annahme, daß keine technischen Fortschritte mehr zu erwarten sind). Ein Festhalten an dem strengen Begriff der Statik empfiehlt sich auch deshalb, weil durch die gelegentliche Hereinnahme einiger Elemente der Dynamik ein Zwielicht erzeugt wird, in dem es schwierig ist, zu unterscheiden, was nun der Sachverhalt der Statik oder die Wirkung von Störungen sei. Das ist um so bedenklicher, als immer wieder Konsequenzen aus dem Bilde des Gleichgewichts und der statischen Voraussetzungen für die dynamische Wirklichkeit gezogen werden.

ihrer Bahn heraus, wenn ihnen Gewinne winken. Dieses dynamische Verhalten folgt schon aus dem ökonomischen Prinzip, wenn man sich die Wirtschaftssubjekte als Menschen vorstellt, die vorwärts streben. Die spezifische dynamische Initiative ist auf den Unternehmertypus beschränkt. Das Streben nach Verbesserung der Situation, das auch Menschen haben, die nicht Unternehmertypen sind, veranlaßt sie, zu sparen. Das Sparen erfüllt den Wunsch nach Verbesserung in der Zukunft und nach Sicherheit. Sparen ist in der Tat das dynamische Verhalten eines statischen Geistes innerhalb eines dynamischen Systems. Aber Sparen lohnt sich nur, insofern die Unternehmer investieren, und deshalb sind die Leute bereit, den Unternehmern ihre Ersparnisse anzuvertrauen.

b) Wachsende Bevölkerung oder wenigstens wachsender Anteil der Erwerbstätigen in der Bevölkerung.

c) Erfindungen, die zur Produktion bisher unbekannter Güter führen, oder technische Verbesserungen im Produktionssystem. Erzeugung bisher unbekannter Güter schließt eine Umleitung der Nachfrage in sich, die zu einer Steigerung der Gesamterzeugung führen wird. Unter technischen Verbesserungen des Produktionssystems sind auch Arbeitsteilungen, Verbesserungen der Organisation mit dem Ziele der Kostensenkung, Verbesserung der Qualitäten zu verstehen, ebenso die Möglichkeit der Einfuhr aus dem Auslande zu Kosten, die geringer sind als die Erzeugungskosten im Inlande.

d) Die Schaffung und Entwicklung eines Geldsystems, das elastisch genug ist, um auch rasch wachsende Produktionsmengen zu Preisen umzuschlagen, welche eine übermäßige Entwertung von Vorräten und des fixen Kapitals vermeiden, die dem Wachstumsprozeß entgegenwirken würden.[6] Ein solches Geldsystem wird immer eine Institution sein, deren Funktionieren nicht ganz automatisch ist. So sei darauf hingewiesen, daß auch die Goldwährung des 19. Jahrhunderts, welche diesen Bedingungen bald genügte, bald ihnen nicht völlig entsprach, nicht der Auswirkung automatischer Kräfte ihre Entstehung verdankt, sondern eine Institution war, die auf der

6 Bei der Beurteilung der Bedeutung, die der Elastizität des Geldwesens zukommt, ist zu unterscheiden: *a)* Steigerung des Produktionsvolumens als Folge eines Wachstums der Bevölkerung und fortdauernder Akkumulation (Sparprozeß). Das müßte zu Preissenkungen führen, die aber nicht gleichmäßig wären (*lags*). *b)* Soweit die Steigerung des Produktionsvolumens eine Folge technischer Fortschritte wäre, müßte die Senkung der Preise weder zu Senkung der Einkommen noch der Kapitalwerte führen, wenn nicht die Verschiedenheiten in der Elastizität der Nachfrage und die für technische Fortschritte notwendigen Investitionen Störungen verursachten. Eine glatte Anpassung der alten Kapitalwerte an das sinkende Preisniveau ist eine wichtige Bedingung des störungslosen Verlaufs. Die hieraus erwachsenden Probleme sind ein wichtiger Gegenstand der folgenden Untersuchung. (Eine Skizze der Entwicklungshemmungen bei gleichbleibender Geldmenge bietet Neisser in seinem Artikel »Monetary Expansion and the Structure of Production«, in: *Social Research,* Nov. 1934.)

überragenden Bedeutung Englands für den internationalen Handel und dem großen Vorteil beruhte, die das Prinzip der Goldwährung in erster Linie für England mit sich brachte.[7]
Keiner dieser dynamisierenden Faktoren allein würde ausreichen, um ein dynamisches System zu konstituieren. Doch ist unschwer zu sehen, daß a) und c) innerlich zusammenhängen, d. h. daß ein dynamisches, über den erreichten Zustand hinauszielendes Wollen zugleich technische Veränderungen zur Erreichung höherer Effizienz in sich schließt. Auch bei statischer Bevölkerung kann daher das System dynamisch bleiben, wenngleich dann ein bestimmtes Minimum des technischen Fortschritts unerläßlich ist, weil sonst die Konkurrenz der Unternehmer um die Arbeiter – bei fortdauernder Akkumulation – den Gewinn sehr bald auf den Nullpunkt bringen würde, was eben die Akkumulation zum Zweck von Investitionen hintanhalten und damit zur Statisierung des Systems führen müßte.[8]

Das harmonische dynamische System

Die Kombination a) und b) ohne technische Fortschritte gäbe die Möglichkeit einer gleichmäßig fortschreitenden Dynamik ohne Konjunkturschwankungen, d. h. ein System, in dem von Jahr zu Jahr Bevölkerung wie Kapitalausrüstung und Produktion gleichmäßig zunehmen würden, was nicht ausschlösse, daß die Produktion etwas rascher stiege als die Bevölkerung. Es könnte z. B. die Bevölkerung jährlich um 1 v. H. ansteigen, während die Ersparnisse jeweils 3 v. H. des Kapitalbestandes betrügen. Wenn diese Differenz nicht durch das Gesetz des abnehmenden Ertrages ausgeglichen würde, würde das Produktionsvolumen per Kopf sich erhöhen. In einem solchen Schema müßte allerdings angenommen werden, daß die organische Zusammensetzung der Produktion allmählich ansteigt. Es wäre also doch ein gewisses Maß des technischen Fortschritts gegeben.
Ein solches System gleichmäßig fortschreitender Dynamik nennen wir »harmonische Dynamik«. Sie liegt zwischen der Statik, wie sie oben gekennzeichnet wurde, und der in der Wirklichkeit gegebenen wellenförmi-

7 Vgl. hierzu z. B. *Economic Reconstruction. Report of the Columbia University Commission,* 1934. Die entscheidende monetäre Institution sind heute die Kreditbanken, die das Monopol der Geldschöpfung durch die Zentralnotenbanken durchbrochen haben. Sie würden eine »automatische« internationale Goldwährung heute daran hindern, ebenso zu funktionieren wie in der Zeit vor dem Kriege.

8 Wenn man annähme, daß das Ausbleiben des Gewinns den Sparprozeß und den Drang zu Investitionen nicht hemmt, dann würde bei wachsender Bevölkerung und gleichbleibender technischer Struktur des Prozesses die steigende Nachfrage nach Arbeitskräften sogar zu Verlusten führen müssen. Das aber würde natürlich die Akkumulation endgültig abstoppen und damit den Prozeß statisieren. (Das Sparen könnte fortdauern, wäre aber dann Hortung.)

gen, konjunkturellen Dynamik der kapitalistischen Wirtschaft. Eine solche harmonische Dynamik hat zur Voraussetzung, daß in Relation zur gleichmäßig wachsenden Bevölkerung auch die Kapitalakkumulation relativ gleichmäßig fortschreitet, was mit mehr oder weniger schwankenden Profiten vereinbar ist. Ein solches System kann ohne die Tendenz zur Produktionssteigerung nicht entstehen, wenngleich die Entwicklung späterhin eingefahrene, reine Routine werden kann, so daß alle Einkommen, auch die Gewinneinkommen, als statisch empfunden werden.

In der harmonischen Dynamik wie in dem dynamischen Prozeß einer im Konjunkturellen verlaufenden Wirtschaftsentwicklung muß das Geldwesen elastisch sein, um die hemmenden Wirkungen von Preissenkungen zu vermeiden. Ferner würden ja, wie schon erwähnt, nicht alle Preise gleichmäßig sinken, was wiederum zu erheblichen Störungen führen müßte.

In der Wirklichkeit besteht dieses Problem nicht. Denn meistens wird im normalen Verlauf der Entwicklung eine wachsende Geldmenge mit steigender Erzeugung Hand in Hand gehen. Ist Geld eine Ware, so ist sie die einzige Ware, welche im Preise steigen und daher in größerem Umfange produziert werden wird, wenn bei wachsendem Produktionsumfang und gleichbleibender Geldmenge die Preise der übrigen Waren sinken. Ist Geld Zeichengeld, so haben wir es mit einer sozialen, von einer Zentralstelle aus verwalteten Institution zu tun, die jedenfalls in ihrer historischen Entwicklung bisher immer relativ schnell auf eine Steigerung der Produktionsmenge mit einer Steigerung der Geldmenge geantwortet hat, ja meist ihr mit einer Steigerung der Geldmenge entgegengekommen ist.

Technischer Fortschritt im dynamischen System

Nach dem Gesagten ist das wichtigste Moment des uns bekannten dynamischen Prozesses, der im Konjunkturzyklus verläuft, die technische Entwicklung. Denn bei gleichbleibenden Produktionsverfahren kann die Erzeugung nur in demselben Maße wie die Bevölkerung wachsen. Sogar eine der Vermehrung der Produktionselemente korrespondierende Erhöhung des Produktionsvolumens wird bei gleichbleibender Technik ganz oder teilweise durch das Gesetz vom abnehmenden Ertrag paralysiert werden. Erfolgt die Erweiterung des Produktionsvolumens aber bloß schrittweise, so werden Störungen meist nicht kumulativ werden können, sondern zu Anpassungserscheinungen führen. Deshalb ist man berechtigt, den technischen Veränderungen so viel Gewicht beizulegen, da sie die Erzeugungsmengen in wichtigen Wirtschaftszweigen stoßweise verändern. Tatsächlich haben sie ja auch die moderne Phase der kapitalistischen Entwicklung eingeleitet und den ganzen Weg über begleitet. Technische Revolutionen, wie sie das 18. und das 19. Jahrhundert erlebt haben, konnten durch ihre unmittelbaren und kumulativen Effekte die weiten Ausschläge und Rückschläge im Fortgang der Produktion verursachen, wie sie den modernen kapitalistischen Prozeß kennzeichnen. Technische Entwicklung liefert die motorische Kraft für das Tempo der Produktionsentfaltung, das Jahrzehnte hindurch nur dadurch abgebremst wurde, daß das Fortschreiten des Sparprozesses zu langsam war, und daß zeitweilig, eben in den Höhepunkten der Produktionsentwicklung, auch die Reserven des Arbeitsmarktes völlig ausgeschöpft waren. Es ist dieses Hin- und Widerspiel zwischen der Verwirklichung der technischen Fortschritte einerseits, den Rückschlägen, welche die plötzliche Verschiebung der Kosten in einzelnen Industrien zur Folge hat, andererseits, ohne das wir keinen Konjunkturprozeß hätten. Es ist jedoch müßig, sich darüber zu verbreiten, ob die technische Entwicklung ein außerökonomisches Phänomen und ihr deshalb als »bloßer Datenänderung«, die an dem Charakter des ökonomischen Prozesses nichts ändern könne, ein geringeres Gewicht zuzusprechen sei. Genau wie das Gesetz vom abnehmenden Bodenertrag, obwohl ebenfalls »nur« ein technologisches Datum, nicht nur die ökonomische Struktur der Landwirtschaft, sondern der gesamten Volkswirtschaft bestimmt und die unerläßliche Bedingung für die Schaffung und Anwendung des Begriffs der »marginal productivity« und damit der modernen Verteilungstheorie bildet, so ist auch die fortschreitende Technik als Grundlage wachsender Effizienz der Industrie, und heute sogar der Landwirtschaft, ein Tatbestandselement, durch welches der Bewegungsprozeß der modernen Volkswirtschaft erst in der Weise gestaltet wurde, wie er heute vor uns abläuft. Damit wird der ökonomische Prozeß selbst nicht zu einem technischen Phänomen, noch wird er als rein technische Entwicklung vorgestellt. Diese Betrachtung zieht vielmehr nur die Konsequenz daraus, daß der ökonomische Prozeß als Produktionsprozeß nicht aus Prinzipien abstrakt deduziert, sondern lediglich in seiner realen Erscheinungsform, d. h. mit voller Würdigung seiner Realgehalte, erfaßt werden kann. Die Analyse des technischen Ablaufs allein erschließt natürlich noch nicht die Eigentümlichkeiten des ökonomischen Prozesses. Aber das Bild wird schief, wenn wir diesen Realgehalt nicht mit berücksichtigen. Auch die monetäre Seite des Konjunkturprozesses gewinnt erst durch die Verknüpfung des Geldwesens mit den technischen Umwälzungen ihre spezifische Bedeutung.

Wachstum als Grundbegriff des dynamischen Systems

Die theoretischen Probleme der Dynamik sind der Gefahr ausgesetzt, isoliert behandelt zu werden. Das ist aber nicht gestattet, da ja die Dynamik ein interdependentes System darstellt. Selbst die kurzfristige Betrachtung wird die gegenseitige Abhängigkeit aller ökonomischen Phänomene und insbesondere die gegenseitige Abhängigkeit der Einkommensströme im Auge behalten müssen. Ist aber die Erfassung der Dynamik, ebenso wie die der Statik, nur im ganzen und als Ganzes möglich, so bedürfen wir auch hier eines gedanklichen Schwerpunktes, von dem aus alle Einzelphänomene in einem Gesamtzusammenhang begriffen werden können. Es fragt sich nur, ob dieser gedankliche Mittelpunkt wie in der Statik die Vorstellung des Gleichgewichts sein kann.

Ein dynamisches System könnte man nur dann als Bewegung zu einem Gleichgewicht hin auffassen, wenn man es in dem Augenblick der Betrachtung statisiert, d. h. die Daten fixiert und die in ihnen liegenden oder wenigstens beobachteten Tendenzen zur Veränderung vernachlässigt. Wir können dann annehmen, daß sich in dem so eingeengten Tatbestand ein Gleichgewicht herausbildet. Daraus würde folgen, daß die im Gleichgewicht entstehenden und dauernden Preis- wie Mengenrelationen auch diejenigen sein müssen, die sich »in the long run« unter den eben gegebenen und gleichbleibenden Verhältnissen einstellen würden. Eine solche Betrachtung kann aber dem eigentlichen Problem der dynamischen Wirtschaft nicht gerecht werden. Sie kann insbesondere nicht den auf praktischen Schlußfolgerungen ausgerichteten Analysen der wirklichen wirtschaftlichen Entwicklung als Grundlage dienen. Hierbei muß notwendigerweise ein größerer Zeitraum mit den in ihm zu erwartenden Veränderungen überblickt werden. Tut man das, so verliert der Begriff des statischen Gleichgewichts seine Bedeutung. Das ist auch der Grund dafür, daß an seiner Stelle der Begriff eines sich bewegenden Gleichgewichts gebildet wurde. Dieses »moving equilibrium« ist vom Gesichtspunkt der Statik aus ein System von »Störungen«[9], die, sobald sie harmonisch ineinandergreifen, eine Dynamik ohne Rückschläge konstituieren, oder die sogar notwendigerweise gewisse Rückschlä-

9 Das ist am klarsten von Schumpeter ausgedrückt worden, der mit Recht sagt (a. a. O., S. 369, Anmerkung), daß der Ausdruck »moving equilibrium« irreführend sein könne, da das, was tatsächlich vor sich geht, Zerstörung von Gleichgewichtszuständen im herkömmlichen Sinne des Wortes sei. Es ist vollkommen richtig, daß die dynamische Entwicklung adäquat nur erfaßt werden kann, wenn als entscheidender Wesenszug in ihr nicht die Tendenz zum Gleichgewicht, sondern eine Reihe von Antrieben aufgefaßt wird, die stets über den erreichten Zustand hinaustragen, eine Bewegung, in der die Tendenz zum Gleichgewicht gewissermaßen nur als Unterströmung vorhanden ist, die sichtbar wird, sobald man die Daten des Prozesses in dem beobachteten Augenblick statisiert.

ge in sich schließen, wenn diese der Vorbereitung neuer Entwicklung dienen.

Aber auch eine solche Betrachtung der Dynamik als eines Systems von Störungen gegenüber dem sich immer wieder anbahnenden und nie realisierten statischen Gleichgewicht wäre sehr verkünstelt. Denn auch der Begriff eines »moving equilibrium« ist nicht befriedigend, weil ja eben die Bewegung in ihm so sehr dominiert, daß dadurch der Begriff des Gleichgewichts einen anderen Sinn erhält. Daher soll die Dynamik als Wachstumsprozeß betrachtet werden, innerhalb dessen an die Stelle der Tendenz zu einem wirklichen Gleichgewicht die Tendenz zu einer Überwindung von Störungen tritt, deren Kumulativwerden das System sprengen müßte, wobei freilich diese Tendenz zur Überwindung von Störungen die fortgesetzte Ausbreitung des Produktionsvolumens zur Bedingung hat. Da wir den Wachstumsprozeß betrachten, muß immer ein längerer Zeitraum als Einheit gefaßt werden, und das ist wohl der Statik gegenüber der wesentlichste Unterschied der Dynamik, die gedanklich nur als ein Prozeß bearbeitet werden kann. Eine Analogie zu dieser Betrachtung kann z. B. in der Art erblickt werden, wie neuerdings die Finanzwissenschaft das Budget der öffentlichen Körperschaften versteht, nämlich nicht nur als Problem des einzelnen Budgetjahres, in welchem Einnahmen und Ausgaben zur Deckung gelangen müssen, sondern als Problem eines längeren Zeitraums, innerhalb dessen auch Defizite zum »normalen« Bilde der Finanzwirtschaft gehören.[10] Die Grundvorstellung (wenn man so will: das Apriori) der Dynamik ist daher nicht die Bewegung zum Gleichgewicht hin, sondern das Gesamtbild eines Prozesses, dessen einzelne Phasen einzig vom Boden der Statik als Störungen erscheinen, innerhalb der Dynamik aber notwendige Phasen der Entwicklung sind.

Die Diskussion des Wachstumsprozesses unserer kapitalistischen Wirtschaft ist mit der Diskussion der Konjunkturbewegung überhaupt identisch. Sind sämtliche der aufgezählten dynamisierenden Elemente im Tatbestand gegeben, so ist eine harmonische Dynamik im Sinne einer gleichmäßig, ohne jeden Rückschlag sich vollziehenden Entwicklung ausgeschlossen. Allerdings sind die regelmäßigen Bewegungsantriebe, die von den oben aufgezählten dynamisierenden Faktoren ausgehen, von den wirklichen Störungen zu unterscheiden, die von außerökonomischen Gebieten herkommen: z. B. plötzliche Unterbindung des internationalen Verkehrs, plötzlicher Rückruf von Kapital, sei es aus den ökonomischen Bedingungen anderer Länder heraus, sei es aus politischen Gründen. Häufig werden allerdings

10 Vgl. hierzu: Gerhard Colm, »The Ideal Tax System«, in: *Social Research,* August 1934.

solche scheinbar außerökonomischen Störungen durch einen unserer dynamisierenden Faktoren herbeigeführt, wenn z. B. als Folge der technischen Entwicklung in Landwirtschaft und Industrie die Abschließungstendenzen gegen Importe wachsen.

Reserven als notwendige Bedingung eines dynamischen Systems

Eine gleichmäßig fortschreitende Entwicklung ist in einer dynamischen Wirtschaft nur bei einander entsprechenden Veränderungen der Quantitäten der einzelnen Produktionselemente zu erwarten. Ein wichtiges Symptom dafür, daß sie erreicht ist, bildet die Stabilität der relativen Preise. Diese Stabilität der relativen Preise wird freilich nicht Starrheit des Preissystems involvieren, sondern gerade jene Beweglichkeit, die erforderlich ist, um den Wechsel der Bedürfnisse und die relativen Verschiebungen der Kosten zum Ausdruck zu bringen, was ja die Voraussetzung dafür ist, daß eine völlige Anpassung der Produktionsmengen an die geänderten Verhältnisse innerhalb der Dynamik stattfindet.

Da sich die einzelnen Elemente des Systems in der Dynamik nicht dicht ineinanderfügen, wie in der Statik, da Übergang von einer Stufe der Entwicklung zur anderen eine Anpassung involviert, die Zeit braucht, so gibt es in der Dynamik immer unbeschäftigte Produktionselemente. Ich habe bereits in der Statik den Begriff der Reserven als der nicht voll ausgenutzten Produktionselemente eingefügt. In der Dynamik muß noch mehr jede einzelne Wirtschaftseinheit mit Reserven arbeiten; sie seien folgendermaßen klassifiziert:

a) Jeder Unternehmer braucht gewisse Bewegungsspielräume, weil sich Anfall von Produktionsmengen, Verkauf derselben und Wiederausgabe von Kaufkraft oft erst nach längeren, nicht immer gleich langen Zeiträumen vollziehen. Die Reserven erscheinen derart im Produktionsbetrieb als Lager von Waren, Roh- und Hilfsstoffen, als Halbfabrikate sowie als Überkapazität.

b) Die Kaufkraftsummen als Reserven, die im normalen Verlauf der Entwicklung notwendig sind, um die Produktion ohne Störung aufrechtzuerhalten. Diese Reserven an flüssigen Mitteln ermöglichen es dem Unternehmer, über Produktionsmittel oder Vorräte zu verfügen, welche die Reserven anderer Produzenten bilden.

c) Jede Unternehmung kann aber auch »abnormen« Störungen ausgesetzt sein, die über die zu erwartenden Ausschläge des Konjunkturverlaufes hinausgehen. Dann werden sogar die sachlichen Produktionsmittel als Reserven in Anspruch genommen werden, freilich um den Preis der Gefährdung der Produktion in der Zukunft, so wenn z. B. Abschreibungen unterlassen werden – oder das Vieh in der Landwirtschaft.

d) Ist die Störung ungewöhnlich groß, so werden auch sonstige Mittel, die den Unternehmern zur Verfügung stehen, und Kredite als Reserven eingesetzt werden, sei es um die »overhead costs« aufzubringen (für Verzinsung und technische Erhaltung des Betriebs), sei es um die Produktion mit Verlust fortzuführen. Immer wird die Einsetzung der Reserven im engeren und weiteren Sinn des Worts erfolgen, um eine ungünstige Periode bis zu dem Zeitpunkt zu überdauern, in welchem der Betrieb wieder flott wird.

e) Auch der Konsument benötigt Reserven. Sie erscheinen in Form von Geld und dauerhaften Konsumgütern. Sie ermöglichen es dem Konsumenten, seine gewohnte Lebensweise aufrechtzuerhalten, wiewohl sein Einkommen schwanken mag. Verschieden von diesen echten Reserven, obzwar in der Praxis die Grenzen verschwimmen, ist derjenige Teil der Geldbestände bei Konsumenten, die sich als Folge der Perioden ergeben, in denen die Konsumenten ihr Einkommen beziehen.

Die Bedeutung der echten Reserven für die Entwicklung liegt also darin, daß sie die Stöße abdämpfen oder ihre Wirkung in der Zeit verteilen. In der Statik würde bei blitzschneller Reaktion auf eine Änderung der Daten schon eine geringfügige Verschiebung z. B. der Arbeitsmengen bei schwer umformbarem Apparat zu heftigen Einkommensverschiebungen führen. In der Dynamik wird entweder Produktion auf Lager (Reservenbildung) oder Verkauf vom Lager (Reservenauflösung) die Heftigkeit der Ausschläge mildern. Die Theorie der Dynamik wird also immer mit Reserven rechnen müssen, die nie völlig ausgeschöpft werden dürfen, wenn bedenkliche Störungen vermieden werden sollen.

Alle Bewegungen innerhalb der dynamischen Wirtschaft sind zugleich Bewegungen von Geldgrößen. Dasselbe gilt von jedem Akt der Produktion und Konsumtion. Zum Unterschied von der Statik ist aber das Geld selbst in seiner Beziehung zu den andern Waren nicht neutral, da eine mit Kredit arbeitende Volkswirtschaft, in der der Geldumlauf und die aktive Kaufkraft überhaupt binnen kurzer Frist sehr erheblich vermehrt und verringert werden können, an sich mit wechselndem Geldwert zu rechnen hat. Diese Tatsache des schwankenden Geldwertes ist natürlich stets mitzubeachten.

Die »Überwindung von Störungen« in der Dynamik bedeutet nach dem Gesagten nicht Hinstreben zu einem Gleichgewicht, sondern entweder Beseitigungen von Wachstumshemmungen oder Nutzung der Störungen als Antrieb zu weiterem, vielleicht sogar beschleunigtem Wachstum. Diese Probleme bilden den wichtigsten Teil einer Konjunkturpolitik, da uns ja das dynamische System im Konjunkturprozeß gegeben ist.

III. Aufsaugung von Arbeitslosen in einem dynamischen System

Hier soll nun nicht im vollen Umfang erörtert werden, wie die stets vorhandene Tendenz zur Überwindung der Störungen in der Dynamik wirkt, der Gegenstand der folgenden Ausführungen ist vielmehr die Frage der Arbeitslosigkeit. Der Prozeß der Wiedereingliederung der Arbeitslosen zeigt aber verschiedene Aspekte, je nach dem Wachstumsprozeß und der Struktur der dynamischen Produktion. Wir haben zu unterscheiden:

a) steigende Kosten bei freier Konkurrenz,
b) steigende Kosten bei Monopol,
c) sinkende Kosten bei freier Konkurrenz,
d) sinkende Kosten bei Monopol.

Wir handeln hier von Arbeitslosigkeit überhaupt, ohne Rücksicht auf ihre Verursachung, da die Wege, auf denen die Arbeitslosigkeit überwunden werden kann, allemal die gleichen sind, welche Ursache auch immer die Arbeitslosigkeit haben mag – ob technischen Fortschritt oder Disproportionalität im Ausbau der Produktionszweige. Die spezifischen Elemente des Prozesses, der vom technischen Fortschritt ausgelöst wird, werden später erörtert.

A. Abnehmender Ertrag unter freier Konkurrenz

Steigende Kosten hemmen den Wachstumsprozeß

Steigende Kosten bei freier Konkurrenz sind eine Bremse an der Entwicklung. Die Produktion steht unter dem Gesetz steigender Kosten, wenn ceteris paribus eine Vermehrung von Arbeit oder Kapital sinkende Erträge abwirft. So kann in der Landwirtschaft bei gegebener Bodengrundlage und wachsender Arbeiteranzahl der Betriebsertrag per Kopf nur dann gleichbleiben, wenn die Kapitalakkumulation rascher vor sich geht als das Wachstum der Bevölkerung. Das gilt um so mehr, je dichter das Land besiedelt wird. Eine solche Betrachtung setzt natürlich technische Möglichkeiten zur Nutzung einer größeren Kapitalmenge per Kopf voraus.

Auf Grund unserer früheren Ausführungen können wir annehmen, daß die modernen Volkswirtschaften in ihrem Entwicklungsprozeß nicht mehr unter dem Gesetz des sinkenden Ertrags stehen (vgl. hierzu auch Marshall, Buch 4, XIII, 2, S. 319 – 8. Ausgabe, 1930). Eine Zeitlang schien es nach 1900, als ob sich das Gesetz sinkender Erträge nicht nur in den Preisen, sondern auch in dem Druck auf die Lebenshaltung auswirken würde. Aber das war nur eine kurze Zwischenpause. Hier haben wir es nun nicht mit der Frage zu tun, wie sich das Sozialprodukt per Kopf im Gange der Entwicklung verschiebt, sondern wie eine plötzlich entstehende Arbeitslosigkeit behoben werden kann, wenn unter im übrigen gleichbleibenden Mengen der übrigen Produktionselemente die zusätzlichen Arbeitskräfte nur mit relativ sinkenden Erträgen eingestellt werden können. Wie immer dann der Verteilungsprozeß konstruiert wird, ob nach dem Gesetz der »marginal utility« oder nach dem Kostengesetz, es wird das Einkommen einer Einheit eines Produktionsfaktors (also der Arbeit) sinken müssen, wenn ceteris paribus seine Menge steigt. (Ebenso müßte bei plötzlicher Vermehrung der Kapitalmenge der Zinsfuß sinken.) Es wird also bei wachsender Arbeiteranzahl der Lohn nicht gehalten werden können. Er wird verhältnismäßig rasch sinken, wenn die Steigerung des Arbeitsangebots den Grenzertrag stark drückt. Natürlich ist das dann mit einer entsprechend großen Steigerung der Gewinne identisch. Selbst wenn diese Gewinne sofort investiert werden können, so daß die Kapitalausrüstung der Volkswirtschaft sich erhöht, wird es erhebliche Zeit dauern, bis die Erhöhung der Kapitalausrüstung den Lohn wieder auf das höhere Niveau hebt.

Steigendes Arbeitsangebot und die Lage in der Einzelfirma

Wird der Fall sinkenden Ertrags erörtert, so muß man unterscheiden zwischen dem Problem des Einzelbetriebes und der ganzen Industrie. Handelt es sich darum, zu welchem Lohnsatz ein einzelner Betrieb eine vermehrte Arbeiterzahl beschäftigen kann, so kann man annehmen, daß er imstande sein wird, auch die steigenden Produktmengen zu gleichbleibenden oder annähernd gleichbleibenden Preisen abzusetzen. Je geringer sein Anteil an der Gesamterzeugung, um so mehr wird diese Annahme berechtigt sein. Dann wird aber das Produkt der bisher beschäftigten Arbeiter unverändert bleiben, und da ihr Lohnsatz sinkt, wird der Gewinn rasch zunehmen. Die steigenden Gewinne bilden dann ein zusätzliches Kapital, dessen Investition, wenn diese sofort möglich ist, die Effizienz der Arbeiter wieder steigern wird. In diesem Fall wird die Lohnsenkung genau der Senkung der Grenzproduktivität entsprechen, doch allmählich wieder durch die Wiederherstellung der alten Grenzproduktivität als Folge der Kapitalakkumulation rückgängig gemacht werden. Hat man aber einen ganzen Industriezweig im Auge und macht sich ein steigendes Angebot in diesem ganzen Industriezweig bemerkbar, so wird die vermehrte Erzeugung nur zu sinkenden Preisen Absatz finden. Um wieviel die Preise sinken werden, wird von der Elastizität der Nachfrage abhängen.

Dann wird eine Steigerung des Gewinnes vielleicht weder in dieser noch in anderen Industrien eintreten. In diesem Fall ist die Lohnsenkung definitiv.[11]

Zwei Zahlenbeispiele mögen diesen Unterschied verdeutlichen:

a) Wir nehmen an, daß bisher 100 Arbeiter beschäftigt waren, zu einem Lohn von 10, und daß weitere 10 Arbeiter Beschäftigung finden können, wenn der Lohn sinkt. Die Produktion möge ursprünglich 3000 Produkteinheiten betragen haben, die sich zu je 1 verkaufen. Dann war ursprünglich der auf die Arbeiter entfallene Anteil 1000 = 33 v. H., während die übrigen 2000 auf andere Kosten und Gewinn entfielen. Die Rohstoffe mögen 1200, die Abschreibungen 500, und die Gewinne mögen 10 v. H. des Gesamtwertes der Produktion = 300 betragen haben. Mit den zusätzlichen 10 Arbeitern kann man nun bei gleichbleibender Kapitalausrüstung usw. nicht 300, sondern nur 185 erzeugen, davon entfallen auf den Lohn jetzt 92,5. Derselbe Lohn wird nun auch den bisherigen 100 Arbeitern gezahlt werden, und wenn deren Produktion und der für ihre Produktion erzielbare Preis gleichbleiben, so wird daraus (da jetzt die Lohnsumme von 1000 auf 925 sinkt) ein zusätzlicher Gewinn für den Unternehmer von 75 resultieren. Der Gewinn wird also von 300 auf 375 hinaufschnellen. Dazu kommt noch der Gewinn aus den zusätzlichen Einheiten, der bei einer gleichen Relation 18,5 betragen würde.[12] Der Gesamtgewinn würde also auf 393,5, d. h. um 30 v. H. gestiegen sein. Diese enorme Gewinnsteigerung beruht auf zwei Voraussetzungen: 1. gleichbleibende Preise; 2. gleichbleibende Erträge der früher beschäftigten Arbeiter. Nun sinkt natürlich mit der Vermehrung der Arbeiteranzahl bei gleichbleibender Kapitalausrüstung auch der Ertrag, der mit den bereits früher beschäftigten 100 Arbeitern erzielt werden kann. Unsere Formel aber gibt nur den Grenzertrag, d. h. die Änderung des Gesamtertrages, die aus der Vermehrung der Arbeiteranzahl resultieren wird. Denn bei der Frage, ob und zu welchen Löhnen zusätzliche Arbeiter beschäftigt werden sollen, wird immer nur die Verschiebung des Gesamtertrags von Wichtigkeit sein, da ja der frühere Ertrag mit der früher beschäftigten Anzahl von Arbeitern nach wie vor erzielt werden konnte. (Diese Konstruktion entspricht auch der von Clark. Denn dessen Kurven sollen ja nicht ausdrücken, welcher Ertrag den einzelnen Einheiten eines Produktionselementes, z. B. Arbeit oder Kapital, in einer gegebenen Kombination zuzurechnen ist – je-

11 Dabei ist also schon angenommen, daß die Ausdehnung dieser Produktion überproportional ist – im Verhältnis zu andern Produktionen. Ist das nicht der Fall, so liegt die Situation nicht anders als bei der Ausdehnung der Erzeugung in einem einzelnen Betrieb.

12 Dabei ist angenommen, daß die Amortisation für den Gesamtbetrieb bereits durch die Erzeugung der ersten 3000 Einheiten gedeckt war.

de Einheit innerhalb einer Kombination erzielt natürlich den gleichen Ertrag. Vielmehr illustrieren diese Kurven, wie sich die Gesamterträge bei Änderung der Menge eines Produktionselementes unter Gleichbleiben der andern gestalten.)

b) Liegt der Fall so, daß in jedem Betrieb zusätzliche Arbeiter untergebracht werden sollen, so werden die Preise sinken; in unserm Fall würden sich bei Elastizität gleich 1 also die 3185 Einheiten insgesamt zu 3000 verkaufen, dabei wird man eine Mehrausgabe für Rohstoffe um etwa 6 v. H. rechnen müssen. Es wird dann der Lohn um 17,5 v. H. sinken müssen, um denselben Gewinn wie bisher abzuwerfen, und die Gesamtlohnsumme wird bloß 908 betragen. Hier bleibt keine Möglichkeit, durch gesteigerte Kapitalakkumulation späterhin die Produktivität der Arbeiter wieder zu heben und damit den Lohn auf das frühere Niveau zu bringen.[13]

Wie eine starke Vermehrung der Arbeiterzahl auf die Grenzproduktivität wirken wird, hängt auch von der Neigung der Grenzproduktivitätskurve ab. Die Neigung dieser Kurve wiederum hängt im wesentlichen von der Ausnutzung der Kapazitäten ab. Ist die Kapazität, wie man meistens annimmt, voll ausgenutzt, so wird eine Steigerung der Produktion nur mit relativ sinkendem Ertrag möglich sein. In vielen Fällen wird eine Steigerung der Erzeugung nach voller Ausnutzung der Kapazität überhaupt nicht erwartet werden können. Die eben erörterten Fälle gingen aber noch nicht genug in die Einzelheiten des Prozesses ein, den wir hier zu bedenken haben. Unser Problem besteht darin, ob und wie weit durch eine Veränderung der Arbeitseinkommen eine Beschäftigung aller Arbeitsuchenden mit gleichzeitiger Steigerung des Arbeitsvolumens sowie des Sozialprodukts erreicht werden kann.

Wir nehmen also jetzt eine Steigerung des Arbeitsangebotes an, das innerhalb eines Wachstumsprozesses der Wirtschaft auftritt. Außerdem supponieren wir sinkenden Ertrag, d. h., daß zusätzliche Mengen von Arbeit oder Kapital relativ sinkende Zuwächse ergeben. In diesem Wachstumsprozeß soll sich die Kapitalausstattung der Volkswirtschaften von Jahr zu Jahr verbessern. Sie steige um 3 v. H., bei einer Erhöhung der Arbeiterzahl um 1 v. H. jährlich. In diesem Sachverhalt trete plötzlich eine Erhöhung des Arbeitsangebotes um 10 v. H. ein (z. B. als Folge plötzlichen Kapitalentzugs bei kurzfristiger Auslandsverschuldung oder infolge einer großen plötzlichen Einwanderung oder eines plötzlichen Zudrangs zum Arbeitsmarkte). Dann kann zwar eine gewisse Anpassung durch entsprechende Verwendung

13 Wir nehmen also an, daß die Arbeiter in ihrer Industrie Arbeit finden müssen und nicht in andere Industrien abwandern können (z. B. Kohlenbergbau), oder daß die Arbeitslosigkeit in allen Industrien gleichzeitig auftritt.

des Kapitalzuwachses eintreten, bei den gewählten Größenordnungen jedoch vermutlich nur in einem verhältnismäßig geringen Umfange. Verschiedene Anpassungserscheinungen werden jetzt nebeneinander herlaufen und sich ineinander verschlingen, und zwar alle als Wirkungen des plötzlich steigenden Arbeitsangebots. Dieses wird unmittelbar eine scharfe Lohnsenkung zur Folge haben, die Verschiebungen mit sich bringen wird.

Verschiebung des Verhältnisses zwischen Kapital und Arbeit

Die *erste* Wirkung wird sein, daß die neu gebildeten Kapitalien anders als bisher, d.h. zum Aufbau arbeitsintensiverer Betriebe verwendet werden. Dann werden die neu zur Investierung gelangenden Kapitalien einen Teil der Arbeitslosen aufsaugen können. Das wird der Fall sein, wenn die Senkung der Löhne tief genug geht, um die Beschäftigung von mehr Arbeitern und die Investition von weniger Kapital rentabler zu machen als in der bisherigen technischen Kombination.
Für solche Betriebe niedrigerer organischer Zusammensetzung stehen aber nur 3 v. H. des in den Industrien schon investierten Kapitals zur Verfügung. Daher sind der quantitativen Bedeutung eines solchen Übergangs zu niedrigerer organischer Zusammensetzung enge Schranken gesetzt. Trotzdem soll untersucht werden, wie sich eine solche Veränderung in der organischen Zusammensetzung auswirken würde. Wir nehmen an, daß drei Fünftel des im Betriebe arbeitenden Kapitals investiert sei, hingegen seien zwei Fünftel umlaufendes Kapital, dieses werde für Rohstoffe, Hilfsstoffe, Löhne usw. verwendet. (Rieger nimmt z.B. an – *Einführung in die Privatwirtschaftslehre,* S. 162 –, daß ein Drittel umlaufendes und zwei Drittel fixes Kapital ist und daß das umlaufende Kapital etwa dreimal im Jahre umschlägt.)
Wir nehmen nun an, daß unter gleichbleibenden Bedingungen ein Kapital von 100000 sich folgendermaßen investiert hätte:
60000 fixes Kapital, 40000 umlaufendes Kapital, von dem umlaufenden Kapital mögen 15000 auf Löhne, 25000 auf Roh- und Hilfsstoffe entfallen. In diesem Betrieb seien 30 Arbeiter beschäftigt gewesen, und ihr Lohn hätte jährlich 60000 oder auf den Kopf 2000 betragen. Die jährliche Gesamtproduktion hatte folgende Kostenrechnung aufgewiesen:

7 v. H. Verzinsung des Anlagekapitals von 100000	=	7000
10 v. H. Amortisation des fixen Kapitals von 60000	=	6000
Vierfacher Umschlag des umlaufenden Kapitals	=	160000
		173000

Es ist nun wichtig, wie wir die Veränderungen der Kostenrechnung adjustieren. Wir nehmen an, daß in Konkurrenz zu Betrieben, die bereits bestehen,

Betriebe niedrigerer organischer Zusammensetzung und demgemäß geringerer Effizienz der Arbeiter gegründet werden. So steigt z. B. die Arbeiterzahl um 33 v. H., die Erzeugungsmenge aber nur um 25 oder 15 oder 10 v. H. Es ist dann die Frage, wie tief die Löhne sinken müssen, um diese neue Produktion zu ermöglichen.

Nehmen wir an, daß bei einer Erhöhung der Arbeiterzahl um 33 v. H., also von 30 auf 40, eine Steigerung der Gesamterzeugung um 25 v. H. eintritt. Wenn bisher 100 Produkteneinheiten erzeugt wurden, so betrug die Erzeugung per Arbeiter $3^1/_3$ Einheiten. Die Hinzufügung von 10 Arbeitern – unter technischer Änderung der Kapitalausrüstung – würde das Gesamtprodukt der Menge nach auf 125 erhöhen; die den 10 Arbeitern zuzurechnende Produktmenge wäre also 25, und dementsprechend würde sich auch ihr Lohn bestimmen. Dieser Lohn sei Grenzproduktivitätslohn auf der Basis der »prime costs« genannt.

Wenn sich die 25 neu erzeugten Einheiten zu denselben Preisen wie bisher verkaufen würden (Preis der Einheit 1730), so wäre der Erlös der 25 Einheiten: 43 250; die hierfür nötigen Rohstoffe würden kosten: 25 000; es bliebe für Löhne 18 250 – oder per Kopf 1825 = Lohnsenkung um etwa 9 v. H.[14]

Diese Lohnsenkung würde sich auch auf die schon früher beschäftigten 30 Arbeiter übertragen, deren Lohnsumme nun 1825 mal 30 = 54 750 wäre, woraus sich für das Unternehmen (bei gleichbleibenden Preisen) ein Übergewinn von 5250 ergäbe. Die Gesamtlohnsumme beträgt jetzt 73 000.[15]

Die Lohnersparnis an den bisher beschäftigten Arbeitern bildet zwar einen Fonds, aus dem eine Lohnerhöhung über das Niveau der Grenzproduktivität hinaus eintreten könnte. Das wird aber bei wirklich freier Konkurrenz auf dem Arbeitsmarkte für den Unternehmer kein Anlaß sein, einen höheren Lohn zu zahlen, als dem Grenzertrag entspricht. Es wird bei abnehmen-

14 Dabei ist also die für die Arbeiter sehr günstige Annahme gemacht, daß die zusätzlichen 25 Einheiten sich zu den »prime costs« verkaufen können, weil schon der Erlös der ersten 100 Einheiten die Verzinsung und Amortisation des Kapitals decken.

15 Dieser Fall kann auch in andrer Weise berechnet werden: wenn die Generalunkosten (13 000) auf die ganze Produktion einschließlich der zusätzlichen 25 Einheiten verrechnet werden, dann werden die Einnahmen von diesen 25 Einheiten in der folgenden Weise verteilt werden:

7 v. H. Verzinsung von 20 v. H. des Kapitals	1 400
10 v. H. Amortisation von 20 v. H. des fixen Kapitals	1 200
Rohmaterialien	25 000
Bleibt für Löhne	15 650
	43 250

Der Lohn des einzelnen Arbeiters würde also auf 1565 oder um 22 v. H. sinken; diese Lohnsenkung würde – auf die bisher beschäftigten Arbeiter ausgedehnt – die Lohnsumme auf 62 600 reduzieren, und ein Extraprofit von 13 050 würde entstehen, oder 13 v. H. auf das Gesamtkapital. Dieser Lohn ist der Grenzproduktivitätslohn. (Vgl. Clark, *The Distribution of Wealth*, S. 176/177.)

dem Ertrag jede Vermehrung der Arbeiteranzahl ceteris paribus eine Gewinnchance darbieten, auf die zu verzichten der Unternehmer keinen Anlaß hat. Wohl aber könnte diese Gewinnchance eine Basis für kollektive Aktion der Arbeiterschaft bilden. Das ist wichtig, weil ja im Fall absinkenden Ertrages die bekannten sozialen Hemmungen gegen eine entsprechende Senkung des Lohnniveaus besonders stark sein werden und Erfolg versprechen, wenn sie lediglich das Entstehen des Übergewinns verhindern wollen. Würde die Konkurrenz der Unternehmer – immer bei gleichbleibenden Preisen der Erzeugung – die Herabdrückung des Gewinnes auf das bisherige Niveau bewirken, z. B. durch Wettbewerb der Unternehmer um diese Arbeiter, so würde die Lohnsenkung nur 2,5 v. H. betragen; die Produktmenge wäre 125; die Auslagen für Rohstoffe: 125 000. Abschreibungen und Gewinn wie bisher 13 000. Es verbliebe für Löhne: 78 000. Der Lohn des einzelnen Arbeiters wäre dann, bei 40 Arbeitern, 1950 = um 2,5 v. H. geringer als bisher.[16]

Steigendes Arbeitsangebot und die Lage in einer Industrie

a) Elastizität der Nachfrage gleich 1

Wir müssen jetzt von dem Einzelbetrieb, der bisher erörtert wurde, auf die Betrachtung der ganzen Industrie übergehen. Wenn man annähme, daß nicht alle zusätzlichen Arbeiter in den neu entstehenden Betrieben untergebracht werden können und daß in der ganzen Industrie der Übergang zu einer weniger kapitalintensiven Produktion innerhalb kurzer Frist möglich ist[17] sowie daß die Produkionsformel sich entsprechend unseren obigen Annahmen ändern würde, und wenn man weiter annähme, daß die Elastizität der Nachfrage = 1 ist, so würden sich die 125 Einheiten zu derselben Preissumme verkaufen wie vorher die 100 Einheiten. Die Gesamtproduktion würde in unserem Beispiel zu einer Geldsumme von 173 000 abgesetzt werden, die sich folgendermaßen auf die einzelnen Posten verteilen müßte:

Verzinsung	7 000
Amortisation	6 000
Rohstoffe usw.	125 000
Löhne	35 000
	173 000

16 Dieser Lohn sei Monopollohn des Arbeiters genannt.

17 Die unten entwickelte Formel würde für diejenigen Betriebe gelten, die sich in eine Betriebsstruktur umformen können, die der eben betrachteten gleich ist. (Wo die technische Zusammensetzung starr ist, würden Konsequenzen eintreten, die weiter unten erörtert werden sollen.)

Der Preis der Einheit würde also jetzt 1384 bei 125 Einheiten betragen. Der Durchschnittslohn wäre dann 875 anstatt 2000, d. h. er müßte um 56 v. H. sinken; in Kaufkraft der in dieser Industrie erzeugten Produktion sinkt der Lohn von 1,15 auf 0,63, also um 45 v. H.[18]
Gleichzeitig hätte sich allerdings die Anzahl derjenigen Arbeiter vermehrt, die Rohstoffe erzeugen, und zwar um 25 v. H. bei gleichbleibenden Löhnen. Wenn wir annehmen, daß bisher 25 Arbeiter in der Erzeugung der Rohstoffe zu einem Lohn von 2000 bei einem Lohnanteil von 50 v. H. in der Rohstofferzeugung (alles für den Arbeitsmarkt sehr günstige Annahmen) beschäftigt waren, so würden in Zukunft $31^1/_4$ Arbeiter mit einer Lohnsumme von 62500 (bei gleichbleibenden Löhnen) in der Rohstofferzeugung tätig sein. Die Gesamtlohnsumme in dieser Industrie einschließlich ihrer Rohstofferzeugung würde von 110000 auf 97500 sinken, der Durchschnittslohn von 2000 auf 1373 oder um 31 v. H. Die *Gesamtarbeiterzahl* würde um 33 v. H. gestiegen sein.

b) Elastizität der Nachfrage größer als 1

Wäre die Elastizität der Nachfrage für die Erzeugnisse dieser Industrie gleich 2, so würde der Preis bei einer Steigerung der Menge um 25 v. H. auf 1557 sinken. Um den Verkauf der Produkte zu diesem Preis zu ermöglichen, wäre eine Senkung der Gesamtkosten (einschließlich Verzinsung usw.) auf 194625 nötig. Die Lohnsumme würde daher in dem oben betrachteten Betrieb (S. 107): 56625 oder 1415 per Kopf betragen, was einer Lohnsenkung von 30 v. H. entspricht, gegenüber einer Senkung von 56 v. H. bei Elastizität gleich 1. In Kaufkraft ausgedrückt, sinkt der Lohn (gegenüber dem von den Arbeitern selbst erzeugten Produkt) nicht ebenso stark. Vordem konnte der Lohn 1,15 Produktionseinheiten kaufen (2000:1730); nunmehr 0,90 (1415:1557). Das ist eine Lohnsenkung von 21,7 v. H. Die tatsächliche Reallohnsenkung ist aber nur dann so gering, wenn die wesentli-

18 Diese Formel beschreibt das Ende eines langen Prozesses, innerhalb dessen die Produzenten durch die Konkurrenz genötigt sind, ihre Erzeugung auszudehnen, obzwar sie schließlich nur denselben Profit erzielen, während die Löhne auf einen Bruchteil der früheren Löhne reduziert sind. Der Prozeß beginnt mit Änderungen in Einzelfirmen, wie sie oben beschrieben wurden, und führt bei Elastizität der Nachfrage gleich 1 zu dem oben angegebenen Resultat. Dieser Lohn ist, trotz seines niedrigen Niveaus, ein Monopollohn der Arbeiter, während der Grenzproduktivitätslohn unter 0 liegen würde. Kann doch die Vermehrung der Erzeugung die Einnahmen überhaupt nicht erhöhen, während sie zusätzliche Ausgaben für Rohstoffe usw. erfordert. Das Beispiel zeigt, daß sich bei Wettbewerb der Unternehmer die Produktion ausdehnen wird, während der Lohn über der Grenzproduktivität stehen wird; der zusätzliche Profit, der bei sinkenden Erträgen entstehen müßte, wird eliminiert. Diese zusätzlichen Profite wären bei Grenzproduktivitätslöhnen sehr hoch.

chen Konsumgüter der Arbeiterschaft in diesem Ausmaß verbilligt werden. Führen wir wieder den Vergleich der Lohnsummen für die ganze Industrie, einschließlich Rohstofferzeugung, unter Beibehaltung der bisherigen technischen Annahmen durch, so erhalten wir folgende Resultate:

Die Lohnsumme, die vor dem Eintreten der Arbeitslosigkeit 110000 betrug, steigt jetzt auf 119125, die Anzahl der Arbeiter von 55 auf 71,25, der Durchschnittslohn sinkt von 2000 auf 1672, d. h. um 16 v. H. Die Anzahl der gesamten Arbeiter in der Industrie, einschließlich Rohstofferzeugung, steigt um 33 v. H., ihr Durchschnittslohn sinkt um 16 v. H. Die Lohnsumme steigt um etwa 9 v. H. Die Nachfrage nach Arbeit ist hier größer als 1. Aber die Verringerung der Nachfrage nach anderen Produkten infolge der größeren Aufwendungen für das verbilligte Produkt ist hierbei nicht berücksichtigt.

c) Berücksichtigung der früheren Produktionsstufen

In diesen Beispielen haben wir jeweils angenommen, daß die Arbeitslosigkeit nur das letzte Produktionsstadium betrifft und daß die Vorproduktion (Rohstoffe usw.) mit gleichbleibendem Ertrag per Kopf der Beschäftigten entsprechend ausgedehnt werden kann, so daß eine dort (in der Vorproduktion) parallel entstehende Arbeitslosigkeit nicht zu Lohnsenkungen führt. Nehmen wir hingegen an, daß auch die Vorproduktion nur mit sinkendem Ertrag ausgedehnt werden kann, so ist auch dort eine Lohnsenkung unvermeidlich, und die durchschnittliche Senkung der Löhne in allen Stufen der Erzeugung wird dann denjenigen Ziffern näher liegen, die wir soeben für die letzte Erzeugungsstufe errechnet haben. Das Gesamtresultat ist dann für die Gesamtarbeiterschaft weitaus weniger günstig als gerade berechnet. Ferner haben wir in diesen Beispielen die Durchschnittsergiebigkeit der Arbeit, d. h. den Monopollohn der Arbeit, anstatt des Grenzertrags zur Basis der Lohnbildung gemacht. Unter den obigen Annahmen aber ergibt sich bei einer Elastizität gleich 1 als Lohn für zusätzlich neu angestellte 10 Arbeiter, wenn diese 25 v.H. der bisher erzeugten Produktmenge hinzufügen, ein Lohn von nur 700, der – auf die Gesamtarbeiterschaft übertragen – die Lohnsumme auf 28000 fixiert, mit der Wirkung, daß ein Extraprofit von 7000 entsteht.[19] Folgendes ist die Rechnung hierfür: 10 Arbeiter erzeugen 25 neue Produkteinheiten. Bei Gesamterzeugung von 125 und Elastizität gleich 1 verkaufen sich diese 25 Einheiten um 34600. An Kosten entstehen:

19 Wird diese Berechnung angewendet, so vergleicht der Unternehmer nicht den neuen Gesamtprofit mit dem alten, sondern er legt die Steigerung der Erzeugung seiner Schätzung des Ertrages zugrunde, den er den zusätzlichen 10 Arbeitern verdankt.

Für Amortisation und Verzinsung:	
20 v. H. von 13000	2 600
Rohstoffe	25 000
Bleiben für Löhne	7 000
	34 600

Ist die Elastizität gleich 2, so ist der Preis der Einheit wie oben berechnet 1557, die Preissumme für 25 Einheiten 38925.

Für Amortisation und Verzinsung	2 000
Rohstoffe	25 000
Daher Löhne	11 325

Der Lohn beträgt dann 1132 oder eine Senkung um 43,6 v.H.
Die Lohnsenkungen berechnen sich jetzt viel größer, weil hier einerseits die Grenzproduktivität zur Grundlage gemacht wird und weil andererseits selbst bei großer Elastizität der Nachfrage doch infolge der Produktionserhöhung eine Preissenkung angenommen wird. Diese zweite Komponente ist die Folge einer disproportionalen Verteilung der Arbeitslosen auf die einzelnen Produktionszweige. (Es sei noch erwähnt, daß eine mit der Erzeugungsmenge steigende Geldmenge angenommen ist, wenn die Preise gleichbleiben; hingegen eine gleichbleibende Geldmenge bei den Elastizitäten der Nachfrage gleich 1 oder gleich 2.)

d) Rückwirkung auf andere Industrien

Man könnte nun meinen, daß bei einer Elastizität größer als 1 eine Umlenkung von Kaufkraft auf unsere Industrie eintritt, welche wieder die Nachfrage nach andern Produkten und daher die Beschäftigung in andern Industrien reduziert, so daß das Endresultat ungünstiger sein müßte, als hier berechnet wurde. Diese relative Verringerung in der Erzeugung anderer Waren, wenn die Elastizität der Nachfrage einem bestimmten Produkt gegenüber größer als 1 ist, wird aber nicht immer eintreten. (Wir sprechen hier immer von einer Elastizität >1 unter der Klausel ceteris paribus, d. h. also, daß die andern Einkommen und Preise gleichbleiben.) Wenn die Elastizität z. B. gleich 2 ist, und die Konsumtion unseres Produkts 5 v.H. der Gesamtausgaben in der Volkswirtschaft betrug; wenn die Preise um 10 v.H. sinken und die Konsumtion daher jetzt auf 5,4 v.H. des Volkseinkommens steigt, so bleibt für alle anderen Ausgaben, scheint es, nur 94,6 v. H. des Volkseinkommens zur Verfügung. Es könnte also scheinen, als ob die Gesamtkaufkraft, die in der Volkswirtschaft auf den Markt kommt, überhaupt nicht erhöht werden kann. Das ist aber nicht der Fall. Denn wir dürfen nicht außer acht lassen, daß sich die Kaufkraft, die hier auf die Produzenten dieser Ware und ihre Arbeiter geleitet wurde, von 5 auf 5,40 v.H. des Volkseinkommens, also um 8 v. H., erhöht hat. Diese Kaufkraftsteigerung kommt auf den Markt und ist zusätzlich, weil ja die erhöhte Produktion von bisher Arbeitslosen stammt. Wenngleich also die Konsumenten unserer Ware infolge ihrer Mehrausgabe für diese Ware andere Konsumtionsakte unterlassen müssen, so hat doch die Verschiebung ihrer Nachfrage eine, auch in Geld ausgedrückt, zusätzlich Produktion und damit Kaufkraft auf den Markt gerufen, wenn die Umlaufgeschwindigkeit entsprechend steigt. Das heißt aber, der Mehrnachfrage nach Arbeitern in A wird nicht eine Verringerung im Beschäftigungsgrad der übrigen Industrien im ganzen gesehen entsprechen. Es liegt eben auch hier eine Umschaltung der Bedürfnisse vor, die zu einem Wachstum der Volkswirtschaft führt (siehe oben Kap. I). Die Gesamtsituation ist somit für die Wirkung einer Lohnsenkung dann günstiger, wenn die Elastizität größer als 1 ist und wenn infolge einer Steigerung der Umlaufgeschwindigkeit eine Erhöhung der Gesamtkaufkraft eintritt. Sofern diese ganze Entwicklung in einer Depression vor sich geht, kann man annehmen, daß der Produktionsausdehnung wenigstens teilweise eine Verlangsamung der Umlaufgeschwindigkeit entspricht, wenn ein Teil der in der relativ ausgedehnten Industrie erzielten Einkommen zur Abzahlung von Schulden benutzt wird und daher nicht auf den Markt kommt. (Bei all diesen Überlegungen aber ist festzuhalten, daß der Lohn in der Industrie, welche von Arbeitslosigkeit betroffen wird, sinkt. Die Ausdehnung der Gesamterzeugung vollzieht sich hier unter Lohndruck.)

e) Wie wirkt ein Monopol der Arbeit?

Ein sehr paradoxes Resultat ergibt sich, wenn man annimmt, daß ein organisiertes oder stillschweigendes Monopol der Arbeitskräfte in der Lage ist, die Löhne so zu gestalten, daß trotz eines plötzlichen zusätzlichen Angebots auf dem Arbeitsmarkte die Profite nicht steigen. Da wird nämlich unter den obigen Annahmen der Lohn um so höher sein, je weniger die neu eingestellten Arbeiter dem Produkt hinzufügen. Nehmen wir z. B. an, daß bei einer Erhöhung der Arbeiterzahl um 33 v. H. die Produktion nur um 5 v. H. steigt. Dann werden die Kosten zu den alten Sätzen 198437 betragen. Die 105 Einheiten, welche jetzt erzeugt werden, werden sich insgesamt nur zu derselben Gesamtpreissumme = 173000 verkaufen. Das wird, unter Festhaltung der bisherigen Daten für die übrigen Kostenelemente, eine Lohnsumme von 63213 für 40 Arbeiter ermöglichen. Der Lohn per Kopf wird also in diesem Betrieb um 31 v. H. sinken. Wir haben also das Resultat, daß eine um 33 v. H. wachsende Arbeiterzahl zu Löhnen beschäftigt werden

kann, die um 31 v. H. niedriger sind als die bisherigen Löhne, während in unserm obigen Beispiel die Löhne um 56 v. H. sanken (S. 105 f.). Dieses Resultat ergibt sich daraus, daß die Auslagen für Rohstoffe nicht so rasch steigen wie in den bisherigen Beispielen. Es kann also, da die Elastizität = 1 ist, die Lohnsumme für die Gesamtzahl der Arbeiter sogar wachsen.
Noch paradoxer klingt es, daß unter denselben Annahmen die Steigerung der Arbeiterzahl von 30 auf 40 dieselbe Lohnsumme dann ergibt, wenn die Hinzufügung dieser 10 Arbeiter die Produktionsmenge überhaupt nicht erhöhte. Es wird dann nämlich ein Lohn von 1500 per Kopf möglich sein, d. h. der Lohn wird um 25 v. H. sinken und die Anzahl der Beschäftigten um 33 v. H. steigen. In diesem Falle findet also einfach eine Verteilung der bisherigen Lohnsumme auf eine größere Kopfzahl statt, ähnlich wie bei Verkürzung der Arbeitszeit zum Zwecke der Erhöhung der Arbeiterzahl.
In allen diesen Beispielen aber ist der Durchschnitt des Arbeitsertrages, nicht jedoch die Grenzproduktivität im strengen Sinne des Wortes zugrunde gelegt. Diese Beispiele setzen also straffe Organisation der Arbeiter oder spontanes Handeln, als ob sie organisiert wären, voraus. Denn nach dem Grundsatz der Grenzproduktivität müßte der Lohn bei einer Mehrerzeugung von 5 v. H. durch die zusätzlichen 10 Arbeiter und Elastizität gleich 1 unter den obigen Annahmen auf 259 sinken; bei gleichbleibender Erzeugung aber auf Null. Wenn man annehmen kann, daß die Wirklichkeit weder dem einen noch dem andern Schema vollständig entspricht, so wird der tatsächliche Lohn zwischen der Grenzproduktivität und dem Lohnsatz liegen, welcher der Durchschnittsproduktivität entspricht.

f) Steigendes Arbeitsangebot in Einzelfirmen mit voll ausgenutzter Kapazität

Endlich ist noch der Fall zu erwähnen, daß einzelne Betriebe voll ausgenutzt sind und daß sie überhaupt nicht in der Lage sind, zusätzliche Arbeitskräfte einzustellen. Dann werden sie von einer die ganze Industrie ergreifenden Lohnsenkung profitieren, ohne ihre Produktionsmengen zu erhöhen. Der Gewinn wird aber nur dann um den Betrag der Lohnsenkung in diesen Betrieben steigen, wenn die Preise gleichbleiben. Wenn die Preise jedoch sinken, wird die Erhöhung des Profits durch die Differenz zwischen den gesamten Ersparnissen an Löhnen einerseits und durch die Verringerung in den Gesamteinnahmen andererseits bestimmt sein. Da die Preise weniger sinken werden als die Löhne, werden die Profite steigen.

g) Einige besondere Fälle

Wenn, wie in den auf Seite 109 f. durchgerechneten Beispielen, die Lohnsenkung so gering ist, als sie unter den erwähnten Verhältnissen in dieser Industrie sein kann, d. h. bei einem Monopol der Arbeiter, dann wird keine Erhöhung, aber auch keine Senkung des Profits eintreten, und es wird daher auch kein Fonds gebildet werden, der zu einer dauernden Beschäftigung von mehr Arbeitern führen könnte. *Die Lohnsenkung wird daher definitiv sein, solange nicht aus andern Quellen mehr Kapital gebildet wird.* Jedenfalls ist in der Wirklichkeit das Problem selten so gestellt, wie es in unserem ersten Schema erscheint (S. 101 f.). Denn nur selten wird eine bestimmte Anzahl von Arbeitskräften in einem einzelnen Betrieb untergebracht werden müssen. Anders schon bei ganzen Industrien. Da kann sich als Folge von Einwanderung oder als Folge eines außergewöhnlichen Zustroms von jungen Arbeitskräften ein plötzlicher Überschuß von Arbeitsuchenden ergeben, die in dieser Industrie untergebracht werden sollen. Meistens wird jedoch ein gewisser Prozentsatz von Arbeitslosen dadurch aufgesogen, daß sie sich über eine größere Anzahl von Wirtschaftszweigen verteilen. Dann braucht natürlich auch bei sinkendem Ertrag die Lohnsenkung nicht so groß zu sein. Sofern allerdings die Arbeitslosigkeit in mehreren Wirtschaftszweigen gleichzeitig auftritt, wie z. B. im Zuge einer Rationalisierungsperiode oder infolge plötzlichen Zudranges zu Arbeitsplätzen als Konsequenz einer Änderung in den Lebensgewohnheiten, müßte bei Geltung dieses Gesetzes vom abnehmenden Ertrag die Lohnsenkung sehr scharf sein.
Dasselbe Resultat ergibt sich, wenn man die früher aufgestellten Schemata nach einer bestimmten Richtung variiert: Die Theorie nimmt an, daß eine Senkung des Lohns von einer Änderung in der organischen Zusammensetzung begleitet sein wird. Wir haben zwar in den obigen Beispielen diese organische Zusammensetzung auch bis zu einem gewissen Grade variiert, indem wir bei gleichbleibendem Kapital die Arbeiteranzahl erhöhten. Jetzt aber soll untersucht werden, wie eine wirklich erhebliche Änderung der organischen Zusammensetzung auf die Kostengestaltung wirkt. Wir nehmen z. B. an, daß das fixe Kapital von 60000 auf 30000 sinkt. Es fragt sich nun, welches Produktionsresultat mit diesem verringerten Kapital erzielt wird. Wenn wir annehmen, daß das dauernd investierte Kapital von 60000 auf 30000 sinkt, daß – bei sehr viel niedrigerer organischer Zusammensetzung – jetzt 60 anstatt 30 Arbeiter beschäftigt werden (die Kopfquote des fixen Kapitals sinkt von 2000 auf 500!), und wenn wir annehmen, daß die Produktionsmenge um 50 v. H. steigen kann (alles für die Effizienz der Arbeit sehr

günstige Annahmen), dann werden wir *bei gleichbleibenden Preisen* folgendes Resultat erhalten, wobei ein Teil der 30000, die jetzt nicht investiert werden, als zusätzliches Betriebskapital fungieren wird. (Dabei nehmen wir wie auch oben an, daß die Erzeugung der Rohstoffe usw. ohne Investitionen zu gleichen Kosten innerhalb der hier vorliegenden Produktionserweiterung ausgedehnt werden kann.)

Das Gesamtkapital wird jetzt sein:

30000 fixes Kapital	
62000 zirkulierendes Kapital (Umlaufgeschwindigkeit = 4)	
Rohstoffauslagen	150 000
Löhne ca.	100 000
6 v. H. des Gesamtkapitals	5 550
(30 000 + 62 500 = 92 500 – anstatt bisher 100 000)	
10 v.H. Amortisation des fixen Kapitals	3 000
	258 550
150 Einheiten à 1730 = ...	259 500

Der Lohn des einzelnen Arbeiters beträgt jetzt 1666, die Lohnsenkung 16 v.H.; dabei ist freilich angenommen, daß der Monopollohn der Arbeit der Lohnbestimmung zugrunde gelegt und Zins wie Amortisation sowie Rohstoffpreise und Produktpreise als gegeben gelten können. Das ist freilich eine unrealistische Annahme, wie aus den folgenden Ausführungen hervorgehen wird.

h) Wettbewerb zwischen kapitalintensiven und arbeitsintensiven Firmen

Bei der allgemeinen Überlegung, wonach Lohnsenkungen zu einer geringeren organischen Zusammensetzung führen, wird meistens übersehen, daß sich die Lohnsenkung auch in den alten Betrieben mit hoher organischer Zusammensetzung des Kapitals in Kostensenkungen auswirken wird. Erst aus einem Vergleich der Kostensenkungen der beiden Betriebsgruppen könnte man ersehen, inwiefern Lohnsenkungen wirklich den Übergang zum kapitalextensiveren Betrieb herbeiführen können. Dafür werden noch unten einige Beispiele gegeben werden. Wenn jedoch die Lohnsenkung nicht im entscheidenden Maß eine Besserung in der relativen Kostenlage des kapitalextensiven Betriebs gegenüber den kapitalintensiven herbeiführt, dann wird die organische Zusammensetzung der Betriebe in einem Lande oder in einer Industrie auf eine Senkung der Lohnhöhe kaum reagieren, außer wenn die Kapazität der kapitalintensiven Betriebe nicht voll ausgenutzt ist. Oder: Wenn die Kapazität der technisch überlegenen Betriebe voll ausgenutzt ist, so werden sie selbst bei einer sehr tiefen Senkung des Lohnniveaus noch immer ihre Überlegenheit behalten.

Um diese These zu prüfen, muß die Wirkung der Lohnsenkung auf die Kostengestaltung der kapitalextensiven Betriebe, verglichen mit den kapitalintensiven Betrieben, geprüft werden. Wir wählen einen Tatbestand, der für die Wirkung einer Lohnsenkung besonders günstig wäre. Wir nehmen an, daß der Lohnanteil im kapitalintensiven Betrieb 33 v. H., im kapitalextensiven Betrieb aber 58,4 v. H. betrage, ferner daß Verzinsung und Amortisation des Kapitals 20 v.H. jährlich ausmachen und daß sich die Betriebsrechnung dann folgendermaßen darstelle:

	Betrieb I	Betrieb II
Kapital per Arbeiter	15 000	4615
Verzinsung und Amortisation	3 000	923
Lohn	2 000	2000
Rohstoffe usw.	1 000	500
Produktion per Kopf	100 Einheiten	50 Einheiten
Gesamtkosten	6 000	3423
Kosten per Einheit	60	68,6

Bei dem hohem Lohn von 2000 ist also der kapitalintensivere Betrieb überlegen.

Nun lassen wir den Lohn sinken und untersuchen, wie das auf die Konkurrenzfähigkeit der kapitalextensiven Betriebe wirkt. Damit die Kosten per Einheit im Betrieb II auf die Kosten des Betriebs I sinken, müßten die Kosten für die 50 Einheiten des Betriebs II von 3433 auf 3000 sinken, oder der Lohn von 2000 auf 1577, d. h. 21 v. H. Würde aber der Lohn um 21 v. H. sinken, so würde das auch für den Betrieb I zutreffen, wodurch sich die Kosten der Einheit auf 56 ermäßigen würden. Damit nun der Betrieb II konkurrenzfähig bleiben kann, müßten seine Kosten ebenfalls auf 56 für die Einheit heruntergedrückt werden, was eine weitere Lohnsenkung bis auf 1380 voraussetzt. Ein Lohn von 1380 senkt aber wieder die Kosten der Einheit im Betrieb I auf 54. Erst bei einem Lohn von 1200, d. h. bei einer Lohnsenkung von 40 v. H. werden die Kosten der Einheit sowohl in I wie in II etwa gleich sein, nämlich um 52. Obwohl der Unterschied in den Kosten ursprünglich nur 13 v. H. betrug, ist hier eine Lohnsenkung von 40 v. H. nötig, um die Differenz in den relativen Kosten wirklich auf Null zu reduzieren.[20]

20 Ein noch drastischeres Resultat ergibt sich, wenn wir das oben (S. 105) entwickelte Beispiel zugrunde legen; eine Übertragung der Lohnsenkung auf den kapitalintensiven Betrieb (Schema S. 103 f.) senkt die Kosten des kapitalintensiven Betriebs (einschließlich Amortisation und Verzinsung zu den bisherigen Sätzen) auf 1630 per Einheit; damit der kapitalextensive Betrieb konkurrenzfähig bleibt, müssen die Löhne in ihm auf 1433 sinken, oder um 30 v. H.; würde der kapitalintensive Betrieb aber auch nur 1433 an Lohn zahlen, so sinken seine Kosten auf 1560 per Einheit. Damit der kapitalextenive Betrieb zu denselben Kosten produziere, muß er die Löhne auf 1250 senken usw. – So treibt in der Konkurrenz ein Keil den andern. Diese Überlegung ist zugleich ein Beitrag zur Frage, welchen Wert die Feststellung hat, daß sich jeweils

Daß in der Wirklichkeit, besonders in der Krise, oft weitaus geringere Lohnsenkungen schon eine Wirkung ausüben, ja, daß vielfach nicht einmal Lohnsenkungen notwendig sind, um ältere, kapitalextensive Betriebe wieder konkurrenzfähig zu machen, liegt daran, daß die kapitalintensiven Betriebe nicht mit vollen Kapazitäten arbeiten. Wenn z. B. Betrieb I (s. S. 113) mit einer Kapitalausnutzung von 75 v. H. arbeitet, dann steigen die Kosten per Einheit schon auf 70. Sinkt die Kapazitätsausnutzung auf 60 v. H., so steigen die Kosten sogar auf 80, und es wird also der Betrieb II sofort, auch ohne Lohnsenkung, konkurrenzfähig.

Selbst wenn man annimmt, daß auch der Betrieb II seine Kapazität nicht voll ausnutzen kann, wird seine Situation doch relativ verbessert. Es steigen nämlich die Kosten in Betrieb I schneller an. Bei einer Ausnutzung der Kapazität von 75 v. H. steigen die Kosten in Betrieb I von 60 auf 70, in Betrieb II von 68,4 auf 74,4, und bei einer Kapazitätsausnutzung von 60 v. H. werden die Kosten in I auf 80 und in II auf 80,6 steigen. Tritt jetzt eine Lohnsenkung von 20 v. H. ein, so sinken die Kosten in I von 80 auf 78, hingegen in II von 80,6 auf 76,6. Das sichert dem Betrieb II schon eine ziemlich große Überlegenheit. Da außerdem die kapitalintensiven Betriebe meistens mit mehr Fremdkapital arbeiten und daher die Verzinsung des Kapitals jedenfalls aufbringen müssen, wird die Überlegenheit der kapitalextensiven Betriebe zunehmen, wenn diese vorübergehend die Verzinsung des Kapitals nicht in die Kostenrechnung einstellen.

Daraus folgt nun, daß nicht nur die Kapitalausstattung und Kapitalbelastung durch fixe Kosten, sondern auch die geringere Kapazitätsausnutzung eine relative Überlegenheit der kapitalextensiven Betriebe in der Krise und insbesondere bei Lohnsenkungen begründet. Einige Aufschlüsse über die Bedeutung größerer oder geringerer Kapitalintensität für die Kostenrechnung gibt z. B. das Buch von Dr. Konrad Mellerowitsch, *Kosten und Kostenrechnung,* dessen Beispiele unseren Gedankengang gut illustrieren. Aus

nach den ökonomischen Gesetzen ein Lohn automatisch festsetzen würde, zu dem sämtliche Arbeiter beschäftigt werden könnten. Hier würde wohl der Widerstand der Arbeiter weiteren Preis- und Lohnsenkungen Einhalt gebieten. Dann bleibt aber der kapitalintensive Betrieb überlegen, und es können nicht alle Arbeiter Beschäftigung finden. Dringen sie doch ein, so entstehen außerordentlich hohe Extragewinne, die alsbald wieder eine Lohnsteigerung – durch Schaffung neuer Arbeitsplätze – bewirken können. So wären bei freier Auswirkung der ökonomischen Gesetze die Lohnschwankungen außerordentlich groß.

Anders liegt der Fall, wenn die Lohnsenkung auf die arbeitsintensiven Betriebe beschränkt bleibt. Vielfach sind die Arbeiter in diesen Betrieben zu Zugeständnissen bereit, damit die Produktion wieder in Gang gesetzt werden kann, während die kapitalintensiven Betriebe nicht in den Genuß der Lohnsenkung treten. Oder es können die arbeitsintensiven Betriebe, z. B. das Handwerk, bei Lieferungen begünstigt werden, obwohl die kapitalintensiven Betriebe zu denselben, ja selbst zu niedrigeren Preisen liefern könnten – zumal, wenn sie an der Lohnsenkung teilhätten.

konkreten Betriebsrechnungen, die Mellerowitsch darbietet, geht hervor, daß die Maschinenbelastung manchmal im Kleinbetrieb sogar größer ist als im Großbetrieb. Das mag besonderen Verhältnissen geschuldet sein. Überall, wo das vorliegt, kann natürlich der Kleinbetrieb durch Lohnsenkung überhaupt nicht rentabel gemacht werden.

Besondere Daten gibt der Autor für die Automobilproduktion. Die Erzeugung von Personenwagen im Mittelbetriebe ist z. B. um 81 v. H. teurer als die Massenerzeugung. Bei Lastkraftwagen ist die Erzeugung im Mittelbetrieb um 27 v. H. teurer als die Massenerzeugung, und im Kleinbetrieb um 61 v. H. Das sind Prozentsätze, welche durch die Lohnsenkung nicht mehr überbrückt werden können. Legt man z.B. nur die Differenz von 27 v. H. zugrunde, und nimmt man einen Lohnanteil von 25 v. H. in den Großbetrieben und von 50 v. H. in den Mittelbetrieben an, dann erhält man folgenden Vergleich:

	Großbetrieb	Mittelbetrieb
Gesamtkosten	100	127
Davon Löhne	25	64
	25 v. H.	50 v. H.

Wenn die Löhne im Kleinbetrieb um 50 v. H. sänken, so würden die Kosten auf 95 hinuntergehen. Aber das würde den Mittelbetrieb nicht konkurrenzfähig machen, da gleichzeitig die Kosten im Großbetrieb auf $87^1/_2$ sinken. In unserem Beispiel würde das Gleichgewicht zwischen den beiden Betriebsarten erst bei einer Lohnsenkung um 61, d. h. einer Herabsetzung des Lohnes auf 39 v. H. eintreten.

Auch hier läßt sich natürlich zeigen, daß eine geringere Ausnutzung der Kapazität im Großbetrieb die Konkurrenzfähigkeit des Mittelbetriebes steigert.

Es sei noch auf eine Nebenwirkung der soeben erörterten Tatsache hingewiesen, daß Lohnsenkungen zur Belebung arbeitsintensiver Betriebe führen können. Wird z. B. das Handwerk wieder konkurrenzfähig, so wird die durchschnittliche Effizienz der Arbeit sinken. Wenn gleichzeitig eine Einschränkung oder ein langsameres Wachstum der kapitalintensiven Betriebe erfolgt, so braucht gar keine Steigerung der Erzeugung einzutreten. In einem solchen Falle wird das Gesamtprodukt nicht erhöht. Zur Bewältigung derselben Produktionsleistung ist jetzt eine größere Anzahl von Beschäftigten erforderlich, so daß also die Kopfquote des Ertrages in demselben Maße sinken muß, in dem die Beschäftigung ansteigt. Die Arbeitszeit bzw. Arbeitslast des einzelnen Arbeiters indes sinkt nicht – trotz vergrößerter Arbeiterzahl –, weil ja die Arbeitseffizienz durch Übergang zu arbeitsintensiveren Methoden sinkt. So zeigt sich, daß bei einem Kapazitätsspielraum der Übergang zu kapitalextensiveren Betrieben keineswegs volkswirtschaftlich vorteilhaft ist. Ein weiterer Nachteil liegt darin, daß die Leistungsfähigkeit der kapitalintensiven Betriebe weniger ausgenutzt wird und daß daher Ausfälle in den Gewinnen eintreten. Volkswirtschaftliche sowohl als auch soziale Gründe sprechen daher eher gegen als für die Reaktivierung technisch überholter Produktionsmethoden.

Die Möglichkeit, zusätzliche Arbeitskräfte bei niedrigerem Lohn in die Produktion einzubeziehen, hängt also davon ab, welche Produktivität die zusätzlichen Arbeitskräfte entfalten werden und wie groß die Elastizität der Nachfrage sein wird. Je mehr man annehmen kann, daß die Effizienz zusätzlicher Arbeitskräfte nicht absinkt, das heißt je geringer die Kosten zusätzlich erzeugter Produktmengen sind, und je größer die Elastizität der Nachfrage ist, um so eher wird es gelingen, zusätzliche Arbeitskräfte ohne große Lohnsenkung in die Betriebe einzufügen, wenn die Ausdehnung der Erzeugung harmonisch erfolgt. Nun wird der Lohn aber nicht beliebig tief sinken können, denn in jedem Lande wird es ein Lohnniveau geben, unter welchem kein Arbeiter einen Arbeitsvertrag eingehen wird, selbst wenn er arbeitslos bleiben müßte. Dieses Niveau ist historisch und sozial bestimmt. Nicht nur das Widerstreben der Arbeiter, unter einem gewissen Niveau zu arbeiten, sondern auch ihre Besorgnisse, diesen Lohn definitiv zu machen, insbesondere aber sich den Haß der übrigen Arbeiter zuzuziehen, wird die Löhne von einer bestimmten Untergrenze an starr machen. Dann wird eben trotz andauernder Arbeitslosigkeit der Markt mehr als eine gewisse Anzahl von Arbeitslosen nicht resorbieren. Dieser Sachverhalt findet auch im Schema der statischen Theorie seinen Platz. Denn auch sie nimmt an, daß nicht sämtliche Arbeiter beschäftigt werden können, wenn die Grenzproduktivität unter das Existenzminimum sinkt. Wir müssen lediglich den Begriff des physischen durch den Begriff des sozialen Existenzminimums ersetzen, um der Wirklichkeit sehr nahe zu kommen. Nun nimmt freilich die statische Theorie an, daß die überschüssigen Arbeitskräfte durch Absterben verschwinden und auch nie wieder entstehen, während in der Wirklichkeit die überschüssigen Arbeitskräfte mitgeschleppt werden und als lebendiges Argument gegen die optimistische und harmonistische Auffassung des Gleichgewichtsbegriffes auf dem Markte bleiben.

Es seien noch mehrere Umstände hervorgehoben, die in dem Prozeß der Produktionserweiterungen von Wichtigkeit und zugleich Bedingungen dafür sind, daß Lohnsenkungen zu vermehrter Beschäftigung führen können.

Es müssen sich die Einkommen der Arbeiter im Durchschnitt relativ gegen die Einkommen der übrigen Bevölkerungsschichten verringern. Würden nämlich alle oder die meisten Einkommen sinken, was in einer lang dauernden schweren Depression der Fall ist, würden also auch die festen Einkommen der Beamten, Rentner usw. in den Prozeß der Senkung einbezogen, so müßte die Gesamtkaufkraft, in Geld ausgedrückt, schrumpfen. Dies selbst dann, wenn die Kaufkraft der Arbeiter insgesamt nicht zurückgehen sollte. Damit wird aber die Elastizität der Nachfrage verringert werden, und es wird sich die Senkung der Löhne nicht voll auswirken können. Immerhin werden auch dann noch relativ mehr Arbeiter zu niedrigeren als zu höheren Löhnen Beschäftigung finden. Trotzdem wird unter diesen Umständen eine lang dauernde Arbeitslosigkeit bestehenbleiben, oder die Geldlöhne werden sehr tief sinken müssen. (Dieser Vorgang einer Steigerung des Geldwertes sei aber hier nicht weiterverfolgt.)
Wenn wir ganz schematisch annehmen, daß sich die Einkommen zwischen Arbeitern und Nichtarbeitern verteilen wie 60 zu 40, und daß eine durch die ganze Volkswirtschaft gehende Lohnsenkung von 10 v. H. zu einer Preissenkung von 10 v. H. (Adjustierung der Kapitalwerte auf die veränderten Kosten angenommen) und zu einer Mehreinstellung von 10 v. H. der bisherigen Arbeiterzahl führen würde, dann würden die Arbeiter bei gleichbleibenden Konsumgewohnheiten 66 v. H. der bisherigen Erzeugung, die andern Schichten 44, zusammen 110 v. H. verbrauchen, was gerade der Mehrerzeugung entsprechen würde. Würde aber das Einkommen der »anderen« um 10 v. H. sinken, so könnten sie bei einer Preissenkung von 10 v. H. nur dieselbe Menge an Industrieprodukten wie bisher, nämlich 40 v. H. verbrauchen. Es würden also nur 106 anstatt 110 Einheiten verbraucht werden, und 4 v. H. der Arbeiter würden trotz der Lohnsenkung um 10 v. H. arbeitslos bleiben. Es würde also eine Lohnsenkung um 10 v. H., weil man auch die Einkommen der anderen Konsumenten herabsetzt, ohne deren Anzahl zu vermehren, eine Arbeitslosigkeit von 4 v. H. bestehenlassen. Bei dieser Schätzung lassen wir ganz außer acht, daß die so verursachte Arbeitslosigkeit auch wiederum den Konsum der Arbeiter verringert und daher noch eine zusätzliche sekundäre Arbeitslosigkeit schafft. Eine solche gleichmäßige Herabsetzung aller Einkommen würde demnach zu weiteren Lohnsenkungen treiben.[21]
Nun könnte man glauben, daß die Verringerung der »anderen« Einkommen, z. B. der Einkommen von Beamten, nur eine Verschiebung und daher

21 Vgl. hierzu meine Schrift *Wirkungen des Lohnabbaus*.

ohne Bedeutung für die Gesamtkaufkraft ist. Werden doch Beamtengehälter aus Steuern bezahlt, und eine Senkung der Gehälter bedeutet eine Übertragung von Einkommen auf die Steuerzahler. Ebenso ist eine Verringerung der Angestelltengehälter gleichbedeutend mit einer Erhöhung der Profite, und eine Erhöhung der Profite kann dann direkt oder indirekt den Konsum erhöhen und so zur Wiedereinstellung der Arbeitslosen führen. Das Argument der Erhaltung der Kaufkraft, in dem nämlich Senkungen in der Kaufkraft einer Schicht zu entsprechenden Steigerungen der Kaufkraft anderer Schichten führen, wird aber nicht immer angewendet werden können. Wir müssen unterscheiden zwischen partieller Senkung der Einkommen und Verringerung aller Einkommen. Bei partieller Senkung der Einkommen wird eine Übertragung der Ausübung der Kaufkraft möglich sein, insbesondere im Zuge eines normalen Entwicklungs-, d. h. eines Wachstumsprozesses. Aber auch bei partieller Senkung der Einkommen ist es möglich, daß der Gewinnzuwachs bei den Unternehmern nicht als Kaufkraft auf den Markt kommt – z. B. wenn sie diese Einkommensteile zur Rückzahlung von Bankschulden verwenden. Wenn nun die Banken nicht in der Lage oder willens sind, das Geld wieder zu verleihen, z. B. weil sie ihre Liquidität verbessern wollen, so wird eine absolute Schrumpfung der Kaufkraftsumme eintreten. Wird aber nur Einkommen aus einer Hand in die andere übertragen und auch ausgegeben, so scheint keine Schrumpfung der aktiven Einkommenssumme einzutreten.[22]

22 Der Fall liegt verschieden, je nachdem ob die Elastizität der Nachfrage nach dem speziellen Produkt kleiner oder größer als 1 ist. Ist sie kleiner als 1, so werden die Umlaufgeschwindigkeit und die Gesamtkaufkraftmenge (ceteris paribus) sinken; ist sie größer als 1, so werden diese Größen sogar steigen. Diese auf den ersten Blick wenig plausiblen Unterschiede in der Wirkung von Preis- und Lohnsenkungen gehören zu dem Problemkreis der Änderungen der Umlaufgeschwindigkeit, auf den in diesen Untersuchungen wiederholt hingewiesen wird. Eine Erhaltung der nominalen Kaufkraftsumme ist freilich nicht möglich, wenn alle Einkommen sinken. Wenn also z. B. im Zuge einer systematischen Deflationspolitik alle Lohn- und Gehaltseinkommen gekürzt werden, und wenn auch die Preise gesenkt werden, so daß sich die verringerten Lohnkosten nicht in eine Steigerung der Gewinne umsetzen können, so haben wir offenbar – wenn Lohn-, Gehalts- und Preissenkungen einander exakt korrespondieren – eine Erhöhung des Geldwerts vor uns, die alles beim alten beläßt, d. h. also zur Einstellung von Arbeitslosen gar nicht führen kann. Wir haben dann eine Senkung des gesamten Preisniveaus und der Einkommen vor uns, ohne daß sonst irgendeine Änderung eintreten würde. Man könnte höchstens annehmen, daß die Ersparnis an Löhnen zu einem Überschuß im Betriebskapital und damit zur Neueinstellung von Arbeitern führen könnte. Das wäre aber, wenn alle Einkommen schrumpfen, nicht zu erwarten. Umgekehrt: Wenn eine Senkung des Preisniveaus zu einer Steigerung der Beschäftigung, der Erzeugung und des Absatzes führen würde, so wäre derselbe Prozeß, die monetären Voraussetzungen gegeben, auch beim alten Preisniveau möglich. Daher wird eine Lohnsenkung bei entsprechenden Preissenkungen nur dann glatt zur Ausdehnung der Erzeugung führen, wenn der Markt in seiner nominalen Kaufkraft ungeändert bleibt und daher auf Preissenkungen sofort mit Nachfragesteigerungen reagieren kann. (Die einzige günstige Wirkung, die von einer Senkung aller Einkommen erwartet werden könnte, wäre die Erleichterung und daher Steigerung des Exports.)

Senkung der Löhne und Investierungen

Die Wirkung einer Lohnsenkung, ob sie nun in Preissenkung oder Gewinnsteigerung besteht, ist auch davon abhängig, in welcher Industrie die Verschiebung im Anteil von Kapital und Arbeit den größten Effekt haben wird. Es sind zwar auf die Dauer gesehen und nach Ausgleichung der Profitraten die Wirkungen einer allgemeinen Lohnsenkung in allen Produktionszweigen mehr oder weniger gleich, aber sie setzen sich nur mit einem »lag« durch, dessen Überwindung Jahre in Anspruch nehmen kann. Falls Preissenkungen die Folge von Lohnkürzungen sind, so werden sie sich am schnellsten für die Fertiggüter durchsetzen. Bei diesen kann sogar die Verbilligung im Preise antizipiert werden. Doch auch in der Fertigindustrie wird die Lohnsenkung immer nur einen Teil der Gesamterzeugung, wenngleich einen großen, und nicht immer gleichmäßig ergreifen. Für Produktionsmittel vollends kann sie nur so weit zur Geltung kommen, als neue Produktionsmittel geschaffen werden. Die bereits bestehenden Produktionsmittel werden mit ihren Gestehungskosten zu Buche stehen, und nur eine Abwertung der Kapitalien kann diese Unkorrektheit beheben. Daher wird die Auswirkung einer Lohnsenkung um so prompter sein, je größer der unmittelbare Lohnanteil im Produkt ist. Tritt sie nicht ein, so wird sie bei freier Konkurrenz durch den raschen Zustrom neuer Kapitalien erzwungen, der eine schnelle Steigerung der Erzeugung zur Folge haben wird, soweit nicht schon die Ausdehnung der Erzeugung in den bestehenden Betrieben darauf hinwirkt. Jedenfalls wird die Preissenkung prozentual immer geringer sein als die Lohnsenkung, da ja die Löhne wegen des produktiven Beitrags der Produktionsmittel nur einen Teil der Kosten bilden. Nur mit einer Verallgemeinerung der Lohnsenkung wird das anders, obzwar auch dann noch die Angleichung der Äquivalente für Verzinsung und Amortisation erhebliche Zeit beansprucht.

Besonderer Einfluß der Lohnsenkung auf die Bautätigkeit

Eine weitere Überlegung gehört noch in diesen Zusammenhang. Die Lohnhöhe wird nicht nur auf die Investitionen und damit auf die organische Zusammensetzung der Produktionen, sondern auch auf die Verteilung der Ersparnisse in die einzelnen Investitionsgruppen einwirken. Ersparnisse werden nicht nur in Produktionsbetrieben, sondern auch zur Erzeugung lang dauernder Konsumgüter, insbesondere von Häusern, verwendet. Wenn nun der Zinsfuß nicht steigt, wozu ja unter unseren Bedingungen keine Veranlassung gegeben ist, so werden die Kosten des Häuserbaus verglichen mit den Kosten anderer Produkte besonders schnell sinken, weil ja der Lohnanteil im Häuserbau besonders hoch ist und weil sich die Lohnsenkung schneller auf die Baukosten auswirkt. Derart wird der Häuserbau bei Lohnsenkungen einen relativen Vorsprung vor den übrigen Produktionszweigen genießen.[23] Da das Baugewerbe außerdem einen sehr hohen Anteil der Gesamterzeugung darstellt, wird diese Wirkung wichtig sein. Für den Arbeitsmarkt ist es zunächst gleichgültig, wo die Nachfrage nach zusätzlichen Arbeitskräften auftritt. Aber für die Folgewirkungen ist es wichtig, ob diese zusätzliche Nachfrage dauernd die Grundlage einer erweiterten Produktion schafft. Bei einer Ausdehnung des Baugewerbes ist das natürlich nicht der Fall, wenn man von dem geringen Reparaturbedarf absieht, der ja bei allen Investitionen anfällt. Der Häuserbau wird also nur vorübergehend den Arbeitsfassungsraum erweitern. Soweit die Lohnsenkung im Baugewerbe zu einer Mietsenkung führt, würde dadurch eine gewisse Erhöhung des Reallohnes eintreten.

Einfluß der Lohnsenkung auf die Psychologie der Konsumenten

Endlich seien noch die Wirkungen der Lohnsenkung vom Gesichtspunkt der Verteilung des Sozialprodukts aus betrachtet. Schon oben wurde ausgeführt, daß die Lohnsenkung unter sinkendem Ertrag oft zu einer Schmälerung des gesamten Arbeitereinkommens führen wird. Daß dies in Geld überall der Fall ist, wo die Elastizität nicht erheblich über 1 liegt, kann man als unzweifelhaftes Resultat der Deduktion bezeichnen, sogar dort, wo die Kapazitäten nicht voll ausgenutzt sind. Nun sinken aber auch die Preise, und soweit sie sinken, wird sich das Einkommen des einzelnen Arbeiters gegenüber der Verringerung des Nominaleinkommens wieder etwas erhöhen. Diese Preissenkung wird freilich niemals so weit gehen wie die Lohnsenkung. Das folgt ja schon daraus, daß der Lohn nur einen Teil der Gesamtkosten ausmacht und daß der Grenzertrag der Arbeit bei Vermehrung der Arbeiteranzahl sinkt. Außerdem wird diese Preissenkung ja nur in geringem Maße gerade denjenigen Arbeitern zugute kommen, deren Löhne gesenkt wurden. Da die Löhne niemals gleichzeitig in allen Industrien und meistens überhaupt nicht allgemein gesenkt werden, so liegt in der Lohnsenkung mit Preisreduktion auch eine Neuverteilung des Arbeitseinkommens, die zu lange dauernden Anpassungserscheinungen führen mag. Es werden nämlich die Arbeiter, deren Löhne nicht gesenkt werden, einen

23 Es ist auch anzunehmen, daß die Löhne im Baugewerbe bei freier Konkurrenz rasch sinken werden, weil wenigstens bei konjunkturellen Rückschlägen auf dem Arbeitsmarkte das Baugewerbe in erster Linie betroffen sein wird. Andrerseits wirkt im Baugewerbe die durchgreifende Organisation der Arbeiterschaft raschen Lohnsenkungen entgegen.

Kaufkraftzuwachs erfahren. Diese schematischen Überlegungen können natürlich den Tatbestand nicht erschöpfen, dessen Gestaltung auch von der psychischen Disposition der Käuferschichten abhängt. Ist doch, selbst wenn die Nachfragekurven bekannt sind, die Reaktion der Käufer auf Preissenkungen keineswegs gewiß, da sich diese Nachfrage jeden Moment verschieben kann. Solche Verschiebungen der Nachfrage werden eintreten, wenn die Käufer mit weiteren Preissenkungen rechnen und daher sogar weniger kaufen als bei steigenden Preisen, ferner wenn sie infolge der schlechten Geschäftslage und in der Besorgnis, in Zukunft auch eine Einbuße ihres Einkommens zu erleiden, ihre Nachfrage überhaupt einschränken und im ganzen weniger kaufen als bisher, um Reserven zu bilden. Das wird in solchen Schichten von Einkommensbeziehern der Fall sein, deren Nominaleinkommen eine Herabsetzung droht (z. B. Kürzung von Beamtengehältern, Ausfälle von Mieten bei Hausbesitzern usw.). Alle diese Reaktionen sind Veränderungen der Nachfragekurven, die eben nicht ohne weiteres von der Zeit vor der Lohnsenkung und vor der Arbeitslosigkeit auf die Zeit nach der Lohnsenkung übertragen werden dürfen, wie es die Formel »ceteris paribus« besagt. Bedeutet doch sowohl die Arbeitslosigkeit als auch insbesondere die Senkung der Löhne einen Schock in der psychischen Gesamtsituation, die einen Teil der möglichen Wirkungen einer Lohnsenkung aufwiegt, so daß jene Steigerung des Beschäftigungsgrades nicht eintritt, die ohne diesen Schock hätte erwartet werden können.

Lohnsenkungen und persönliche Dienste

Zum Schluß seien noch zwei Möglichkeiten erörtert, eine plötzlich auftauchende Arbeitslosigkeit zu eliminieren, ohne daß in das Gefüge der Produktion eingegriffen wird.

a) Die Arbeitslosen können in die Sphäre der persönlichen Dienste abströmen. Für diese ist charakteristisch, daß in ihnen kein fixes Kapital erforderlich ist. Nimmt man an, daß die Elastizität der Nachfrage für persönliche Dienste gleich 1 ist, so werden sich die bisher Beschäftigten mit den Arbeitslosen in denselben Betrag teilen; eine Störung tritt dann nicht ein. Eventuell erfolgen Konsumverschiebungen, aber auch das ist nicht in erheblichem Umfang anzunehmen, weil ja die Arbeitslosen auch bisher unterhalten wurden und die für ihren Unterhalt ausgegebenen Beträge jetzt erspart und für andere Produktionen verwendet werden. Das Gleichgewicht kann also dadurch wiederhergestellt werden, daß Einkommen einer bestimmten Kategorie von Personen auf Arbeitslose übertragen wird, ohne daß irgendeine Änderung in der Produktionssphäre vor sich geht.

Wenn die Elastizität der Nachfrage nach Dienstleistungen z. B. 2 sein sollte, so würde eine Senkung des Entgelts für Dienstleistungen um 3 v. H. eine Erhöhung der Nachfrage um 6 v. H. nach sich ziehen. Anstatt 100 werden also 106 Einheiten nachgefragt werden, die sich um 103 verkaufen würden. Das Einkommen der Personen, die schon bisher Dienstleistungen zum Verkauf angeboten hatten, würde jetzt statt 100 nur noch 97 betragen. Die Konsumenten von Dienstleistungen würden insgesamt 3 Einheiten ihrer Kaufkraft mehr auf diejenigen Personen übertragen, die jetzt Dienstleistungen anbieten. Sofern diese drei zusätzlichen Einheiten ebenfalls auf den Markt kommen, würde insoweit höchstens eine Verschiebung in den Produktionsrichtungen, aber keine Senkung der Nachfrage im ganzen eintreten. Das Gesamteinkommen der Gesellschaft würde also hier dadurch steigen, daß jetzt um 6 v. H. mehr an Dienstleistungen als vorher angeboten und nachgefragt werden. Je elastischer die Nachfrage nach Dienstleistungen wäre, um so größer wäre die Verringerung der Arbeitslosigkeit. Freilich kann eine Übertragung der Arbeitslosen in Dienstleistungen nur dann ohne Verringerung der Nachfrage nach Produkten stattfinden, wenn sich die Umlaufgeschwindigkeit des Geldes etwas erhöht; aber das bietet praktisch keine Schwierigkeiten. Diese Entwicklung ist mit dem oben erörterten Fall der Bedarfsverschiebung identisch (Kap. I).

Lohnsenkungen und Handel

Meistens wird aber eine Steigerung der Nachfrage nach Dienstleistungen in dieser Art nicht erfolgen, vielmehr werden die Arbeitslosen in der Regel in die Handelssphäre abströmen. Dann wird die Anzahl der Dienstleistungen überhaupt nicht vermehrt, sondern nur auf eine größere Anzahl von Personen verteilt. Das »Realeinkommen« der Gesellschaft wird sich nicht erhöhen, es wird auch nicht ein größerer Teil des Sozialproduktes zur Bezahlung von Dienstleistungen des Handels verwendet werden, sondern das gleichbleibende Einkommen der Handelssphäre wird sich jetzt auf eine größere Anzahl von Personen verteilen. Diese relative Senkung des Einkommens in der Handelssphäre wird nicht zu einem Abströmen in die Erzeugungssphäre führen, da dort der Arbeitsfassungsraum voll ausgenutzt ist. Grundsätzlich derselbe Fall liegt vor, wenn dasselbe Arbeitsvolumen in der Produktion auf eine größere Arbeiteranzahl verteilt wird (Kurzarbeit). Es ist das ein in der Wirklichkeit häufiger Fall, besonders bei Saisonarbeitslosigkeit.

Zusammenfassung

Wenn man die Möglichkeiten überblickt, die für eine Aufsaugung einer plötzlich auftauchenden Arbeitslosigkeit durch Lohnsenkung bei sinkendem Ertrag gegeben sind, so sind diese zwar vorhanden, aber die Opfer, die Teilen der Arbeiterschaft selbst bei geringer Arbeitslosigkeit zugemutet werden, sind sehr erheblich. Man wird zu Erzeugungsmethoden mit niedrigeren Erträgen, d. h. zu veralteten Produktionsmethoden oder, wo das möglich ist, zu kapitalextensiverer Erzeugung in bestehenden Betrieben übergehen. Die geringere Effizienz dieser veralteten Methoden wird dann als Lohngrundlage auf alle Betriebe übertragen. Falls die Lohnsenkung mit Preissenkungen Hand in Hand geht, so mögen davon günstige Wirkungen ausstrahlen, deren Realisierung allerdings von günstigen Umständen abhängig ist. Geht die Lohnsenkung nicht Hand in Hand mit Preissenkungen, so ist ein Absatz der Mehrproduktion unmöglich, abgesehen 1. von dem Fall der Produktionsvermehrung *eines* Betriebs, dessen Erzeugung unter freier Konkurrenz auf den Preis keinen Einfluß üben kann, und 2. von der Möglichkeit, daß ein Teil der Produktion in weniger effizienter Handarbeit hergestellt wird, d. h., daß die Erzeugung trotz vermehrter Arbeitereinstellung nicht wächst. Welcher der Fälle praktisch wird, ob z. B. der Übergang zu weniger kapitalintensiven Betrieben und mit welchen Ersparnissen am Kapitaldienst und in welchem Umfang er möglich ist, wird von den Umständen abhängen. Volkswirtschaftlich ist eine solche Lösung des Arbeitslosenproblems nur dann unvermeidbar, wenn der Ertrag in der Industrie wirklich sinkt, wenn also die Ertragssenkung nicht auf eine disproportionale Verteilung der Produktionssteigerung zurückzuführen ist, und wenn in der Tat die Ertragssenkung dem Umstand zuzuschreiben ist, daß Kapitalmangel eine Erweiterung der Erzeugung unter besseren Methoden verhindert, endlich wenn eine Steigerung der Erzeugung in den bestehenden Betrieben infolge völliger Ausnutzung ihrer Kapazität ebenfalls nicht möglich erscheint. Unter diesen Umständen ist offenbar der Rückgang zu weniger effizienten Methoden eine Notmaßnahme, die dem Zuge der Entwicklung, in welcher das Kapital rascher wächst als die Bevölkerung, direkt entgegenläuft. Es ist nicht eine Etappe zu schnellerem Fortschritt, sondern ein Rückschlag, den so schnell als möglich zu überwinden Bedingung einer Entwicklung zu einem höheren wirtschaftlichen Niveau ist.

B. Abnehmender Ertrag unter Monopolen und Kartellen

Wir müssen nun untersuchen, ob eine plötzlich entstehende Arbeitslosigkeit bei steigenden Kosten und Monopol durch Lohnsenkung und darauf folgende Ausweitung der Erzeugung überwunden werden kann. Wenn die physische Effizienz zusätzlicher Arbeiter geringer ist als die der bisherigen Grenzarbeiter, so müssen die Löhne sinken, um eine Mehrbeschäftigung zu ermöglichen. Soll eine solche Mehrerzeugung abgesetzt werden, wird auch der Preis sinken müssen, was den Lohn unter das Niveau herunterdrücken muß, der sich infolge des sinkenden physischen Ertrags auch bei gleichbleibenden Preisen ergeben würde. Es wird nun von dem Verhältnis der Lohnsenkung und der somit gegebenen Senkung der Durchschnittskosten einerseits, der durch die Mehrerzeugung gegebenen Preissenkung andererseits abhängen, ob und inwieweit eine Ausdehnung der Erzeugung zu einem größeren Gewinn führt als bisher. Der Punkt des neuen Monopolgewinns wird darüber entscheiden, ob und wie viele Arbeiter zu geringeren Löhnen eingestellt werden können. Das Monopol sieht sich in diesem Fall derselben Situation gegenüber, die vorliegt, wenn die Kosten per Produkteinheit sinken:

Würden die Kosten, aus welchen Gründen immer, z. B. infolge Senkung einer vorhandenen Umsatzsteuer sinken, so würde das vom Monopol erzeugte Produktionsquantum *steigen*.[24] Denn wenn die Kosten der Produktionseinheit ohne Rücksicht auf die Produktionsmenge um den gleichen Betrag sinken, dann wird der Gewinnzuwachs bei größerer Produktion relativ größer sein als bei kleinerer Erzeugung, weil ja die Generalunkosten einen um so kleineren Teil der Kosten ausmachen, je größer die Erzeugung ist. Daher wird der größere Vorteil bei einer Erweiterung der Produktion liegen, allerdings nur, wenn die bei größerer Erzeugung nötige Preissenkung nicht die aus den Kostensenkungen entstehenden Gewinnmöglichkeiten ganz resorbiert.

Das Monopol wird bei sinkenden Löhnen so viele Arbeiter einstellen, als erforderlich sind, um diejenige Produktmenge zu erzielen, deren Verkauf jetzt, da die Erzeugungskosten per Einheit gesunken sind, ein neues, höheres Gewinnmaximum ergeben. Es kann sehr wohl sein, daß dieser Punkt erreicht ist, bevor sämtliche Arbeitslosen eingestellt sind. Dann wird ein Teil der Arbeitslosen innerhalb der Monopolbetriebe keine Arbeitsplätze finden. Es bleibt ihnen nur Abwanderung in andere Produktionen übrig, was bei gelernten oder fest angesiedelten Arbeitern seine Schwierigkeiten haben mag.

Noch einige Worte über die Situation innerhalb eines Kartells. Dieses begreift vielfach auch solche Betriebe, die schon unter dem Gesetz steigender Kosten arbeiten (z. B. Bergbau). Es fragt sich, wie in diesem Fall eine Lohnsenkung wirken wird. Die Festsetzung der Preise durch ein Kartell beweist,

24 Marshall, a. a. O., S. 482 u. Note, S. 483.

daß bei freier Konkurrenz die Preise niedriger wären. Aber die Preisfestsetzung ist nur ein Element des Kartellvertrages. Viel wichtiger für den einzelnen Betrieb ist seine Quote, der Anteil an der Gesamtförderung. Diese wird sich meistens nach der irgendwie berechneten Leistungsfähigkeit der einzelnen Betriebe im Verhältnis zu der vom Kartell angenommenen Gesamterzeugung bemessen. Da in der Regel heftige Kämpfe um die Quote stattfinden, kann man annehmen, daß die den einzelnen Werken zugeteilte Quote jeweils nicht die volle Kapazitätsausnutzung ermöglicht.
Die Unterschiede der Produktionskosten in den einzelnen Werken hat zur Folge, daß die Übertragung von Quoten von einem teurer auf ein billiger arbeitendes Werk für beide Beteiligten vorteilhaft sein kann. Mitunter wird sogar das Recht zur Förderung innerhalb des Syndikats nur erworben, um es weiterzuveräußern. Es könnte nun sein, daß eine Lohnsenkung einen solchen Betrieb konkurrenzfähiger macht und veranlaßt, seine Quote selbst zu fördern.[25] Er wird meistens mehr Arbeiter für die Erzeugung derselben Kohlenmengen neu einstellen müssen als die besten Betriebe, die bisher die Quoten erworben hatten. Erstens weil er die allgemeinen unproduktiven Kosten aufbringen muß, ohne daß die übrigen Betriebe diese Kosten vermindern könnten, zweitens weil die Transportkosten bei ihm höher sind als bei anderen Betrieben, und drittens weil vermutlich auch die Arbeit bei ihm weniger produktiv ist. Wenn also eine Lohnsenkung diese Wirkung haben sollte, so wird in der Tat das Arbeitsvolumen vergrößert werden, ohne das Produktionsvolumen zu vergrößern, und es wird sich infolgedessen auch am Preise nichts ändern, vielmehr wird sich Gewinn in Arbeit verwandeln. In einem solchen Fall würde demnach die Lohnsenkung nicht zu einer Gesamtsteigerung der Erzeugung, jedoch zu einer gewissen Steigerung der Nachfrage nach Arbeitskräften führen. Inwieweit dieser Steigerung der Beschäftigtenzahl (bei gleichbleibender Geldmenge) eine Schrumpfung des Arbeitsvolumens an einer anderen Stelle der Volkswirtschaft korrespondiert, hängt davon ab, ob die Verwandlung von Gewinn in Arbeitslohn, die hier erfolgt, von einer Steigerung der Umlaufgeschwindigkeit begleitet ist, bzw. ob – wofür die Steigerung der Umlaufgeschwindigkeit nur der monetäre Ausdruck ist – die neu eingestellten Arbeitslosen ohne Zeitverlust in die Lücke der Nachfrage treten können, die durch den Gewinnausfall entsteht. Ist das der Fall, so wird in den Geldumlauf bzw. das Produktionssystem ein neues Glied eingeschaltet, ohne daß an anderer Stelle eine Schrumpfung eintritt.

25 Das ist nicht sehr wahrscheinlich, da ja die Lohnsenkung auch den vorteilhafter arbeitenden Betrieben zugute kommt. (Siehe oben, S. 112 ff.)

Tritt infolge der Arbeitslosigkeit eine Lohnsenkung und damit eine Senkung der Kosten auch in denjenigen Betrieben ein, die schon bisher Kohle gefördert hatten, so wird das zunächst zu einer Erhöhung der Gewinne in allen Betrieben führen. Diese Erhöhung der Gewinne wird jedoch in den guten, d. h. kapitalintensiven Werken relativ geringer sein als in den schlechten. Der Fall liegt nun verschieden, je nachdem, ob bei einer Preissenkung als Folge der Lohnsenkung mit einer Erhöhung des Absatzes gerechnet werden kann oder nicht. Die Nachfrage nach Industriekohle z. B. wird innerhalb weiter Grenzen starr sein. Anders mag der Fall bei der Hausbrandkohle liegen. Soweit Kohle zum Export gelangt, wird das Absatzvolumen bei Preissenkungen natürlich weitaus rascher steigen können als im Inlande. Erfolgt eine solche Erhöhung des Gesamtabsatzes, so wird der etwaige Mehrgewinn bei den kapitalintensiven Betrieben relativ geringer sein als bei den arbeitsintensiven. Wenn es die Kartellbedingungen und insbesondere die Machtverhältnisse gestatten, werden die guten Betriebe eine größere Quote verlangen und auch erhalten. Dann aber wird die Mehrerzeugung nicht eine entsprechend höhere Nachfrage nach Arbeitskräften hervorrufen.

Insoweit also Lohnsenkungen nicht zu einer gesteigerten Nachfrage nach Arbeitskräften führen, werden sie nur über den Umweg von Gewinnerhöhungen und die damit gegebenen Investitionen in anderen Wirtschaftszweigen die Nachfrage nach Arbeitskräften steigern. (Dabei ist angenommen, daß keine Hortung der Gewinne eintritt.) Schematisch gesehen wird sich daher, wenn die Investitionen wirklich stattfinden, das Arbeitsvolumen im Rahmen des Arbeitsbedarfs für die Erzeugung von Kapitalgütern erhöhen. Die nachhaltige Wirkung indes wird davon abhängen, wie weit an den neuen Investitionen späterhin dauernd Arbeitskräfte beschäftigt werden können.

C. Steigender Ertrag bei freier Konkurrenz

Beschreibung der Situation sinkender Kosten

Der Fall sinkender Kosten bei freier Konkurrenz soll in der Wendung abgehandelt werden, wie eine plötzlich auftretende Arbeitslosigkeit auf ein dynamisches System wirken wird, dessen Produktionen bei freier Konkurrenz unter sinkenden Kosten arbeiten.

Der Fall sinkender Kosten ist viel praktischer als der der steigenden, insbesondere im modernen Industriesystem, aber selbst in der Landwirtschaft.

Zur Herausarbeitung unserer Fragen müssen wir zunächst einige Annahmen machen.

Die Produktion eines Landes steht unter steigendem Ertrag, wenn noch Reserven an Produktionskapazitäten vorhanden sind, deren Ausschöpfung die Gesamterzeugung effizienter machen würde. Wir nehmen also in allen oder vielen Industrien Reserven an – jedenfalls in so vielen Betrieben jedes Wirtschaftszweiges, daß die neu auftretenden Arbeitslosen eingestellt werden könnten, ohne den Grenzertrag herabzusetzen. (Ertrag ist hier als physischer Ertrag verstanden.) Wir behandeln hier beide Fälle, d. h. wir nehmen an, daß die »prime costs« zusätzlicher Erzeugungsmengen sinken oder wenigstens gleichbleiben. In beiden Fällen sinken die Durchschnittskosten, in letzterem allerdings langsamer, weil lediglich der Anteil der Generalunkosten sinkt.

Wir nehmen an, daß die Ausdehnung der Erzeugung in unserem System harmonisch vor sich gegangen war, so daß jeweils ein entsprechender Teil der gesellschaftlichen Arbeit zum Ausbau des Produktionssystems verwendet wurde. Wenn das fortlaufend geschieht, bevor die theoretische Kapazität der bestehenden Betriebe restlos ausgenutzt ist, arbeiten alle Betriebe ständig, von der Spitzenbelastung in der Konjunktur abgesehen, mit Reserven, und daher sind ständig stoßweise Steigerungen in der Erzeugung ohne Investitionen möglich.

Das gesamte Produktionssystem ist in Entwicklung begriffen, was so viel heißen soll, daß sich nicht nur die Daten ändern, sondern daß der Übergang zu effizienteren Methoden durch technische Erfindungen, bessere Organisation, bessere Arbeitsteilung, Übergang zum besseren Unternehmer das Normale ist.

Die Grenze der Erzeugung für den einzelnen Betrieb ist daher im Zuge dieses Wachstums niemals erreicht. Ständig werden die Möglichkeiten der Produktionserweiterung abgetastet, jeder einzelne Betrieb wird trachten, sich noch günstiger einzuschalten. Nie wird ein Gleichgewichtszustand im Sinne eines Ruhezustandes erreicht sein. Bei allseits steigendem Ertrag, d.h. wenn es in allen Industrien noch Kapazitätsspielräume gibt, müßten sämtliche Produktionselemente zur Anwendung gelangen. Arbeitslosigkeit könnte in einem solchen System nicht vorhanden sein. Eine weitere Ausdehnung der Erzeugung würde nur an der Tatsache eine Grenze finden, daß keine weiteren Produktionselemente mehr verfügbar sind. (Hingegen ist eine Entwicklung zum Monopol hin nicht notwendig. Vgl. Allyn Young, »Increasing returns and economic progress«, in: *Economic Journal,* Dezember 1928, S. 531, 534 u. passim.) Trotzdem gibt es gewisse Grenzen, über die hinaus die Ausdehnung der Erzeugung, selbst wenn noch nicht alle

Produktionselemente beschäftigt werden, nicht stattfindet. So wird in jeder Situation der Unternehmer die künftige Marktgestaltung im Auge haben müssen. Wo Lager vorhanden sind, wird man z. B. bei besseren Absatzmöglichkeiten vom Lager verkaufen, wenn der Unternehmer annimmt, daß die Absatzsteigerung nicht andauern wird. Dann wird die Tatsache, daß es Lagerreserven gibt, die volle Ausschöpfung der Kapazität wenigstens verzögern. Von diesen Unsicherheitsmomenten abgesehen, ist es in erster Linie die disharmonische Ausweitung der Gesamterzeugung, die der vollen Ausnutzung aller zur Verfügung stehenden Produktionselemente entgegenwirkt. Sind die Produktionen disharmonisch gewachsen, was zum Wesen des Konjunkturprozesses gehört, so wird, von einem gewissen Punkt ab, die Ausdehnung *jeder* Erzeugung nur bei sinkenden Preisen und daher sinkendem Geldertrag möglich sein, der ebenso wirkt wie sinkender physischer Ertrag bei gleichbleibenden Preisen.[26] Somit ist die Tatsache, daß die Produktion selbst nicht ausgedehnt wird, kein genügender Beweis dagegen, daß die Produktion noch unter steigendem Ertrag steht. Diesen können wir selbst dann voraussetzen, wenn an sich die einzelnen individuellen Betriebe unter verschiedenen durchschnittlichen Kosten arbeiten. Sind nämlich in allen Betrieben einer Industrie genügend Kapazitäten vorhanden, die es gestatten würden, zusätzliche Mengen mit geringeren Kosten in einem Ausmaß zu erzeugen, wie sie bei einer dauernden Markterweiterung nachgefragt würden, so kann man trotzdem davon sprechen, daß die Industrie unter dem Gesetz sinkender Kosten steht. In einer schweren Depression wird dieser Zustand für alle Industrien angenommen werden können.

Optimale Erzeugungsmenge bei freier Konkurrenz

Was ist in einem solchen dynamischen System, das mit Reserven arbeitet und im Wachstum zugleich die Reserven der Zukunft vorbereitet, eigentlich das Optimum? Offenbar ein Umfang der Produktion, der nicht nur auf die augenblickliche Situation hin das Optimum realisiert, sondern zugleich darauf eingestellt ist, dieses Optimum auch für eine weitere Zukunft sicherzustellen, wenn die von den Produzenten gehegten Erwartungen eintreten werden. Der Produktionsplan jedes Betriebes und jeder Industrie ist daher auf eine längere Periode unter der Annahme bestimmter Erwartungen abzustellen.

26 Auch Young, a. a. O., S. 537, weist darauf hin, daß die potentielle Nachfrage in der Planung industrieller Unternehmungen gegen die potentiellen Kostensenkungen abgewogen werden muß. Vgl. hierzu auch Piero Sraffa, »The Laws of Returns under Competitive Conditions«, in: *Economic Journal*, Dez. 1926, S. 543.

In einem solchen System vermehre sich nun plötzlich die Zahl der Arbeitskräfte, die Beschäftigung suchen, während die übrigen Produktionselemente, insbesondere die Kapitalausrüstung, ungeändert bleiben bzw. – wenn es sich um die Beobachtung eines längeren Prozesses handelt – nur im bisherigen normalen Tempo wachsen. Wir betrachten also nicht die allmähliche Einfügung der zuwachsenden Arbeiter im Laufe der Entwicklung. Daher entsteht ein Druck auf dem Arbeitsmarkt, neue Arbeitsleistungen werden angeboten, können aber zu den herrschenden Löhnen nicht aufgenommen werden. Sinkende Löhne hingegen könnten die Ausdehnung der Erzeugung ermöglichen. Letzteres in dem Falle, daß eine Ausdehnung der Erzeugung durch die drohende oder erwartete Senkung der Preise trotz gleichbleibenden oder steigenden physischen Ertrages aufgehalten wird. Eine Senkung der Löhne wird die Gewinnspanne sehr erhöhen, weil sich ja die Lohnsenkung auf alle Arbeitsleistungen bezieht, deren Entgelt dann unter das frühere Niveau sinkt. Die Lohnsenkung ist aber hier nicht einem Rückgang in der Grenzproduktivität, sondern den speziellen Bedingungen auf dem Warenmarkt zuzuschreiben. Streng genommen könnte, wenn ein harmonisches Wachstum der Gesamtproduktion vorangegangen wäre, die Beschäftigung zusätzlicher Arbeiter, bei richtiger Verteilung derselben über alle Produktionssphären, glatt und ohne Lohnsenkung erfolgen. Soweit aber die Entwicklung nicht harmonisch verlaufen war, und soweit die Arbeitslosigkeit nicht zur Einstellung von Arbeitslosen in allen Wirtschaftszweigen in entsprechenden Proportionen führt, wird trotz steigenden physischen Ertrags eine glatte Aufnahme der Arbeitslosen in den Prozeß nicht erfolgen können.

Monetärer Aspekt des steigenden Ertrages

Diese ganze Frage der Ausdehnung der Erzeugung hat auch eine monetäre Seite, und zwar sowohl für die ganze Volkswirtschaft als auch für die speziellen Wirtschaftszweige, müssen doch die Mittel für die Ausdehnung der Erzeugung beschafft werden. Wir haben nun stillschweigend angenommen, daß über die normalerweise eintretende Steigerung der Geldmenge hinaus eine Krediterweiterung zur Finanzierung der zusätzlichen Produktion nicht eintritt. Dann müssen entweder die Preise sinken, oder die Betriebe müssen einen Teil der Kaufkraft, die ihnen sonst als Investitionsfonds zur Verfügung stünde, als Betriebskapital verwenden. Das kann sowohl in den Fertigindustrien als auch in den Investitionsindustrien erfolgen. Dann bleiben also die Investitionen in den Fertig- wie in den Investitionsindustrien zurück, und die Produktion von Fertiggütern wie von Investitionsgütern steigt an. Das aber bereitet eine doppelte Störung vor: Die Fertiggüterindustrien werden die zusätzlich erzeugten Produktionsmittel nicht abnehmen können, da sie Teile ihres Investitionsfonds in Betriebskapital verwandelt haben; und die Produktionsmittelindustrien haben zwar, verlockt durch die Lohnsenkung, ihre Erzeugung ausgedehnt, geraten aber gerade dadurch in neue Stockung. – Daher wird man annehmen können, daß die Beschäftigung in der Investitionsindustrie überhaupt zurückgeht, da ja im ganzen genommen die Investitionen in der Fertigindustrie nachlassen, während die unmittelbare Erzeugung in der Fertigindustrie mit Zuhilfenahme der Reserven an Produktionsmitteln wächst. Dann werden aber die Investitionen in der Fertigindustrie bald zu klein, in der Produktionsmittelindustrie relativ zu groß werden, und Disproportionalitäten bahnen sich an, die auch deshalb entstehen, weil die Nachfrage der in den Investitionsindustrien Tätigen nach Fertigprodukten schrumpft. Auch ist der Rückgang in der Erzeugung von Produktionsmitteln wieder mit Arbeitslosigkeit gleichbedeutend. So erweist sich eine starre Geldmenge als ein Hemmnis, da entweder die Preise im allgemeinen sinken müssen oder Disproportionalitäten eingeleitet werden. Es wird also auch eine Steigerung der Geldmenge durch Krediterweiterung eintreten müssen, um den Beschäftigungsgrad ohne Herabdrückung des Preisniveaus zu erhöhen. Dieselbe Wirkung könnte eine Steigerung der Umlaufgeschwindigkeit haben. Wie sollte sich diese aber lediglich durch den Wunsch der Produzenten, mehr zu erzeugen, verändern?

Prozeß der Anpassung unter sinkenden Kosten

Würde nun als Folge der Lohnsenkung — zunächst unter Ausnutzung von Reserven, späterhin mit dem zusätzlich erzeugten Mehrkapital unter gleichzeitiger proportionaler Krediterweiterung — die Erzeugung allseits mindestens in dem gleichen Maße, wie die Vermehrung der Arbeiterschaft vor sich geht, wachsen, so würde sich nicht nur schnell das frühere Realeinkommen herstellen, sondern es müßte darüber hinaus das Realeinkommen infolge steigender Erträge sehr bald ansteigen. Voraussetzungen für diese Entwicklung sind eine rasche Anpassung, d. h. also Senkung der Preise, da ja die Kosten als Folge der Lohnsenkung geschrumpft sind, und die rasche Eingliederung entsprechender Arbeitergruppen in die Investitionsindustrie zur Vorbereitung einer dauernden steigenden Erzeugung unter Herstellung der richtigen Proportionen zwischen den einzelnen Produktionszweigen. (Diese werden selten die alten Proportionen sein.) Das Problem ist also das des Wachstums, wobei nur vorübergehend die Steigerung der Arbeiterzahl in rascherem Tempo und stoßweise gegenüber dem Wachstum des Kapitals erfolgt. Schwierigkeiten liegen darin, daß sich dieser Prozeß unter unseren Voraussetzungen bei sinkenden Preisen vollziehen muß, eine Situation, die an sich einem Wachstum nicht günstig ist. (Nur eine entsprechende Krediterweiterung kann den Preisdruck auf das Maß beschränken, das durch die Senkung der Durchschnittskosten infolge steigenden Ertrags gerechtfertigt ist. Die Senkung wird sogar bei wachsender Produktivität zusätzlicher Arbeiter nur geringfügig sein, da ja selbst steigende Erträge der zusätzlich eingestellten Arbeiter die Durchschnittskosten lediglich in geringem Umfang herabsetzen können.)

Die Situation ist hier also grundsätzlich verschieden gegenüber dem Zustand sinkenden Ertrages, und zwar nach folgenden Richtungen:

a) Die Effizienz per Kopf der arbeitenden Bevölkerung nimmt nicht ab, sondern steigt. Infolgedessen ist entweder sofortige oder spätere Senkung der Preise Voraussetzung eines störungslosen Ablaufs dieser Eingliederung der Arbeitslosen in den Erzeugungsprozeß.[27] Das gilt insbesondere bei gleichbleibender Geldmenge.

b) Auch wenn die Geldmenge entsprechend den neu eingegliederten Produktionselementen steigt, so werden doch die Preise der jetzt mit geringeren Kosten hergestellten Produkte wenigstens relativ sinken müssen; sonst bereiten sich gefährliche Disproportionalitäten vor.

c) Der Übergang auf arbeitsintensive Betriebe wird hier, von ganz verschwindenden Ausnahmen abgesehen, überhaupt nicht in Frage kommen. Daher wird eine Reallohnsenkung auch partiell nicht mit sinkenden physischen Erträgen begründet werden können.

d) Die Übersetzung des Arbeitsmarktes wird bei reibungslosem Verlauf des Prozesses das Entwicklungstempo beschleunigen und nicht wie bei sinkenden Erträgen abbremsen. (Einwanderung in rasch wachsenden Volkswirtschaften mit gleichzeitig steigenden Reallöhnen.)

e) Wenn der Anstoß, der im vergrößerten Arbeitsangebot liegen kann, zu einer Störung führt, so nur dann, wenn sich Disproportionalitäten herausbilden, was meist mit der Tatsache zusammenfällt, daß die Preise nicht mit den sinkenden Kostensätzen fallen. Man sagt gewöhnlich, daß sich die produktiven Möglichkeiten zu rasch entfalten, daß hingegen die Leistungsfähigkeit des Verteilungssystems hinter diesen Möglichkeiten zurückbleibt. Das ist derselbe Sachverhalt, nur anders ausgedrückt, denn es kann ja keine

27 Diese Effizienzsteigerung als Folge der Eingliederung von Arbeitslosen unter steigendem Ertrag und die dadurch bedingte Preissenkung sind relativ gering; wichtiger sind die Effizienzsteigerungen als Folge technischer Fortschritte, die durch die Ausdehnung der Erzeugung induziert werden mögen.

Rede davon sein, daß in unseren modernen, dynamischen Volkswirtschaften mit ihrer steigenden Effizienz das Verteilungssystems in seiner technischen Ausbildung zurückgeblieben ist; was sich nicht entsprechend entwickelt, ist die zur Aufnahme der Produktenmasse zur Verfügung stehende Kaufkraft. Das ist der Fall, wenn die Preise nicht rasch genug sinken.[28]

f) Wenn z. B. infolge Monopols der Gewerkschaften die Löhne nicht fallen und die Arbeitskräfte nicht eingegliedert werden können, so wird das Gleichgewicht nicht gestört, und es besteht auch kein wie immer geartetes Interesse der in der Produktion Tätigen, die Arbeitslosen in Beschäftigung zu bringen. Es kann sogar unter Umständen, wenigstens temporär, für die Beschäftigten zweckmäßiger sein, die Arbeitslosen mitzuschleppen, um dadurch der Lohnsenkung zu entgehen. (Dasselbe Interesse der Gewerkschaften kann bei sinkendem Ertrag gegeben sein.)

Die Eingliederung von Arbeitslosen kann also nur erfolgen, wenn das Reallohnniveau sehr bald auf die frühere Höhe und bei steigendem Ertrag darüber hinaus ansteigt. Nur in einem kurzen Intervall könnte, bevor die Endprodukte der größeren Arbeiterzahl noch nicht zur Verfügung stehen, eine Senkung des Reallohnes eintreten, ohne eine Störung zu verursachen. Dieses Intervall müßte aber bei erheblichen Reserven an Produktionsmitteln und erheblichen Lagern an Konsumgütern um so kürzer sein, je rascher die steigenden Erträge anfallen. Die Synchronisierung aller Produktionsstadien, besonders aber die Ausnutzung der Produktionsreserven und Lager, gestattet es eben, die Gütererzeugung sehr bald mindestens entsprechend der neu eingestellten Arbeiteranzahl zu erhöhen. Die Vorstellung der alten Theorie, daß die Produktionen unter sinkendem Ertrag stünden und daß alle Produktionsmittel voll ausgenutzt seien, drängte zur Annahme eines Intervalls sinkender Reallöhne als Folge einer plötzlichen Vermehrung des Arbeitsangebotes. Korrigieren wir diese Vorstellung, so zeigt sich, daß selbst erhebliche Steigerungen in der Zahl der Beschäftigten ohne mehr als ganz vorübergehende Senkungen des Reallohns möglich wären, wenn nicht eine unrichtige Verteilung der Produktionselemente auf die einzelnen Produktionszweige und die einzelnen Produktionsstufen sowie eine Starrheit der Preise zu Stauungen führten, die eine Senkung des Produktionsvolumens für längere Zeit bewirken. Sind nämlich einzelne Wirtschaftszweige überproportional ausgedehnt, so entsteht eine Marktlage, die eine Ausdehnung der Erzeugung überhaupt nicht oder nur zu unverhältnismäßig niedrigen Preisen möglich macht. Dadurch werden die Arbeitslosen auf andre

28 Dieses Problem ist im Zuge des technischen Fortschritts noch bedeutend wichtiger als in dem hier diskutierten Zusammenhang.

Produktionszweige verwiesen, wo aber infolge der erwähnten übermäßigen Ausdehnung wichtiger Wirtschaftszweige die Marktsituation ebenfalls ungünstig geworden ist. Soweit aus einer solchen Situation Reallohnsenkungen notwendig werden, sind sie keineswegs die Folge der Tatsache, daß der Reallohn über dem Grenzertrag der Arbeit liegt.

D. Sinkende Kosten und Monopol

Wenn ein Monopol unter sinkenden Kosten arbeitet und wenn plötzlich das Arbeitsangebot erheblich steigt, so kann es von der Möglichkeit, die Löhne zu senken, Gebrauch machen. Eine solche Lohnsenkung wird den Gewinn erhöhen, wenn nicht die Nachfrage nach seinen Produkten durch die Lohnsenkung gleichfalls beeinträchtigt wird. Diese sekundäre Wirkung wollen wir aber ausschließen. Die Marktlage für ein Monopol ist dadurch gekennzeichnet, daß es sich auf diejenige Nachfragemenge einrichten kann, bei welcher der Gewinn unter den gegebenen Kostensätzen ein Maximum ist. Bei sinkenden Kosten kann das Optimum für das Monopol bei einer größeren als der bisher erzeugten Menge liegen. Es wird zwar auch bei sinkenden Kosten von einem gewissen Punkt an der Umsatz zurückgehen, aber es ist durchaus möglich, daß die Verringerung der Kosten die Wirkung der Umsatzsenkung auf den Gewinn überkompensiert. Es ist auch möglich, daß es bei sinkenden Kosten mehrere Gleichgewichtspunkte gibt, wenn nämlich der Gewinn bei sehr hohen Preisen und einer kleineren Erzeugungsmenge ebenso groß ist wie der Gewinn bei einer größeren Erzeugungsmenge, weil bei dieser trotz niedrigerer Preise die Kostensenkung einen Ausgleich bietet und wieder gleich wird oder sogar ansteigen würde bei Massenerzeugung mit außerordentlich reduzierten Kosten.[29] Wir wollen diese Fragen nicht weiterverfolgen und nur bemerken, daß häufig das Monopol infolge seiner Marktbeherrschung, seiner Marktkenntnis und seiner freien Entscheidung über die Wahl der Technik bei genauer Kenntnis der Umstände eher zu einem niedrigeren Kosten- und Preisniveau übergehen wird, als dies bei freier Konkurrenz der Fall wäre. Selbst wenn man annehmen könnte, daß die Unternehmungen unter freier Konkurrenz blitzschnell auf eine sich darbietende Chance der Kostensenkung reagieren, so wird dieser Übergang zu einer

29 Vgl. hierzu Marshall, a. a. O., S. 806. Das Kurvenbild zeigt, daß es bei freier Konkurrenz verschiedene Gleichgewichtspunkte gibt. Dieselbe Situation kann bei einem Monopol vorliegen. Eine richtige Entscheidung hängt von der genauen Kenntnis der verschiedenen technischen Strukturen, ferner von der Marktlage und endlich von ihrer voraussichtlichen Entwicklung ab.

niedrigeren Kostenbasis im Monopol dann eher angenommen werden können, wenn der Übergang zu einem viel niedrigeren Kostenniveau sehr hohe Investitionen (und damit einen hohen Kapitalbedarf) und eine außerordentlich starke Ausdehnung der Erzeugung (z. B. Serienproduktion) voraussetzt. Es ist keineswegs sicher, daß unter freier Konkurrenz mit zahlreichen Produktionseinheiten dieselben Kostensenkungen durchgeführt werden könnten.

In diesem Zusammenhang ist es wichtig, darauf hinzuweisen, daß die Monopole der Urerzeugung zu lange im Mittelpunkt der Diskussion standen. Die Urerzeugung, so der Bergbau, hat in den entscheidenden Jahren der Entwicklung mit steigenden Kosten gearbeitet, und daher ist bei der Starrheit der Nachfrage nach den Kraftstoffen die preissteigernde bzw. produktionseinschränkende Wirkung der Monopole stärker in den Vordergrund getreten. Diese produktionseinschränkende Wirkung des Monopols wird zwar immer zum Zuge kommen, aber dieser Satz gilt nur für einen Vergleich der Erzeugungsmengen bei gleicher Technik in beiden Fällen. Eine neue Technik mag die Produktion über das Feld der Preisgestaltung im Binnenmarkt weit hinausführen und schon die auswärtige Wirtschaftspolitik, die Tendenzen zur Ausbildung großer Wirtschaftsgebiete treffen. Besonders neue Produktionszweige, wie Automobil, Kunstseide, Radio, sind Beispiele dafür, ebenso aber die Wirkungen der neuen Technik in der Schwerindustrie. Auch in den hier angedeuteten Fällen ist der Tatbestand der sinkenden Kosten im eigentlichen Sinn des Wortes – d. h. eingeschränkt auf die Änderung des Ertrages bei Vermehrung eines Produktionselementes, während im übrigen alles gleichbleibt — schwer von dem Wachstumsprozeß, in dem sich die Ausstattung mit allen Faktoren verändert, zu trennen.

Der reine Fall sinkender Kosten liegt dann vor, wenn das Monopol die Möglichkeit des Übergangs zu größerer Erzeugung ohne weitere Investitionen vor sich sieht. Wenn eine solche Möglichkeit zu einem neuen Gleichgewichtszustand gegeben ist, unter dem der Gewinn ebenso hoch wäre wie bisher, so brauchte eine Senkung der Löhne bei Vermehrung des Arbeitsangebots nicht einzutreten. Denn die bessere Ausnutzung der Kapazität ermöglicht eben hier die Erzielung desselben Gewinnes bei größerer Erzeugung unter gleichbleibenden Löhnen. Wenn nun als Folge einer plötzlichen Arbeitslosigkeit ein Druck auf die Löhne geübt wird, dann wird wahrscheinlich der Übergang zu einer größeren Erzeugungsmenge erleichtert sein.

Kapitel V

Wirkung des technischen Fortschritts auf den ökonomischen Gesamtprozeß, insbesondere auf den Arbeits- und Kapitalmarkt

I. Die verschiedenen Wirkungen technischer Veränderungen

Die Wirkungen technischer Fortschritte lassen sich folgendermaßen systematisieren:

I. Bei Erfindungen (s. Kap. I) tritt eine Erweiterung des Gesamtprozesses der Erzeugung, eine Erhöhung der Kaufkraftmenge in der Volkswirtschaft parallel mit der Erzeugung durch Geldschöpfung oder Steigerung der Umlaufgeschwindigkeit ein. Wir können solche Wirkungen nicht als Störungen auffassen, sondern müssen sie als eine der Grundformen des Wachstums des Gesamtprozesses bezeichnen.

II. Wenn technische Veränderungen bestehende Produktionen in ihrem Kostenaufbau modifizieren und dadurch Betriebe auf der Grundlage älterer technischer Methoden konkurrenzieren, dann sind folgende Fälle möglich:

1. Der »Kunstgriff«. Damit soll eine technische Veränderung bezeichnet werden, bei der die Produktmenge durch Eingriff in die Organisation, bessere Ausnutzung des Rohmaterials, bessere Arbeitsteilung usw. erhöht werden kann. Es werden also in denselben Betrieben mehr Produkte als bisher ohne weitere Investitionen und mit der gleichen Arbeiterzahl erzeugt. Ökonomisch stehen diesem Typus der Veränderung diejenigen Fälle nahe, in denen eine Steigerung der Effizienz durch Veränderung des technischen Apparates, aber ohne Investition neuer Mittel erreicht wird, z. B. durch entsprechende Verwendung der Abschreibungssummen.

2. Die technischen Verbesserungen, die gestatten, dasselbe Produkt mit geringeren Kosten herzustellen, und zwar durch

a) Verringerung der Arbeitskosten bei steigenden Kapitalkosten, wobei die Steigerung der Kapitalkosten geringer ist als die Ersparnis in den Arbeitskosten;

b) Verringerung der Kapitalkosten bei gleichbleibenden Arbeitskosten.

Ad a) Die Verringerung der Arbeitskosten ist meist von einer Veränderung der Kapitalkosten begleitet. Es kann zwar auch eine geringfügige Verbesserung des Apparates zu einer Senkung der Arbeitskosten führen, so wenn z. B. durch Korrekturen an den mechanischen Webstühlen die Zahl der Arbeitskräfte reduziert wird, weil jetzt ein Arbeiter mehr Maschinen als bisher zu bedienen vermag. Oder wenn die Baumwollspindeln rascher laufen, so daß für dasselbe Produktquantum eine geringere Arbeiteranzahl notwendig ist, oder wenn durch Verbesserung der Straßen und der Motoren die Durchschnittsgeschwindigkeit der Lastautos erhöht wird. Doch sind die bedeutsamen Fälle des technischen Fortschritts häufig an die Voraussetzung großer Investitionen geknüpft. In allen diesen Fällen wird eine Verringerung der notwendigen Arbeiteranzahl eintreten, wenn die Produktmenge zunächst keine Erhöhung erfährt. Oder es wird eine sehr erhebliche Steigerung der Gesamtproduktmengen eintreten müssen, um dieselbe Arbeiteranzahl wie bisher zu beschäftigen. Wir haben vor allem die Wirkungen dieser Art von technischen Verbesserungen zu behandeln.
Als Beispiel für b) sei die zweckmäßigere Erzeugung von Kapitalgütern, Maschinen, Gebäuden genannt. Wenn als Folge der Anwendung von Maschinen die Baukosten einer Fabrik, einer Transportanlage usw. sinken, wenn die Kosten der Abtäufung eines Schachts zurückgehen, ist die unmittelbare Wirkung des technischen Fortschritts in einem solchen Fall eine Ersparnis von Kapital.

II. Wirkungen technischer Verbesserungen

A. Wirkungen technischer Verbesserungen, die keine Investitionen voraussetzen

Verschiedene Typen technischen Fortschritts

In diesem Abschnitt seien die Wirkungen von technischen Verbesserungen untersucht, die eine Vermehrung der Erzeugung ohne jede Investition ermöglichen. Solche Verbesserungen finden fortwährend statt, so z. B. Verfeinerung der Arbeitsteilung, sorgfältigere Arbeit in der Rohstofferzeugung, Verbesserung von Maschinen ohne Kostensteigerung usw. Wenn solche technischen Veränderungen gleichzeitig in allen Feldern der Erzeugung stattfänden, so würde jede Produkteinheit mit Aufwand von weniger Arbeit erzeugt werden. Die gesamte Arbeit des Landes würde in all ihren Er-

scheinungsformen effizienter werden, ohne daß irgendwelche Investitionen nötig wären. Hierher gehören auch alle diejenigen Fälle, in denen die Abschreibungsquoten der Produktionsmittel zum Ankauf technisch leistungsfähigerer Maschinen verwendet werden. Veränderungen dieser Art können sowohl in der Statik als auch in der Dynamik vorkommen. In der Statik müssen sie zu erhöhtem Konsum führen, widrigenfalls Akkumulation erfolgt und der ganze komplizierte Mechanismus der »Entwicklung« einsetzt. In der Dynamik können sie entweder ganz oder teilweise zur Akkumulation führen, wenn die Konsumenten ihren Konsum nicht entsprechend der Preisermäßigung ausdehnen. Wächst der Konsum nicht entsprechend der Effizienzsteigerung, dann wird zunächst eine Freisetzung von Arbeitern eintreten.
Tiefgreifende technische Verbesserungen der geschilderten Art finden meist isoliert statt. Wir wollen einen Kunstgriff annehmen, durch den es einem Teil der Produzenten gelingen möge, mit denselben Produktionselementen wie bisher eine größere Produktmenge zu erzeugen. So kann z. B. in der Landwirtschaft durch bessere Beobachtung der Naturvorgänge oder im Gewerbe durch zweckmäßigere Anordnung der Arbeit eine Steigerung des Produktionsergebnisses erzielt werden.

Technische Verbesserungen in der ganzen Industrie

Wir betrachten zunächst den Fall, daß in einem Produktionszweig die Produktenmenge in allen Betrieben durch gleichartiges rationelleres Handeln ansteigt und daß sich demgemäß das Angebot eines bestimmten Produkts vermehrt. Die Wirkungen einer solchen Veränderung werden von der Elastizität der Nachfrage abhängen.

a) Ist die Elastizität der Nachfrage = 1, d. h., sind die Konsumenten bereit, eine bestimmte Menge des Tauschgutes für die Erwerbung dieser Ware aufzuwenden, und zwar bei noch so großer Steigerung oder Senkung des Preises weder mehr noch weniger, so werden jetzt die Produzenten durch die freie Konkurrenz genötigt sein, billiger zu verkaufen. Die Preise werden ungefähr in demselben Maße sinken, als die Produktenmenge steigt. Vermehrt sich die Produktion z. B. von 100 auf 120, so wird der Preis der Einheit 83,33 v. H. des bisherigen Preises betragen.

b) Ist die Elastizität der Nachfrage größer als 1, d. h., steigt der Absatz rascher, als der Preis sinkt, so wird bei steigendem Angebot die Preissumme des Gesamtangebotes noch steigen, wenngleich nicht so rasch wie die Menge. Nehmen wir an, daß jede Erhöhung der Produktion und damit des Angebotes um 12,5 v. H. den Preis um 10 v. H. senkt, so erhalten wir folgendes Schema:

Produzierte Menge* Angebot	Preis der Einheit	Preissumme der Gesamtproduktion
100	10	1 000
112,5	9	1 012,5
126,56	8,1	1 025,13
142,38	7,3	1 039,37

c) Ist die Elastizität der Nachfrage kleiner als 1, so daß z. B. bei jeder Erhöhung der Produktion und damit des Angebots um 8 v. H. der Preis um 10 v. H. sinkt, so erhalten wir folgendes Schema:

Produzierte Menge Angebot	Preis der Einheit	Preissumme der Gesamtproduktion
100	10	1 000
108	9	972
116,64	8,1	944,78

Diese Reihen kann man natürlich entsprechend interpolieren und derart die einander zugeordneten Produktionsmengen, Preise und Gesamterlöse ermitteln.

Die Wirkungen solcher Produktionsvermehrungen sind also je nach der Elastizität der Nachfrage verschieden. Ist die Elastizität gleich 1, so besteht die Wirkung der Produktionsvermehrung lediglich in einer Steigerung des Konsums. Da die Verbraucher denselben Teil ihres Einkommens für die betreffende Ware aufwenden wie bisher, bleibt ihre Kaufkraft auf den übrigen Märkten unverändert. Die Produzenten der Ware wiederum haben den Kostenaufwand in der Produktion nicht erhöht, sondern nur ihre Produktion wurde effizienter. Der Ertrag der Produktion für die Produzenten ändert sich daher nicht. Daher haben sie keine Veranlassung, ihre Dispositionen zu korrigieren. Die einzige Wirkung ist hier eine Erhöhung der »Genüsse«, die allen Konsumenten nach Maßgabe ihres Konsums zugute kommt. Der Mechanismus der Konkurrenz vernichtet also jeden Vorteil aus einer allgemeinen Steigerung der Effizienz für den Produzenten.

Bei diesen Annahmen wird die Preissenkung auf die Ware beschränkt bleiben, deren Produktionskosten gesunken sind. Man wird höchstens sagen können, daß die anderen Waren, gemessen an der verbilligten Ware, z. B.

* Innerhalb der Produktion bestehen Kostenunterschiede. Deshalb müssen wir annehmen, daß sich die Produktionsmenge unter der Wirkung technischer Veränderungen der obengeschilderten Art in allen Betrieben gleichmäßig erhöht.

Tuch, im Preise gestiegen sind. Hingegen verändern sich die relativen Preise aller übrigen Waren aneinander gemessen nicht. Das Preisniveau wird, im ganzen genommen, zwar gesunken sein, aber nur weil der Preis der einen Ware gesunken ist. Die Senkung des Preisniveaus kommt hier offensichtlich von der Produktionssphäre.
Steigt die Nachfrage rascher, als der Preis sinkt, so treten bereits wichtige Verschiebungen ein. Wenn sich z. B. die Produktenmenge als Folge des besseren Verfahrens um 26,5 v. H. erhöht, so wird der Preis der Einheit zwar von 10 auf 8,1 sinken, der Gesamterlös aber von 1000 auf 1025,13, d. h. um 2,5 v. H. steigen. Man könnte nun annehmen, daß sich die Einkommenssumme in der Volkswirtschaft durch die Möglichkeit zweckmäßigerer Produktion in einem einzelnen Wirtschaftszweig bei gleichbleibender Geldmenge nicht gewandelt habe und daß daher die Gesamtgeldmittel, die zum Ankauf aller übrigen Waren zur Verfügung stehen, um 25 Einheiten gesunken seien. Das ist aber nicht richtig, denn die Produzenten der verbilligten Ware erzielen jetzt ein Plus von 25 an Kaufkraft, mit dem sie auf den Markt kommen. Wir nehmen an, daß die Gruppen I–X die Produzenten aller Waren mit Ausnahme der verbilligten Ware, z. B. Tuch, darstellen. Gruppe XI seien die Tuchproduzenten. Gruppe XI erlöst jetzt bei gleichen Kosten für ihre Gesamtproduktion anstatt 1000:1025. Die Produzenten der Gruppen I–X haben jetzt einen um 25 Geldeinheiten geringeren Betrag zum Ankauf aller Produkte außer Tuch zur Verfügung. Ihre Kaufkraft auf dem Markte ist also gegenüber der Mehrzahl der Waren gesunken. Aber die Preise dieser Waren werden keineswegs sinken. Denn insoweit die Kaufkraft der Produzenten I–X gesunken ist, wächst sie den Tuchproduzenten zu. Werden von diesen Produkte der Gruppen I–X in demselben Verhältnis nachgefragt, in dem der Konsum durch die Produzenten von I–X eingeschränkt wurde, so besteht auf dem Markte dieser Waren vollkommenes Gleichgewicht. Eine Preissenkung dieser Waren wird also nicht eintreten. Auch hier ist dann wie unter 1 das Preisniveau der Gesamterzeugung gesunken, weil eben der Preis der Waren XI sank, die Preise der Produkte I–X aber im Verhältnis zu den Preisen der Produktion XI und nur zu diesen gestiegen sind.
Allerdings haben wir in unserem Beispiel impliziert, daß die Umlaufgeschwindigkeit oder die Menge des Geldes steigen muß. Denn die 25,5 Geldeinheiten, die bisher zum Ankauf der Waren I–X verwendet wurden, werden jetzt zuerst den Produzenten der Gruppe XI zuströmen und dort zu Einkommen werden. Von da aus fließen sie dann in die Sphären I–X. Die 25,5 Kaufkrafteinheiten müssen also innerhalb des von uns betrachteten Zeitraums zweimal zu Einkommen werden. Wir können aber ohne weiteres annehmen, daß diese geringfügige Steigerung der Umlaufgeschwindigkeit

innerhalb der Elastizitätsgrenzen unseres monetären Systems liegt.[1] Wenn die Umlaufgeschwindigkeit bzw. die Geldmenge *nicht* steigt, d. h., wenn die Produzenten der Gruppe XI einen Teil ihres Einkommens nicht ausgeben, dann werden die Preise der andern Produkte sinken müssen. Richtet sich die Nachfrage der Produzenten von Gruppe XI auf andere Produkte, so treten noch Verschiebungen in den relativen Preisen ein, ohne daß sich allerdings die Gesamtpreissumme ändern könnte. Auch wenn dieser Prozeß so glatt wie möglich verläuft, wird doch das Gleichgewicht gestört sein. Denn die Produzenten der Gruppe XI erzielen einen Überschuß, und daher werden sich andere Produzenten dieser Produktionsrichtung zuwenden wollen. Ferner wird vielleicht ein Teil des Überschusses zur Steigerung der Erzeugung in Gruppe XI verwendet werden. Absaugung von Arbeitskräften aus anderen Produktionsrichtungen ist auch in diesem Fall erforderlich. Für unsere Zwecke genügt es, die Grenzen anzudeuten, bis zu denen sich die Produktion XI ausdehnen kann.

Die Grenze für diese Ausdehnung der Produktion liegt dort, wo infolge der Steigerung des Angebots der Preis so sinken muß, daß er trotz Verringerung der Kosten gerade nur noch den normalen Profit abwirft. Die Erreichung dieser Grenze wird bei freier Beweglichkeit der Produktionselemente durch zwei Umstände beschleunigt: 1. wird das Eindringen neuer Produzenten das Wachsen der Produktionsmengen beschleunigen. Wenn ursprünglich 1000 erzeugt wurden, und wenn die bisherigen Produzenten dieser Gruppe jetzt 1200 mit denselben Kosten erzeugen können, wenn ein Produzent, der mit den alten Methoden 50 Einheiten hätte erzeugen können und jetzt 60 erzeugt, hinzutritt, so wird das Gesamtangebot auf 1260 steigen. Der für eine Einheit von 1260 erzielbare Preis wird geringer sein, als wenn die Erzeugung nur 1200 betrüge. In diesem Fall kann also der Extragewinn schon völlig aufgezehrt werden, so daß die Bewegung zur Gruppe XI hin zum Stillstand kommt. 2. wird dieser Zustrom von Kapitalien und Arbeitern zur Gruppe XI hin einen Rückgang der Erzeugung in den Gruppen I–X in sich schließen, was zu Preiserhöhungen führt, die ein neues Gleichgewicht alsbald herstellen.

Da nun die Preise der Kostengüter und die Löhne in den Gruppen I–X gleichbleiben, so werden sich bei gleichbleibenden Roheinnahmen auch in diesen Gruppen Extragewinne ergeben, die mit jeder Schrumpfung dieser Erzeugungszweige steigen, bis ein Gleichgewicht in allen Produktionssphä-

1 Wir müssen allerdings annehmen, daß die Produzenten der Gruppe XI den Zuwachs ihres Einkommens zu denselben Zeitpunkten ausgeben, zu denen dieses Einkommen früher von anderen Unternehmern und ihren Arbeitern ausgegeben worden wäre.

ren erzielt ist. Im Endeffekt wird also der Durchschnittsprofit wachsen, und er wird erst späterhin im Fortgang der Akkumulation wieder sinken.[2]

In der Statik wird man nur selten und nur auf kurzen Strecken eine Elastizität größer als 1 annehmen können. Wenn wir sie in der Wirklichkeit vorfinden, so liegt dies oft daran, daß wir uns in einem dynamischen System befinden, in dem die den einzelnen Käufergruppen zur Verfügung stehenden Kaufkraftsummen in der Zeit wachsen. Wir haben es aber dann nicht mit einer theoretischen, sondern mit einer statistischen Nachfragekurve zu tun.

Die Elastizität der Nachfrage sei kleiner als 1. Dann wird der Preis rascher sinken, als das Angebot steigt. Wäre das Angebot in einer Hand, so würde eine Ausdehnung der Erzeugung in diesem Fall nicht stattfinden. Haben wir freie Konkurrenz, so wird sich die Wirkung einer steigenden Effizienz nicht eindeutig bestimmen lassen.

Wenn z. B. das Angebot als Folge einer verbesserten Produktionsmethode bei gleichbleibenden Gesamtkosten um 8 v. H. steigen würde, während die Preise um 10 v. H. sinken, so müßten alle Produzenten mit Verlust (bzw. geringerem Gewinn) arbeiten. Bei freier Konkurrenz könnte das nicht vermieden werden, und das Resultat wäre das gleiche, ob nun der einzelne Unternehmer annähme, daß nur wenige oder alle Produzenten die neue Methode anwenden werden. Jeder Produzent wird, auch wenn alle das gleiche tun, seine Erzeugung ausdehnen müssen, um die in der Kostensenkung liegende Chance der Verlustverringerung auszunutzen. Erst eine Verdrängung der Schwächsten vom Markte infolge der Verluste wird das Gleichgewicht wiederherstellen.[3]

Jede der drei untersuchten Elastizitätsgrößen kommt in der Wirklichkeit vor. Man wird aber annehmen können, daß innerhalb engerer Intervalle die Nachfrageelastizität für viele Produkte gleich 1 ist, insbesondere bei relativ stabilen Einkommen. Dann wird jeder Konsument eine bestimmte vorweg gegebene Art des Konsumierens traditionell festhalten und also für jedes der Produkte, die er erwirbt, eine bestimmte Kaufkraftsumme verwenden. Allerdings wird das nur innerhalb enger Grenzen richtig sein. Über diese Grenzen hinaus, d. h. bei beträchtlichem Wachstum der angebotenen Mengen, wird die Elastizität unter 1 sinken. Denn jetzt wird dieses Bedürfnis im Verhältnis zu anderen Bedürfnissen reichlicher gesättigt, und der Nutzenzuwachs bei weiterer Ausdehnung des Konsums sinkt sehr schnell. Das ist

2 Dabei ist stets angenommen, daß die Umlaufgeschwindigkeit des Geldes sich elastisch anpaßt, d. h. daß die in einer Wirtschaftsperiode erzielten Einkommen in ihr, ebenso wie bisher, ausgegeben werden.

3 Die Wiederherstellung des Gleichgewichts wird dadurch beschleunigt werden, daß die Profite in I-X steigen werden, was dort zu einer Ausdehnung der Erzeugung führen wird.

insbesondere bei allen lebensnotwendigen Gütern der Fall. Wir können dann mit Recht annehmen, daß die Elastizität unter 1 sinkt. Welche Elastizitätsformel gilt, hängt auch davon ab, ob bei Preissenkungen neue Käuferschichten auf den Markt kommen; ferner von der Konkurrenz von Surrogaten.

Technische Verbesserungen in einem Teil der Industrie bei Elastizität gleich 1

Die nächste Stufe der Untersuchung bildet die Prüfung der weiteren Konsequenzen einer Produktionssteigerung bei gleichbleibenden Kosten in einem *Teil* des Produktionszweiges XI. Die Konsequenzen seien hier ausführlicher nur für die Elastizität gleich 1 entwickelt.
Wir nehmen schematisch einen Produktionszweig mit 100 Produzenten an. Jeder Produzent erzeuge in der Produktionsperiode 10 Einheiten. Die Produktenmenge beträgt also 1000, die Preissumme gleichfalls 1000. Fünf Produzenten hätten nun die Möglichkeit, ihre Erzeugung um je 20 v. H. zu erhöhen. Sie würden also 60 anstatt 50 Einheiten erzeugen, und die Gesamtproduktion würde auf 1010 steigen. Diese 1010 Einheiten verkaufen sich auf dem Markte zu 1000. Dann werden die Erlöse der 5 bevorzugten Produzenten 59,405 betragen. Jeder einzelne Produzent wird anstatt 10 jetzt 11,881 einnehmen. Die 95 Produzenten werden zusammen 940,6 erlösen. Auf jeden einzelnen entfällt daher 9,9.

a) Große Änderungen in dem Einkommen der dynamischen Produzenten

Ergänzen wir das Schema dahin, daß von je 10 Einheiten des Erlöses drei Einheiten erforderlich sind, um die abgenutzten Produktionsmittel wieder zu erwerben, so ergibt sich folgende Verschiebung im Einkommen, das dem Produzenten zur Befriedigung seiner Bedürfnisse zur Verfügung steht. Das Einkommen der Produzenten, die mit dem bisherigen technischen Verfahren arbeiten (im folgenden statische Produzenten genannt), sinkt jetzt von 7 auf 6,9; das der dynamischen steigt von 7 auf 8,88, also um 27 v. H. Hier wird also selbst bei sehr geringfügigen Änderungen die Spannung außerordentlich groß. Die Konsequenzen dieser Sachlage sind folgende: Die 95 statischen Produzenten müssen ihren Konsum einschränken, und zwar um je 1,4 v. H. Die dynamischen Produzenten dehnen ihren Verbrauch um 27 v. H. aus, und der Verbrauch aller Konsumenten an dieser Ware steigt um 1 v. H. Ich verzichte darauf, die »Gewinne und Verluste« aller Wirtschaftssubjekte gegeneinander abzuschätzen, denn Versuche dieser Art gehen von der Voraussetzung aus, daß Geldgrößen ohne Rücksicht auf die Höhe der

Einkommen, aus denen sie stammen oder zu denen sie hinzugefügt werden, exakte Symbole der von ihnen abhängigen Nutzempfindungen sind. Begnügen wir uns also mit den oben getroffenen Feststellungen. Treten infolge dieses Prozesses Verschiebungen der Nachfrage ein, so sind ganze Schwärme von Deviationen die Konsequenz, die aber, weil sie Größen zweiter Ordnung sind, hier nicht untersucht werden müssen.

Nehmen wir nun an, daß die fünf dynamischen Produzenten mit den jetzt erzielten Gewinnen ihre Produktion weiter ausdehnen wollen. Wenn die Anlagekosten einer Produktionseinheit 30 betragen, so könnte man aus den Überschüssen von etwa 3 Jahren eine neue Produktionseinheit aufbauen, bzw. die fünf dynamischen Produzenten könnten die Leistungsfähigkeit ihrer Betriebe durch Erweiterung derart erhöhen, daß die Erweiterungen in den Betrieben der fünf dynamischen Produzenten nach drei Jahren der Leistungsfähigkeit einer Produktionseinheit gleichkämen. Diese Leistungsfähigkeit einer Produktionseinheit ist nach dem neuen Verfahren jährlich 12. Infolgedessen steigt die Gesamtproduktion jetzt von 1012 auf 1022. Da der Gesamterlös 1000 bleibt, sinkt der Erlösanteil der statischen Betriebe jetzt auf 9,78, das Einkommen der statischen Produzenten auf 6,78, d. h. 7,5 v. H. Die Einnahmen der dynamischen Betriebe steigen auf je 14,09. Auf den einzelnen dynamischen Produzenten entfällt nach entsprechenden Abschreibungen ein Einkommen von 10,49. Jeder dynamische Produzent könnte also jetzt schon im vierten Jahr nach Auffindung der besseren Produktionsmethode um 50 v. H. mehr als ehedem verbrauchen, und zwar kann er diesen Verbrauch dauernd auf diesem erhöhten Niveau fortsetzen, wenn er die Produktion im selben Umfang beibehält und wenn auch sonst keine Änderungen Platz greifen.

Das Beispiel zeigt, wie rasch selbst bei kleinen Differenzen in den Produktionsbedingungen, wenn sie lokalisiert bleiben, große Ausschläge in den individuellen Einkommen herbeigeführt werden. Um so größer ist der Anreiz für solche Veränderungen und um so stärker die dynamisierende Wirkung des technischen Fortschritts, auf den so große Prämien gesetzt sind.

b) Die Neuverteilung der Einkommen

Die Auswirkung dieser Umschaltung der Kaufkraft besteht in folgendem: Bei genügender Veränderlichkeit der Produktion werden Verschiebungen in den Erzeugungsrichtungen der Gruppen I-X eintreten. Es wird jetzt weniger an Konsumgütern, aber mehr an Produktionsmitteln erzeugt werden, da die 95 statischen Produzenten der Gruppe XI ihren Konsum einschränken müssen, wenn sie ihre Produktionsfähigkeit in gleichem Umfang wie

bisher aufrechterhalten wollen. Die fünf dynamischen Produzenten können zwar mehr konsumieren, wollen es aber nicht (kleine Steigerungen vernachlässigen wir). Die ihnen zusätzlich zur Verfügung stehende Kaufkraft wird vorerst in Produktionsmittel umgesetzt. Die Produzenten hierfür stehen, wie oben angedeutet, zur Verfügung. Änderungen der Preise brauchen bei genügend schneller Umleitung der Produktion nicht einzutreten. Die Produktion kann sich hier durch Einschrumpfen des Konsums in Gruppe XI beschleunigt entwickeln.
Die Ingangsetzung der 6. dynamischen Produktionseinheit erfordert allerdings jetzt eine zusätzliche Arbeiterzahl.[4]
Damit kämen wir in die Probleme der entwickelten Dynamik hinein. Sehen wir von diesen Verwicklungen ab, so ändern sich nur einzelne Produktionsrichtungen. Auch im Umlauf des Geldes treten nur die oben erwähnten, ganz geringfügigen Veränderungen auf. Die Wirkung dieser Investitionen zeigt sich erst später, wenn die Produkte auf den Markt kommen und vermehrt Störungen hervorrufen.

c) Einfluß auf die Umlaufgeschwindigkeit

Die Analyse des Prozesses zeigt, daß unter unseren Voraussetzungen der raschen Umschaltung der Produktion und einer Anpassung der Umlaufgeschwindigkeit sowie einer entsprechenden Senkung der Preise die technische Veränderung keinerlei Freisetzung von Arbeitskräften mit sich bringt. Sie zeigt ferner, daß die technische Veränderung der großen Mehrzahl von Produzenten Vorteile und nur 95 Produzenten der Gruppe XI Nachteile bringt, die überdies durch Änderung der Produktionsrichtung eines Teiles der Produzenten behoben werden können. Dies immer unter der Voraussetzung, daß sich die Produktionsmittel rasch aus einem Wirtschaftszweig in den anderen verschieben lassen bzw. rasch ihre Gestalt ändern können. Diese Voraussetzung kann nicht stark genug betont werden. Setzen wir mühelosen, d. h. verlustlosen Gestaltwandel des Produktionsprozesses voraus, so bekommen wir ein Bild, das von der Situation des dynamischen Prozesses sehr verschieden ist.
Ist die Elastizität der Nachfrage größer als 1 und wird nur ein Teil der Pro-

4 Infolge der Steigerung der Nachfrage nach Arbeitskräften müßte sich der Lohn erhöhen. Andererseits sind die statischen Produzenten nicht imstande, einen höheren Lohn zu bezahlen. Bei geschichteter Produktion würden die Grenzbetriebe stillgelegt werden müssen. Da aber nur ein Betrieb in der ganzen Volkswirtschaft zuwächst, dessen Kapazität lediglich 0,6 v. H. der Gesamtkapazität eines Wirtschaftszweiges beträgt, können wir diese Wirkung der Produktionsänderung in Gruppe XI vernachlässigen.

duzenten in Gruppe XI zu der zweckmäßigeren Methode übergehen, so wird der Gewinn, der von den dynamischen Produzenten erzielt wird, größer, die Verluste der statischen Produzenten werden kleiner sein, weil der Preis nicht so schnell sinkt wie im ersten Falle. Ist die Elastizität der Nachfrage kleiner als 1, so wird sich doch noch immer ein Gewinn für die dynamischen Produzenten ergeben. Er wird freilich geringer sein, weil die Preise tiefer sinken werden. Demgemäß werden auch die Verluste der statischen Produzenten größer sein. Sie werden dann rasch zum Ausscheiden einiger Produzenten führen, wodurch das Gleichgewicht bei niedrigeren Preisen wiederhergestellt sein wird.

d) Weitere Voraussetzungen für eine reibungslose Anpassung

Der Grund dafür, daß in all diesen erörterten Fällen keine größeren Störungen eintreten, liegt darin, daß keine Investitionen stattfinden und daß die Produktionsmittel leicht und automatisch ihre Stelle wechseln und füreinander substituiert werden können. Infolgedessen hat das ganze System eine hohe Beweglichkeit und kann sich rasch neuen Daten anpassen. Trotzdem kommt es in manchen Fällen zu Störungen, und insbesondere das Ausscheiden der schwächeren Betriebe wird mit Freisetzungen verbunden sein. Es kann dann lange dauern, bis alle freigesetzten Arbeitskräfte wieder in den Prozeß eingeschaltet werden. Ferner dürfen wir nicht übersehen, daß die Herstellung des neuen Gleichgewichts an die Voraussetzung geknüpft ist, daß sich die Preise elastisch auf die Mengenänderungen einstellen, so daß stets das gesamte Angebot vom Markte aufgenommen werden kann. Wären die Preise starr, so würde ein Teil der Erzeugung unverkäuflich bleiben, und dann würde die weitere Entwicklung davon abhängen, wie viele Betriebe auf Grund der Unverkäuflichkeit ihrer Produktion ausscheiden müssen. Aber trotz all dieser Schwierigkeiten ist hier der große Vorteil gegeben, daß die Konkurrenz bei allgemeiner Durchsetzung des technischen Fortschrittes den Preis ohne Störung den Mengenänderungen anpassen kann. Wenn hingegen die steigende Effizienz an Investitionen geknüpft ist, die ihrerseits einen Kostenaufwand erfordern, so wird sofort das Problem des Arbeitsfassungsraumes der Industrie auftauchen, das in diesen eben behandelten einfachen Fällen keine Rolle spielt. Ferner wird die Entwertung bestehenden Kapitals Komplikationen hervorrufen. Endlich: Bei kapitalsparenden Erfindungen, die Kapital, das bisher investiert worden war oder worden wäre, freisetzen, wird sich die Frage der Investition nicht immer automatisch lösen. So zeigt sich deutlich, daß das Problem der Freisetzung mit Veränderungen im Kapitalaufbau der Produktion einsetzt.

Technischer Fortschritt verringert nicht die Kaufkraft in der dynamischen Industrie

Auch den technischen Verbesserungen dieser Art ist es gemeinsam, daß bei ihrer Einführung keine Verringerung der Kaufkraftmenge in der betroffenen Industrie eintritt. Wenn die Arbeitskosten sinken, so werden auf der einen Seite zwar unmittelbar Arbeiter entlassen, aber die Kaufkraft, die von den entlassenen Arbeitern ausgeübt wurde, der Betrag ihrer Lohnsumme verschwindet nicht, sondern verwandelt sich entweder in Gewinne bei den Unternehmern oder in Ersparnisse bei den Konsumenten – unter der Voraussetzung, daß die Produktion mindestens in dem gleichen Umfange wie bisher fortgesetzt wird. Wenn Auslagen für Kapital gespart werden, dann bleibt Kaufkraft in den Händen des Unternehmers zurück, die dieser zur weiteren Vergrößerung seines Betriebes oder zu Anlagen in anderen Wirtschaftszweigen verwenden kann. Ob die Gesamtkaufkraft in der Volkswirtschaft unverändert bleibt, werden wir später erörtern.
Dieser zweite Fall der Kapitalfreisetzung wurde bisher theoretisch im einzelnen nicht behandelt. Er zeigt auffallende Parallelen mit dem ersten Fall, und man kann vermuten, daß die Kompensationstheorie auch im zweiten Fall eine automatische, störungslose Wiedereingliederung des freigesetzen Kapitals annehmen würde. Tatsächlich ist diese im Laufe des 19. Jahrhunderts noch rascher und leichter erfolgt als die Wiedereingliederung freigesetzter Arbeiter. Aber wir werden in der Annahme nicht fehlgehen, daß auch die Kapitalfreisetzung unter bestimmten Bedingungen, besonders, wenn sie schnell erfolgt, zu Schwierigkeiten führt.

Freisetzung der Arbeit auf eine bestimmte Periode beschränkt

Damit ist schon angedeutet, daß die Wirkungen der Freisetzung von Arbeitskräften wie von Kapital ineinander übergehen. Denn jede Freisetzung von Kapital ist ja mit einer Senkung der Nachfrage nach Arbeitskräften bei der Erzeugung von Produktionsmitteln gleichbedeutend. Daher lassen sich die Wirkungen dieser beiden Entwicklungslinien gar nicht scharf unterscheiden. Wir werden uns in diesem Abschnitt lediglich mit dem Problem der Freisetzung der Arbeitskräfte und erst späterhin mit dem der Freisetzung des Kapitals zu beschäftigen haben.
Wenn wir von Arbeitslosigkeit durch technischen Fortschritt zu sprechen

haben, haben wir, wie schon oben dargelegt, nicht Wirkungen im Auge, die zu einer dauernden Ausschaltung von Arbeitskräften führen. Denn alle Einflüsse, die sich innerhalb eines ökonomischen Systems störend bemerkbar machen, werden schließlich nach längerer Zeit assimiliert, d. h., die anderen Daten passen sich dem Wandel an. Es handelt sich also um mittelfristige Wirkungen, mit denen es die Theorie zu tun hat, wenn sie den ökonomischen Entwicklungsprozeß analysiert.

Solche Störungen, die sich über 5, 10 oder 20 Jahre erstrecken mögen, können keineswegs als kurzfristige Störungen leichthin vernachlässigt werden. Sie können es um so weniger, wenn nach Überwindung einer Störung oder noch vorher schon eine zweite Welle von Störungen herannaht, so daß Störungen bestimmter Art als chronisch empfunden werden, obwohl jede einzelne Störung in ihrer Wirkung zeitlich begrenzt ist. So wird man finden, daß Nationalökonomen das Eintreten von Arbeitslosigkeit als Folge technischer Fortschritte häufig gar nicht leugnen, obschon ihre Argumente dagegen sprechen müßten. Aber sie gehen darüber mit der Bemerkung hinweg, daß solche Störungen eben nur temporär seien. Ist dies ein Einwand? Auch das Leben der Menschen ist temporär, und daher wird sich das Interesse der Nationalökonomie immer an Wandlungen orientieren, die für eine Generation von entscheidender Bedeutung sind, wenngleich sie späterhin im Gesamtgefüge assimiliert werden mögen. Solche temporären Einflüsse sind es ja überdies, die in ihrer historischen Abfolge auch die langfristig entscheidenden Veränderungen bestimmen.

Die Meinungsverschiedenheit in unserem Problem kann also nur darin bestehen, ob technische Fortschritte mittelfristige Arbeitslosigkeit zur Folge haben. Diese Frage kann nur durch theoretische Argumente, nicht durch Beobachtung geklärt werden. In der Tat ist es ein theoretisches Argument, das gegen die Existenz technologischer Arbeitslosigkeit ins Feld geführt wird.

Es sei noch hinzugefügt, daß wir bei der Erörterung der Freisetzung von Arbeitskräften solche technischen Fortschritte im Auge haben, bei denen die unmittelbaren sowie die gesamten Arbeitskosten eines Produkts durch Veränderung des Apparates, der zur Erzeugung notwendig ist, herabgesetzt werden. In welchem Ausmaß Arbeitszeit im letzten Produktionsstadium herabgesetzt werden kann, darüber geben für die Vereinigten Staaten einige Untersuchungen des Department of Labor Aufschluß. Für die Rentabilität eines technischen Fortschritts und damit für die Aussichten seiner ökonomischen Durchführbarkeit ist aber ausschließlich die Gesamtersparnis maßgebend, wobei der für die Verzinsung und Amortisation des zusätzlichen Kapitals notwendige Betrag berücksichtigt werden muß. Die Höhe der

Gesamtersparnis kann leider den erwähnten Studien[5] nicht entnommen werden.

Die Kompensationstheorie

Die Kompensationstheorie behauptet, daß der technische Fortschritt zwar zunächst Arbeiter freisetzt, daß aber zugleich Wirkungen und Fernwirkungen ausgelöst werden, die nach Überwindung einiger Reibungsschwierigkeiten zur Wiederaufsaugung der aus dem Produktionsprozeß vorübergehend ausgeschalteten Arbeiter führen. Sie betrachtet also den technischen Fortschritt als Störung des Gleichgewichts, die im Zuge der Entwicklung leicht wieder eliminiert wird, wenn sich die unmittelbaren Wirkungen des technischen Fortschritts, insbesondere die Freisetzung von Arbeitskräften, in den übrigen ökonomischen Daten fühlbar machen. Die Kompensationstheorie wird in zwei Varianten vertreten:
Zunächst sagte man, daß durch die Verwendung von Maschinen zwar Arbeiter freigesetzt würden, daß aber diese Arbeiter zur Erzeugung von Maschinen benötigt würden. Diese Auffassung leidet an mehreren Denkfehlern. Denn erstens können die Arbeiter, die schon bisher an weniger leistungsfähigen Maschinen beschäftigt wurden und nunmehr freigesetzt werden, nicht diejenigen Maschinen erzeugen, durch welche sie den wirtschaftlichen Boden unter den Füßen verloren. Ferner können niemals Investitionen eine zusätzliche Nachfrage nach Arbeitskräften schaffen, soweit sie aus Ersparnissen erfolgen. Denn im Gleichgewicht sind ja Ersparnisse Einkommensteile, die eine Nachfrage nach Produkten entfalten müssen, wenn nicht eine Stockung des Gesamtprozesses eintreten soll. D. h. wenn die Ersparnisse nicht investiert werden, so bedeutet das nicht nur, daß eine Ausdehnung des Produktionsprozesses unterbleibt, sondern es bedeutet auch einen Rückschlag im Kreislauf, der mit Arbeitslosigkeit verknüpft sein wird. Die Finanzierung von Investitionen aus Ersparnissen bedeutet also nur, daß die Nachfrage nach Arbeitskräften zu den herrschenden Lohnsätzen nicht zurückgeht, nicht aber, daß sie ansteigt. Erst wenn die Produktionsmittel, denen diese neuen Investitionen entstammen, in Gang kommen und an ihnen Arbeiter tätig sind, können wir eine Steigerung der Beschäftigtenzahl erwarten, vorausgesetzt allerdings, daß diese zusätzliche Erzeugung nicht Arbeitslosigkeit in anderen Betrieben zur Folge hat.

5 Vgl. z. B. Dr. Witt Bowden, »Technological Changes and Employment in the United States Postal Service«, in: *Bulletin of the United States Bureau of Labor Statistics,* Nr. 574, Dez. 1932; Boris Stern, »Labour Productivity in the Automobile Tire Industry«, in: *Bulletin,* Nr. 585, Juli 1933; Witt Bowden, »Technological Changes and Employment in the Electric-Lamp Industry«, in: *Bulletin,* Nr. 593.

Dieser Gedanke der Kompensationstheorie enthält trotzdem einen richtigen Kern: Der ökonomische Prozeß könnte so aufgebaut sein, daß ständig eine Verbesserung und Ausweitung des Produktionsapparates erfolgt, und zwar in einem Ausmaß, das nicht nur die Aufnahme der jährlich neu zuwachsenden Arbeiter, sondern auch der freigesetzten Arbeiter ermöglicht. Dieser Prozeß setzt dann freilich, je nach dem Wachstum der Bevölkerung und dem Ausmaß der Freisetzung, ein bestimmtes, sich beschleunigendes Tempo der Akkumulation und Investition voraus.

Nehmen wir z. B. an, daß 1000 Arbeiter durch Maschinen freigesetzt werden und daß diese freigesetzten Arbeiter zur Erzeugung von Maschinen verwendet werden, die 100 Arbeiter freisetzen, dann müßten im zweiten Jahre 1100 Arbeiter in der Maschinenerzeugung beschäftigt werden, die ihrerseits wieder 110 Arbeiter freisetzen usw. Die Reihe würde sich dann folgendermaßen fortsetzen: 1210, 1331, 1464 usw. Der Zuwachs in der Erzeugung ist also nach der Zinseszins-Formel aufzubauen, da die Anzahl der freigesetzten Arbeiter, die nach dieser These zur Erzeugung von Maschinen zusätzlich Verwendung finden müßten, progressiv wachsen würde. Nach 20 Jahren müßten in unserem Beispiel schon sechsmal soviel Arbeiter in der Erzeugung von Maschinen zusätzlich verwendet werden als beim Beginn dieser Reihe. Eine solche Struktur des Produktionssystems ist offenbar in der Entwicklung nicht aufzufinden. Wo die Maschinenindustrie in wenigen Jahren so rasch wuchs, spielt der Export für andere Wirtschaftsgebiete eine erhebliche Rolle. Die oben ausgesprochene These, daß die Investition von Ersparnissen an sich nicht den Beschäftigungsgrad erhöht, bedarf allerdings einer Einschränkung: Sie ist nur richtig für eine im Aufbau der Volkswirtschaft regelmäßig wiederkehrende Spar- und Investitionsquote, auf die sich der ganze Prozeß eingespielt hat. Wenn jedoch die Investitionsquote bei gleichzeitiger Freisetzung steigt, so kann der gesamte Beschäftigungsgrad gleichbleiben. Ebenso sinkt natürlich der Beschäftigungsgrad, wenn die Investitionsquote zurückgeht. (Hierüber siehe oben die Erörterung des Wachstumsprozesses der Volkswirtschaft.) Dadurch können also unter besonderen Bedingungen Tendenzen zur Freisetzung eine gewisse Zeit durch Beschleunigung des Wachstumsprozesses kompensiert werden. Wenn sich dieser wieder auf die alte Norm verlangsamt, wird ein Rückschlag unvermeidlich sein.

Die allgemein vertretene Version der Kompensationstheorie[6] jedoch ver-

6 Vgl. hierzu Mc Culloch, *Principles of Political Economy,* Teil II, Sektion 4; insbesondere S. 102, wo die Unmöglichkeit des von Ricardo gegebenen Beispiels behauptet wird. Ferner John Baptist Say und Nassau W. Senior. Bibliographie bei Dr. Alfred Kähler, *Die Theorie der Arbeiterfreisetzung durch die Maschine,* Leipzig 1933.

sucht den Prozeß, der sich an die Einführung arbeitsparender Methoden anschließt, einige Schritte weiterzuverfolgen. Das Argument geht davon aus, daß in solchen Fällen die Gesamtkaufkraft gleichbleibt.
Das ist auch, wenigstens innerhalb der betreffenden Industrie, richtig; denn wird eine arbeitsparende Maschine eingeführt, so werden die Kosten der Erzeugung sinken. Diese sinkenden Kosten bedeuten entweder einen höheren Gewinn für den Unternehmer oder verbilligte Preise für den Konsumenten, oder es treten beide Wirkungen vereint auf. Es wird also die Kaufkraft, die bisher von den entlassenen Arbeitern ausgeübt wurde, nunmehr von den Unternehmern bzw. Konsumenten auf den Markt gebracht werden, und die Gesamtnachfrage nach Waren, in Geld ausgedrückt, bleibt, soweit sie von dieser Industrie ausgeht, unverändert. Daher nimmt man an, es werde diese den Unternehmern oder Konsumenten zuwachsende Kaufkraft die entlassenen Arbeiter wieder in Beschäftigung bringen. Das Gleichgewicht wäre damit wiederhergestellt. Selbst wenn man das Problem noch ohne Rücksicht auf die Verknüpfung der Beschäftigung mit der Kapitalausrüstung betrachtet, also als eine Störung im Kreislauf eines einstufigen Warenerzeugungs-Prozesses, ist diese These der Kompensationstheorie nicht zwingend. Sagt sie doch bloß, daß sich die Kaufkraftsumme nicht verringert. Das bedeutet aber noch nicht, daß sich dieselbe Kaufkraftsumme auf dieselbe Anzahl von Personen verteilt. Besteht doch die Wirkung des arbeitsparenden technischen Fortschritts geradezu darin, daß dieselben Produktmengen von einer geringeren Anzahl von Menschen erzeugt werden, so daß die Realeinkommen einzelner Gruppen – sei es der Unternehmer, der Konsumenten oder der Arbeiter, die in der verbesserten Produktion beschäftigt bleiben – wachsen müssen. Da die Freisetzung der Arbeiter den Arbeitsmarkt belasten wird, so wird eine Steigerung der Reallöhne derjenigen Arbeiter, deren Effizienz sich erhöht hat, nicht eintreten können. Daher wird die Übertragung der Kaufkraft auf die Unternehmer oder die Konsumenten erfolgen. Diese Käufergruppen fragen jetzt Waren in demselben Betrag nach, in dem die Kaufkraft der entlassenen Arbeiter verringert oder vernichtet wurde. Auf die Erzeugung dieser Waren ist aber die Gesamtwirtschaft bereits eingestellt. Mit einigen Verschiebungen können diejenigen Arbeiter, die bisher für die freigesetzten Arbeiter tätig waren, für die »Erben« ihrer Kaufkraft produzieren. Der Kreis ist damit geschlossen, und die freigesetzten Arbeiter sind zunächst aus dem Prozeß ausgeschaltet. Es wird also erst wieder eine neue Entwicklung einsetzen müssen, um die freigesetzten Arbeiter wieder zu beschäftigen. Die entscheidende Lücke im Gedankengang der Kompensationstheorie besteht also darin, daß aus der Tatsache gleichbleibender Kaufkraft auf einen unveränderten Beschäftigungs-

grad geschlossen wird. Selbst wenn eine Verbilligung der Erzeugung zu einer Steigerung der Nachfrage führt, so ist eine volle Kompensation aus später zu erörternden Gründen nicht ohne weiteres zu erwarten. Jedenfalls werden die freigesetzten Arbeitskräfte nicht unmittelbar und sicher durch die Wirkungen des technischen Fortschritts selbst wiedereingegliedert. Hingegen können, wie schon angedeutet, durch die sofortige Umlenkung der Kaufkraft die störenden kumulativen Wirkungen einer Freisetzung verhindert werden, indem sie die in der Nachfrage der freigesetzten Arbeitskräfte fehlende Kaufkraft auffängt und auf den Markt bringt. Jedenfalls wird es hierbei sehr wichtig sein, daß die Umlaufgeschwindigkeit des Geldes nicht stärker sinkt, als das durch die Verkürzung des Kreislaufs bedingt ist.[7]
Das kann man nur in den seltensten Fällen erwarten. Daher wird vermutlich durch eine gewisse Zeit Arbeitslosigkeit nicht zu vermeiden sein. Hier zeigt sich deutlich der Unterschied zu den Erfindungen des Typus I, bei denen die Anordnung des ökonomischen Prozesses schon automatisch eine Anpassung der Umlaufgeschwindigkeit oder der Geldmenge an das vermehrte Produktquantum in sich schließt.

Die internationale Verflechtung der Produktion kann die Wirkung technischer Fortschritte noch ungünstiger gestalten. Es trete z. B. als Folge technischer Fortschritte ein Preissturz in Kupfer, Gummi oder Baumwolle ein, der von einer erheblichen Freisetzung in der Erzeugung dieser Rohstoffe begleitet ist. Zunächst werden die europäischen Konsumenten oder Produzenten davon den Vorteil haben.

Wenn z. B. für die englischen Baumwollproduzenten der Baumwollpreis von 100 auf 50 sinkt, und wenn die Ausgaben für den Rohstoff 20 v. H. der Kosten betragen, so wird sich folgende Rechnung bei einer Senkung der Baumwollpreise um 50 v. H. und bei einer Steigerung der Erzeugung um 10 v. H. ergeben:

Menge	Verzinsung und Amortisation	Löhne	Rohstoffe	Kostensumme
100	25	55	20	100
110	25	60,5	11	96,5

7 Nur wenn man annimmt, daß diese aus der Verringerung der Stationen, welche das Geld zurückzulegen hat, resultierende Verringerung der Umlaufgeschwindigkeit sich automatisch korrigiert, könnte man der Ansicht sein, daß diese monetäre Begleiterscheinung des Prozesses eine Kompensation einleitet. Wenn man das aber behauptet, müßte man zeigen, daß selbst solche minimale Veränderungen der Umlaufgeschwindigkeit genügend stark sind, um diejenigen Produktionsakte auszulösen, deren Einfügung allein zur Wiederherstellung der alten Umlaufgeschwindigkeit führen könnte.
Der hier wiedergegebene Gedankengang der Kompensationstheorie nimmt ferner an, daß auch die Gesamtkaufkraftsumme in der Volkswirtschaft gleichbleibt. Das ist aber aus Gründen, die weiter unten genannt werden, nicht der Fall.

Die Kosten der Einheit sinken also von 1 auf 0,87 oder um 13 v. H. Sie sinken stärker, als man nach der Verringerung der Ausgaben für die Rohstoffe erwarten sollte, wenn die Kapazität nicht voll ausgenutzt war, weil sich dann die – gleichbleibenden – fixen Kosten über eine größere Produktionsmenge verteilen. Wenn die Elastizität gleich 1 ist, so werden sich die 110 Einheiten für 100 verkaufen, und es wird ein Extraprofit von 3,5 erzielt werden. Um wieviel dadurch die Verzinsung des Kapitals steigt, wird von der Höhe des Kapitals abhängen. Wenn von den 25 Einheiten der fixen Kosten 12 auf Verzinsung entfallen, und wenn die Verzinsung bisher 6 v.H. betrug, so wird sie jetzt auf mehr als 7,5 v. H. steigen. Mit dieser Steigerung des Kapitalertrags wird eine Ausdehnung der Gesamterzeugung vorbereitet, die möglich wird, ohne daß irgendeine Erzeugung sinkt, weil ja sofort aus den vorhandenen Reserven die Steigerung der Produktion erfolgen kann.[8] Die in der Tabelle angedeutete Steigerung der Erzeugung schließt auch eine Erhöhung der Arbeiteranzahl in der Baumwollindustrie in sich. Insoweit wirkt die Verbilligung der Rohstoffe günstig. Bei vollkommen freier Wanderung von Land zu Land und von Beruf zu Beruf könnten die im Baumwollanbau freigesetzten Arbeiter teilweise in der Baumwollindustrie ein Unterkommen finden. Doch hier wird die Auseinanderreißung im Raum diese Möglichkeit ausschließen. Die Tatsache, daß der Beschäftigungsgrad irgendwo in der Welt als Folge der Rohstoffverbilligung stiege, wäre ein geringer Trost für die Rohstoffe erzeugenden Länder. Außerdem wird diese Wirkung nur in sehr geringem Umfang eintreten.

Wir haben noch nicht die weiteren Folgen der Arbeitslosigkeit in den Baumwollgebieten betrachtet. Infolge der Senkung der Arbeiteranzahl im Baumwollanbau und infolge der Preissenkung der Baumwolle, die ein Effekt der Kostensenkung ist, sinkt die Kaufkraft des Landes auf den fremden Märkten. Es kann jetzt nicht mehr Importe in der gleichen Höhe wie bisher bezahlen. Direkt oder indirekt werden jetzt auch die Exporte, z. B. aus England, sinken. So werden Arbeiter in England arbeitslos, was eine Senkung des Konsums in England nach sich zieht. Die Senkung des Beschäftigungsgrades kompensiert (bei gleicher organischer Zusammensetzung) die etwaige Mehrbeschäftigung in der Baumwollindustrie. Denn die Verbilligung des Rohstoffes betrug in unserem Beispiel 10. Diese ersparten 10 Kaufkrafteinheiten wurden in unserem Beispiel für Arbeitslöhne, Kohle usw. ausgegeben, und der Rest bildet einen zusätzlichen Gewinn. Nun sin-

8 Wenn bei freier Konkurrenz die Produktion sofort bis zur Herunternivellierung des Ertrags auf den bisherigen Durchschnittsertrag einsetzt, so würde dieser Übergewinn nicht erzielt werden. Tatsächlich wird aber in der Wirklichkeit, wenigstens für eine erhebliche Zeitspanne, ein solcher Extragewinn angenommen werden können.

ken aber auch die Exporte um 10 Kaufkrafteinheiten. Wenn also die organische Zusammensetzung diese Wirkung weder abschwächt noch verschärft, so wird sich der Beschäftigungsgrad in England selbst nicht erhöhen. Es wird also durch die Folgewirkungen der Preissenkung lediglich die durch den Exportausfall sonst entstehende Arbeitslosigkeit kompensiert. (Eine absolute Steigerung des Beschäftigungsgrades wird übrigens nur dann temporär eintreten, wenn England dem Baumwolleland Kredit gewährt, um den eigenen Export zu finanzieren.) Derart wird, selbst über die ganze Welt hin betrachtet, eine Kompensation noch nicht erfolgt sein. Diese kann vielmehr nur davon erwartet werden, daß die im Baumwollanbau frei werdenden Arbeitskräfte nach kürzerer oder längerer Zeit auf einem der später zu erörternden Wege wieder in den Wirtschaftsprozeß des Rohstofflandes eingegliedert werden. Das wird aber besonders in den Ländern der Monokultur sehr schwierig sein. Hohe bzw. steigende Zölle, die in einer solchen Situation im Rohstofflande zu erwarten sind, verschärfen die Lage. Denn sie verhindern, daß etwa zu sinkenden Preisen doch größere Produktmassen in das Baumwolle erzeugende Land Eingang finden und den Export anderer Waren induzieren, die mit den freigesetzten Arbeitern erzeugt werden könnten. Die Tatsache, daß die technischen Fortschritte über weite Distanzen hin verschiedene Märkte treffen, die nur unvollkommen kommunizieren, verlängert somit die Dauer der technologischen Arbeitslosigkeit.
Die Kompensationstheorie, die das Prinzip kommunizierender Röhren auf den ökonomischen Prozeß anwendet, ist also in ihrem Gedankengang zu einfach und gibt nur eine Seite des sehr verwickelten Prozesses wieder, der sich im Gefolge arbeitsparender Erfindungen abspielt. In den folgenden Ausführungen wird versucht, im Zusammenhang mit den prinzipiellen Erörterungen in den früheren Kapiteln die verwickelten Zusammenhänge aufzuhellen.

Technischer Fortschritt und Erhöhung der Kapitalintensität (»Verlängerung der Produktionsumwege«)

Arbeitsparende technische Verbesserungen sind meist – von den oben behandelten Fällen abgesehen – von einer Erhöhung der Kapitalintensität begleitet. Dann erhöht sich die Kapitalausstattung per Arbeiter, weil ja die Steigerung seiner Effizienz an wachsende Anlagekosten für Maschinen, Gebäude usw. geknüpft ist.
Diese Verschiebung im Verhältnis des Kapitals und der Arbeitskräfte hat frühzeitig in der Theorie Beachtung gefunden. So hat schon Ricardo in seinem bekannten Kapitel über die Wirkung von Maschinen auf die Möglich-

keit einer Verwandlung von zirkulierendem in fixes Kapital gesprochen und daran die Befürchtung geknüpft, daß sich die Wirtschaft auf ein Gleichgewicht unter Ausschaltung eines Teils der Arbeiter mit steigenden Profiten und einer geringeren Lohnsumme einspielen könne. Von Ricardo wird also angenommen, daß sich das Verhältnis von Kapital und Arbeit mit dem Resultat einer Freisetzung von Arbeitskräften auf lange Zeit hin verschieben könne. Auch Marx hat das Problem der organischen Zusammensetzung sehr viel beschäftigt. Ferner finden wir Anklänge dieser Gedanken Ricardos bei L.V. Birck.[9]

Die Auffassung, daß durch den technischen Fortschritt ein »zu großer« Teil der Kapitalakkumulation resorbiert werden kann, so daß Arbeiter freigesetzt werden, ohne daß sich für sie sofort neue Arbeitsmöglichkeiten eröffnen, wird von vielen Theoretikern abgelehnt. Sie vertreten die Meinung, daß der Automatismus der Volkswirtschaft eine solche Überflüssigmachung der Arbeitskräfte verhindern könne.

Diese Frage der »richtigen« organischen Zusammensetzung bzw. der Wiederherstellung derselben ist in den letzten Jahren vielfach in dem von Böhm-Bawerk geprägten Begriff der Länge des Produktionsumwegs diskutiert worden, mit dem der Wicksellsche Begriff des natürlichen Zinses verknüpft wurde.

Nach Böhm-Bawerk ist bekanntlich kapitalistische Produktion eine Produktion mit zeitraubenden Umwegen. Technisch wie ökonomisch ist diese Umwegproduktion für den Unternehmer nur möglich, weil er über Subsistenzmittel verfügt, die es ihm gestatten, ohne sofort Konsumgüter zu erzeugen, sich zunächst der Herstellung von Produktionsmitteln zuzuwenden, die erst in Hinkunft zur Erzeugung von Konsumgütern führen werden. Das Einschlagen eines solchen zeitraubenden Produktionsumwegs involviert Warten, liefert aber andererseits eine größere Menge von Konsumgütern in der Zukunft. Böhm-Bawerk nimmt an, daß jede Verlängerung des Produktionsumweges die zukünftig anfallenden Konsumgütermengen erhöht, wenngleich in abnehmendem Maße. Je mehr Subsistenzmittel in der Hand der Unternehmer vorhanden sind, um so längere Produktionsumwege können eingeschlagen werden. Die Länge des Produktionsumweges steht überdies in Beziehung zur Lohnhöhe. Je geringer der Lohn ist, um so

9 So z. B. »Theories of Overproduction«, in: *Economic Journal,* März 1927, insbesondere S. 28, 29 und 31. Birck legt in diesem Aufsatz das Gewicht auf Verschiedenheiten im Tempo von technischem Fortschritt und Kapitalakkumulation. Er erwähnt in diesem Aufsatz schon die Gefahren, die aus den Schwierigkeiten erwachsen können, neue Investitionsfelder zu finden (S. 29). Vgl. hierzu auch seinen Vortrag »Technischer Fortschritt und Überproduktion« (Kieler Vorträge) 1927, insbesondere S. 16 und 18.

längere Produktionsumwege können bei gleichbleibendem Kapital eingeschlagen werden. Und umgekehrt: Je längere Produktionsumwege bei wachsender Kapitalversorgung eingeschlagen werden, um so mehr wird der Lohn ansteigen, aber in abnehmendem Maße, da die Mehrergiebigkeit mit der Verlängerung der Produktionsumwege auch nur degressiv wächst. In der Tatsache, daß die Verlängerung der Produktionsumwege abnehmende Mehrerträge liefert, ist es auch begründet, daß der Zinsfuß bei intensivem Sparen sinkt. (Meiner Ansicht nach ist diese Vorstellung von der Mehrergiebigkeit längerer Produktionsumwege im Gesamtaufbau der Böhm-Bawerkschen Theorie die entscheidende Grundlage der Zinserklärung, während der Gedanke der perspektivischen Geringerschätzung künftiger Konsumgüter nicht zwingend ist.)

Diese Vorstellung von der Verlängerung der Produktionsumwege bedeutet im Wesen nichts anderes als die Entwicklung zu einer höheren organischen Zusammensetzung des Kapitals. Zwar ist es richtig, daß, verglichen mit der primitiven Produktion, die moderne Produktion den Zeitraum zwischen Beginn und Ende der Erzeugung verlängert hat. Aber auch das ist nicht durchaus der Fall (z. B. chemische Gerbung des Leders). Selbst in den typischen modernen Produktionen hat sich vielfach die Länge des Produktionsumwegs nicht immer vergrößert. Der Bau einer Eisenbahn dauert nicht notwendigerweise länger als der einer Kunststraße, und die moderne Rationalisierungsbewegung der Industrie ist gleichfalls, verglichen mit den früher üblichen technischen Methoden, nicht eine Verlängerung des Produktionsumwegs. Was tatsächlich erfolgt, ist eine Massierung des investierten Kapitals, die Vermehrung desselben im Verhältnis zur Zahl der Beschäftigten, was sich in der vorübergehenden oder dauernden Einstellung einer größeren Anzahl von Arbeitskräften in der Produktionsmittelindustrie auswirkt. Selbst wo eine Verlängerung der Produktionsumwege eingetreten sein sollte, wird sie durch die Synchronisierung ihrer Bedeutung beraubt. Vielfach ist der Produktionsumweg insgesamt länger geworden, aber die längeren Wege sind vielfach Parallelwege, die zu gleicher Zeit »befahren« werden, so wenn z. B. parallel mit der Anlage des Bahnkörpers die Schienen gewalzt, die Stationsgebäude gebaut und die Waggons und Lokomotiven erzeugt werden. Ferner werden diese Wege sehr häufig mit einer größeren Geschwindigkeit zurückgelegt als die älteren kürzeren Wege, da ja die maschinelle Erzeugung auch die Produktion von Produktionsmitteln ergreift. Endlich ist der Produktionsumweg des weniger kapitalintensiven Betriebes sehr häufig ebenso lang als der des kapitalintensiven. Wenn man vollends als Produktionsumweg die Zeit vom Beginn der Produktion der Produktionsmittel bis zur Herstellung der letzten Produkte auffaßt, die mit diesem

Kapital erzeugt werden können, so sind die Produktionsumwege in allen Betrieben ungefähr gleich lang, weil die Lebensdauer der Produktionselemente, soweit nicht technische Revolutionen eintreten, gleich lang sein wird. Der einzige Unterschied zwischen einzelnen Produktionen würde dann darin bestehen, daß die einzelnen Stationen eventuell verschieden stark besetzt sind.[10] Interpretiert man den Begriff des Produktionsumwegs derart, daß die Zeitdauer zwischen dem Beginn der Erzeugung jedes Produktionsmittels und der Erzeugung des letzten Produktes innerhalb dieser Unternehmung, d. h. also während der ganzen Lebensdauer der ursprünglich kombinierten Produktionselemente gemeint ist, dann wird der Begriff des Produktionsumweges in der Erzeugung dauernder Konsumgüter (Wohnhäuser) jede Brauchbarkeit verlieren. Übrigens faßt Böhm-Bawerk, soweit ich sehe, den Begriff der längeren Produktionsumwege in dem einfachen Sinn des Zeitablaufs, der von dem Beginn der ersten Vorbereitungsarbeiten bis zur Entstehung des Fertigproduktes verstreicht (*Positive Theorie,* 1921, S. 111 ff. und passim, z. B. S. 146). Böhm-Bawerk selbst hat wiederholt betont, daß die größere oder geringere Länge des Produktionsumweges mit der Frage höherer oder niedrigerer organischer Zusammensetzung des Kapitals identisch ist (vgl. z. B. *Positive Theorie,* 2. Bd., S. 29 ff.). Ich glaube aber, daß der Begriff der organischen Zusammensetzung brauchbar ist, weil sowohl im Einzelbetrieb als auch in der Gesamtwirtschaft eine Steigerung wie eine Senkung der organischen Zusammensetzung erfolgen kann, ohne die Länge der Produktionsumwege zu verschieben. Was sich aber immer verschiebt, ist die Kapitalinvestition pro Kopf des Arbeiters. Die Annahme von Böhm-Bawerk, daß bei jedem Zuwachs der Kapitalintensität sich die Dauer der durchschnittlichen Produktionsperiode entsprechend und manchmal überproportional verlängert (z. B. a. a. O., S. 30–31, S. 38, 101, wo es heißt: »Ebenso liegt auf der Hand, daß die allergrößte Wahrscheinlichkeit und in einem gewissen Grad sogar eine mathematische Notwendigkeit dafür gegeben ist, daß Aufspeicherungen von vorgetaner Arbeit desto ältere Arbeit mit umfassen müssen, je größer die Aufspeicherung wird«), ist völlig unrealistisch.

Daher wird man zweckmäßigerweise der Tatsache, daß Produktionsumwege verlängert sein mögen, keine besondere Bedeutung beimessen dürfen. Infolgedessen ist auch die Vorstellung, daß man bei höherem Grade kapitalistischer Produktion länger auf das Ergebnis warten müsse, eine Vorstellung, die offenbar zur Konstruktion des Begriffes des längeren Produktionsumweges geführt hat, unrichtig, stehen doch die Früchte einer

10 Vgl. Böhm-Bawerk, *Positive Theorie des Kapitals,* 2. Bd., Exkurs V, S. 97.

technisch-modernen Anlage meist nach derselben Zeitspanne zur Verfügung wie die Früchte der älteren Anlage. Der Übergang zu einer kapitalintensiveren Erzeugung bedeutet nur, daß man eine größere Kaufkraftsumme investiert, aber keineswegs, daß die Zeitspanne vom Beginn der Errichtung der neuen Unternehmung bis zur Erzielung der ersten Endprodukte verlängert wird.

Im Fortgang der kapitalistischen Entwicklung muß man also auch nicht auf den Gegenwartskonsum *längere Zeit* hindurch verzichten. In praktisch allen Fällen werden ja überhaupt die Mittel für die Finanzierung von Produktionsumwegen Ersparnissen entnommen, die ohnedies nicht zum sofortigen Konsum bestimmt waren. Die Zinshöhe ist daher nur durch die Rentabilitätschancen bestimmt, und der Sparer reagiert meist gar nicht auf eine wechselnde Zinshöhe mit einer Veränderung seiner Sparintensität. Schließlich muß man berücksichtigen, daß Erweiterungen der Produktion vielfach durch vorübergehende Aktivierung von Kapazitätsreserven erfolgen, ohne daß die Neuinvestition abgewartet zu werden braucht. Tatsächlich steigt ja in der Hochkonjunktur die Erzeugung sowohl der Konsumgüter wie die der Produktionsmittel. Ist die Periode des Ausbaus abgeschlossen, so tritt der normale Zustand wieder in seine Rechte, und die Produktionsreserven bilden sich von neuem.

Auch wenn man zusätzliche Kredite als regelmäßige Wege der Finanzierung eines Ausbaus von längeren Produktionsumwegen annimmt, so behält unser Gedankengang seine Richtigkeit. Denn diese zusätzlichen Kredite mobilisieren die Reserven und geben der ökonomischen Aktivität diejenige Beschleunigung, die erforderlich ist, um das Produktionsvolumen schnell zu steigern. Nur im Falle einer echten Inflation würde sich das Volumen der Konsumgüter direkt verringern (hingegen muß man natürlich annehmen, daß das Volumen der Konsumgütererzeugung in der Hochkonjunktur *relativ* zurückgeht).

Die Konsequenz dieser Überlegungen ist: Es erscheint unzweckmäßig, die Arbeitslosigkeit als Folge einer Entwicklung zu betrachten, in der die Produktionsumwege über das Maß hinaus, das sich aus den Ersparnissen ergeben würde, verlängert wurden. Höchstens könnte man den Gedankengang folgendermaßen fassen: Technische Fortschritte sind meist mit einer Steigerung der organischen Zusammensetzung der Gesamterzeugung verbunden. Das kann zu Produktionsmethoden führen, bei denen der Arbeiterfassungsraum der dynamischen Produktionen sich verringert. Wenn die neuen Methoden einen erheblichen Teil der Ersparnisse beanspruchen, so daß die übrigen Wirtschaftszweige nicht in dem bisherigen normalen Tempo wachsen können, so können diese beiden Umstände mittelfristig technologische

Arbeitslosigkeit zur Folge haben, selbst dann, wenn der im Sinne Wicksells »natürliche« Zinsfuß auf dem Markt tatsächlich erzielt wird. Das Gleichgewicht könnte dann nur dadurch hergestellt werden, daß mittels einer Lohnsenkung der Vorsprung, den die kapitalintensive Erzeugung gewinnt, von den kapitalextensiven Betrieben aufgeholt würde. Dann würde der Arbeiterfassungsraum der Industrien sich wieder erweitern.[11]

Diese Annahme gründet sich bei Böhm-Bawerk darauf, daß er die ganze Kapitalausstattung der Volkswirtschaft, alle halb- und viertelfertigen Produkte nebst den lang dauernden Produktionsmitteln als Subsistenzmittel-Fonds definiert, der dann natürlich in beliebiger Weise zur Beschäftigung einer größeren Anzahl von Arbeitskräften bei niedrigeren Löhnen verwendet werden kann. In der Praxis wird aber höchstens eine Wiederbelebung älterer Betriebe bzw. eine Steigerung der Dienstleistungen, hingegen nicht die technische Umformung bestehender Betriebe in Frage kommen können. (Vgl. hierzu die interessante Kritik der Böhm-Bawerkschen Anschauungen bei Alfred Kähler, *Die Theorie der Arbeiterfreisetzung durch die Maschine,* S. 73 und passim.) Schumpeter hat offenbar die Schwierigkeit gefühlt, wenn er – a. a. O., S. 524 – darauf hinweist, daß diese »Subsistenzmittel« nicht alle sofort greifbar sind, sondern daß die Zwischenprodukte zum größten Teil zukünftige Konsumgüter darstellen. Da dies der Fall ist, kann man auch den Arbeiterfassungsraum nicht ohne weiteres durch Lohnsenkungen entsprechend erhöhen. Es ist, mit andern Worten, nicht die Mächtigkeit des – in einem verfeinerten Sinn verstandenen – Lohnfonds, der die

11 Diese Auffassung liegt in der Theorie Böhm-Bawerks beschlossen. Vgl. z. B. die Bemerkungen Schumpeters zu diesem Punkte: »Die Lösung läßt sich leicht aussprechen: es muß sich jener Lohnsatz feststellen, welcher jene Produktionsperiode zur für den Unternehmerkapitalisten vorteilhaftesten macht, bei welcher gerade die ganze Arbeitsmenge der Volkswirtschaft zu jenem Lohnsatz begehrt und zur Bezahlung dieser Arbeitsmenge der ganze Subsistenzmittelfonds erfordert wird.
In der Tat, wenn auf dem Markte ein Lohnsatz versuchsweise ausgerufen wird, so wird bei einer gegebenen Skala der Mehrergiebigkeit der Produktionsumwege eine und nur eine Produktionsperiode für die Unternehmerkapitalisten die vorteilhafteste sein. Sie wird daher gewählt werden und damit auch entsprechend der von Böhm-Bawerk entdeckten objektiven Beziehung ein bestimmter Zinssatz festgestellt sein. Wenn bei diesem Arrangement sich zufälligerweise Arbeitsmenge und Subsistenzmittelfonds gegenseitig gerade aufkaufen, so ist das Gleichgewicht erreicht, und die obenerwähnte Bedingung erfüllt. Wenn aber nicht, dann werden die unbeschäftigten Arbeits- und Subsistenzmittelmengen so lange auf Lohn oder Zins drücken und dadurch andere Produktionsperioden vorteilhaft machen, bis jener Zustand erreicht ist.« (Aus »Das wissenschaftliche Lebenswerk Eugen von Böhm-Bawerks«, in: *Zeitschrift für Volkswirtschaft und Sozialpolitik usw.,* Bd. 23.)
Wenn das als Anweisung für die Lösung praktischer Schwierigkeiten gedacht ist, so ist damit ausgesprochen, daß jeder in diesem Sinn theoretisch richtige Lohn auch praktisch möglich ist. Das würde aber Lohnsenkungen erfordern, die praktisch nicht in Betracht kommen können. Abgesehen davon, daß es schnelle Umformbarkeit des Kapitals auf geringere Intensitätsgrade voraussetzt.

Grenze für die Beschäftigung der Arbeiter bildet, da sich bei bedeutsamen technischen Erfindungen, die hohe Investitionen voraussetzen, zunächst der Lohnfonds gar nicht verringert; die Schwierigkeit liegt vielmehr darin, bei gleichbleibender Kapitalbildung auch das Wachstum derjenigen Produktionszweige sicherzustellen, die jetzt nicht das notwendige Kapital beschaffen können, ganz zu schweigen von derjenigen Kapitalakkumulation, die erforderlich ist, um die freigesetzten Arbeiter wieder in Beschäftigung zu bringen.

Die Wirkungen der Freisetzung

Wir haben bisher das Problem der »Kapitalverdichtung« erörtert. Diese Steigerung der Kapitalintensität ist als steigende Ausstattung mit Realkapital zu verstehen. Das relativ schnellere Wachstum der Kapitalausrüstung und die damit verbundene Verringerung in der Anzahl der Arbeitsplätze sind das grundlegende Problem.[12]

Die wissenschaftliche Analyse solcher Folgewirkungen technischer Veränderungen hat mit der Schwierigkeit zu kämpfen, daß die Konsequenzen von Störungen innerhalb eines gegebenen dynamischen Systems nie eindeutig sind. Denn erstens reagieren die Wirtschaftssubjekte, da ihre Motive und Erwartungen verschieden sind, nicht in der gleichen Weise auf Veränderungen. So haben wir schon oben auf die Unsicherheit hingewiesen, die dadurch entsteht, daß Übergewinne manchmal konsumiert, manchmal aber investiert werden. Das ist für die Gestaltung der dauernden Nachfrage nach Arbeit von Bedeutung. Zweitens kann ein und derselbe Sachverhalt unter verschiedenen Bedingungen ganz Verschiedenes bedeuten. Es werde z. B. eine Baumwollindustrie durch einen neu entstehenden Kunstseidebetrieb aus dem Markte gedrängt, wobei die Arbeiter aus dem stillgelegten ersten Unternehmen im zweiten Betrieb Aufnahme finden. Die Wirkung einer solchen Veränderung wird verschieden sein, je nachdem, ob die im Wirtschaftsprozeß entstehenden Sparkapitalien auch ohne diese Veränderung Anlage gefunden hätten oder nicht. Hätten sie Anlage gefunden, so würde die Entstehung dieser Betriebe die dauernde Nachfrage nach Arbeitskräften relativ verringern, und zwar sowohl, weil die aus der Errichtung sonst resultieren-

12 Der Begriff des Arbeiterfassungsraumes wird wichtig bei einer Verringerung der Nachfrage nach Arbeitskräften infolge einer steigenden Effizienz des Kapitals bzw. der Arbeit an diesem Kapital. Wenn man, wie das im Schema von Clark geschieht, beliebige Kombinationen von Produktionsausstattung und Arbeiteranzahl annimmt, ist der Begriff des Arbeiterfassungsraums allerdings entbehrlich. Dann aber muß man das in der modernen technischen Entwicklung entscheidende Phänomen der technischen Starrheit ganz außer acht lassen.

de zusätzliche Nachfrage nach Arbeitskräften in Wegfall käme, als auch, weil der Gewinn aus den jetzt stillgelegten Betrieben fortfiele. Hätten aber die sich jedes Jahr neu bildenden Sparkapitalien teilweise keine Anlage gefunden, dann ist die Tatsache, daß diese Sparkapitalien doch investiert werden, gleichbedeutend mit einer zusätzlichen Beschäftigung von Arbeitern bei der Erzeugung von Produktionsmitteln während der Zeitspanne der Errichtung des neuen Unternehmens. Daher hängt es von der Phase der Konjunkturentwicklung ab, ob eine bestimmte Investition vorteilhaft oder nachteilig ist. Hierbei wird die (vermutliche) Rentabilität der neuen Investition kein zuverlässiger Wegweiser sein können.
Es soll nun der Fall einer Verschiebung in der organischen Zusammensetzung des Kapitals als Wirkung arbeitsparender Methoden untersucht werden. Der Produktionsapparat wächst also seinem Wert nach, während sich gleichzeitig die Zahl der Arbeitskräfte, mindestens relativ, manchmal auch absolut bei steigendem Produktionseffekt vermindert. Eine Entwicklung dieser Art in großem Maßstabe ist an die Investition der in einem dynamischen System regelmäßig erzielten Überschüsse geknüpft. Und sie wird auch eine weitgehende Beweglichkeit in der Heranziehung der Kaufkraft anderer Wirtschaftssubjekte für solche Investitionen voraussetzen.

Grundsatz des dynamischen Systems

Ich fasse das dynamische System hier als kapitalistische Produktion, d. h. als Warenerzeugung zum Zwecke der Profiterzielung auf. Die Profite werden wieder investiert und steigern das Gesamtvolumen der Produktion. Diese Erhöhung des Produktionsvolumens ist nicht eine Störung, sondern das gewollte Ergebnis des wirtschaftlichen Prozesses. Daher wäre das Gleichbleiben des Produktionsumfanges über längere Zeit eine »Störung« des Bewegungsgesetzes, unter dem der Prozeß steht.
Bei der Analyse des dynamischen Prozesses darf freilich der soziale Aspekt nicht ausfallen, der den uns bekannten kapitalistischen Prozeß erst zu seiner konkreten Bestimmtheit formt. Für unsere Zwecke genügt es aber, daran zu erinnern, daß für die kapitalistische Produktion eine Konzentration der Produktionsmittel in der Verfügungsgewalt einer Gruppe von Produzenten und die Beschäftigung einer großen Anzahl von grundsätzlich besitzlosen Lohnarbeitern wesentlich sind. Diese Elemente des Tatbestandes sind für die Auswirkung des technischen Fortschrittes von großer Bedeutung, insbesondere gegenüber einem Wirtschaftssystem, in dem es nur Alleinproduzenten gäbe. Ferner setzen wir ein modernes Geldsystem mit Kreditbanken, mit internationalem Handel und einem internationalen Kapital-

markt voraus. Allerdings wird die Analyse diese Institutionen, die den Tatbestand sehr komplizieren, erst später, und auch dann nicht alle von ihnen, in ihren Bereich ziehen.

Die Erfahrung zeigt uns nun lediglich einen dynamischen Prozeß, in dem sich die Einflüsse der verschiedensten technischen Veränderungen, die im Gange sind, mit Umformungen kreuzen, die teilweise weit in die Vergangenheit zurückreichen. Die Wirklichkeit kann also nicht unmittelbar den Gegenstand der Analyse bilden. Ebensowenig wie wir die Stärke eines Lichtes feststellen können, wenn es in einem Gewirr von andern Lichtern steht, deren Intensitäten unbekannt sind, können wir die Auswirkung technischer Fortschritte verfolgen, wenn sie in einem Tatbestand Platz greifen, von dem wir nicht mit Sicherheit sagen können, inwieweit die Verschiebungen in ihm tatsächlich von dieser Veränderung herrühren. Auch hier müssen wir uns also der isolierenden Methode bedienen und den Prozeß des technischen Fortschritts in einer ökonomisch ruhigen Atmosphäre theoretisch in seinen Folgewirkungen erörtern. Freilich dürfen wir hierbei nicht von der reinen Statik ausgehen, sondern müssen einen regelmäßig ablaufenden dynamischen Prozeß zum Ausgangspunkt nehmen, in dem Störungen vermieden werden, in dem also ein »dynamisches Gleichgewicht« besteht.

Im Einklang mit dieser Grundvorstellung setzen wir voraus, daß unser System auf eine gleichmäßige Ausdehnung des Produktionsprozesses eingestellt ist (z. B. 1 v. H. jährlich), dem eine entsprechend gleichmäßige Steigerung der Beschäftigten parallel geht. Dann wird das Sozialprodukt, auf den Kopf gerechnet, konstant bleiben, das Verhältnis des Überschusses zum angewandten Kapital wird ebenfalls unverändert bleiben, ebenso der Realinhalt der Löhne, der Lohnanteil am Sozialprodukt usw. Dieses System kennt weder eine Krisis noch eine Konjunktur. Da die Produktion technisch unverändert bleibt, tritt auch keine vorzeitige Entwertung der Produktionsmittel ein. Der Reichtum der Gesellschaft wächst hier ganz gleichmäßig und parallel mit der Bevölkerung. In einem solchen System wird jede Disproportionalität vermieden werden. Auch werden die Überschüsse nicht herauskonkurriert, da ja die Bevölkerung wächst und da unter unseren Voraussetzungen gerade eine Verringerung der Gewinne an irgendeinem Punkte des Prozesses eine Störung wäre, gegen die Gegenwirkungen eintreten müßten.[13] Eine Ausweitung der Produktion durch ein Unternehmen zum

13 Die Vorstellung, daß bei freier Konkurrenz die Überschüsse herauskonkurriert werden und ein zinsloser Zustand eintreten müßte, ist nur bei Investition der Überschüsse und ceteris paribus zutreffend, d. h. wenn sowohl die technischen Methoden gleichbleiben als auch keine Vermehrung des Arbeitsangebotes eintritt. Denn es wird bei Akkumulation von Kapital, gleichbleibender Arbeiteranzahl und gleichbleibender Technik ein Wettlauf um die Arbeitskräfte

Zwecke der Erzielung relativ größerer Überschüsse käme gar nicht in Betracht, weil die Mittel für ein rascheres Wachstum bestimmter Produktionseinheiten nicht vorhanden wären. Der Unternehmer könnte sie nur, abgesehen von dem Fall, daß er seinen Konsum einschränkte, von anderen Produzenten leihen, die dann ihrerseits als Nachfragende auf dem Markt ausfallen müßten. Eine solche Neueinteilung der Produktivkräfte könnte also die Verteilung der Produktionselemente auf die einzelnen Wirtschaftssubjekte zwar verschieben, nicht aber die hier angenommene Struktur des Systems verändern. Hierbei ist die Konstanz des technischen Verfahrens sehr bedeutsam. Sie erst garantiert neben einem entsprechenden System von Wertungsskalen die gleichmäßig fortschreitende Bewegung, wie wir eine »dynamische Statik« am ehesten wohl bezeichnen können.
Auch in diesem System unterscheiden wir Anlage- und Betriebskapital. Das Anlagekapital wird durch die stehenden Produktionsmittel verkörpert. In den Geschäftsbüchern der Produzenten steht dem eigenen Kapital als Passivum der Wert dieser Anlagen als Aktivum gegenüber. Daneben das Betriebskapital, eine Kaufkraftsumme, die dem Unternehmer gestatten soll, die Arbeitslöhne, Rohstoffe, Kraftstoffe usw. zu bezahlen. Das Betriebskapital schlägt sich verhältnismäßig rasch um. Wenn der Produktionsprozeß kontinuierlich ist und wenn die Waren fortlaufend abgesetzt werden, so daß sie sich nicht in den Lagern der Produzenten stauen, kann man ein mehrmaliges Umschlagen des Betriebskapitals in einer Wirtschaftsperiode, z. B. einen viermaligen Umschlag desselben im Jahr, annehmen. In diesem Fall müßte das Betriebskapital weniger als den vierten Teil des jährlichen Gesamtumsatzes ausmachen, da ja neben den Gewinnen auch noch die Amortisationsraten des Anlagekapitals zu berücksichtigen sind. In der gleichmäßig fortschreitenden Dynamik muß sich mit steigender Produktion auch das Betriebskapital parallel erhöhen, und dementsprechend muß bei gleichbleibender Umlaufgeschwindigkeit des Geldes die Geldmenge in demselben Maßstabe wachsen.

Monetärer Aspekt des dynamischen Systems

Ist der Zirkulationsprozeß in dieser Weise aufgebaut, so enthält der Gesamtwert der Produktion eines Jahres auch die Abschreibungssummen und die Überschüsse in sich, die späterhin investiert werden sollen. Der Unter-

einsetzen, der die Gewinne zum Verschwinden bringt. An sich garantiert die Konkurrenz der Produzenten keineswegs eine Eliminierung der Gewinne. Ebenso könnte man annehmen, daß die Konkurrenz der Arbeiter den Lohn unter das Existenzminimum senke. Auch das wäre nur bei wachsender Arbeiteranzahl und ceteris paribus der Fall.

nehmer braucht also über das Betriebskapital hinaus keine freie verfügbare Kaufkraft. Er verwandelt durch Verkauf und nachfolgenden Kauf einen Teil seiner Produktion in die während der Produktionsperiode vernutzten Produktionsmittel, einen anderen Teil in zusätzliche Produktionsmittel. Dem dritten Teil entsprechen die Konsumgüter für seine Arbeiter und ihn selbst sowie die Roh- und Hilfsstoffe. Aus der Arbeitsteilung innerhalb dieser Gesellschaft folgt, daß eine Gruppe von Produzenten nur Produktionsmittel, eine andere nur Konsumgüter erzeugt, so daß also der Produktionsmittelproduzent auch seine und seiner Arbeiter Subsistenzmittel in Form von Maschinen, Gebäuden usw. herstellen muß, während der Produzent von Konsumgütern das Äquivalent seiner Produktionsmittel zunächst in Form von rasch verbrauchbaren Genußgütern, z. B. Zigarren, herstellt. Da alle Betriebe mit Gewinn arbeiten, erzeugt jeder Produzent in jeder Produktionsperiode Waren, die, auf den Markt gebracht und zu gleichbleibenden Preisen verkauft, eine größere Geldsumme als in der letzten Periode ergeben. Darin ist schon beschlossen, daß die Geldmenge der Volkswirtschaft selbst wachsen muß.

Aus dem bisher Gesagten folgt bereits, daß nicht das gesamte Sozialprodukt Einkommen in der Form von verbrauchbaren Konsumgütern ist. Ein Teil desselben wird vielmehr von vornherein in der Form von Produktionsmitteln erzeugt. Auch diese setzen sich gegen Geld um und lagern sich wie ein Sediment als Anlagekapital in der Produktion ab. Das Geld aber, das für sie bezahlt wurde, geht als Betriebskapital weiter, seine drei Ziele erfüllend: Einkommen zu sein sowie den Gegenwert von Abschreibungen und von neuen Investitionen darzustellen. (Eine Immobilisierung von Betriebskapital würde nur erfolgen, wenn der Gegenwert von Einkommen im Sinne des dem Verbrauch gewidmeten Kaufkraftstroms investiert werden sollte. Dann würden an Stelle von Konsumgütern Produktionsmittel erzeugt werden, und die Konsumgüterindustrie müßte infolge von Preissenkungen eingeschränkt werden, bzw. sie würde nicht so schnell wachsen, wie es ohne diese Immobilisierung der Fall wäre.) Ein Teil der erzeugten Produktionsmittel ist nur Ersatz für die vernutzten Maschinen, Gebäude usw. Insofern geht ihr Gegenwert weder in den Verbrauch der Produzenten noch in den Gewinn ein. In jedem Betrieb muß ein Teil der Kaufkraft für die Bezahlung der Ersatzproduktionsmittel reserviert bleiben, und das Nettogesamtprodukt der Gesellschaft ist daher kleiner als die Gesamtproduktion. Das kann man auch so ausdrücken, daß die Summe aller Einkommen kleiner ist als der Gesamtkaufpreis aller auf den Markt kommenden Produkte.

Der Geldumlauf wird also die Gegenwerte der Abschreibungen, die Gewinne und die Arbeitseinkommen umschlagen. Er wird außerdem der Tatsache angepaßt sein müssen, daß viele Produkte im Prozeß ihrer Fertigung durch mehrere Unternehmungen hindurchlaufen müssen. Das Problem, wieso die Unternehmer insgesamt mehr einnehmen können, als sie ausgeben, und wie es also möglich ist, daß sie Gewinne »aneinander« erzielen, resultiert aus einer falschen Betrachtung des Gesamtprozesses. Denn Gewinne innerhalb einer Produktion mit gleichbleibenden Erzeugungsmengen werden dadurch erzielt, daß der Gesamtbetrag der Kosten, welche die Unternehmer aufzuwenden haben, hinter dem Erlös zurückbleibt. Den so entstehenden Überschuß setzen sie in Konsumgüter um. Dieser Überschuß kann, wenn er immer verbraucht wird, auch immer erzielt werden. Erwerben aber die Produzenten für den Gewinn Produktionsmittel, so haben wir bald eine steigende Erzeugungsmenge, deren Verkauf zu den bisherigen Preisen nur bei steigender Geldmenge möglich ist.

Die Vermehrung der Geldmenge entsprechend der gesteigerten Erzeugung kann durch Produktion von Geldmetall oder durch Vermehrung von Zeichengeld erfolgen. Vermehrung von Zeichengeld bedeutet, im Gegensatz zur Vermehrung der Geldmenge aus Edelmetallerzeugung im eigenen Lande, Krediterweiterung. In beiden Fällen kann die Geldvermehrung gerade in dem Umfang erfolgen, daß eine Änderung der Preise nicht eintritt und daß auch die Gewinne, auf Kapital wie Umsatz gerechnet, gleichbleiben. Die neu gewährten Kredite werden dann durch den Umlauf ihrer Kaufkraft den Warenumschlag der neu entstehenden Produktionsringe finanzieren, und so wird von der Geldseite her kein Preisdruck ausgehen. In diesem Sinne wird man das Geld in einem solchen Entwicklungsschema »neutral« nennen können. Im Fortgang des Ausbaues der Produktion wird derart ein immer größerer Teil des umlaufenden Geldes ad hoc geschaffen sein, und dies wird nötig sein, um den störungslosen Ablauf des ganzen Prozesses zu ermöglichen. In der Wirklichkeit freilich werden die Förderung von Edelmetallen, technische Verbesserungen des Zahlungsverkehrs, Veränderungen der Umlaufgeschwindigkeit, schließlich Katastrophen nach Inflationen immer wieder die Vermehrung der Geldmenge unregelmäßig gestalten.

Wirkungen arbeitsparenden technischen Fortschritts in einem Schema der Dynamik

Es fragt sich nun, wie in einem solchen System ein partiell auftauchender technischer Fortschritt wirkt, der in einem Produktionszweig die organische Zusammensetzung der Produktion wesentlich verändert. Hierher gehören *nicht* die technischen Veränderungen, die mit einer andern Verwendung der aus der Erzeugung zurückströmenden Amortisationsquoten be-

stritten werden können. Ich betrachte hier vielmehr die Veränderung des technischen Prozesses durch Inanspruchnahme von Mitteln, welche die Amortisationsrate und den eigenen Gewinn übersteigen und die daher nur finanziert werden kann entweder durch Ablenkung von Kaufkraft aus der Verwendung anderer Produzenten oder durch zusätzlichen Kredit. In diesem Abschnitt wird lediglich der erste Fall erörtert.
Es läge nahe, die Wirkungen der technischen Veränderungen nur in dem Wirtschaftszweig zu untersuchen, in dem er erfolgt. Das würde uns aber nicht der Aufgabe entheben, die Folgewirkungen auch für die Gesamtwirtschaft zu untersuchen. Daher beginne ich sofort mit der Darstellung des Gesamtprozesses, der allerdings künstlich vereinfacht werden muß: Wir nehmen 10 Produktionszweige an, deren investiertes Kapital sich von Jahr zu Jahr seinem Umfang wie seinem Wert nach um den gleichen Prozentsatz erhöht. Ebenso das Betriebskapital und die Zahl der Arbeiter, wenngleich diese, wie die Erfahrung zeigt, in einem langsameren Tempo.[14] So legt sich Jahr um Jahr ein neuer Ring von Unternehmungen um den alten Produktionskörper herum. Da die Menge und der Wert des investierten Kapitals rascher wachsen als das Betriebskapital und die Arbeiterzahl, sind im Zuge der Entwicklung leichte Änderungen der Technik einbeschlossen, an die das System angepaßt ist. Plötzlich ergebe sich nun innerhalb eines solchen Systems in einem wichtigen Produktionszweig, z. B. im Bergbau, die Möglichkeit, mittels einer durchgreifenden technischen Veränderung des Produktionsprozesses, die eine große Kapitalinvestition voraussetzt, effizienter zu produzieren. Welche Wirkung wird das haben?
Zu Beginn unserer Wirtschaftsperiode betrage das investierte Kapital 50 Milliarden auf 10 Produktionszweige verteilt. Es sei aber nicht gleichmäßig verteilt, sondern in einem Wirtschaftszweig, z. B. dem Bergbau, seien 9 Milliarden, in den übrigen Produktionszweigen I-IX seien 41 Milliarden investiert.
Der Überschuß betrage im Durchschnitt 6 v. H. des investierten Kapitals, wovon 2 v. H. in den Konsum der Unternehmer fließen und 4 v. H. investiert werden. Die Anzahl der Arbeiter betrage 5 Millionen, in jedem Industriezweig 500000. Jahr für Jahr steige die Arbeiteranzahl um 1$^1/_2$ v. H., also in dem von uns betrachteten Zeitraum von 5 Millionen auf 5075000. Der Lohn betrage per Kopf jährlich 3000.
Wenn jährlich bei einer Steigerung der Arbeiteranzahl um 1$^1/_2$ v. H. eine Neuinvestition von 4 v. H. des Kapitals angenommen wird, so drückt dieses Schema die obenerwähnte langsame Erhöhung der organischen Zusam-

14 Dieses Schema ist realistischer als das einer »dynamischen Statik« (siehe S. 161 f.).

mensetzung und daher auch der Effizienz aus. Da wir nicht annehmen, daß durch abnehmende Erträge eine Kompensation in einzelnen Produktionszweigen eintritt, müßten die Preise allmählich sinken. Das kommt im Schema, das nur Geldgrößen enthält, nicht zum Ausdruck, um es nicht zu sehr zu komplizieren.[15]

Noch in zwei weiteren Annahmen weichen wir von der Wirklichkeit ab. Wir fügen nicht die Ausgaben für Rohstoffe, Halbfabrikate usw. ein, die natürlich einen Teil des Betriebskapitals bilden. Die Veränderungen in diesen Ausgaben gehen denen der Arbeiterzahl und daher der Löhne parallel. Ferner rechnen wir den Gewinn lediglich auf das investierte Kapital und lassen den auf das Betriebskapital erzielten Gewinn außer acht. Die Höhe des Betriebskapitals ist in jedem Falle nur ein Bruchteil des Umsatzes und hängt von der Umschlagsgeschwindigkeit der Produkte ab. Selbst wenn wir nur ein viermaliges Umschlagen des Betriebskapitals im Jahr annehmen, so wird es im Verhältnis zum investierten Kapital gering sein. Selbst wenn es erheblich sein sollte, bedeutet seine Vernachlässigung im Schema keinen Fehler, handelt es sich doch für uns um die Verschiebungen in der Sphäre des Anlagekapitals und des Arbeitsmarktes. Diese sind von der Tatsache, daß auch Geldmittel für Rohstoffe usw. aufgewendet werden und daß ihre Menge mit steigender Produktion gleichfalls ansteigt, unabhängig. Überdies ist das Schema (bei elastisch reagierender Goldproduktion) auch auf normal wachsendes Betriebskapital eingestellt.

Wir setzen nun den Fall, daß sich der Prozeß in dem von uns betrachteten Zeitraum ohne die später zu behandelnde Einwirkung des technischen Fortschritts folgendermaßen abgespielt hätte:

	Ausgangssituation des 1. J.	des 2. J. in Millionen	des 3. J.
Investiertes Anlagekapital	50 000	52 000	54 080
Lohnsumme	15 000	15 225	15 453,375
Gesamtumsatz	23 000	23 545	24 106,177
Davon sind:			
Abschreibung	5 000	5 200	5 408
Investierter Überschuß	2 000	2 080	2 163,2
Konsumgüter für den Verbrauch der Unternehmer	1 000	1 040	1 081,6
Konsumgüter für den Verbrauch der Arbeiter (Lohnsumme) ...	15 000	15 225	15 453,375
	23 000	23 545	24 106,177

15 Wir müssen also hinzudenken, daß sich die Geldmenge gerade so weit vermehrt, um die Preise unverändert zu lassen. Das ist bei Metallwährung unter folgenden Voraussetzungen der Fall: Erstens muß eine Vermehrung der ursprünglichen Produktionselemente (Arbeiter, Boden,

Für unsere spezielle Analyse bewegen wir uns innerhalb eines bestimmten Jahres. Nun sei untersucht, welche Änderungen sich an die Einführung eines durchgreifenden technischen Fortschrittes in einem Teil der Erzeugung anknüpfen.

a) Technischer Fortschritt in einem Teil einer Industrie

Wir wollen annehmen, daß im Bergbau eine plötzliche, d. h. von einem Jahr auf das andere durchführbare Änderung der Abbaumethoden in einem Fünftel der Betriebe eintreten könne. Diese Änderung der Abbaumethoden setze die Investition erheblicher Kapitalien, nämlich von 600 Millionen voraus. Das Gesamtkapital würde in diesem Fünftel des Bergbaus von 1800 auf 2400 Millionen (anstatt normalerweise von 1800 auf 1872) steigen. Diese Kapitalien sollen nicht durch zusätzliche Kredite, sondern vorerst durch Ablenkung aus anderen Verwendungen beschafft werden. Das wird nur möglich sein, wenn die Zechenbesitzer bereit sind, eine Vergütung für die Benutzung von Kapitalien zu gewähren, die über die in den Betrieben durchschnittlich erzielbaren 6 v. H. hinausgeht. Sie seien imstande, dies zu tun, weil sie mit dem um ein Drittel erhöhten Anlagekapital nach der neuen technischen Methode die gleiche Kohlenmenge wie bisher ungefähr mit der Hälfte der Arbeiterzahl zu produzieren vermögen. Die Abziehung von Kapital, d. h. also von Überschüssen, die in der vorhergehenden Produktionsperiode erzielt worden waren, in den Kohlenbergbau wird zu einer Verringerung des Wachstums aller übrigen Produktionen führen. Diese Abziehung der Sparkapitalien in die »dynamischen« Betriebe des Bergbaus wird im Gleichgewicht nur eine geringe Erhöhung des Zinsfußes voraussetzen. Da in den »nichtdynamischen« Produktionszweigen die Erzeugung nur relativ langsamer, und zwar, wie wir sehen werden, nur um einen kleinen Bruchteil langsamer wächst, ist es nur eine kleine Ungenauigkeit, wenn wir annehmen, daß sich im übrigen auch in der technischen Zusammensetzung und Leistungsfähigkeit der investierten Kapitalien und der verwendeten Arbeitskräfte nichts ändern wird. Unter diesen vereinfachenden Annahmen ergibt sich folgendes Bild:
Der hier untersuchte Teil ($^1/_5$) des Kohlenbergbaus hätte ohne Einführung

Kapital) nicht nur die Warenerzeugung, sondern auch die Goldproduktion entsprechend erhöhen, weil ja sonst die Gewinne im Goldbergbau steigen und derart Arbeit und Kapital anziehen würden. Zweitens haben wir eine Effizienzsteigerung in der Warenerzeugung als Folge langsam steigender organischer Zusammensetzung angenommen. Derselbe Prozeß findet nun bei freier Kommunikation aller Märkte auch im Goldbergbau statt, so daß die Warenpreise bei entsprechend steigender Effizienz ebenfalls ungeändert bleiben werden.

der neuen technischen Methoden in dem beobachteten Jahr folgende Betriebsrechnung gezeigt:

Ausgangskapital	1872	Millionen
Lohnsumme	304,5	Millionen
(Arbeiterzahl 101 500)		
Abschreibungen	187,2	Millionen
6 v. H. Ertrag	112,32	Millionen
Gesamtwert der Produktion	604,02	Millionen.

Die Änderung der Kapitalzusammensetzung in Verbindung mit der Änderung des technischen Prozesses führte zu folgendem Schema der Produktion:

Kapital	2400	Millionen
Lohnsumme	166,02	Millionen
(Arbeiterzahl 55 340)		
Abschreibungen	240	Millionen
6 v. H. Ertrag von 2400 Millionen	144	Millionen
Übergewinn	54	Millionen
Gesamtwert der Produktion	604,02	Millionen

bei gleicher Produktenmenge wie im ersten Fall.
Dieselbe Kohlenmenge wird also mit einem um 33 v. H. vermehrten Kapital und mit einer um etwa 45 v. H. verringerten Arbeiterschaft erzeugt, wodurch sich für die dynamischen Betriebe ein Extraüberschuß von 54 Millionen oder etwas über 2 v. H. auf das *ganze* verwendete Kapital errechnet. Dabei ist vorausgesetzt, daß sich die Nachfrage nach Kohle und ebenso der Kohlenpreis nicht mehr ändern, als es auch ohne Einführung dieses technischen Fortschritts der Fall gewesen wäre. Das trifft zwar für unser Schema nicht ganz zu, doch ergeben sich nur unbedeutende Änderungen (aus der Verringerung des relativen Wachstums der übrigen Produktionen), die vernachlässigt werden können.

b) Wirkungen auf die anderen Industrien

Die Heranziehung eines Kapitals von 600 Millionen in den Kohlenbergbau übt natürlich auf das Wachstum der übrigen Produktionen einen Einfluß aus. Wenn wir annehmen, daß sich technisch nichts ändert, d. h. daß alle Betriebe sich gleichmäßig, nur etwas langsamer als bisher vergrößern, als das bei normaler Investitionsrate der Fall wäre, und daß sich dementsprechend die Produktenmengen etwas verschieben, so erhalten wir folgende zwei Schemata. Die in ihnen gegebenen Daten gelten für die Produktionsgruppen I-IX und für $^4/_5$ des Kohlenbergbaus, der technisch keine Veränderungen erfährt. Wir führen im ersten Schema das Bild normaler Entwicklung in den »statischen« Industrien vor, wie es sich bei einer Investitionsrate von 4 v. H. auf das angelegte Kapital gestalten würde. Danach folgt ein Schema, das unter Berücksichtigung der Tatsache aufgestellt ist, daß die dem technischen Fortschritt geschuldeten Investitionen in dem dynamischen Teil des Kohlenbergbaus die übrigen Investitionen beeinträchtigen.

I.

Ausgangskapital	48 200	Millionen
Investitionen	1 928	Millionen
Angewendetes Kapital	50 128	Millionen
(Arbeiterzahl 4 973 500)		
Lohnsumme	14 920,5	Millionen
Abschreibungen	5 012,8	Millionen
6 v. H. des investierten Kapitals	3 007,68	Millionen
Wert der Gesamtproduktion	22 940,98	Millionen

II.

Ausgangskapital	48 200	Millionen
Investitionen	1 400	Millionen
Angewendetes Kapital	49 600	Millionen
(Arbeiterzahl 4 953 371)		
Lohnsumme	14 860,113	Millionen
Abschreibungen	4 960	Millionen
6 v. H. des investierten Kapitals	2 976	Millionen
Wert der Gesamtproduktion	22 796,1	Millionen

Der Wert der Gesamtproduktion ist im zweiten Falle um 144,88 Millionen kleiner als im ersten Fall, aber immer noch um etwa 384 Millionen größer als im Jahr vorher.

Es wird also angenommen, daß die alten Betriebe, die aus der früheren Periode in den hier beobachteten Zeitraum eintreten, in beiden Fällen mit ihrem Kapital und ihrer Arbeiterschaft wie bisher und mit derselben Rentabilität weiterarbeiten können. Hingegen ist infolge der Verringerung des Zuwachses an Kapital auch der Arbeiterfassungsraum entsprechend gemindert. Es werden um 20 129 Arbeiter weniger neu eingestellt als bei einer normalen Investitionsrate von 4 v. H. des angelegten Kapitals.[16]

16 Man könnte annehmen, daß man jetzt zu einer arbeitsintensiveren Erzeugung übergeht. Aber meist wird die erreichte Höhe der Technik so produktiv sein, daß es unzweckmäßig wäre, arbeitsintensiver zu produzieren. Geschieht es doch (z. B. durch Verlängerung der Arbeitszeit, was ja nur teilweise möglich ist), so wird insoweit die sekundäre Arbeitslosigkeit vermieden werden können.

Wir haben nun diese beiden Varianten miteinander zu vergleichen: Durch die Verringerung der Investitionen, geschuldet dem Abströmen des Kapitals in die rentablere Verwendung in Sphäre X, sinken die Produktion und die Arbeiterzahl, allerdings nur relativ.
Das Schema der Produktion im vorangegangenen Jahr sah nämlich folgendermaßen aus:

Ausgangskapital	46 346	Millionen
Investitionen	1 853,84	Millionen
	48 200	Millionen
Abschreibungen	4 820	Millionen
6 v. H. des investierten Kapitals	2 892	Millionen
(Arbeiterzahl 4 900 000)		
Lohnsumme	14 700	Millionen
Produktwert	22 412	Millionen

Bei gleichmäßiger Entwicklung hätte sich also der Wert des Gesamtproduktes von 22412 auf 22940,98 Millionen = 2,33 v. H. erhöhen müssen. Durch die Ablenkung des Kapitals steigerte sich der Produktwert lediglich um 1,7 v. H. Das Wachstum der Produktion hat sich also um etwa 25 v.H. verringert; es sind nur 75 v. H. des »normalen« Zuwachses festzustellen mit der Konsequenz, daß nur etwa 70 v. H. des »normal« zu erwartenden Zuwachses der Arbeiterzahl plaziert werden können.

Betrachten wir die Veränderungen in diesen Sphären näher, so setzt sich die Verringerung des Umsatzes folgendermaßen zusammen:

Relative Verminderung der Lohnsumme	60,4 Millionen
Relative Verminderung der Abschreibungen	52,8 Millionen
Relative Verminderung des Gewinns	31,68 Millionen
	144,88 Millionen.

Auf die ganze Volkswirtschaft hin gesehen: Da jetzt weniger Arbeiter beschäftigt werden, als nach dem ersten Schema beschäftigt worden wären (allerdings mehr als im vorangegangenen Jahr), haben wir gegenüber dem ersten Schema im zweiten »Normaljahr« einen Ausfallposten in Löhnen von 60,4 Millionen. Hingegen muß derselbe Wert an Abschreibungen, der aufgrund relativ geringerer Investitionen hier nicht erzielt wurde, in dem dynamischen Teil der Bergbaubetriebe infolge größerer Investitionen erzielt worden sein, ebenso mindestens der hier fehlende Gewinn. Diese beiden Posten fallen also nicht aus, sie werden nur als Werte aus einer Sphäre der Produktion in eine andere verschoben. (Sie entstehen in den dynamischen Betrieben des Bergbaus infolge größerer Effizienz der Arbeit und auf Kosten der Lohnsumme.) In den »statischen« Produktionen wird jetzt eine

relative Minderung der Produktion als Folge verringerten Kapitalzustroms und verringerten Arbeiterzuwachses eintreten.[17]
Da die Produktmenge sowie die Wertsumme der Produktion der dynamischen Zechenbetriebe, wie wir sie jetzt nennen wollen, gegenüber der trendmäßigen Bewegung gleichbleiben (bei einer außerordentlich großen Verschiebung zwischen Kapitalteil und Löhnen), so erfolgt auch von hier aus keine Veränderung des Sozialprodukts. In der Wirklichkeit wird allerdings meist das Sozialprodukt auch der Menge nach erhöht werden. (Hierüber unten S. 175)

C. *Gesamtwirkung arbeitsparender Fortschritte*

Dieses Gleichbleiben der Umsatzmenge geht nun Hand in Hand mit starken Verschiebungen innerhalb dieser Untergruppe. Von einem Gesamtumsatz von 604 Millionen entfallen jetzt 52,8 Millionen mehr als bisher auf Abschreibungen. Der Überschuß der neu investierten 600 Millionen wird mit 15 v. H. angenommen, so daß die Gewinne in diesem Wirtschaftszweig gegenüber der Normalentwicklung, auch infolge der Investition größerer Kapitalmengen, um 85,68 Millionen gestiegen sind. Diese beiden Beträge entsprechen genau der Senkung des Lohnkontos in dieser Unterabteilung. Dementsprechend werden gegenüber der »normalen« Entwicklung in den dynamischen Betrieben jetzt nur 55340 Arbeiter beschäftigt.
In der ganzen Volkswirtschaft ergibt sich danach ein Lohnausfall von 199 Millionen oder ein Rückgang der Beschäftigung um 66289 gegenüber dem Normalzustand (= dem zweiten Normaljahr). Die gesamte Arbeiterzahl erhöht sich trotzdem von 5 Millionen auf 5008711. So entsteht eine Arbeitslosigkeit von 1,3 v. H. dadurch, daß etwa 66000 ältere oder weniger leistungsfähige Arbeiter ihre Arbeitsstelle verlieren, während vermutlich der gesam-

17 Die organische Zusammensetzung unserer zweiten Variante ist gegenüber der ersten etwas niedriger, weil eben der Kapitalzuwachs, der die höhere organische Zusammensetzung in sich schließt, durch Abziehung eines Teils des Kapitals gesunken ist. Dadurch werden auch die Relationen, in denen sich Abschreibungen und Gewinne gegenüber dem ersten Schema reduzieren, etwas ungenau. Doch handelt es sich um kleine Größen, die wir vernachlässigen dürfen. Wenn wir annehmen würden, daß durch Verringerung des Kapitalzuwaches die Gesamteffizienz ungünstiger würde, so müßte eine relativ stärkere Schrumpfung der Produktmengen und bei gleichbleibenden Preisen der Werte erfolgen, was unseren Gedankengang noch unterstreichen würde. Doch sei hiervon ebenso abgesehen wie von der Möglichkeit, die organische Zusammensetzung durch Beschäftigung der überschüssig gewordenen Arbeiter in den »statischen« Wirtschaftszweigen weiter herabzusetzen. Die Senkung der Produktionsmengen wird hier nicht zu einer Steigerung der Preise, damit zu Übergewinnen, sowie zu einer heftigen Konkurrenz um das Kapital führen, weil ja infolge der sinkenden Lohnsummen und Gewinne auch die Nachfrage nach Produkten entsprechend zurückgeht.

te Zuwachs von 75000 neuen, also jungen Arbeitern eingestellt wird. Die Verringerung des Sozialprodukts ist jedoch geringer als die Senkung der Lohnsumme gegenüber dem Normalzustande. Dieses Resultat ist erzielt durch eine Vielzahl von Verschiebungen gegenüber dem zweiten Normaljahr, die folgendermaßen resümiert seien:

	I-X	X	Im ganzen
	in Millionen		
Lohnsummenverlust	–60,4	–138,48	–198,88
Abschreibungen	–52,8	+ 52,8	–
Verzinsung und Gewinn	–31,68	+ 85,68	+ 54
		Gesamtverlust	–144,88

Es hätte also die Produktion im zweiten Normaljahr 23545 betragen und beträgt jetzt 23400,12, woraus sich die Differenz von 144,88 ergibt. Dieses Resultat können wir auch so ausdrücken: Durch die technische Entwicklung wird die Entstehung eines Teils von Produktionen verhindert, die normalerweise ins Leben getreten wären. Diese Produktionsgruppen wachsen jetzt langsamer als bisher. In den dynamischen Produktionen hingegen steigt die Effizienz der Arbeit rasch an, so daß jetzt eine weitaus geringere Anzahl an Arbeitskräften imstande ist, eine Produktmenge zu erzeugen, aus deren Verkauf sowohl die Amortisation eines größeren Kapitals als auch ein höherer Profit auf das neu investierte Kapital herausgewirtschaftet werden kann, während sich der in den »dynamischen« Betrieben geschaffene Wert nach unserem Beispiel nicht erhöht. In diesem ganzen Sachverhalt ist die Tatsache bedeutsam, daß die Einkommenssumme geschrumpft ist, weil ja das Plus an Abschreibungen, das nun in den dynamischen Betrieben erzielt wird, sowie derjenige Teil des Gewinnes in den dynamischen Betrieben, der dem »Normalgewinn« entspricht, in den »statischen« Betrieben erzielt worden wären; deshalb entspricht diesem Teil des Umsatzes in den dynamischen Betrieben, auf die ganze Volkswirtschaft hin betrachtet, keine Steigerung der Erzeugung; und dieser Teil des Ertrags kann nur erzielt werden, wenn und insoweit die Lohnsumme in den dynamischen Betrieben sinkt. Deshalb ist *insoweit* eine Verringerung des Sozialprodukts zu konstatieren. Denn ohne die Ablenkung des Kapitals wäre ja dieser Teil von Abschreibungen und Gewinnen in den statischen Betrieben erzielt worden, und darüber hinaus wäre auch noch die Lohnsumme in den jetzt dynamischen Betrieben verdient worden.

Der Lohnverlust in der ganzen Volkswirtschaft ist größer als die Verringerung des Sozialproduktes. Die Differenz deckt sich mit der Gewinnsteigerung, die in den dynamischen Betrieben der Gruppe X durch technischen Fortschritt erzielt wurde. An diesem Beispiel ist auch zu sehen, welch große

Wirkungen relativ kleine Verschiebungen (hier eine Erhöhung des Gewinns um 54 Millionen bei einem Sozialprodukt der Volkswirtschaft von mehr als 22 Milliarden) in einem ökonomischen System ausüben können. Umgekehrt ersieht man daraus, mit wie kleinen Mitteln man verhältnismäßig große Störungen verhüten kann. Kann man doch unseren Sachverhalt so ausdrücken, daß die Lohnsumme um 199 Millionen relativ gesunken ist, 66289 Arbeiter nicht plaziert werden können und eine gewaltige Umlenkung von Kapital stattfand, »damit« in der Volkswirtschaft ein Mehrprofit von 54 Millionen erzielt wurde. Das ist von der im Vorjahr erzielten Zinssumme nur 1,8 v. H. und nur wenig über 0,1 v. H. auf das gesellschaftliche Kapital gerechnet.

Derselbe Effekt hätte sich für die Unternehmer aus einer minimalen Kürzung sämtlicher Löhne, nämlich um 0,36 v. H. erzielen lassen, allerdings hätte dann die Kürzung in den dynamischen Unternehmungen allein erfolgen und hier 46 v. H. der Löhne betragen müssen, was offenbar unmöglich ist. Bei erheblichen technischen Verbesserungen wird daher Lohnsenkung niemals eine wirksame Bremse sein. Betrachten wir noch einen Augenblick die früheren Tabellen, so steigt die Kohlenförderung auf den Kopf der Belegschaft gerechnet in den *dynamischen* Betrieben außerordentlich stark an, nämlich im Verhältnis von 6000 auf 11000 per Kopf. (Im ganzen Kohlenbergbau von 6000 auf etwa 6660.) Eine solche Steigerung im Lauf eines Jahres ist keineswegs ohne Beispiel in der industriellen Entwicklung, wenn man etwa an die Geschichte der Textilindustrie denkt. Aber da das Kapital sehr erheblich gewachsen ist, setzt sich die Effizienzsteigerung hier zu einem sehr großen Teil in Werte um, die zur Reetablierung des Kapitals erforderlich sind. Der Ballast der Abschreibungen wird bei raschem technischen Fortschritt und großem Kapitalbedarf außerordentlich groß, wobei der raschere »moralische« Verschleiß noch gar nicht in Rechnung gestellt ist.

Der Tatbestand weicht, wie nochmals betont sei, in zwei Punkten von der Wirklichkeit ab: Die Löhne bleiben gleich, und auch an den Preisen ändert sich nichts. Eine Senkung der Löhne könnte erst als *Folge* der hier betrachteten Veränderungen eintreten. Eine Änderung der Preise würde es nur in sehr geringem Umfang geben, da auch die Produktenmengen geschrumpft sind. Daher ist eine Preissenkung in diesem Fall gar nicht anzunehmen. Auch in den Größenverhältnissen der Produktionszweige sind kaum Veränderungen eingetreten. Ebenso hat sich der Umfang der Kohlenproduktion nach unserem Schema fast in gleichem Maßstab langsamer ausgedehnt als die übrigen Wirtschaftszweige. Ist doch in vier Fünfteln des Kohlenbergbaus die Investitionsrate ebenso wie in den übrigen Wirtschaftszweigen relativ zurückgegangen, so daß der Zuwachs der Produktionsmengen nur in

20 v. H. des Kohlenbergbaus »normal« war. Wenn die Gesamtproduktion im Durchschnitt z. B. um 3 v. H. gestiegen wäre, so wirkte sich der technische Fortschritt in einem Teil des Kohlenbergbaus unter unseren Annahmen etwa so aus, daß in allen Produktionen der Zuwachs jetzt um 0,75 v. H. geringer ist, also 2,25 anstatt 3 v. H. beträgt, während der Zuwachs im Kohlenbergbau 2,40 v. H. beträgt. Die Wirkungen, welche diese Verschiebungen im relativen Wachstum auf die Preise üben, können wir vernachlässigen.

Nun mag es vielen unwahrscheinlich dünken, daß der Umfang der Produktion in den dynamischen Betrieben nicht gewachsen sei, daß also der technische Fortschritt lediglich Arbeiter durch Maschinen ersetzt, ohne die Produktmasse zu erhöhen. Daher sei im folgenden noch der Fall steigender Produktmengen erörtert (vgl. S. 175). Doch kommen auch Fälle des eben ausführlich behandelten Typus vor, und ein Teil des Tatbestands wird jedenfalls durch dieses Schema gedeckt. Denken wir z. B. daran, daß die mechanischen Spindeln vor der Erfindung mechanischer Webstühle zur Einführung gelangten. Die Anzahl der neu aufgestellten Spindeln war an die vorhandene Anzahl von Handwebern gebunden. Die Garnproduktion konnte daher nur nach Maßgabe der Leistungsfähigkeit der Handwebstühle bzw. nach der Anzahl gelernter Weber ausgedehnt werden. Die Einführung des Selfaktors führte daher in höherem Maße zu einer Freisetzung von Spinnern als zu einer Steigerung der Produktion, die erst mit der Einführung des mechanischen Webstuhls sich entfalten konnte.

Es fragt sich nun, ob bei diesem Zustand ein neues Gleichgewicht eintritt oder ob es durch etwaige andere Verschiebungen gestört wird. Würden die dynamischen Betriebe der Gruppe X sich jetzt wieder nach der normalen Entwicklungsformel vergrößern, dann würde das Wachstum in allen Wirtschaftszweigen annähernd relativ gleichbleiben, und die einzige dauernde Konsequenz wäre die Freisetzung von Arbeitern (genauer gesagt: die Nichteinstellung des größeren Teiles eines Jahreszuwachses) auf der einen Seite, die Steigerung der Gewinne in den dynamischen Bergbaubetrieben auf der andern Seite. Die Steigerung der Überschüsse im Bergbau würde zu einer Anlage dieser Mittel in den übrigen Industrien führen. Hierbei handelt es sich aber im Verhältnis zu den Gesamtüberschüssen der einzelnen Industrien um geringe Beträge. Unter unseren Voraussetzungen würde sich also als Folgeerscheinung des technischen Fortschritts eine lang dauernde Arbeitslosigkeit ergeben, verursacht einerseits durch die Freisetzung in den dynamischen Bergbaubetrieben, die zu höherer organischer Zusammensetzung übergingen, andererseits durch die relative Verringerung des Arbeiterfassungsraumes aller übrigen Wirtschaftszweige. Diese Voraussetzung gleichbleibender Löhne trifft nur zu, wenn spezifisch geschulte Arbeiter von dem arbeitsparenden technischen Fortschritt betroffen werden und wenn die Arbeiter bei straffer gewerkschaftlicher Organisation an dem alten Lohn festhalten können. Bei freier Konkurrenz der Arbeiter untereinander wird eine Lohnsenkung unvermeidlich sein. Mit deren Wirkungen wollen wir uns später auseinandersetzen.

Untersuchung des Falles steigender Erzeugung

Meistens wird die Einführung arbeitsparender technischer Methoden mit einer Erhöhung der Produktionsmengen in den dynamischen Betrieben verbunden sein, in diesem Fall werden auch die Preise nicht gleichbleiben können. Es wird das Störungen einschließen, die über die eben abgeleiteten hinausgehen.

Wir nehmen jetzt an, daß die dynamischen Produzenten mit einer leicht erhöhten Arbeiteranzahl, aber mit gleich hohen neuen Investitionen ihre Erzeugung um 20 v. H. über dasjenige Niveau hinaus erhöhen werden, das sich im Laufe unseres »normalen« Entwicklungsschemas ergeben hätte. Es verschiebt sich dann das Bild gegenüber unserer bisherigen Annahme für das zweite Jahr in den dynamischen Betrieben folgendermaßen:

	Bisherige Annahme	Neue Annahme
Anlagekapital	2400	2400
Abschreibungen	240	240
6 v. H. des Anlagekapitals	144	144
Lohnsumme	166,02	199,52
(Arbeiterzahl 55 340)		(Arbeiterzahl 66 508)
Übergewinn	54	141,60
Gesamtwert der Erzeugung (bei gleichbleibenden Preisen)	604,02	725,12

In dieser neuen Annahme ist also die organische Zusammensetzung ein wenig niedriger, und die Investitionen selbst wären bei gleichbleibenden Preisen ökonomisch weitaus ertragreicher. Sie würden bei gleichbleibenden Preisen einen Übergewinn von etwa 25 v. H. auf das neu investierte Kapital abwerfen. Weiterhin würde die Arbeiterzahl in den dynamischen Betrieben nicht so stark sinken. Hingegen würden sich die Konkurrenzbedingungen der statischen Betriebe verschlechtern. Denn die in unserem Schema gemachte Annahme gleichbleibender Kohlenpreise kann nicht aufrechterhalten werden. Die Preise müssen jetzt sinken, weil sich die Kohlenerzeugung relativ schneller als die anderen Produktionen vermehrt hat und weil die starke Senkung der Kosten in den dynamischen Betrieben die Preissenkung möglich macht. Die jetzt eintretenden Preissenkungen werden zu einer Einschränkung der Erzeugung in den »statischen« Betrieben führen müssen.

Die oben angenommene Erhöhung der Erzeugung in den dynamischen Betrieben betrug gegenüber der normalen Entwicklung 20 v. H. Da die dynamischen Betriebe 20 v. H. der Kohlenproduktion umfaßten, beträgt die Steigerung der Kohlenerzeugung insgesamt 4 v. H. Bei einer Elastizität gleich 1 müßten die Kohlenpreise um etwa 4 v. H. sinken.

Der Gesamtwert der Erzeugung in den dynamischen Betrieben würde dann etwa 696 Millionen betragen. Der Übergewinn würde sich anstatt auf 141 auf 113 Millionen belaufen.

In den »statischen« Betrieben würden die Preise gleichfalls um 4 v. H. sinken. Welche Folge das hätte, würde davon abhängen, wie die Produktion geschichtet ist. Nimmt man eine gleichmäßige Schichtung der Produktion an, d. h. also verschiedene Produktionskosten (was wir in unseren vereinfachten Annahmen nicht getan haben), so würden Betriebe ausgeschaltet werden, die 4 v. H. der Gesamtproduktion auf den Markt brachten.

Genaugenommen ist bei einer Elastizität der Nachfrage gleich 1 und einer Steigerung der Erzeugung um 4 v. H. eine Senkung der Preise um 3,9 v. H. erforderlich. Das würde den Erlös der statischen Betriebe von 2416 um 94, den der dynamischen Betriebe von 725 um 28 verringern; der Gesamterlös würde dann 3141 – 122 = 3019, also ebensoviel wie bei gleichbleibender Erzeugungsmenge betragen.

Diese Senkung der Preise kann aber die Erzeugungsmenge nicht unbeeinflußt lassen. Denn jetzt werden die Grenzbetriebe der statischen Erzeuger nur mit Verlusten produzieren können und daher ausscheiden. Unter der oben gemachten Annahme gleichmäßiger Schichtung würde die Erzeugung um 4 v. H. zurückgehen, und damit würde der Erlös der statischen Betriebe – bei gleichbleibenden Preisen – von 2322 auf 2229 sinken; bei dem gleichen Preis für die Produkte der dynamischen Betriebe bliebe deren Erlös mit 697 ungeändert, und der Gesamterlös wäre jetzt 2926 oder um 96 weniger, als er bei Elastizität = 1 sein müßte. Die Preise müßten also wieder, und zwar um 3,2 v. H., steigen. Dieser Prozeß würde sich wiederholen, und endlich würde sich etwa bei einer Senkung der Erzeugung wie der Preise um je 2,15 v. H. in den statischen Betrieben das Gleichgewicht herstellen; dann betrüge der Erlös der statischen Betriebe etwa 2312, der der dynamischen Betriebe 709, und der Gesamterlös wäre wieder 3021 wie vorher.

In den statischen Betrieben würde jetzt freilich, was bei gleichbleibender Gesamterzeugung nicht der Fall war, ein Teil, und zwar hier etwa 2 v. H. des

Gesamtkapitals, völlig entwertet sein; ferner würden etwa 2 v. H. der Arbeiterschaft = 8000 arbeitslos werden, wahrscheinlich aber mehr, weil ja die Grenzbetriebe arbeitsintensiver sind.

Die Freisetzung ist also in diesem neuen Schema etwa dieselbe wie unter unseren früheren Annahmen, weil wir in unserem Beispiel eine langsamere Senkung der Arbeiterzahl in den dynamischen Betrieben unterstellt haben. In den »statischen« Betrieben tritt jetzt eine Verringerung derjenigen Summen ein, die zur Amortisation und Verzinsung zur Verfügung stehen, und deshalb scheiden jetzt auch Grenzbetriebe aus. Unser Beispiel ist aber so konstruiert, daß keine Kaufkraftsumme zerstört wird. In der Tat findet sich ein Ersatz für den eben angedeuteten Ausfall an Lohn, Amortisation und Gewinn in den »statischen« Betrieben, der etwa 104 Millionen gegenüber dem zweiten Jahr Normalentwicklung beträgt dadurch, daß sich in den dynamischen Betrieben gegenüber der ersten Annahme die Lohnsumme um etwa 33 und der Gewinn um etwa 71 Millionen erhöht hat. Diese 104 Millionen, die jetzt in den dynamischen Betrieben erscheinen, wären im zweiten Jahr einer Normalentwicklung in den »statischen« Betrieben in Erscheinung getreten, und zwar 47 Millionen davon als Lohn, 46 Millionen als Abschreibungen und 27 Millionen als Gewinn.

Man kann die Verschiebung auch so ausdrücken, daß sich in diesem zweiten Fall der Gewinn der dynamischen Betriebe aus der Hinüberhebung von Gewinn- und Abschreibungsquoten der »statischen« Betriebe stark gesteigert hat. Wir haben also hier vollständige Erhaltung der Kaufkraft und trotzdem eine geringere Lohnsumme mit entsprechender Arbeitslosigkeit. Die Gesamtlage der Produktion wird nun noch etwas günstiger als im ersten Fall. Denn die zur Investition in den »statischen« Betrieben aller Wirtschaftszweige zur Verfügung stehenden 1400 Millionen entfallen jetzt ganz auf die Produktionszweige I–IX, da die »statischen« Betriebe in Gruppe X nicht wachsen können. Im ersten Beispiel entfielen auf die »statischen« Betriebe des Bergbaus 230 Millionen. Die Kapitalversorgung der Betriebe I–IX bessert sich also um diesen Betrag, ohne jedoch den normalerweise zur Investition gelangenden Betrag von 1640 Millionen zu erreichen. Das Gesamtergebnis wird sich dann dem des ersten Falles annähern.

Die Kapitalzerstörung

Der Hauptunterschied des zweiten Falles liegt aber nicht in einer wesentlich anderen Größenordnung der Arbeitslosigkeit gegenüber der früheren Annahme, sondern in der Totlegung von Kapital und demgemäß der Verringerung der Gewinne in den statischen Betrieben. Wenn nun die Nachfrage der dynamischen Produzenten aus ihren Gewinnen sofort auf den Markt kommt und sich gleich an die Stelle der ausfallenden Nachfrage der »statischen« Produzenten setzt, so tritt keine weitere Störung ein. Wohl aber, wenn sich die Investition dieses Übergewinns nicht sofort anschließt. Der hohe Gewinn darf in diesem Fall nicht darüber hinwegtäuschen, daß eine Verringerung der Arbeitsplätze erst durch die spätere Wirkung dieser Investitionen wieder wettgemacht werden kann, da ja dieser Übergewinn an die Stelle von Gewinnen und Amortisationsraten der »statischen« Betriebe trat. Insoweit tritt lediglich der zusätzliche Investitionsbedarf der dynamischen Unternehmer an die Stelle des gleichartigen Investitionsbedarfs der statischen Betriebe. Soweit die Extraprofite der dynamischen Betriebe darüber hinausgehen, kann eine vorteilhafte Wirkung auf den Arbeitsmarkt geübt werden, die aber davon abhängen wird, wie sich die Arbeiterschaft für diese zusätzlichen Investitionen rekrutieren wird. (Hierüber siehe S. 179 ff.) Jedenfalls ist wichtig, daß dem zusätzlichen Gewinn in den dynamischen Betrieben keine zusätzliche Nachfrage nach Arbeitern entsprechen kann.

Nun wird man vielleicht einwenden, daß ja der Wert der neuen Betriebe entsprechend gestiegen ist. Aber dieser neue Wert, der bei einem Übergewinn von insgesamt 127 Millionen und einem Zinsfuß von 6 v. H. 2100 Millionen beträgt, d. h. erheblich größer ist als die Wertvernichtung der »statischen« Betriebe (diese beträgt gegenüber dem 2. Normaljahr nur etwa 150 Millionen, gleich 2 v. H. des Kapitals; dazu müssen wir noch die Minderakkumulation der übrigen Wirtschaftszweige im Betrag von 528 Millionen hinzurechnen, zusammen also etwa 680 Millionen), ist ja nicht Kapital im Sinne akkumulierter und investierter Kaufkraft, sondern kapitalisierter Gewinn, der keinen neuen zusätzlichen Arbeiterfassungsraum darstellt, weil er ja nur der Reflex höherer organischer Zusammensetzung ist. Darum sind auch diese neuen Werte kein Ersatz für die Wertvernichtung der Kapitalien, soweit deren Arbeiterfassungsraum jetzt weggefallen ist. Freilich können und werden sie vielfach zur Grundlage von Kreditgewährung dienen können. Aber dann setzt im Rahmen unserer Voraussetzungen ein Prozeß ein, der zwar die augenblickliche Arbeitslosigkeit rasch beheben mag, jedoch infolge der Konsequenzen einer überschnellen Vergrößerung des Produktionsrahmens Arbeitslosigkeit in späteren Jahren vorbereitet. Daß sich ein solcher Prozeß einzig mit zusätzlichen Krediten vollziehen kann, bedarf keiner besonderen Betonung.

D. Der Prozeß der Kompensation

Verschiedene Möglichkeiten

Der Prozeß der Kompensation wird durch Veränderungen in der Produktionssphäre ausgelöst, deren Wirkung nie eindeutig ist. Daher werden wir im folgenden nur die Möglichkeiten aufzeigen können, die sich bei der Freisetzung als Folge technischen Fortschrittes bieten.

Soweit die Gesamtkaufkraft in der Volkswirtschaft gleichbleibt[18] und nur Kaufkraftsummen aus dem Einkommen bestimmter Gruppen in das anderer Gruppen übertragen werden, kann folgendes eintreten:

1. Die neuen Einkommensbezieher, die in unserem Schema bereits früher Bezieher von Einkommen waren, können das zusätzliche Einkommen genau für die gleichen Produkte ausgeben, für welche dieselbe Kaufkraft früher ausgegeben wurde. Dann bleibt die Nachfrage nach Waren unverändert, und nur die Subjekte des Konsums ändern sich. Das Gleichgewicht ist sofort wiederhergestellt, und zwar unter Ausschluß der bisherigen Konsumenten dieser Waren, die in unserem Prozeß auch auf dem Arbeitsmarkt ausgeschaltet wurden. Es findet also Konzentration desselben Realeinkommens auf eine kleinere Personenzahl mit einer leichten Senkung der Umlaufgeschwindigkeit statt.
2. Die neuen Einkommensbezieher geben ihre zusätzlichen Einkommen zwar für Konsumgüter aus, aber nicht sofort. Es kommt zu einer zeitweiligen Senkung des Konsums. Dauert diese Zwischenphase nicht zu lange, so kann sie durch Produktion auf Lager überbrückt werden. Allerdings wird eine der Verzögerung im Konsum entsprechende Verringerung der Beschäftigung dann doch eintreten, wenn der Ausfall im Konsum nicht durch späteren Mehrkonsum kompensiert wird. Es entsteht eine weitere Verlangsamung der Umlaufgeschwindigkeit, welche die Arbeitslosigkeit noch über die Zahl der Freigesetzten hinaus erhöht.
3. Die neuen Einkommensbezieher geben ihr zusätzliches Einkommen nicht für Konsumgüter aus, sondern investieren es. Sie fragen a) sofort, b) später zusätzliche Produktionsmittel nach. Das bedeutet meist eine Verschiebung der Nachfrage gegenüber 1 und 2.

Hier wird für die endgültige Wirkung wesentlich sein, welche Arbeiter zur Erzeugung der neuen Produktionsmittel verwendet werden. Werden nämlich die entlassenen Arbeiter verwendet, so tritt insoweit eine Kompensation ein. Dabei nehmen wir allerdings an, daß sich sofort mit der Freiset-

18 Das ist aber unter den Bedingungen des früheren Schemas nicht der Fall. (Vgl. S. 172)

zung von Arbeitern die zusätzlichen Gewinne bilden und daß diese sich auch sofort in eine neue Nachfrage nach Produktionsmitteln umsetzen. Natürlich wird in der Wirklichkeit eine gewisse Zeit verstreichen, bis die neuen Investitionen in Gang kommen, und insoweit wird auch im günstigsten Fall eine temporäre Arbeitslosigkeit unvermeidlich sein. Wenn jedoch andere als die freigesetzten Arbeiter verwendet werden, und zwar diejenigen, die durch den Ausfall der Nachfrage der freigesetzten Arbeiter arbeitslos wurden, so tritt keine Kompensation ein. Diesen verschiedenen Fällen entsprechen verschiedene Umlaufgeschwindigkeiten des Geldes.

4. Die Lohnersparnis kann sich durch Preissenkung in zusätzliches Einkommen der Konsumenten umsetzen, wobei dann wieder die Möglichkeiten 1, 2 und 3 gegeben sind. Hier spricht die Wahrscheinlichkeit für den Fall 1. Bei Preissenkung ist aber auch die steigende Nachfrage zu berücksichtigen. In der Wirklichkeit wird sich indes selten mehr feststellen lassen, als daß die Kostensenkung zu einer Gewinnsteigerung oder Preisermäßigung geführt hat.

1. Kompensation durch Investierung der Profite bei gleichbleibenden Löhnen

a) Steigen der Profite

Wir betrachten vorerst nur Freisetzung und etwaige Kompensation ceteris paribus, d.h. also bei gleichbleibenden Löhnen. Erst später wird (in Fortführung der früher entwickelten Gedanken) auch noch die Wirkung von Lohnsenkungen geprüft werden.

Wir behandeln nun im folgenden die einzelnen Möglichkeiten, die sich als Ergebnis der Freisetzung für die Wiedereinstellung von Arbeitslosen ergeben können.

1. *Steigerung des Gewinnes.* Vorerst sei daran erinnert, daß die Investitionen, die zur Anwendung arbeitsparender Methoden erforderlich sind, an sich noch keine Änderung des Beschäftigungsgrades hervorbringen, wenn man annimmt, daß sie aus echten Ersparnissen erfolgen. Hier haben wir also nur die Verwendung der durch den technischen Fortschritt neu entstandenen zusätzlichen Gewinne zu betrachten.

Gelingt die Rationalisierung, so wird ein Lohnbetrag erspart, der größer ist, als die Verzinsung und Amortisation des neu investierten Kapitals erfordern würden. Es wird also Arbeitseinkommen in Kapitaleinkommen und Gewinn umgewandelt. In dem Maße, wie dieses Kapitaleinkommen auch ohne Rationalisierung in andern Betrieben erzielt worden wäre, liegt eine Verringerung des volkswirtschaftlichen Gesamteinkommens vor, worauf oben schon hingewiesen wurde. Die These also, daß die Kaufkraftsumme unzerstörbar ist, gilt nur für die betreffende Industrie, nicht aber für die Volkswirtschaft im ganzen. Das ist eine wichtige Tatsache, und darin beruht eine der ungünstigsten Hauptwirkungen dieser Entwicklung. Wir haben aber jetzt insbesondere zu prüfen, wie sich die Steigerung des Gewinns auf den Beschäftigungsgrad auswirkt.

Wir können den Teil der Lohnersparnis, der sich in zusätzlichen Gewinn verwandelt, auch quantitativ bestimmen. In unserem ersten Beispiel betrug die Verringerung der Lohnsumme 201 Millionen. Von diesen 201 Millionen fallen 63 Millionen in den Wirtschaftszweig I—IX weg. Diese 63 Millionen sind nach unserem Schema nicht ein Ausfall, sondern eine Verringerung des Zuwachses. Vermindert sich doch nach unserem Schema die Lohnsumme unseres zweiten Jahres gegenüber dem zweiten Jahr einer normalen Entwicklung um diesen Betrag. Entsprechend wird ein Teil des neuen Betriebskapitals, das inzwischen im Wachstum aller Daten sich gebildet hat, frei, und zwar bei viermaligem Umschlag im Jahr etwa 16 Millionen.[19] Dieses Betriebskapital kann investiert werden, was später noch zu berücksichtigen sein wird. Dem 2. Teil der 201 Millionen entsprechen etwa 85 Millionen an Gewinnen und Abschreibungen, die von den Wirtschaftszweigen I—IX nach X übertragen werden. Diese 85 Millionen wachsen den Unternehmern der Gruppe X für Verzinsung und Amortisation aus der Verringerung ihrer Lohnsumme zu. Da aber in einer harmonischen Dynamik derselbe Betrag von 85 Millionen für Verzinsung und Amortisation in den anderen Produktionszweigen angefallen wäre, ist in der Tat die Gesamtkaufkraft um diesen Betrag von 85 Millionen verringert, obwohl sich die Kaufkraftmenge in der dynamischen Industrie nicht reduziert hat. Diese 85 Millionen kaufen Produkte, die schon im Markte sind, eben im Zuge der normalen Entwicklung als Resultat der vorangegangenen Produktionsperiode. Es werden dies vorzugsweise Produktionsmittel sein. Und nur der dritte Teil der ersparten Lohnsumme, nämlich 54 Millionen, geht aus der Hand der Arbeiter in die der Unternehmer (oder Konsumenten) über. D.h., nur ein Viertel der Lohnsummenverringerung erscheint als Äquivalent der Lohnsummener-

19 Wenn aus vorhandenen Kapazitätsreserven die »normale« Produktionssteigerung aufrechterhalten werden kann, so kann die Lohnsumme in I—IX im normalen Tempo wachsen. Dann braucht die Senkung der Lohnsumme um 63 Millionen nicht einzutreten. Unter unseren Voraussetzungen wird aber eine solche Steigerung aus Kapazitätsreserven nur in begrenztem Maße möglich sein.

sparnis auf dem Markte (nochmals sei betont, daß es sich hier um eine relative Verringerung handelt).

Es ist also eine optische Täuschung, wenn man annimmt, daß die Kaufkraftsumme im ganzen System überhaupt keine Minderung erleide. Diese irrige Sicht entspringt daraus, daß allerdings in unserer dynamischen Industrie unter unseren Voraussetzungen die gesamte Kaufkraftmenge gleichbleibt; damit ist nun aber keineswegs schon bewiesen, daß die Kaufkraftmenge innerhalb des *Gesamt*systems gleichbleiben muß. Wenn die Verringerung des Kapitalzuwachses in den Gruppen I—IX Ausfälle an Lohnbeträgen zur Folge hat, so tritt insofern eine Schrumpfung der Einkommenssumme ein. Nur falls die Gruppen I—IX ihre Erzeugung durch Ausnutzung von Reserven im »normalen« Tempo erweitern könnten, würde die »sekundäre« Freisetzung nicht stattfinden; aber eine solche Ausnutzung von Reserven ist natürlich bloß in beschränktem Maß möglich. Früher oder später würde unter unseren Voraussetzungen dann doch das relative Zurückbleiben der Kapitalbildung zu sekundärer Freisetzung führen. Damit wird in den Wirtschaftszweigen I—IX Betriebskapital freigesetzt[20], das dann zum größten Teil investiert werden würde, um den Kapitalausfall zu decken. Bei viermaligem Umschlag des Betriebskapitals stünde dann etwa ein Viertel der Lohnsumme für solche Investitionen zur Verfügung; die kompensierende Wirkung würde von der Art der Verwendung dieses jetzt frei werdenden Kapitals abhängen (darüber unten), aber höchstens einem Viertel der sekundär freigesetzten Arbeiter zugute kommen.

2. In den dynamischen Betrieben werden diejenigen Kapitalien zusätzlich investiert, die man aus den statischen Wirtschaftszweigen abgezogen hat; Verzinsung und Amortisation dieser Kapitalien fließen aus den gleichen Betrieben; sie sind daher kein im Gesamtsystem zusätzlich erzieltes Einkommen. Da Verzinsung und Amortisation – bei gleichbleibender Erzeugung und gleichbleibenden Preisen – nur erzielt werden können, wenn die Lohnsumme entsprechend sinkt, liegt insoweit eine *Schrumpfung* des Gesamteinkommens vor. Nur insoweit Übergewinne erzielt werden, tritt (auf das Gesamtsystem hin betrachtet) Unternehmereinkommen an die Stelle von Arbeitseinkommen. Im Unterschied zu den statischen Betrieben wird aber in den dynamischen Unternehmungen durch diese Veränderungen kein Betriebskapital freigesetzt. Denn diese Lohnersparnis ist ja mit den eben erörterten Posten (Verzinsung, Amortisation und Übergewinn) identisch und kann sich daher nicht außerdem in Kaufkraft niederschlagen, die dem Unternehmer als frei werdendes Betriebskapital zur Verfügung stünde. Soweit

20 Siehe aber S. 186, Anmerkung 23.

die Lohnersparnis zu Investitionen führt, stellt sich eine Verlangsamung der Umlaufgeschwindigkeit ein.
Unter unseren Voraussetzungen, zu denen auch Starrheit der Löhne gehört, liegt am Ende der Investitionsperiode folgender Sachverhalt vor:

Lohnersparnis in den dynamischen Betrieben	138 Mill.
Davon entfallen auf Verzinsung und Abschreibungen	84 Mill.
Es verbleiben als Übergewinn und daher als Fonds, aus dem eine Kompensation erfolgen könnte	54 Mill.

Bei sekundärer Arbeitslosigkeit und Lohnausfall von 63 Millionen steigt die Schrumpfung des Einkommens auf 147 Millionen, während nur 54 Millionen für eine Kompensation überhaupt in Betracht kommen.
Nur soweit die statischen Betriebe ihre Produktion aus Reserven »normal« wachsen lassen können, würden die 63 Millionen an Löhnen in den statischen Wirtschaftszweigen weiterbezahlt werden; ferner würden die Äquivalente für Verzinsung und Amortisation der nicht investierten Kapitalien erzielt werden; es würden die 84 Millionen, die im »normalen« Fortgang der Entwicklung als Verzinsung und Amortisation der Investitionen zu erwarten gewesen wären, auch an die Unternehmer fließen und könnten eine Kompensation einleiten. Aber eine solche Ausweitung der Erzeugung in den statischen Betrieben ohne Investitionen kann lediglich in engen Grenzen stattfinden.

b) Die Verwendung der Profite und ihre kompensierenden Wirkungen

Wir müssen nun prüfen, in welcher Weise die Unternehmer den Übergewinn verwenden können. Sie haben die Möglichkeit, ihn zu horten oder zu verbrauchen oder zu investieren. Endlich können sie ihn auch zu Preissenkungen verwenden.
a) Wenn die Unternehmer den Übergewinn horten, wird insoweit eine Kompensation überhaupt nicht eintreten können. Das ist wohl nicht bestritten. Mehr noch: Wir können annehmen, daß in diesem Fall aufgrund der Nichtinvestition weitere sekundäre Arbeitslosigkeit entsteht.
b) Wenn die Unternehmer den Übergewinn verbrauchen, dann kommt viel darauf an, wie sie ihn verbrauchen. Richtet sich ihre Nachfrage nach denselben Produkten, die ihre bisherigen Arbeiter nachgefragt hatten, so treten sie im Betrag des Übergewinns als Konsumenten einfach an die Stelle der Arbeiter und werden insoweit ihre früheren Arbeiter aus dem Tauschkreis ausschalten, ohne daß eine Störung des Gleichgewichts einträte.
Wenn wir annehmen könnten, daß die Unternehmer ihren Extraprofit ganz dazu verwenden, ihr Dienstpersonal zu vermehren, und wenn sie die entlas-

senen Arbeiter als Diener, Gärtner, Chauffeure, Köche usw. einsetzen könnten, so würden im Gegensatz zu dem oben erwähnten Extrem entsprechend viele freigesetzte Arbeitskräfte sofort wiedereingestellt werden. Das wäre also die andere Alternative, die der dauernden Freisetzung gegenüber eine größtmögliche Kompensation darstellte. Auch dieser günstigste Fall sichert in unserm Beispiel nur die Wiederbeschäftigung von etwa 25 v. H. der freigesetzten Arbeiter (bei gleichbleibenden Löhnen).
Endlich ist zu überlegen, was geschieht, wenn die Unternehmer andere Produkte konsumieren, als bisher ihre Arbeiter verbrauchten. Es tritt hier unser oben entwickelter Gedankengang in seine Rechte, der hier noch einen Schritt weiterverfolgt werden soll: Zur Erzeugung derjenigen Produkte, die jetzt von den Unternehmern nachgefragt werden, müssen natürlich andere Arbeiter als die freigesetzten selbst herangezogen werden. Inwieweit diese Nachfrage der Arbeitslosigkeit aus arbeitsparenden Erfindungen entgegenwirken kann, wird davon abhängen, woher diese Arbeitskräfte kommen werden.
Werden Arbeitslose irgendwelcher anderer Berufe eingestellt, z. B. arbeitslose Bauarbeiter, so tritt *insoweit* nur eine Verschiebung der Arbeitslosigkeit von einem Wirtschaftszweig auf den andern ein. Wir haben keinen Grund anzunehmen, daß die neu eingestellten Arbeiter andere Produkte konsumieren werden als die freigesetzten – und insoweit wird dann sekundäre Arbeitslosigkeit vermieden werden. Soweit das der Fall ist, wird der Arbeitslosigkeit durch technischen Fortschritt auf der einen Seite eine Minderung der Arbeitslosigkeit auf der anderen Seite gegenüberstehen.
Durch diese Kompensation kann aber, wie oben auseinandergesetzt, nur ein Teil der Arbeitslosen resorbiert werden. Eine weitere Einschränkung der Wirkung ist aber zu erwarten, weil sich ja nicht der Gesamtbetrag der Löhne wieder in Löhne umsetzen wird. Soweit sich dieser Teil des Geldstroms in Profit, Amortisation und Produktionsmaterialien umsetzt, deren Preise wiederum zum Teil Profite und Amortisation sind, werden die Geldbeträge erst späterhin zu Löhnen werden. Die Zeitspanne, die bis dahin verstreichen wird, wird kürzer sein, wenn die Wiederinvestition dieser Gewinn- und Amortisationsbeträge nicht lange auf sich warten läßt, und weitaus länger, wenn sie z. B. zur Rückzahlung von Schulden verwendet werden und die Wiederausleihung der Kredite hinausgeschoben wird. Aber selbst im günstigsten Fall wird sich eben nur ein Teil der Lohnersparnis schnell wieder in Löhne umsetzen und somit kompensierend wirken können.
Diese kompensierende Wirkung wird aber noch geringer sein, wenn die Fortwirkung der Freisetzung bereits zu sekundärer Arbeitslosigkeit geführt haben sollte, und wenn nun lediglich die sekundär freigesetzten Arbeiter

wieder in die Beschäftigung zurückgerufen werden. Es seien z. B. Bauarbeiter tätig gewesen, um für die freigesetzten Arbeiter Wohnungen zu bauen, oder Arbeiter der Textilindustrien, die nunmehr von den Unternehmern wieder in Arbeit gesetzt werden. Das wird dann die sekundäre Arbeitslosigkeit kompensieren. Diese jetzt wiederbeschäftigten Arbeiter werden zwar auch in einem Tauschkreis stehen, und dieser wird also wiederhergestellt werden – aber das wird den ursprünglich freigesetzten Arbeitern nicht neue Arbeitsplätze schaffen. Waren doch die jetzt wieder versorgten Arbeiter auch vorher im Markte, und es ist also bloß die sekundäre und tertiäre usw. Arbeitslosigkeit, die kompensiert wird. Es könnte nun gesagt werden, soweit die sekundäre Arbeitslosigkeit in allen ihren Phasen kompensiert wird, müßte auch die primäre Arbeitslosigkeit verschwinden, da es ja – direkt oder indirekt – diese Arbeitergruppen sind, welche die Produkte der freigesetzten Arbeiter früher konsumiert haben. Dieser Einwand würde aber übersehen, daß zwar diese nunmehr wiederbeschäftigten sekundär Arbeitslosen Produkte kaufen werden, die früher von den freigesetzten Arbeitern hergestellt worden waren, daß aber dieselben Produkte jetzt eben von einer geringeren Anzahl von Arbeitern erzeugt werden. Bleiben also die Preise und daher die Nachfrage gleich[21], so wird durch die Kompensation für die freigesetzten Arbeiter kein Raum geschaffen; denn ihre Produkte sind schon auf dem Markte, und für ihre Dienste taucht keine neue Nachfrage auf. – Auch hier ist also der Tauschkreis, ohne Einbeziehung der ursprünglich freigesetzten Arbeiter, geschlossen.

Der Unterschied dieses Falles zur Differenzierung der Nachfrage infolge einer Änderung der Bedürfnisskala besteht darin: Hier fällt durch die Freisetzung ein ganzer Kreis von Tauschakten fort, ohne daß für die Produkte derjenigen Arbeiter, die freigesetzt wurden, eine gesteigerte Nachfrage entsteht, auch nicht, soweit die von ihnen bisher ausgeübte Kaufkraft auf andere Personen übertragen wird. Hingegen gibt es bei Erfindungen, sofern sie einem kaufkräftigen Bedürfnis entgegenkommen, nirgends einen Bruch in der Kette der Nachfrageakte, im Gegenteil, die Nachfrage der Angestellten und Arbeiter, die das »neue« Produkt herstellen, ist schon auf dem Markte, bevor noch die Nachfrage nach andern Produkten von denjenigen Personen eingeschränkt wird, die späterhin das neue Produkt kaufen. Der Unterschied der beiden Prozesse drückt sich auch darin aus, daß die Umlaufgeschwindigkeit des Geldes im 2. Fall steigt, während sie im 1. Fall sinkt.[22]

21 Was ja eine Voraussetzung für die Erträgnisse ist, deren Verwendung wir hier verfolgen.

22 Eine Steigerung der Beschäftigtenzahl durch Erfindungen wird nur dann nicht eintreten, wenn innerhalb des Systems überhaupt keine Arbeitslosen vorhanden sind, oder wenn – bei Knapp-

Sollte die Freisetzung durch technische Fortschritte in vielen Industrien fast gleichzeitig in etwa dem gleichen Umfang eintreten, so wird dadurch die Situation für die freigesetzten Arbeiter noch schwieriger. Dann wird die Umlenkung der Kaufkraft vermutlich nur die sekundäre Kaufkraft kompensieren können. Das wäre in diesem Fall schon sehr viel, da die allgemeine Reduktion der Belegschaften eine sekundäre Arbeitslosigkeit großen Umfangs zur Folge hat. Bei allgemeiner Freisetzung wird sich freilich die Umlaufgeschwindigkeit des Geldes erheblich verringern müssen, doch das allein wird noch nicht (durch den Druck des »unbeschäftigten« Geldes) automatisch zu einer Wiederherstellung des Beschäftigungsgrades führen, insofern nämlich die Umlaufgeschwindigkeit innerhalb weiter Grenzen eine Funktion des Beschäftigungsgrades ist und nicht umgekehrt.

c) Die Anlage des Betriebskapitals und die Kompensation

Auch die Investition des frei gewordenen Betriebskapitals wird, wie oben angedeutet, das Gesamtergebnis nur unwesentlich beeinflussen.[23] Es handelt sich dabei um zwei Teile, der kleinere Teil, nämlich 63 Millionen, gehört zu den Wirtschaftszweigen I–IX. In dem zweiten, von uns beobachteten Jahr der Entwicklung wird aus dem Erlös des ersten Jahres, dem Schema entsprechend, auch derjenige Geldbetrag zugewachsen sein, der für eine Erhöhung der Lohnsumme notwendig wäre; wenn lediglich Teile der Gewinne, die in den statischen Betrieben erzielt wurden, jetzt in den dynamischen Betrieben investiert werden, so wird aus der Produktion des vorangegangenen Jahres noch das zusätzliche Betriebskapital in den statischen Betrieben angefallen sein. Es wird dann, soweit es jetzt nicht verwendet werden kann, zur Investition zur Verfügung stehen. Dabei müssen wir freilich annehmen, daß es aus dem Verkauf der im ersten Jahr erzeugten Produkte stammt, was nur dann der Fall sein wird, wenn der Verkauf dieser Produkte durch die eingetretene Veränderung nicht gestört wird und zu den alten

heit bestimmter Arbeiterkategorien – Arbeiter von anderen Arbeitsplätzen in die neue Industrie gezogen werden. Dann wird – ceteris paribus – die Produktion in den anderen Zweigen sinken. Aber auch das wird nicht zu einer Störung führen, da sich ja in diesem Fall das Gesamteinkommen nicht verringert hat, sondern nur die Arbeitsleistungen sowie die Einkommen anders verteilt werden.

23 Man kann Zweifel hegen, ob in diesem Fall, in dem die Erzeugung der Gruppen I–IX nur langsamer wächst als bisher, überhaupt Betriebskapital frei wird; denn das Betriebskapital bildet sich ja unter unseren Voraussetzungen im Zuge des Produktionsprozesses und ist ein – im Schema nicht besonders erwähnter – Teil des Gewinnes, der zu Lohnzahlungen im Betrieb verbleibt. Entsprechend dem langsameren Wachstum der Erzeugung in den Industriegruppen I–IX werden auch die für das raschere Wachstum erforderlichen Teile des Betriebskapitals nicht verdient und demgemäß auch nicht als überschüssig zur Verfügung stehen.

Preisen erfolgen kann. Bei der Investition dieses Betriebskapitals werden aber keineswegs ebenso viele Arbeiter beschäftigt werden können als bisher. Denn das Betriebskapital erneuert sich ja während der Betriebsperiode, während es nach einer Investition nicht an den Unternehmer zurückfließt. Wenn das Betriebskapital sich viermal umschlägt, so werden im günstigsten Fall nur 25 v. H. der sekundären Arbeitslosigkeit kompensiert werden, und das auch nur dann, wenn die Investition sogleich anschließt, was man ja nicht annehmen kann.
Je nach der organischen Zusammensetzung der einzelnen Industrien wird also durch Investition des Betriebskapitals ein Teil der freigesetzten Arbeiter wieder dauernd in Beschäftigung gezogen werden können. In unserem Schema beträgt das Betriebskapital ungefähr ein Zehntel bis ein Zwölftel des Anlagekapitals. Es könnten also im Durchschnitt etwa 10 v. H. der sekundär freigesetzten Arbeiter dauernd wiedereingestellt werden. (Diese Bemerkung bezieht sich auf den Zeitpunkt nach erfolgter Investition, während innerhalb der Investitionsperiode selbst die Nachfrage nach Arbeitskräften erheblich größer wäre.) Die Kompensation wird somit nur einen Teil der sekundär freigesetzten Arbeiter betreffen, sie wird aber außerdem nur so weit von Dauer sein, als die Investition des Betriebskapitals neue Arbeitsplätze schafft. Das Jahr darauf wird natürlich das im normalen Entwicklungsprozeß z. B. diesen sekundär freigesetzten Arbeitern korrespondierende Betriebskapital nicht wieder gebildet werden, deshalb würden unter den hier gemachten Annahmen neun Zehntel der sekundär freigestellten Arbeiter dauernd arbeitslos bleiben.[24] In den dynamischen Betrieben wird, wie schon oben auseinandergesetzt, kein Betriebskapital frei, sondern es verwandelt sich in Gewinn.

d) Investition der Extraprofite und die Kompensation

Wenn die Unternehmer den Übergewinn investieren, wird sich das Ergebnis nicht wesentlich anders gestalten. Dieser volkswirtschaftlich zur Verfügung stehende Übergewinn, mit dem allein wir es zu tun haben und der dauernd anfallen wird, beträgt bloß 54 Millionen. Der günstigste Fall liegt dann vor, wenn der ganze Betrag sofort zur Investition gelangen kann. Wenn dann in den Produktionsmittelindustrien gewisse Kapazitätsreserven vorhanden sind, die es gestatten, die Investitionen sofort vorzunehmen, während der

24 Insoweit die Investition anderwärts, z. B. in den Industrien, die Produktionsmittel erzeugen, zur Bildung von Betriebskapital führt und sich dann die Investitionstätigkeit dauernd erhöht, kann man annehmen, daß in diesen Wirtschaftszweigen dauernd die Nachfrage nach Arbeitskräften wächst. Wie weit dies aber der Fall sein wird, entzieht sich der Schätzung.

Wiederaufbau der Reserven auf später verschoben wird, und wenn überdies freigesetzte Arbeiter der dynamischen Betriebe in den Produktionsmittelindustrien beschäftigt werden können, dann käme es insoweit zu einer Aufsaugung desjenigen Teils der freigesetzten Arbeitskräfte, deren Lohnsumme dem Übergewinn entspricht.
Hat nun die Rationalisierung überwiegend in der Konsumgüterindustrie stattgefunden, wie das in der letzten Rationalisierungsperiode der Fall war, dann werden in erster Linie Arbeiter der Fertigindustrie freigesetzt. Diese können aber gerade in den Produktionsmittelindustrien am wenigsten beschäftigt werden. Andererseits werden auch Arbeitskräfte der übrigen Konsumgüterindustrien, die sekundär arbeitslos werden, kaum aufgesogen werden, vielmehr werden Arbeiter der Produktionsmittelindustrien diese Investitionen realisieren müssen. Diese treten an die Stelle der freigesetzten Arbeiter und können denselben Umschlag an Waren einleiten, den die freigesetzten Arbeiter früher eingeleitet hatten. Insoweit findet eine Kompensation tatsächlich statt.[25] Sie betrifft aber, wie bereits erwähnt, nur einen Teil der freigesetzten Arbeiter, weil ja nur ein Teil der Lohnersparnis bzw. des Lohnausfalls zusätzlicher Gewinn wird. Die erzielbare Kompensation wird aber durch folgenden Umstand ein wenig eingeschränkt werden: In dem Ausmaß, in welchem der Konsum der freigesetzten Arbeitskräfte auch Produktion von Produktionsmitteln in sich schließt, tritt die Nachfrage der Unternehmer nur in die von den freigesetzten Arbeitern früher ausgelöste Nachfrage nach Produktionsmitteln ein. Die bei ihrer Erzeugung beschäftigten Arbeiter bleiben also in ihrer Beschäftigung,und insofern tritt eine Verkürzung des Tauschkreises mit zunächst endgültiger Ausschaltung einiger Glieder ein. Ähnliches gilt für die Rohstoffe, die in denjenigen Konsumgütern stecken, welche von den freigesetzten Arbeitern verbraucht worden wären und die nun für die Herstellung von Produktionsmitteln verwendet werden. In diesem Zusammenhang ist es besonders wichtig, daß die Freisetzung von Arbeitskräften auch zu einer Verminderung der Nachfrage nach Wohnraum führt. Die in der Bauindustrie normalerweise beschäftigten Arbeitskräfte werden jetzt zur Erzeugung von Produktionsmitteln eingesetzt werden können, die infolge der Verwandlung von Löhnen in Gewinne nachgefragt werden. Damit aber wird nur die Welle sekundärer Arbeitslosigkeit aufgefangen. Schließt sich derart die Tauschkette, so kann insoweit eine Kompensation der primären Arbeitslosigkeit von hier aus nicht mehr stattfinden. Allerdings ist jetzt die Umlaufgeschwindigkeit des Geldes gesunken, aber das allein löst noch nicht automatisch Prozesse aus, die zur

25 Dieser Fall wurde oben auf S. 184 erörtert.

Wiederherstellung des alten Beschäftigungsgrades führen. Es hängt deshalb viel davon ab, wie der Kaufkraftstrom läuft. Aber so viel ist sicher, daß die Freisetzung nur derjenigen Arbeitskräfte kompensiert werden kann, die mit dem investierten Mehrgewinn korrespondieren, und auch diese nur teilweise.

Wir können jetzt den Versuch machen, das Ausmaß der Kompensation (unter unseren Voraussetzungen eines gegebenen Spargrades, der den Kapitalvorrat bestimmt, und bei gleichbleibenden Löhnen und Preisen) zu schätzen. Der Freisetzung steht die Mehrinvestition von 54 Millionen gegenüber. Wenn wir annehmen, daß dieser Betrag sich sofort in Löhne umsetzt, so könnten damit 40 v. H. der in X freigesetzten Arbeiter beschäftigt werden. Dazu kommen nach unserer früheren Schätzung 10 v. H. der in den Wirtschaftszweigen I–IX eingetretenen Verminderung des Arbeiterzuwachses als Folge der Investition des freigesetzten Betriebskapitals. Insgesamt würden also etwa 33 bis höchstens 40 v. H. der freigesetzten Arbeiter wieder in Beschäftigung gezogen werden. Die Investition des Betriebskapitals findet freilich nur einmalig statt, so daß in den folgenden Jahren, wo fortlaufend nur die zusätzlichen Gewinne der dynamischen Betriebe zur Investition gelangen, die Kompensation geringer ist. Erst allmählich werden dann diese zusätzlichen Investitionen die Arbeitslosigkeit wirklich beheben. Das wird jedoch eine längere Zeit dauern, da die Investition solch großer Beträge erst vorbereitet werden muß.

2. Kompensation durch Preissenkungen[26]

Bisher nahmen wir gleichbleibende Preise an. Nun nähern wir uns um einen Schritt der Wirklichkeit und lassen die Preise im Zuge der sinkenden Kosten fallen. Wir können vermuten, daß eine Preissenkung auch dann eintritt, wenn theoretisch eine Monopolstellung der dynamischen Produzenten die Niedrighaltung der Erzeugung und die Beibehaltung der Preise ermöglichte. Selbst in diesem Fall würden ja die dynamischen Produzenten fürchten müssen, daß die hohen Gewinnmargen andere Produzenten anlocken, die in den Markt einbrechen. Bei freier Konkurrenz würden die Preise bis zu einem Niveau sinken, das den Übergewinn vollkommen eliminieren würde. Tritt infolge freier Konkurrenz eine Preissenkung ein, so sind folgende zwei Grenzfälle zu unterscheiden:

26 Einige Wirkungen von Preissenkungen, die ja immer mit steigender Erzeugung verbunden sein werden, wurden schon oben erörtert. (S. 175 ff.)

Erstens könnten durch die arbeitsparende Erfindung zunächst nur die Kosten herabgesetzt werden, ohne daß die Erzeugung gesteigert würde. Dann könnte die Erzeugung nur durch Errichtung neuer Betriebe (in der neuen technischen Struktur der dynamischen Unternehmungen) erhöht werden. Zusätzliches Kapital wäre dazu erforderlich und würde die Wachstumsrate der statischen Industrien weiterhin verringern. Andererseits würden die Übergewinne herauskonkurriert werden. Da diese neuen Betriebe eine höhere organische Zusammensetzung als die statischen Betriebe haben, wäre die Nachfrage nach Arbeitern in ihnen kleiner als die zusätzliche sekundäre Arbeitslosigkeit, die als Folge des geringeren Wachstums der technisch statischen Wirtschaftszweige entstehen müßte. Die Situation wäre daher in diesem Fall besonders ungünstig.[27]
Zweitens: Wir können aber auch den entgegengesetzten Fall annehmen, daß nämlich die arbeitsparende technische Erfindung bei gleichzeitiger Verringerung der Arbeiterzahl die Produktmenge wesentlich erhöht. Dann wird die Herabsetzung des Preises sofort eintreten und auch der Übergewinn den Konsumenten sofort zugute kommen. In diesem Fall ist eine weitere Kompensation nicht zu erwarten, weil ja weder ein Übergewinn zur Investition zur Verfügung steht noch die Nachfrage nach Arbeitskräften steigt. Treibt der niedrigere Preis Grenzbetriebe in Bankrott, so werden andere Betriebe auf der Basis der neuen technischen Struktur entstehen; die Wirkungen einer solchen Verschiebung wurden eben erörtert.
Die Wirkung von Preissenkungen soll auf der Grundlage des zweiten Falles dargestellt werden.
Wir müssen den Fall für die Elastizitäten gleich 0, gleich 1, größer als 1 und kleiner als 1 untersuchen.

a) Elastizität der Nachfrage gleich 0

Ist die Elastizität gleich 0 oder annähernd gleich 0, wird sich auch bei großer Ermäßigung des Preises die Nachfrage nach dem Produkt nicht erhöhen. Es tritt dann einfach eine Übertragung der Kaufkraft von den freigesetzten Arbeitern auf die Konsumenten ein. Da hier die Kaufkraft über weite Gruppen zerstreut wird, kann man damit rechnen, daß sich die Nachfragerichtungen mit denen der freigesetzten Arbeiter ziemlich decken. Damit ist dann der Tauschkreis geschlossen, und eine Kompensation ist daher unter diesen Bedingungen nicht zu erwarten. Zur Preissenkung werden nur die 54 Millio-

27 Die Preissenkung würde allerdings in andern Industrien, für die das Produkt Kostengut ist, die Gewinne erhöhen. Soweit diese ebenso ausgegeben werden wie in der dynamischen Industrie, würde sich die Situation nicht ändern.

nen Übergewinne verwendet werden können. Freilich wird bei einer Elastizität gleich 0 die Preissenkung womöglich vermieden werden. Dann liegt der oben ausführlich erörterte Tatbestand, nämlich Erzielung eines Übergewinns, vor.

b) Elastizität der Nachfrage gleich 1

Wenn die Elastizität gleich 1 ist, dann wird jede Senkung des Preises um 10 v.H. eine entsprechende Steigerung der Nachfrage um 10 v.H. zur Folge haben. Wären alle Kosten nur Löhne, so könnten in einem solchen Fall die freigesetzten Arbeiter wieder Beschäftigung finden. Das ist mit dem oben erörterten Fall identisch, in dem wir angenommen hatten, daß eine Steigerung der Effizienz ohne Investitionen eintritt. Insofern als nun bei arbeitsparenden Erfindungen sehr erhebliche Beträge für Verzinsung und Amortisation der neuen Investitionen erforderlich sind, wird sich das Bild ändern. Denn wenn z.B. 20 v.H. der Arbeiter freigesetzt werden und wenn infolgedessen die Kosten nur um 8 v.H. sinken, wird bei einer Senkung des Preises um 8 v.H. auch die Erzeugung um 8 v.H. steigen, und damit blieben 8 v.H. der Arbeiterschaft – das sind 40 v.H. derjenigen Arbeiter, die vom technischen Fortschritt bei gleichbleibender Erzeugung freigesetzt worden waren – in Beschäftigung. Also sogar unter diesen günstigen Bedingungen würden zahlreiche Arbeiter freigesetzt werden. Nun könnte man sagen, diese teilweise Kompensation (die ja eher eine Verringerung der Anzahl der Freigesetzten ist) sei natürlich noch nicht das Ganze des Prozesses, werden doch die Unternehmer jetzt einen Teil der ersparten Lohnsumme zur Bezahlung zusätzlicher Mengen von Rohstoffen usw. aufwenden. Soweit die zur Erzeugung nötigen Rohstoffe usw. im Inland erzeugt werden, stecken in ihnen wieder Löhne und alle andern Kostenelemente. Derselbe Gedankengang wie oben kommt jetzt zur Anwendung, insofern bei Erzeugung dieser Rohstoffe usw. ein Teil der Kosten auf Löhne entfallen wird. Je nachdem nun, woher die Arbeiter kommen, wird sich der Tauschkreis verkürzen oder ebenso viele Glieder umfassen wie der Tauschkreis, in dem die Freigesetzten standen. Damit aber überhaupt mehr Rohstoffe erzeugt werden können, muß man annehmen, daß Produktionsreserven vorhanden sind. Soweit man hier oder andererseits diese Annahme macht, nähert man sich dem Fall der Ausweitung der Produktion, ohne daß Investitionen in Anspruch genommen werden müssen. In je höherem Grade sich die Situation diesem Fall annähert, um so mehr wird die Arbeiterzahl bei Verringerung der Arbeitskosten steigen können.
Eine völlige Aufsaugung der Arbeitslosen wird aber unter unseren Voraus-

setzungen aus zwei Gründen nicht möglich sein: 1. Wenigstens ein Teil der wiedereingestellten Arbeitskräfte sind solche, die ohne die Wiedereinstellung sekundär arbeitslos geworden wären. 2. Ein erheblicher Teil der Kosten entfällt auf Verzinsung und Amortisation von Kapital. In unserem obigen Beispiel können nur 54 Millionen des ersparten Lohnbetrages zur Verbilligung der Preise benutzt werden, da ja 84 Millionen auf Verzinsung und Abschreibung entfallen und daher in die Kostenrechnung eingehen. Daher kann unter unseren Voraussetzungen die Kompensation durch Preissenkung und Elastizität gleich 1 nicht weiter reichen als bei Erzielung eines Übergewinns und Investition desselben.

Die Wirkung von Preissenkungen an Stelle von Gewinnsteigerungen ist noch aus folgendem Grunde ungünstig für die Lage auf dem Arbeitsmarkt: Die Gewinnsteigerung würde steigende Investitionen und damit steigende Nachfrage nach Arbeitskräften zur Folge haben. Hingegen führen die Preissenkungen nur zu erweitertem Konsum, ohne daß von da aus ein Wachstum der Gesamtproduktion eingeleitet würde. Es kann daher auch nicht die langsame Steigerung der dauernden Nachfrage nach Arbeitskräften erwartet werden, die eintritt, wenn Jahr für Jahr die Übergewinne investiert werden. Die Freisetzung bliebe also, soweit nicht kompensiert, definitiv. Dem gegenüber steht dann nur die steigende Arbeiterzahl in der Erzeugung von Rohstoffen usw. (Hierzu siehe die obigen Schemata.) Diese Steigerung der Arbeiterzahl wird aber im Wesen nur einen Teil der sekundären Arbeitslosigkeit kompensieren.

c) Elastizität der Nachfrage größer als 1

Die bisher entwickelten Konsequenzen modifizieren sich, wenn die Elastizität größer als 1 ist. Jede Preissenkung wird dann eine Absatzsteigerung mit sich bringen, die über das Ausmaß der Preissenkung hinausgeht. Tritt z. B. eine Preissenkung von 10 v. H. ein, so wird der Absatz vielleicht um 15 oder 20 v. H. steigen. Wir nehmen z. B. an, daß sich die Kostenrechnung einer Industrie im Durchschnitt folgendermaßen gestalte:

		Neuinvestition: 40	
Kapital	200	240	
Verzinsung	10	12	
Abschreibungen	20	24	
Rohstoffe	30	30	
Löhne	40	30	
100 Einheitenkosten =	100	96	= Kosten von 100 Einheiten.

Das neu investierte Kapital wirft einen Extraprofit von 4 = 10 v. H. ab, während die Erzeugung gleichbleibt.

Bei freier Konkurrenz wird die Erzeugung so weit ausgedehnt werden, daß der Extraprofit verschwindet; es werden die Preise auf 0,96 sinken müssen; infolgedessen wird die Erzeugung steigen können, nehmen wir an, auf 108 Einheiten. Diese Vermehrung der Erzeugung gebietet aber größere Investitionen; die Gesamtrechnung stellt sich dann für 108 Einheiten auf:

Verzinsung	12,96
Amortisation	25,92
Rohstoffe	32,4
Löhne	32,4
	103,68

Ist die Elastizität der Nachfrage ungefähr gleich 2, so werden diese Kosten in dem Gesamterlös realisiert werden können. Der Übergewinn wird dann verschwunden und die Kostensenkung den Konsumenten zugute gekommen sein.

In diesem Fall werden also 24 v. H. der freigesetzten Arbeiter durch die Steigerung der Erzeugung wiederbeschäftigt werden; außerdem werden in der Rohstoff- usw. Produktion, wenn wir den hohen Lohnanteil von 50 v. H. annehmen, sofort noch 12 v. H. der freigesetzten Arbeiter beschäftigt werden können. Hingegen wird man unter unseren Voraussetzungen der Tatsache, daß mehr Kapital investiert werden muß, keine kompensierende Wirkung zusprechen können, weil ja dieses von anderen Verwendungen abgezogen werden muß.

Dieser Kompensation stehen aber andere Wirkungen einer solchen Produktionssteigerung entgegen:

Erstens vermindert sich dadurch nur die Arbeitslosigkeit in den dynamischen Betrieben dieser Industrie, während in den Betrieben mit unveränderten Erzeugungsmethoden die Produktion zurückgehen und Kapital entwertet werden wird.

Zweitens wird bei beschränkter Produktionskapazität in der Rohstoffererzeugung die Gesamtarbeiterzahl, die bei dieser Erzeugung beschäftigt ist, gar nicht wachsen können, bevor neue Investitionen in der Rohstofferzeugung gemacht wurden.

Drittens müssen jetzt die Konsumenten, die einen größeren Teil ihres Einkommens für das verbilligte Produkt ausgeben, ihren Verbrauch an anderen Produkten einschränken. Hier findet nun ein analoger Gedankengang Anwendung wie bei Erfindungen, wenngleich das Gesamtresultat nicht so günstig sein wird.

Die Wirkung von Erfindungen besteht ja darin, daß eine echte, neue Nachfrage geschaffen wird, und die Gesamterzeugung wie die Gesamtbeschäftigung können wachsen. In dem Fall arbeitsparenden technischen Fort-

schritts hingegen wird bei Steigerung der Erzeugung nur die primäre Arbeitslosigkeit der dynamischen Firmen verringert. Wenn die Konsumenten nun ihre anderen Käufe einschränken, um ihre Nachfrage nach dem verbilligten Gute auszudehnen, so wird keine zusätzliche Nachfrage entstehen, welche die Verringerung der Nachfrage nach andern Gütern, die im Preise unverändert blieben, kompensieren könnte. Das wird zu Arbeitslosigkeit in den statischen Industrien führen müssen. Es wird wiederum deutlich, daß die Veränderungen im Beschäftigungsgrad der dynamischen Firmen noch nicht die vollen Wirkungen der eingetretenen technischen Veränderungen zeigen. Das wird oft übersehen, da man ja meist annimmt, daß die Kompensation gelungen ist, wenn die Arbeiterzahl der dynamischen Firmen (oder der ganzen Industrie) nicht zurückgegangen ist. Doch nur wenn die Nachfrage nach den verbilligten Produkten so elastisch ist, daß eine größere Anzahl von Arbeitern beschäftigt wird als vor der Mechanisierung (einschließlich der Arbeiter in der Erzeugung der Rohmaterialien), wird nach Maßgabe dieser Mehrbeschäftigung, aber nur soweit die Arbeiterzahl über die vor der Mechanisierung Beschäftigten steigt, eine Vermehrung der Gesamtbeschäftigung stattfinden können.
Nun soll ja nicht geleugnet werden, daß diese Bewegung, also die Verringerung der Beschäftigung, da und dort überschattet und ausgeglichen werden kann durch das Wachstum der Produktion überhaupt. Keineswegs muß ja die Steigerung der organischen Zusammensetzung zur Arbeitslosigkeit führen, soweit sie eben ein entsprechendes Element des Wachstumsprozesses überhaupt ist, haben wir doch auch in unserem Schema der normalen Entwicklung eine solche Verschiebung der organischen Zusammensetzung gesehen. In der Tat ist es nur die Mächtigkeit der Verschiebungen, die entscheidet. Das heißt aber, daß wir von den quantitativen Ausmaßen der Veränderungen nicht absehen dürfen.

d) Elastizität der Nachfrage kleiner als 1

Elastizität kleiner als 1. Wenn die Nachfrage nach Produkten der dynamischen Industrie kleiner als 1 ist, so wird z. B. bei einer Preissenkung von 7,5 v. H. der Konsum nur um 4 oder 5 v. H. steigen. Infolgedessen wird die Kompensation unmittelbar in den dynamischen Betrieben nicht sonderlich groß sein. Trotzdem wird der Unterschied für die ganze Volkswirtschaft geringer sein, als man auf den ersten Blick annehmen würde. Denn die Konsumenten erübrigen ja jetzt einen Teil der Kaufkraft für andere Produkte. Es ist also zu erwarten, daß die Nachfrage nach andern Produkten steigt, deren Erzeugung daher zusätzliche Arbeiter wird aufnehmen können. Wenn der

Lohnanteil der gleiche ist, und wenn diese zusätzliche Nachfrage aus Reserven des Produktionsapparates ohne Investitionen bestritten werden kann, dann wird der Zuwachs an Arbeitskräften in diesen übrigen Zweigen als eine kompensierende Wirkung definiert werden können. Die Frage der Elastizität spielt also eine geringere Rolle, als man gemeinhin annimmt. (Bei all diesen Überlegungen ist angenommen, daß die Geldmenge nur in dem normalen Ausmaß entsprechend dem Schema des harmonischen Wachstums steigt und daß die Löhne gleichbleiben.)

In der Diskussion über die Wirkungen arbeitsparender technischer Fortschritte wurde vielfach der Gesichtspunkt betont, ob die arbeitsparenden Erfindungen Produkte verbilligen, die von Arbeitern oder von Beziehern großer Einkommen konsumiert werden. Johnson ebenso wie Pigou legten darauf großes Gewicht und glaubten, daß das Endresultat einer Erfindung für die Gesamtarbeiterschaft um so vorteilhafter sei, je mehr das mit geringeren Kosten erzeugte Produkt von den Arbeitern selbst verbraucht wird.[28] Ich glaube aber, daß diesem Gesichtspunkt zu großes Gewicht beigelegt wird. Es ist zwar richtig, daß eine arbeitsparende Erfindung, die mit Preissenkungen verbunden ist, bei sinkendem Ertrag für die Arbeit den Lohn der Arbeiter senkt, ohne ihnen eine Kompensation in vermehrten Konsummöglichkeiten zu geben, wenn die verbilligten Produkte von den Beziehern höherer Einkommen verbraucht werden. Aber, wie Marshall bemerkte, dessen Argument in diesem Punkt ich für sehr wesentlich halte: Abgesehen von der Tatsache, daß arbeitsparende Erfindungen, deren preissenkende Wirkung nur den begüterten Klassen zugute kommt, selten sind, führt die Verbilligung von Luxusgütern häufig zu steigender Nachfrage nach persönlichen Dienstleistungen oder Produkten, die viel Handarbeit enthalten; das steigert wiederum die Nachfrage nach Arbeit, und insbesondere verlangsamt es die Senkung der Grenzproduktivität der Arbeit.[29]

28 Siehe Alvin Johnson, »The Effect of Labour-Saving Devices upon Wages«, in: *Quarterly Journal of Economics,* Vol. XX, 1906, S. 92 u. passim; Pigou, *Economics of Welfare,* Pt.V, Ch. IV.

29 Marshall, *Principles,* VI. II § 9 (S. 542, 8. Aufl. 1930).

3. Kompensation durch Lohnsenkung

Können Lohnsenkungen die Kompensation erhöhen und zu einer Verringerung der Freisetzung führen?

a) Beweist die Arbeitslosigkeit, daß die Löhne zu hoch sind?

Von vielen Nationalökonomen wird versucht, die Arbeitslosigkeit, die sich als Folge technischer Fortschritte einstellt, darauf zurückzuführen, daß sich der Lohn nicht oder nicht rasch genug nach dem Niveau der Grenzproduktivität der Arbeit adjustiere. Sie sagen, daß die Tatsache einer etwaigen Arbeitslosigkeit die Überhöhung des Lohnes beweise. Weitere Arbeiter könnten nicht beschäftigt werden, weil eine größere Erzeugung bei der herrschenden Lohnhöhe nicht möglich sei.
Diese These impliziert, daß die Lohnhöhe über die Anzahl der Beschäftigten entscheidet und daß sich der tatsächlich bezahlte Lohn immer mit dem Grenzertrag deckt. Daher kann bei einer bestimmten Lohnhöhe die Beschäftigtenzahl nicht zunehmen, während eine Lohnsenkung das Hinabsteigen auf niedrigere Stufen des Grenzertrags gestatten würde.
Diese Argumentation beruht offenkundig auf der Voraussetzung des sinkenden Ertrags der Arbeit bei gleichbleibender Kapitalausstattung, und sie nimmt weiterhin stillschweigend an, daß die Störung auf dem Arbeitsmarkt nicht von einer anderen Seite ausgehe. Bei sinkendem Ertrag ist ja in der Tat eine jede Erhöhung des Beschäftigungsgrades an eine Lohnsenkung gebunden. Wir haben nun zu prüfen, wie sich der arbeitsparende technische Fortschritt und der Prozeß der Freisetzung von Arbeitskräften mit dem Gedanken des sinkenden Grenzertrages verknüpfen.

b) Warum die Grenzproduktivität der Arbeit bei technischem Fortschritt sinkt

Auf den ersten Blick erscheint es paradox, anzunehmen, daß infolge arbeitsparender technischer Fortschritte, die ja die Effizienz in natura nur in den dynamischen Betrieben erhöhen, in den andern Betrieben aber unberührt lassen, die Grenzproduktivität der Arbeit innerhalb der ganzen Volkswirtschaft sinken soll. Und doch ist das nur eine scheinbare Paradoxie, wenn man sich klarmacht, daß die Produktion in jedem ihrer Zweige unter dem Gesetz des sinkenden Ertrags steht. Ebenso ist es der Fall, wenn einzelne Wirtschaftszweige ein starres Arbeitsfassungsvermögen haben.
Wenn man die Volkswirtschaft als Ganzes betrachtet, so ist für die Bestim-

mung der Grenzproduktivität nicht der Ertrag in den einzelnen Betrieben bzw. Industrien, sondern der Grenzertrag der Arbeit in der gesamten Volkswirtschaft maßgebend. Durch jede Erhöhung in der organischen Zusammensetzung werden aber zunächst Arbeitskräfte freigesetzt. Je weniger sie infolge der Starrheit des Arbeitsfassungsvermögens Aussicht haben, in den dynamischen Betrieben oder anderwärts Aufnahme zu finden, um so mehr werden sie in die »Außenschläge« der Volkswirtschaft verwiesen, und insofern wird die Grenzproduktivität, betrachtet für die ganze Volkswirtschaft, sinken. Denn es wird schwer möglich sein, zumal wenn die Arbeitslosigkeit eine gewisse Grenze übersteigt, die Arbeitslosen in den Betrieben zu plazieren, und es wird sich daher ein Überschuß des Arbeitsangebots für Dienstleistungen ergeben. Die Nachfrage nach Dienstleistungen wird aber nur bei sinkenden Preisen steigen. Hier wird der Preis in der Tat dem Grenznutzen sehr nahe kommen, der ja auch für Dienstleistungen genauer festgestellt werden kann als für produktive Beiträge in der Warenerzeugung, da hierbei der produktive Apparat keine oder eine sehr geringe Rolle spielt, und da auch eine infinitesimale Stufung des Angebots und der Nachfrage direkt möglich ist. In einer Situation großer Arbeitslosigkeit verschiebt sich deshalb die Fragestellung auf das Problem des produktiven Beitrags für den Faktor Arbeit überhaupt und bezieht sich gar nicht mehr darauf, ob und wie sich der Grenzertrag der Arbeit gerade in den dynamischen Betrieben bzw. Industrien gewandelt hat.[30] Wir können also annehmen, daß die dynamischen Betriebe aus technischen Gründen gar nicht in der Lage sind, ihre Nachfrage nach Arbeit bis auf das Niveau des gesellschaftlichen Grenzertrages der Arbeit hinunter auszudehnen,[31] und werden gleichwohl von einer

30 Dieser Druck auf den Lohn würde durch eine sofortige Investition der Gewinne zwar nicht beseitigt, aber doch gemildert.

31 Die Grenznutzenlehre nimmt zwar an, daß in jedem Produktionszweig bzw. in jedem Betrieb die Nachfrage nach den einzelnen Produktionselementen bis zu deren volkswirtschaftlicher Grenzproduktivität vorgetrieben wird. Nur bei Monopolsituationen wird dies nicht der Fall sein. Ein solcher automatischer Ausgleich der Grenzerträge der einzelnen Produktionselemente in den verschiedenen Produktionszweigen und Betrieben wird aber nur unter folgenden Voraussetzungen erwartet werden können: beliebige Teilbarkeit der Produktionselemente, ungehemmte Möglichkeit zu jeder beliebigen Kombination der Produktionselemente, beliebige Teilbarkeit der Produkte und freie Konkurrenz. Sind diese Voraussetzungen nicht vorhanden, so kann der Grenzertrag der Arbeit in einzelnen Produktionszweigen höher und in andern niedriger sein, als es der volkswirtschaftliche Grenzertrag bei freier Konkurrenz wäre. Infolgedessen werden Exptraprofite anfallen, die auch recht lange erzielt werden können. Die Existenz solcher Extraprofite, die in den dynamischen Betrieben die Regel sein werden, weil sie mit niedrigeren Kosten produzieren, ändert nichts an dem hier erörterten Prinzip. Als Folge solcher Extraprofite werden aber die Löhne noch tiefer sinken, weil die Effizienz der Grenzarbeiter dadurch herabgedrückt wird, daß die Einstellung von Arbeitern in vielen Betrieben vor Erreichung der Grenzeffizienz abbricht.

Senkung des Grenzertrags und damit des wirtschaftlich »richtigen« Lohnes sprechen können.[32]

c) Niedrigere Löhne – höhere Profite. Die Auffassung Wicksells

Bevor der Lohn auf dieses Niveau gesunken ist, kann bei diesen Annahmen das Gleichgewicht auf dem Arbeitsmarkt noch nicht hergestellt sein. Es werden infolgedessen Arbeiter in Dienstleistungen oder in Betriebe abgedrängt, in denen die organische Zusammensetzung verschoben werden kann, und es wird sich dann mit genügendem Druck auf den Lohn die Nachfrage so weit heben, daß alle Arbeitslosen resorbiert werden können. Je tiefer der Lohn durch den Druck auf den Arbeitsmarkt sinkt, ein um so größerer Gewinn wird den Unternehmern der dynamischen Betriebe zugeschwemmt werden, und zwar über den Gewinn hinaus, den sie in unserm obigen Beispiel bei Annahme gleichbleibender Löhne erzielen würden.[33]

32 D. H. Robertson nimmt an (»Wage grumbles«, *Economic Fragments,* S. 51), daß bei Überwiegen der rationalisierten Industrie mit hoher organischer Zusammensetzung ein Teil der Arbeiter bei relativ hohen Löhnen Beschäftigung finden kann, während die Arbeitslosen überhaupt nicht eingestellt werden könnten, selbst wenn die Löhne sehr tief sinken würden.

33 Mit dem Problem der sinkenden Grenzproduktivität der Arbeit als Folge technischer Fortschritte hat sich auch Wicksell beschäftigt (*Vorlesungen über Nationalökonomie,* I. Bd., S. 199 ff.). In dem Gedankengang der Grenznutzenlehre ist es vollkommen richtig, daß die Freisetzung von Arbeitern – selbst wenn keine neuen Investitionen zur Einführung der arbeitsparenden Methode erforderlich sind – die Grenzproduktivität der Arbeit herabsetzen muß. Ebenso ist es richtig, daß das volkswirtschaftliche Gesamtprodukt trotz der Herabsetzung der Grenzproduktivität und trotz der daraus folgenden Senkung der Gesamtlohnsumme (auch im Reallohn) steigen muß, weil ja das Gesamtprodukt sich doch erhöht. Aber das von Wicksell angenommene Gleichgewicht zwischen dynamischen und statischen Betrieben wird sich nicht einstellen, wenn man nur das Beispiel, das er gibt, durch ein wirklichkeitsnäheres ersetzt. Erstens nimmt W. an, daß der arbeitsparende technische Fortschritt ohne jede Investition erfolgt: zweitens ergibt sich die Erhöhung der Nettogewinne bei einer sehr starken Senkung des Bruttoprodukts. (Dies im Anschluß an Ricardo.) Drittens entsteht ein Übergewinn nur dadurch, daß die Lohnkosten viel schneller sinken als das Bruttoprodukt, was einen Übergewinn gegenüber der bisherigen Produktionsmethode ergibt. Viertens ist der Übergewinn sehr klein (Gewinn von 52000 gegenüber 50000 vorher und in den statischen Betrieben). Der Ausgleich zwischen den Gewinnen der dynamischen und statischen Betriebe ergibt sich nun auf folgende Weise: Durch die Lohnsenkung wird – bei gleichbleibenden Preisen, die im Beispiel Wicksells durchweg angenommen sind – an den früher und jetzt weiterbeschäftigten Arbeitern, deren Beitrag zur Gesamtproduktion ja unverändert bleibt, ein zusätzlicher Gewinn erzielt; da die Zahl der Arbeiter im dynamischen Betrieb auf die Hälfte gesunken war und da der Übergewinn in den dynamischen Betrieben nur von 50000 auf 52000 gestiegen war, so erzielen die statischen Betriebe bald denselben Gewinn wie die dynamischen. Wenn wir aber z. B. annehmen, daß der Übergewinn als Folge technischer Fortschritte nur nach Investitionen erzielbar wäre, die die Kapitalversorgung der statischen Betriebe herabsetzen, so würde das zu einer schärferen Senkung der Grenzproduktivität führen. Wenn außerdem der Übergewinn in den dynamischen Betrieben nicht 2000, sondern 10000 wäre, d. h. das Bruttoprodukt 85 500, so würde die Herabsetzung der Löhne von 500 auf 450 noch einen Übergewinn in den dynamischen Betrieben lassen. Der Gesamtgewinn wäre: (85 500 + 2400) – 24 750 = 87 900 – 24 750 = 63 150, gegenüber dem Gewinn der statischen Betriebe von 55 150; oder der Übergewinn würde immer noch

Eine solche Eingliederung von Arbeitslosen in den Prozeß ist von dem stets vorgestellten Vorgang der Kompensation ziemlich weit entfernt. Sie beruht auf den ausgleichenden Kräften der Volkswirtschaft überhaupt. Auch sei darauf hingewiesen, daß diese Wiederherstellung des Gleichgewichts die Volkswirtschaft in eine paradoxe Situation bringt. Es stiege zwar einerseits die Produktion per Arbeiter, während aber andererseits die Grenzproduktivität sinkt. Da dieser sinkende Ertrag im Sinne der Theorie als Senkung des physischen Ertrags zu verstehen ist (abgesehen von den »services«, deren Wert infolge der Mengensteigerung zurückgeht), würde also die Steigerung des Produktionsgewinnes in den dynamischen Industrien von der Abdrängung von Arbeitskräften in technisch weniger ergiebige Verwendungen begleitet sein. (Würde nämlich der physische Ertrag nicht sinken, so hätten wir unter der Annahme einer harmonischen Verteilung der Produktionsfaktoren höchstens mit einer Senkung der Geld-, aber nicht der Reallöhne

8000 anstatt 10000 betragen. Jetzt würden also die statischen Betriebe doch versuchen, die neue Methode anzuwenden, und die Lohnsenkung würde viel tiefer gehen, vielleicht so tief, daß das Existenzminimum unterschritten würde. Das sieht auch Wicksell als eine Möglichkeit voraus, wenn er sagt (S. 203), daß die Löhne nicht nur unter das Lebensminimum herabgedrückt werden, sondern auch unter ihm stehenbleiben können, wie etwa im 18. oder 19. Jahrhundert in England, wo der Lohn durch den Friedensrichter bestimmt wurde und wo die Ergänzung aufs Existenzminimum aus allgemeinen Steuermitteln erfolgte, wenn die behördliche Regelung den Lohn unter dem Existenzminimum fixierte. (Wicksell nimmt offenbar an, daß der wirtschaftlich »richtige« Lohn damals unter dem Existenzminimum stand; wahrscheinlicher aber ist es, daß in vielen Fällen der Friedensrichter durch seine Lohnfestsetzung eine Differentialrente für die Arbeitgeber seines Bezirks schuf, deren Betrag aus allgemeinen Steuermitteln aufgebracht werden mußte.) Wicksell sagt weiter, daß eine solche Regelung auch für die Steuerzahler selbst vorteilhaft sei, wenn man annehme, daß die Arbeitslosen doch erhalten werden müßten; sicher ist es richtig, daß derart die Arbeitslosen wenigstens noch etwas zum Sozialprodukt hinzufügen, während sie sonst ganz erhalten werden müssen. Andererseits freilich muß dann auch für die Gesamtsumme der bisher Beschäftigten die Differenz aufgebracht werden. Wenn die Preise gleichbleiben, könnte den Unternehmern sofort eine Steuer auferlegt werden, die dem Betrag der Lohnsenkung für die auch schon bisher beschäftigten Arbeiter gleichkäme; aber es ist fraglich, ob das – politisch – so einfach wäre, und wenn die Differenz aus allgemeinen Steuergeldern genommen wird, so ist die These, daß diese Belastung früher oder später auf den Profit fallen würde, nur ein magerer Trost für diejenigen Gruppen, die die Steuern zusätzlich aufzubringen haben.
Die Rechnung Wicksells ist unter seinen Voraussetzungen richtig; aber sie ändert sich entscheidend, wenn das Beispiel, von dem er ausgeht, realistischer formuliert wird: nimmt man nämlich an, daß der technische Fortschritt eine Kapitalinvestition erfordert und daß die Gewinnspanne größer ist, so werden Lohnsenkungen zur Herstellung des Gleichgewichts erforderlich sein, die ganz tief unter das Existenzminimum hinunterführen. So gibt die Analyse Wicksells gerade einen Fingerzeig dafür, wie schwierig, ja unlösbar bei raschem technischen Fortschritt die freie Auswirkung des Prinzips der Grenzproduktivität wird. Jedenfalls kann die Analyse Wicksells nicht als Argument dafür gebraucht werden, daß bei technischem Fortschritt die Lohnsenkung ein zweckmäßiges, mögliches, rasch zu einem stabilen Gleichgewicht führendes Mittel sei.
Dabei sei an dieser Stelle gar nicht diskutiert, ob die Voraussetzung Wicksells, nämlich sinkender physischer Ertrag, in dieser Schärfe überhaupt in der Wirklichkeit zutrifft.

zu rechnen.) Das bedeutet nun, ganz im Einklang mit unserem Gedankengang, daß im Zuge eines schnell durchgreifenden technischen Fortschrittes die Inanspruchnahme der verfügbaren Ersparnisse für arbeitsparende Methoden die Effizienz an der Grenze der Volkswirtschaft stark herabsetzt. Das Gesamtprodukt der Volkswirtschaft würde trotzdem erhöht werden, nämlich 1. durch die Steigerung der Produktion in den dynamischen Betrieben, 2. durch die zusätzliche Erzeugung der freigesetzten Arbeiter.

d) Gesamtlöhne niedriger als vor der Freisetzung der Arbeiter

In welchem Umfang eine Lohnsenkung erforderlich sein wird, um die Arbeitslosen aufzusaugen, kann aus keinem Schema für einzelne Industrien abgeleitet werden. Man wird aber annehmen müssen, daß bei freier Auswirkung des Grenzproduktivitätsgedankens die Gesamtlohnsumme sinken wird. Besteht doch die Wirkung des arbeitsparenden technischen Fortschritts in einer Verschiebung der Nachfragekurve nach Arbeit nach links. Dieselbe Arbeitermenge wie bisher *kann* dann aber nur zu einer geringeren Gesamtlohnsumme Beschäftigung finden. Oder: Nach der Freisetzung durch technischen Fortschritt handelt es sich ja nicht um die Beschäftigung einer größeren, sondern *derselben* Arbeiteranzahl wie bisher zu niedrigeren Löhnen. Die Gesamtlohnsumme muß also sinken: Die Nachfragekurve (s. unten) nach Arbeit insgesamt war vor Einführung des technischen Fortschritts: A B; die auf dem Markt vorhandene Arbeiterzahl O L erzielte den Lohn (= der Grenzproduktivität) N L. – Jeder arbeitsparende technische Fortschritt verschiebt die Nachfragekurve nach Arbeit in der Richtung ge-

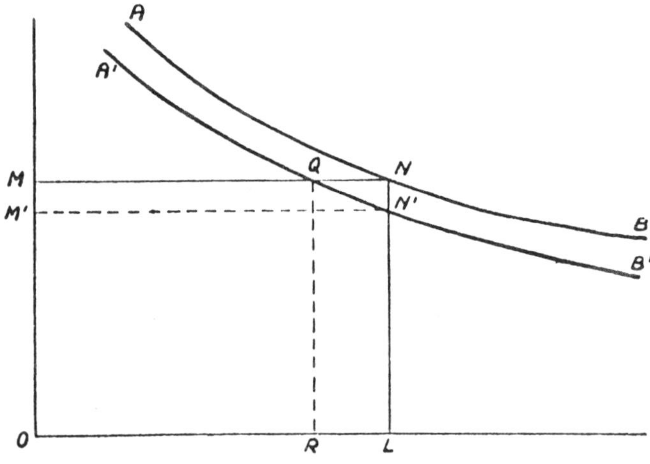

gen O hin, z. B.: A'B'. Jetzt können zu dem alten Lohn: N L nur: O R Arbeiter beschäftigt werden; die Vollbeschäftigung ist nur bei Sinken des Lohnes auf N'L möglich. Offenbar muß jetzt die Gesamtlohnsumme immer kleiner sein als vorher, d. h., die Elastizität der Nachfrage nach Arbeit wird, da die Grenzproduktivität von einer zur andern Phase *gesunken* ist, ohne daß sich die Arbeiterzahl vermehrt hätte, innerhalb des Prozesses des arbeitsparenden technischen Fortschritts geringer als 1 sein. Das steht keineswegs im Widerspruch zu der allgemeinen Annahme, daß die Elastizität der Nachfrage nach Arbeit größer als 1 ist. Es ist durchaus möglich, daß eine Lohnsenkung die Lohnsumme der gesamten Arbeiterschaft – wenn man die durch Freisetzung geminderte Beschäftigung als Grundlage nimmt – vergrößern wird, aber sie wird nicht bis auf die Lohnsumme hinaufsteigen können, die vor der Freisetzung erzielt wurde, weil das gleichbedeutend damit wäre, daß eine Lohnsenkung nicht eintreten muß, um Vollbeschäftigung zu erzielen. Während also in dem hier betrachteten Fall des technischen Fortschritts die Lohnsumme bei gleichbleibender Arbeiterzahl sinken würde, könnte sie bei Gleichbleiben der technischen Bedingungen und wachsender Arbeiterzahl steigen, wenn die Zunahme der Grenzproduktivität der Arbeit langsamer ist als die Vermehrung der Anzahl der Beschäftigten.

Wenn einer Senkung der Löhne um etwa ein Drittel eine Verdreifachung der Arbeiteranzahl folgt, so wird bei Lohnsenkung um 40 v. H. die Gesamtlohnsumme von 100 auf etwa 180 steigen. Ein solcher günstiger Fall liegt dann vor, wenn die Kurve der Grenzproduktivität der Arbeit sehr flach verläuft. Dann ist die Elastizität der Nachfrage nach Arbeit größer als 1. Es ist wichtig, diesen Fall gleichbleibender Technik bei wachsender Arbeiteranzahl streng von dem des technischen Fortschrittes bei gleichbleibender Arbeiterzahl zu unterscheiden. Im ersteren kann die Reallohnsumme steigen, im letzteren muß sie – durch die Auswirkung des Gesetzes des Grenzertrags bei sinkendem Ertrag – sinken.

e) Lohnsenkungen bei sinkendem Ertrag

Wir kehren nunmehr zur Diskussion der Lohnsenkung bei sinkendem Ertrag zurück:

Welche weiteren Wirkungen die Lohnsenkung haben wird, läßt sich selbst bei freier Konkurrenz nicht eindeutig voraussagen. Wir wissen zunächst nur so viel, daß das Sozialprodukt wächst. Wenn die Geldmenge entsprechend wachsen würde, so würden die Preise gleichbleiben. Dann würden, entsprechend den sinkenden Löhnen, die Gewinne steigen. Nur wenn die

Gewinne sofort zu Investitionen führen, kommt es zu keiner Lahmlegung von Kaufkraft. Werden aber die zusätzlichen Gewinne nicht oder erst später investiert, so tritt eine Stockung ein, die weiter um sich greifen kann. Werden die zusätzlich erzielten Gewinne sofort investiert, so werden weitere Störungen vermieden werden. Es wird aber von dieser Investition der Gewinne keine neue, zusätzliche Nachfrage nach Arbeitern ausgelöst werden können. Denn die Gesamtlohnsumme müßte ja, aufgrund sinkender Löhne, zusammenschrumpfen. Infolgedessen müßte auch die Nachfrage der Arbeiter *insgesamt* sinken und demgemäß die Nachfrage nach Konsumgütern. Die so freigesetzten Arbeiter würden dann in der Erzeugung von Investitionsgütern Aufnahme finden. Die Investierung der Gewinne ist also die Voraussetzung dafür, daß es bei der Senkung der Löhne, entsprechend der sinkenden Grenzproduktivität, sein Bewenden hat. Nach Durchführung der Investitionen werden wohl die Löhne wieder steigen, aber nicht bis zum früheren Niveau. Verzögern sich die Investitionen, so wird wieder Arbeitslosigkeit einsetzen, die zu weiterer Lohnsenkung führen muß. Das bedeutet die Einleitung eines fehlerhaften Kreislaufs mit weiterer Arbeitslosigkeit.

f) Lohnsenkungen verbunden mit Preissenkungen

Bisher haben wir in diesem Abschnitt die Wirkung von Lohnsenkungen unter der Annahme betrachtet, daß die Preise gleichbleiben. Wenn aber die Geldmenge nicht in dem Maße wächst, als notwendig ist, um die Preise auf demselben Niveau zu belassen, dann werden Komplikationen eintreten, deren Analyse Schwierigkeiten bereitet.
In dem von uns betrachteten Prozeß stieg die gesamte Produktionsmenge und infolgedessen bei gleichbleibenden Preisen auch die Einkommenssumme.[34] Diese Steigerung der Einkommenssumme steht nur dann zu erwarten,

34 In unsern Beispielen, in denen die Bruttoproduktion der dynamischen Betriebe nie zurückging, muß die Gesamterzeugung in einem schnelleren Tempo steigen als in Wicksells Beispiel, in dem die Bruttoerzeugung im dynamischen Betrieb (nach Ricardos Beispiel) zurückgegangen und nur erst wieder durch die Einstellung der freigesetzten Arbeiter überkompensiert worden war. Mehr noch: Nur bei unserer Annahme ist das Steigen des Gesamtbruttoertrags gesichert, weil ja im Beispiel Wicksells z. B. der Bruttoertrag in der gesamten Volkswirtschaft sinken würde, wenn der Grenzertrag rascher abnehmen würde als in seinem Schema; würden von den zusätzlich beschäftigten Arbeitern der erste 500, der zweite 470, der dritte 440, der vierte 410, der fünfte 380 erzeugen, so würde das Bruttoprodukt der statischen Betriebe nicht um je 2400, sondern nur um je 2200 steigen; der Bruttoertrag der 9 statischen Betriebe stiege von je 100000 auf 102000 = 919800. Das Bruttoprodukt der dynamischen Betriebe stiege auf 79700. Die Gesamterzeugung betrüge jetzt: 999500 oder 500 *weniger* als vor der Einführung der arbeitsparenden Methode im dynamischen Betrieb.

wenn eine Kreditausdehnung erfolgt. Schließen wir diese aber aus, so haben wir nun eine größere Produktenmenge, der eine gleichbleibende Einkommenssumme gegenübersteht. Es müssen also die Einkommen der Arbeiter wie der Unternehmer auf denselben Gesamtbetrag zusammengepreßt werden.

Der erste Schritt war, wie erinnerlich, eine Veränderung der Produktionstechnik, bei der das Gesamteinkommen in der dynamischen Industrie normal gewachsen war, wobei sich aber ein großer Teil der ehemaligen Lohnsumme in zusätzliche Gewinne und Abschreibungen verwandelt hatte. Das Gesamteinkommen der Volkswirtschaft war geschrumpft (bzw. nicht so schnell gewachsen wie das in der »normalen« Entwicklung), weil das Wachstum der Gesamterzeugung durch die Verlangsamung des Kapitalzuwachses in den statischen Industrien und Betrieben aufgehalten worden war.

Wenn nun die freigesetzten, auch durch die Investition der Gewinne usw. noch nicht aufgesogenen Arbeitskräfte jetzt plaziert werden sollen, und wenn dies, trotz voller Ausnutzung der Kapazitäten (die wir ja in unseren Beispielen angenommen hatten), möglich ist, und zwar mit sinkendem Ertrag,so wird für diese zusätzlich Beschäftigten keine Kaufkraft zur Verfügung stehen. Selbst wenn da und dort Reste von freigesetztem Betriebskapital vorhanden sein sollten (das ist nach den obigen Ausführungen höchstens in den statischen, nicht in den dynamischen Betrieben der Fall), so würden diese doch nicht gerade dort zur Verfügung stehen, wo Arbeiter noch zusätzlich eingestellt werden können; es müßte also dann doch Kredit in Anspruch genommen werden können.[35]

Vermehrt sich also die Geldmenge nicht entsprechend dem steigenden Sozialprodukt und entsprechend der jetzt wieder steigenden Anzahl von Arbeitern, so müssen sich die Löhne in die zur Verfügung stehende Geldmenge »einpassen«, so wie denn entsprechend die Preise sinken werden. Die Löhne werden jetzt aus zwei Gründen sinken müssen: erstens wegen sinkender Grenzproduktivität, zweitens wegen gleichbleibender Geldmenge. Soweit sie aber wegen der gleichbleibenden Geldmenge sinken, werden auch die Preise zurückgehen, und der Reallohn muß also – von ungleichmäßiger Preissenkung abgesehen – nicht stärker schrumpfen als bei steigender Geldmenge.

35 Obgleich das Gesamteinkommen der Gemeinschaft schrumpfte (siehe vorstehend S. 202) und obgleich die Umlaufgeschwindigkeit sich entsprechend verringerte, entstanden keine Geldrücklagen zur Beschäftigung weiterer Arbeitnehmer. Dieser langsamere Umlauf des Einkommensgeldes führte nirgends zur Auffüllung flüssiger Rücklagen; er hatte lediglich ein längeres Zurückhalten der Gelder in den Kassen zur Folge.

Den Prozeß können wir auch folgendermaßen schematisieren: Zunächst wird die Anzahl der beschäftigten Arbeiter bei gleichbleibenden Preisen sinken. Ein Teil des Lohnes in der dynamischen Industrie wird (von den weiteren Nuancen des Falls abgesehen) in Gewinn und Abschreibungen dieser dynamischen Betriebe verwandelt. Nun steigt wieder die Beschäftigung, aber bei sinkendem Lohn. Infolge der vermehrten Beschäftigung steigt auch die Erzeugung, aber (da der Grenzertrag sinkt) nicht in dem Verhältnis der Vermehrung der Arbeitenden, sondern langsamer. Da die Erzeugung jetzt gestiegen ist, sinken die Preise; die Löhne sinken schneller als die Preise, da ja der Reallohn sinkt. (Er wird nicht tiefer sinken als bei steigender Geldmenge, wenn der Druck auf die Preise allgemein ist und kein »lag« eintritt.) Aufgrund der sinkenden Reallöhne steigen jetzt die Gewinne und können investiert werden.[36] Das wird aber keine Steigerung der Nachfrage nach Arbeitskräften bedeuten, weil ja die Senkung der Reallohnsumme Arbeitskräfte, die bisher Konsumgüter für Arbeiter erzeugt hatten, freisetzt. Auch bei gleichbleibender Geldmenge wird daher der ganze Prozeß ungefähr so verlaufen wie bei entsprechend steigender Geldmenge.
In dieser ganzen Analyse war nur von Arbeitern und Unternehmern die Rede, und die »anderen Konsumenten« wie Bauern, Rentner, Beamte usw. blieben außerhalb der Betrachtung. Die Einbeziehung dieser Schichten in das Bild würde freilich nichts ändern. Denn wenn die Preise gleichbleiben, ändert sich ja ihre Kaufkraft nicht; wenn die Preise – bei gleichbleibender Geldmenge – sinken, so müssen wir auch eine entsprechende Senkung dieser Einkommen annehmen. Es bleibt also dabei, daß die Lohnsenkung nur zu einer Erhöhung der Realgewinne (in Gütern ausgedrückt) führt. Und da die Gewinne überall in der gleichen Weise ansteigen, wird auch die Konkurrenz der Unternehmer untereinander nicht zu Preissenkungen führen. Diese können nur die *Folge* der Investition der höheren Gewinne sein.
Dieser Fall ist verschieden von der erzwungenen Lohnsenkung (bei gleichbleibender Arbeiteranzahl) in einem einzelnen Wirtschaftszweig, bei der infolge steigender Gewinne und eines Zustroms von Kapital und Unternehmern in diesem Wirtschaftszweig die Preise sinken können. Dann wird ein Teil oder das Ganze der Lohnersparnis auf die »anderen« Konsumenten

36 Früher hatten wir bei Preissenkungen angenommen, daß sich die Gewinne nicht erhöhen, weil sie eben den Konsumenten zuwachsen (z. B. S. 189). In der Tat bedeutet unter den dort gemachten Annahmen (gleichbleibender Löhne) die Preissenkung eine Herabsetzung der Profite im Zuge eines Prozesses, der unter dem Druck freier Konkurrenz steht; in dem hier beschriebenen Vorgang jedoch verschiebt sich das Gesamtverhältnis zwischen Lohn- und Kapitalanteil, und demgemäß erhöht sich die Profitmenge, und zwar in der ganzen Volkswirtschaft.

übertragen werden, und es wird dann in der Tat Arbeitereinkommen auf diese andern Konsumentenschichten übergehen.[37]
Selbst wenn man annehmen könnte, daß die meisten Betriebe unter dem Gesetz sinkenden Ertrages stehen und daß bei vollkommen freier Konkurrenz auf dem Arbeitsmarkt die Löhne entsprechend sinken, so müssen sich doch der Auswirkung dieser generell kompensierenden Vorgänge Schwierigkeiten in den Weg stellen; denn selbst wenn der Lohn nur sehr wenig sinkt, wird doch auch in diesem günstigen Fall die Gesamtlohnsumme sinken. Trotz der Preissenkungen wird dann der Anteil der Arbeiterschaft am Sozialprodukt bei gleichzeitiger Steigerung der Gesamtproduktion ebensowohl wie ihr Reallohn im ganzen genommen zurückgehen, eine paradoxe Wirkung des technischen Fortschritts, die allerdings nur eine gewisse Zeit andauern wird; alles wird darauf ankommen, ob die umgeschalteten Einkommensteile rasch zur Investition gelangen. Freilich können inzwischen neue technische Erfindungen dieses günstige Resultat hinausschieben und im Verein mit der Vernichtung von Kapitalwerten und Beschäftigungsmöglichkeiten die Ausnutzung der technischen Verbesserungen für eine sehr lange Periode hindern. Im allgemeinen kann man wohl sagen, daß durch das ganze 19. Jahrhundert hindurch Lohnsenkungen dieser Art zu einem besonders schnellen Wachstum der Industrie führten bzw. geführt hätten. Heute ist dies aus den mehrfach erwähnten Gründen so prompt nicht zu erwarten. – Ist die Arbeitslosigkeit, die derart beseitigt werden soll, quantitativ erheblich, so würde der Lohn auf ein sehr tiefes Niveau sinken müssen; je tiefer die Lohnsenkung reicht, um so weniger wäre zu erwarten, daß die zusätzlichen Investitionen rasch erfolgen. So bietet die Lohnsenkung nur beschränkte Möglichkeiten des Erfolges.

g) Lohnsenkung bei steigendem Ertrag

Die bisher gemachte Annahme des sinkenden Ertrags ruht auf der Voraussetzung, daß keine Reserven in der Produktion vorhanden sind. Sind solche Reserven vorhanden, so werden die physischen Erträge bei Steigerung der Arbeiterzahl nicht zurückgehen, sondern mindestens gleichbleiben.[38] Freilich kann auch aus der Annahme gleichbleibender oder steigender Erträge

37 Siehe meine *Theorie des Lohnabbaus.*

38 Indem hier der Fall gleichbleibenden oder steigenden Ertrags noch kurz gestreift wird, wird der Tatbestand verlassen, der hier zur Erörterung steht. Ist doch für diesen die Ausnutzung der Kapazitäten wesentlich. Diese Einschaltung ist aber insofern zu rechtfertigen, als jeweils noch gewisse Kapazitätsspielräume vorhanden sind, und es also wichtig ist zu zeigen, daß auch dann die Resorption Schwierigkeiten macht.

nicht sofort der Schluß gezogen werden, daß in der Wirklichkeit ohne weiteres zusätzliche Arbeitskräfte bei gleichbleibenden Löhnen beschäftigt werden können.

Wenn der Ertrag also bei Beschäftigung zusätzlicher Arbeiter gleichbleibt oder gar steigt, so müßte es grundsätzlich möglich sein, alle freigesetzten Arbeiter sofort wiedereinzustellen, und zwar bei mindestens gleichbleibenden Löhnen. In diesem Fall wird eine dynamische Wirtschaft auch keine Schwierigkeiten bei der Beschaffung von zusätzlichem Betriebskapital haben. Sobald die Kapitalien aber voll ausgenutzt sind, würde eine weitere Beschäftigung überhaupt nicht mehr möglich sein. Um die freigesetzten Arbeiter zu beschäftigen, müßten jetzt neue Produktionseinheiten ins Leben gerufen werden. Damit entstünde wieder das Problem der hierfür nötigen Kapitalbeschaffung. Sollte es hier (durch Abzug von anderen Verwendungen) gelöst werden, so würden die neu geschaffenen Produktionseinheiten zunächst mit weitaus höheren, freilich sinkenden, aber so lange höheren Kosten arbeiten, als die neue Kapazität noch nicht voll ausgenutzt wäre.

Solange noch Produktionsreserven vorhanden sind und die Produktion mit den gegebenen Produktionsmitteln erhöht werden kann, können wir den Tatbestand gleichbleibenden oder steigenden Ertrags in verschiedener Weise betrachten:

1. Wir können als normale Erzeugung eine Ausnutzung der theoretischen Kapazität von 75–80 v. H. annehmen. Dann würde nach Erreichung derselben die Kostenkurve auf das Niveau der »prime costs« heruntersinken und von da an bis zur völligen Kapazitätsausnutzung auf demselben Niveau verharren. Ist dies erreicht, so müssen neue Betriebseinheiten aufgebaut werden, deren Kostenkurve dann wieder ebenso verlaufen wird.

2. Wenn die Generalunkosten über die ganze Kapazität verrechnet werden, dann verläuft die Kurve asymptotisch bis zu einem gewissen Punkt und bricht dann ab.

3. Wenn die größere Produktion eine gesteigerte bessere Arbeitsteilung ermöglicht, dann wird die Kurve der Kosten eine stärkere Senkung zeigen.[39]

Die erste und zweite Kostenkurve sind nur verschiedene Methoden der Berechnung. Ist doch der Tatbestand von 1 und 2 der gleiche. Da also in Wirklichkeit der Ertrag jeder Arbeitseinheit größer ist als der vorangegangene, so kann der Gedanke des Grenzertrages für die Lohnbemessung nicht ange-

39 In all diesen Fällen wird angenommen, daß auch die Grenzkosten *(prime costs)* noch weiter sinken. Wenn sie steigen (weil z. B. weniger leistungsfähige Maschinen benutzt werden), so haben wir schon den Fall steigender Kosten, wenngleich die Durchschnittskosten noch immer sinken können.

wendet werden. Übrigens zeigt sich das bei Anwendung jeder der oben entwickelten Rechnungsmethoden. Es müßten also bei dem hier angenommenen Ertragsgesetz alle freigesetzten Arbeiter sofort glatt, bei gleichbleibendem Lohn Aufnahme finden.

In der Wirklichkeit wird es jedoch auch dann, wenn die Kosten zusätzlicher Einheiten sinken, nicht immer zu einer Ausdehnung der Produktion kommen; es wird nämlich die Senkung der Preise einer solchen Steigerung der Erzeugung Einhalt gebieten. Das ist nun keineswegs ein Beweis dafür, daß diese Produktionen ebenfalls unter dem Gesetz des sinkenden Ertrags stehen, vielmehr ergibt sich diese Senkung des Geldertrages relativ gesehen gegen andere Produktionszweige dann, wenn die Produktionssteigerung nicht proportional in allen Wirtschaftszweigen erfolgt. Diese Störung im Ertrag einzelner Wirtschaftszweige wird die Tendenz haben, allgemein zu werden.[40] Dann aber ist die Lage auf dem Arbeitsmarkt von der Situation eines im allgemeinen sinkenden Ertrages nicht so sehr verschieden. Obwohl nämlich dann gesteigerte Produktionsmengen zu niedrigeren Kosten als bisher auf den Markt gebracht werden könnten, müßten die Preise in den zu schnell ausgedehnten Wirtschaftszweigen rascher sinken als die Kosten, und daher ist eine Lohnsenkung zu erwarten, wenn der Lohn die einzige Ausweichstelle ist.

Der Prozeß der Entwicklung wird sich also bei steigendem Ertrag im günstigsten Fall etwa folgendermaßen gestalten: Bei gleichmäßiger Steigerung der Produktion, die aufgrund der Freisetzung von Arbeitskräften dann möglich würde, wenn die Ausdehnung der Erzeugung keine weiteren Investitionen erfordert, brauchte keine Störung einzutreten. Sobald aber die Kapazitätsgrenzen tatsächlich erreicht sind, würde die Nachfrage nach Arbeitskräften abbrechen müssen. An diesem Punkte würde eine weitere Sen-

40 Es sei aber darauf hingewiesen, daß unter den hier erörterten Voraussetzungen eines bis dahin harmonischen Wachstums der Gesamterzeugung und vorhandener Kapazitätsspielräume etwa freigesetzte Arbeiter in der Tat bei gleichbleibenden Löhnen leicht Aufnahme finden könnten (entsprechend steigende Geldmengen vorausgesetzt). Doch besteht keine Gewähr dafür, daß die Produktionserweiterung proportional erfolgt, und dann sind Zirkulationsstörungen unvermeidlich. In der Wirklichkeit wird aber im Zuge eines Entwicklungsprozesses diese Ausdehnung der Erzeugung stets nur mit zusätzlichem Kredit erfolgen, der an sich eine ungleichmäßige Preisbewegung und damit schon ein ungleich rasches Wachstum der einzelnen Erzeugungszweige zur Folge haben wird. Wenn dann die Bewegung früher oder später zum Stillstand kommt, so wird trotz der dann unzweifelhaft vorhandenen Kapazitätsreserven doch die Beschäftigung der Arbeitslosen nicht möglich sein, weil aus der dann gegebenen Gesamtsituation die Ausdehnung der Erzeugung an keiner einzigen Stelle vorteilhaft sein wird. Selbst Lohnsenkungen, die über das Maß dessen weit hinausgehen, was bei sinkendem Ertrag nötig ist, würden die festgefahrene Produktion nicht sofort flottmachen können. Die Tatsache der Arbeitslosigkeit unter diesen Umständen ist also sicherlich kein Beweis dafür, daß die Grenzproduktivität im Lohn überschritten wird.

kung der Löhne nicht mehr zu einer erhöhten Nachfrage nach Arbeit führen können, da ja voraussetzungsgemäß die für neue Arbeitskräfte notwendigen komplementären Kapitalelemente nicht vorhanden wären. Es würde also eine Überleitung der Arbeitslosen in das Gebiet der Dienstleistungen mit wahrscheinlich sehr starken Senkungen des Lohnes in diesem Zweige eintreten müssen. Soweit diese Lohnsenkung sich auf die Produktion übertragen würde, müßte die Bildung zusätzlicher Gewinne eine neue Entwicklungswelle einleiten. (Ob diese Steigerung der Akkumulation wirklich eintritt, ist aber ungewiß. Würden die Investitionen bei einer Senkung der Löhne nicht entsprechend steigen, so würde der falsche Zirkel eingeleitet, von dem schon oben die Rede war.)

h) Einige Bemerkungen über die Nachfrage nach Arbeit

Im Anschluß an diese Erörterung sei noch eine Anmerkung darüber gemacht, wie der Begriff der Nachfrage nach Arbeit überhaupt gefaßt werden kann:
1. In einer Gesellschaft von lauter autarken Alleinproduzenten ist die »Nachfrage nach Arbeit« identisch mit dem Entschluß zu arbeiten, der wieder von dem Verlauf der Nutzenkurve der durch Arbeit erzeugbaren Güter einerseits, der »disutility«-Kurve andererseits abhängt.
2. Man kann den Arbeitsmarkt in Teile zerlegen und jeden Teil für sich gesondert betrachten. Das empfiehlt sich für praktische Zwecke, wenn man einen geschlossenen, lokalen oder branchenmäßigen Arbeitsmarkt untersucht. Jede Gewerkschaft und jeder Unternehmer wird das tun. Es wird auch weder der Unternehmer noch die Gewerkschaft darauf Rücksicht nehmen, inwieweit eine Ausnutzung einer großen Elastizität der Nachfrage oder umgekehrt einer großen Inelastizität der Nachfrage die anderen Arbeitsmärkte in Mitleidenschaft zieht.
Die Nachfrage nach Arbeit innerhalb einer besonderen Produktion wird von der Elastizität der Nachfrage nach dem Produkt einerseits, dem Anteil der Arbeitskosten an den Gesamtkosten andererseits und endlich davon abhängen, wie sich bei einer Steigerung oder Senkung der Erzeugung die andern Kostenelemente im Preise verschieben. Lassen wir die Preise der andern Kostenelemente ungeändert, und nehmen wir an, daß die Elastizität der Nachfrage nach dem Produkt = 1 ist, während der Lohnanteil 40 v. H. beträgt, so wird die Elastizität der Nachfrage nach Arbeit = < $1/2$ sein, auch wenn der physische Ertrag der Arbeit gleichbleibt. Denn wenn bei einer Erzeugung von 100 und Lohnkosten = 40 v. H. die Erzeugung um 10 v. H. steigt, so wird doch die Preissumme ungeändert = 100 sein; die Kosten, ab-

gesehen vom Lohn, werden für die 110 Einheiten 66 betragen, so daß für Lohn nur 34 übrigbleibt; inzwischen hat sich aber die Arbeiterzahl um 10 v. H. vermehrt; betrug der Lohn vorher 1, so jetzt 0,77 oder um 23 v. H. per Kopf und Produkteinheit weniger. Nur wenn die Elastizität der Nachfrage nach dem Produkt > 2 wäre oder wenn auch eine Preissenkung der anderen Kostenfaktoren angenommen werden könnte (wozu kein Anlaß vorliegt), wäre die Elastizität der Nachfrage nach Arbeit etwa 1; d. h., die Lohnsumme würde dann gleichbleiben.

Ganz anders ist der Begriff der Gesamtnachfrage nach Arbeit innerhalb der Volkswirtschaft zu fassen: Wenn man die im Moment herrschenden Arbeitsbedingungen statisiert und eine plötzliche Arbeitslosigkeit bzw. ein zusätzliches Angebot von Arbeit annimmt (Einwanderung oder Angebot von Überstunden oder Eintritt einer stärkeren Arbeitergruppe in den Arbeitsmarkt, z. B. als Folge eines besonders stark besetzten Jahrgangs junger Leute, so daß der Arbeiterzuwachs das Normale übersteigt), das sich überall in der Volkswirtschaft, nicht nur in einem Wirtschaftszweig zeigt, so ist die Nachfrage nach Arbeitskräften begleitet von einer Nachfrage nach den Waren, die diese Arbeitskräfte erzeugen; insofern ist die Nachfrage (bei einem ausgeglichenen System) abhängig von dem zusätzlichen Produkt, dessen Erzeugung von diesen zusätzlichen Arbeitskräften erwartet werden kann. Insofern ist dann die Verschiebung des Grenzertrags für die Lohnhöhe maßgebend. Dabei wird die Frage, ob die Geldmenge steigt oder gleichbleibt, nur dann für den Nominallohn maßgebend sein, wenn sich die Preis- und Einkommensverschiebungen überall gleichzeitig und gleichmäßig durchsetzen. Allerdings wird auch der Reallohn in Mitleidenschaft gezogen werden, wenn bei gleichbleibender Geldmenge nicht alle Preise gleichmäßig sinken (siehe oben). – Jedenfalls ist für die Elastizität der Gesamtnachfrage nach Arbeit wichtig, daß mit den neuen Arbeitern auch das neue Produkt und das zu ihm gehörende Einkommen mit auf den Markt kommen. Selbst bei sinkendem Ertrag wird sie trotzdem größer als 1 sein können, wenn die Abnahme der Effizienz ganz langsam ist.[41]

41 Allerdings wird diese Abnahme außerordentlich langsam sein müssen. Denn wenn z. B. bei einer Arbeiteranzahl von 1000 der Grenzertrag des letzten Arbeiters 100 ist und wenn der Grenzertrag für jeden hinzugefügten Arbeiter auch nur um 0,1 sinkt, wird der Grenzertrag bei 1100 Arbeitern: 90 sein, aber der Lohn aller 1100 Arbeiter: 99000. So wird also hier bei einer Senkung des Grenzertrags um $^{1}/_{1000}$ per Arbeiter der Gesamtertrag schon sinken. In der Tat kann nur dann der Gesamtlohn der Gesamtarbeiterschaft gleichbleiben, wenn die Lohnsumme, die den bereits in Arbeit stehenden Arbeitern verlorengeht, kleiner ist als die Lohnsumme, die den hinzukommenden Arbeitern zuwächst.
Pigou gibt einige Gründe an (S. 709 ff., Teil V, Kap. III; S. 8 ff., 1920, *Economics of Welfare*), die seiner Meinung nach dafür sprechen, daß die Elastizität größer ist als 1: Da sind zunächst persönliche Dienstleistungen, in deren Sphäre Produktivität per Einheit nicht fühlbar mit ei-

Bei steigendem Ertrag wird sie immer größer als 1 sein, und das wird sich in einem — ganz langsamen[42] – Ansteigen des Lohnes auswirken, sofern die Verteilung der Arbeiter in den richtigen Proportionen erfolgt.

Die Elastizität der Nachfrage nach Arbeit kann also nur dann von der Elastizität der Nachfrage nach dem Produkt abgeleitet werden, wenn man lediglich die Nachfrage nach Arbeit innerhalb einer einzelnen Industrie betrachtet. Dann kann man nämlich die Nachfrage aller Konsumenten nach diesem Produkt als gegeben annehmen. Wollen wir aber die Elastizität der Nachfrage nach Arbeit *im ganzen* ermitteln – freilich ein problematischer Begriff –, dann dürfen wir die bisher auf dem Markte befindliche Nachfrage nach Produkten nicht als konstant betrachten, da nicht nur die neu erzeugten Produkte, sondern auch die zusätzlichen Einkommen das Marktbild erweitern. Es ist dann klar, daß dieses zusätzliche Einkommen sowie die damit identische Nachfrage nach Produkten Resultate der zusätzlichen Produktion sind. Das gesamte erhöhte Produkt wird dann auf dem Markt Absatz finden, ohne daß die Preise andere Veränderungen erleiden müssen, als sie aus der Änderung der relativen Kosten folgen. Die Grenzproduktivität wird dann für die Lohnhöhe entscheidend sein, und die Bewegung des Grenzprodukts wird die Verteilung auf Lohn und Profit bestimmen. Bei gleichbleibendem oder steigendem Ertrag bleibt die Verteilung zwischen Lohn und Profit unverändert.

nem Anwachsen in der Zahl steigen würde. Ferner würde durch ein Wachstum des Arbeitsangebots die Kapitalbildung steigen, und derart wird auch die Grenzproduktivität der Arbeit wieder ansteigen. In einem *einzelnen* Lande vollends wird diese Elastizität der Nachfrage nach Arbeit noch größer sein, weil jede Lohnsenkung mit der ihr zugeordneten Steigerung des Profits fremdes Kapital anlocken bzw. das eigene Kapital im Lande zurückhalten wird. Insbesondere für eine längere Periode ist daher, nach Pigous Ansicht, die Elastizität für Nachfrage für Arbeit in Großbritannien »immensely larger than unity«. – Hier ist also das Problem zugleich mit dem der Entwicklung verknüpft, d. h., es ist schon die Wirkung etwaiger Lohnsenkungen auf Kapitalbildung und demgemäß Grenzproduktivität in Betracht genommen: das setzt dann aber prompte Investition des Überprofits und reibungsloses Funktionieren der Wachstumskräfte selbst voraus. Aber selbst bei diesem Argument muß man berücksichtigen, daß das Wachstum der Profite eben an der Lohnsenkung hängt und daß, bei hoher organischer Zusammensetzung der Produktion, selbst wenn alles glattgeht, eine große Profitmasse erforderlich ist, um die Grenzproduktivität wieder auf das alte Niveau zu bringen. Daraus erklärt sich auch Wicksells Pessimismus.

42 Die Steigerung des Reallohns wird ganz langsam sein, weil ja nur die zusätzlichen, nicht die schon früher beschäftigten Arbeiter eine steigende Produktmenge erzeugen. Hingegen wirkt sich sinkender Ertrag in entsprechend sinkendem Lohn sofort aus. Bei gleicher Neigung der Kurven wird daher bei sinkendem Ertrag der Lohn viel rascher sinken, als er bei steigendem Ertrag steigen kann.

i) Die »Douglas-Formel«

Einen Versuch, die Elastizität der Nachfrage nach Arbeit empirisch festzustellen, enthält das Buch von Paul H. Douglas, *Theory of Wages.* Ihm zufolge ist die Elastizität der Nachfrage nach Arbeit (in dem vom Autor untersuchten Zeitraum) 4, was so viel heißt, daß bei gleichbleibender Kapitalausrüstung und Steigerung der Arbeiterzahl um 1 v. H. der Lohn um 1/4 v. H. sinken muß, um diese zusätzliche Menge von Arbeitern aufzusaugen. Nach dieser Formel würde also der Gesamtbetrag des Lohnes bei wachsender Arbeiterzahl trotz Senkung des durchschnittlichen Arbeitereinkommens noch wachsen, weil die Kurve des Grenzertrags langsamer sinkt, als die Arbeiteranzahl steigt. Wenn wir diese Formel, wogegen der Autor vermutlich Einwendungen erheben würde, auf einen Fall technologischer Arbeitslosigkeit von 10 v. H. anwenden, müßten wir folgendes Resultat erhalten: Wenn die Löhne auf 97,5 (gegen 100 vor der Mechanisierung) gesenkt werden sollten, könnten die freigesetzten Arbeiter wieder in Beschäftigung kommen. So könnte die Arbeitslosigkeit um den Preis einer Lohnsenkung von 2,5 v. H. kompensiert werden. Aus verschiedenen Gründen ist dieses Resultat zu günstig. Aber es zeigt, daß selbst nach dieser Formel die Mechanisierung zunächst eine Senkung der Löhne und der Gesamtlohnsumme mit sich bringt, und dies selbst unter den besonders günstigen Bedingungen einer harmonischen Dynamik.

4. Die präventive Lohnsenkung; einige statistische Daten

In der neueren Literatur spielt der Gesichtspunkt eine erhebliche Rolle, daß arbeitsparende Erfindungen durch Lohnerhöhungen bzw. Hochhaltung der Löhne ausgelöst werden, so daß bei Flexibilität des Lohnes das Tempo des technischen Fortschritts verlangsamt würde. Namentlich in der deutschen Diskussion spielte dies Argument eine große Rolle; es wurde gesagt, daß die Hochhaltung bzw. Steigerung des Lohnes zu jener Rationalisierungsbewegung geführt habe, auf deren Wirkung dann die Gewerkschaften die lang dauernde Arbeitslosigkeit zurückgeführt hätten. Durch eine Senkung oder Haltung des Lohnes auf dem wirtschaftlich »richtigen« Niveau wäre diese Rationalisierungsbewegung verlangsamt worden.
Die These besagt, daß der Lohn über dem Niveau der Grenzproduktivität liegt und daß die Verwendung von Kapital vorteilhafter wird als die von Arbeit, so daß die Unternehmer zu kapitalintensiveren Betrieben übergehen. Das impliziert eine Entwicklung in unmerklichen Übergängen und darüber

hinaus die Behauptung, daß die organische Zusammensetzung in erster Linie eine Funktion der Lohnhöhe sei. Die Richtigkeit dieser Theorie könnte durch eine Tatsachenanalyse nachgeprüft werden.

Leider verfügen wir über keine Untersuchungen, denen wir zu entnehmen vermögen, wie groß der Vorsprung ist, den die Rationalisierung in wichtigen und typischen Einzelfällen dem dynamischen Betrieb verschafft. Nur ein Vergleich der Lohnersparnis mit dem gleichzeitig notwendigen Aufwand für Verzinsung und Amortisation des zusätzlichen Kapitals könnte diese Frage beantworten. Immerhin geben die Untersuchungen des amerikanischen Department of Labor gewisse Anhaltspunkte. Es seien einige Resultate angeführt.

1. In der Erzeugung elektrischer Lampen[43] stieg in allen Zweigen, einschließlich der »nonmanufacturing division«, der Index der Produktion von 100 im Jahre 1920 auf 340 im Jahre 1929 und auf 329 im Jahre 1931. Die pro Lampe notwendige Arbeitszeit sank von 0,099809 Arbeitsstunden (*man-hour*) im Jahre 1920 auf 0,022743 Arbeitsstunden, eine Verringerung um 77,2 v. H.; die Zahl der Arbeiter sank nicht so schnell, da der Arbeitstag verkürzt wurde und die Erzeugung stieg. Je Stunde wurden 1920 10019, 1931 43968 Lampen erzeugt, oder die Produktivität der Arbeit stieg von 100 (1920) auf 438,9 (1931). In den »Lamp-assembly plants« (die 1920 55 v. H. aller Arbeiter beschäftigten) sank die Arbeiterzahl von 17283 (1920) auf 5817 (1921).

2. Automobilreifenindustrie.[44] Diese Industrie ist ein Beispiel dafür, daß die Steigerung der Effizienz sehr wohl mit steigender Beschäftigung Hand in Hand gehen kann, weil die Erzeugung eben noch schneller ansteigt als die Effizienz. Von 1914 bis 1929 stieg der Index der Erzeugung von 100 auf 1181, hingegen der Index der Arbeitsstunden nur von 100 auf 233. (Wann das eine Senkung der Nachfrage nach Arbeit in andern Industrien zur Folge hat, wann nicht, wurde oben erörtert.) Bis 1931 verringerte sich der Index für die Arbeiterstunden auf 140; hingegen betrug der Index der Effizienz je Arbeitsstunde 681. Der Index für die Erzeugung je Arbeitsstunde stieg von 100 (1914) auf 279 (1922) und von da auf 547 (1931). Diese Steigerung der Effizienz dauerte ununterbrochen an, auch in den Jahren nachlassender Erzeugung. Die Effizienz stieg also hier stärker als in der Erzeugung elektrischer Lampen, ohne das Wachstum der Arbeiterzahl aufzuhalten.

43 *Bulletin of the United States Bureau of Labor Statistics,* Nr. 593, Employment and Unemployment Series: Witt Bowden, »Technological Changes and Employment in the Electric Lamp Industrie«.

44 Ebenda, Nr. 585 (Productivity of Labor Series), Boris Stern, »Labour Productivity in the Automobile Tire Industry«.

3. Postbetrieb.[45] Nach Tabelle 9 (S. 63) stieg der Index der Gesamtleistungen 1908/31 von 100 auf 249,4; der der Beschäftigten von 100 auf 152,7; der der Effizienz per Beschäftigten von 100 auf 163,4. Das Gesamtresultat war also (auch hier) eine Steigerung der Beschäftigten. Die Untersuchung kommt aber zu dem Resultat, daß bei rücksichtsloser Anwendung des privatwirtschaftlichen Prinzips seit 1926 die Zahl der Beschäftigten wesentlich geringer gewesen wäre, und ferner, daß wesentliche technische Verbesserungen in Vorbereitung waren, die bis 1931 noch nicht ihre Früchte gezeitigt hatten. Zahlreiche Daten enthält auch die Schrift von Direktor Harold B. Butler, *Probleme der Arbeitslosigkeit in den Vereinigten Staaten,* Genf 1931, S. 44 und S. 49 ff. Von Bedeutung sind ferner die »nonmechanical factors«, welche die Effizienz der Arbeit manchmal mit, manchmal ohne vorangegangene Investitionen erhöhen. Eine Übersicht solcher Methoden gibt die Untersuchung von William G. Roylance, »Significance of Nonmechanical Factors in Labor Productivity and Displacement«, in: *Monthly Labor Review* (United States Department of Labor), Nov. 1933.

Diese Daten enthalten also Anhaltspunkte dafür[46], daß die Löhne um einen ganz hohen Prozentsatz hätten sinken müssen, um den Ersatz der Arbeitsleistung durch Maschinen zu verzögern. Außerdem zeichnet der Durchschnitt die Situation noch zu günstig: In einzelnen Betrieben und Betriebszweigen sind die Effizienzsteigerungen noch erheblicher. Eine Lohnsenkung würde also nur in Teilen der Erzeugung die Mechanisierung aufhalten können. Da aber der Mechanisierungsprozeß ein Ganzes ist, so wäre auch das nicht möglich.

Dieselbe Idee einer präventiven Wirkung von Lohnsenkungen begegnet noch größeren – ökonomischen – Schwierigkeiten, wenn man in Betracht zieht, daß die Rationalisierung, also die Verschiebung des Verhältnisses zwischen Kapital und Arbeit, nicht überall gleichmäßig erfolgt, sondern stoßweise. Dann würde eine Herabsetzung des Lohnes um einen Prozentsatz, wie er im Bereich der Möglichkeit liegt, selbst wenn diese Reduktion schon die aus Rationalisierungen zu erwartende Arbeitslosigkeit in Rech-

45 Ebenda 574 (Employment and Unemployment Series), Witt Bowden, »Technological Changes and Employment in the United States Postal Service«.

46 Weitere Daten sind in folgenden Veröffentlichungen zu finden: Dr. Witt Bowden, »Productivity Hours and Compensation of Railroad Labor« (Dept. of Labor, Serial no R. 75); *Yearbook of Agriculture,* U. St. Dept. of Agriculture); Harry Jerôme, »Mechanisation in Industry« (National Bureau of Economic Research); »Technological Trends and National Policy; including the social implications of new inventions« (Die Beiträge von S. C. Gilfillan und Weintraub und Berhard J. Stern enthalten Material zu unserem Problem). *Report of the Sub-Committee on Technology to the National Research Committee,* Washington 1937; für Deutschland vgl. Robert A. Brady, *The Rationalization Movement in German Industry,* 1933.

nung stellte, doch die Rationalisierung nicht aufhalten. Bei einer Lohnersparnis von 50 v. H. würde eine Senkung der Löhne um 10 oder 15 v. H. die Rationalisierung nur dann aufhalten, wenn die Verzinsung und Amortisation des zusätzlich notwendigen Kapitals annähernd 35–40 v. H. der bisherigen Lohnsumme beanspruchte. Bleibt das Erfordernis hierfür wesentlich unter dieser Grenze, so würde die Lohnsenkung den Plan der Rationalisierung nicht beeinträchtigen; außerdem würde die Ersparnis an den Löhnen den Betrieben auch nach der Rationalisierung zugute kommen. Daher ist anzunehmen, daß die Lohnreduktion unter Umständen wohl zu einer Verringerung der Arbeitslosigkeit, nicht aber zu einer Verhinderung der Rationalisierung führen kann.

Im Konjunkturverlauf hat es oft den Anschein, als ob die Kostendifferenzen zwischen kapitalintensiven und kapitalextensiveren Betrieben gering seien, so daß eine kleine Verschiebung des Lohnniveaus die Überlegenheit der kapitalarmen Betriebe sichern würde, woraus dann geschlossen wird, daß eine rechtzeitige Lohnsenkung die Rationalisierung aufgehalten hätte. Das ist aber eine Täuschung. Dieser Vergleich wird meist dann angestellt, wenn die Kapazitäten der kapitalintensiveren Betriebe nur sehr unvollkommen ausgenutzt sind. Dann ist natürlich die Last der »overhead-costs« relativ je Produkteinheit viel größer, und die Kostenspanne schrumpft zusammen. Doch auch dann darf nicht außer acht gelassen werden, daß die Lohnersparnis auch den kapitalintensiven Betrieben zugute kommen und auch ihnen wieder – ceteris paribus – eine Gewinnmarge lassen würde.

Wenn die Kostenersparnis, die durch arbeitsparende Erfindungen erzielt werden kann, sehr groß ist, dann müßte eine präventive Lohnsenkung meist größer sein als diejenige, die eine Wiedereinstellung der freigesetzten Arbeiter ermöglicht. Ist das aber so, so ist die These unhaltbar, daß die technischen Fortschritte, besonders die Rationalisierung, durch das hohe Lohnniveau veranlaßt worden seien.

Ein Resümee dieses Kapitels erübrigt sich. Die Überlegungen zeigten, daß von einer automatischen Kompensation keine Rede sein kann, daß vielmehr die arbeitsparenden technischen Fortschritte einen langwierigen und lange dauernden Anpassungsprozeß einleiten, an dessen Ende erst die Aufsaugung der Arbeitslosen steht. Dieser Prozeß währt in den hier erörterten Fällen selbst dann geraume Zeit, wenn man eine rasche Anpassungsfähigkeit der Preise und Löhne an geänderte Verhältnisse annimmt.

Endlich sei noch daran erinnert, daß die Bemerkungen dieses Kapitels sich auf einen Prozeß gleichmäßigen Wachstums bezogen, der durch technischen Fortschritt gestört wurde, worauf diese Störung wieder durch die bekannten Anpassungserscheinungen überwunden wird. In der Wirklichkeit findet eine solche Anpassung meist nicht statt, sondern die Störung löst Wirkungen aus, die noch größere Störungen in der Zukunft vorbereiten. Mit diesen – hier noch nicht erörterten – Konsequenzen arbeitsparender technischer Fortschritte wird sich das folgende Kapitel beschäftigen. Infolgedessen treten die eigentlichen Wirkungen der arbeitsparenden Investitionen erst dann in Erscheinung, wenn sie sich mit den Rückschlagsprozessen der Konjunktur verbinden. Trotz der Freisetzung braucht daher die Arbeitslosigkeit nicht sofort zu steigen. Die Analyse des nächsten Kapitels wird versuchen, den Anteil der Freisetzung in der Arbeitslosigkeit der Depressionsperiode nachzuweisen.

Die Arbeitslosigkeit bietet jedoch in der Depressionsperiode nicht dieselben Probleme wie innerhalb eines im übrigen ausgeglichenen Zustandes, wie wir ihn in diesem Kapitel erörterten, ist doch die Arbeitslosigkeit der Depressionsperiode kein Zeichen dafür, daß der Lohn die Grenzproduktivität überschritten habe, sondern sie ist in erster Linie das Resultat einer Disproportionalität der Produktionszweige, die sich während der Aufschwungperiode immer mehr herausgebildet hatte. Die Wiederherstellung der richtigen Proportionen in Produktionsmengen und Preisen und die Konsolidierung des zusätzlichen Kredites sind die Hauptaufgabe, in der natürlich das Problem der richtigen Lohnhöhe seinen wichtigen Platz hat. Mit diesen Fragen wird sich das nächste Kapitel beschäftigen.

Obwohl die Ausführungen dieses Kapitels sich also nicht auf eine reale Situation beziehen, sind sie doch von Wichtigkeit für die Erkenntnis der Wirklichkeit. Denn die Arbeitslosigkeit, die im Konjunkturprozeß anfänglich überdeckt wird, ist gleichwohl, sozusagen unter der Decke vorhanden, und der Rückstoß ist deshalb heftiger, wenn nach der Periode überhitzter Investierungen die Volkswirtschaft wieder einen Rückschlag erleidet, weil die Störungen infolge des ungleichmäßigen Wachstums der einzelnen Produktionszweige und infolge der Disproportionalitäten in der Verteilung des Volkseinkommens zu groß werden und weil die Kreditmenge drastisch eingeschränkt wird.

Kapitel VI

Die Elastizität der modernen Geldsysteme und ihre Bedeutung

Bedeutung des modernen Aspekts

Die bisherige isolierende Betrachtung kann nicht ein Bild der Wirklichkeit bieten. In dieser sind Kräfte am Werke, die den hier beschriebenen Prozeß teils verdecken, teils verzerren. Er spielt sich nicht isoliert ab, sondern verläuft im Zuge der Konjunktur. Die Freisetzung und ihre Wirkungen sind also in den Rhythmus der ökonomischen Wellenbewegung eingebettet. Diese selbst wird von den Grundtatsachen geprägt, als welche ich die dynamisierenden Kräfte, nämlich die Bevölkerungsbewegung und den technischen Fortschritt, betrachte. Deren Wirkung hängt aber entscheidend von der Gestaltung des Geldwesens ab. Damit soll nicht eine einseitige monetäre Theorie vertreten werden, doch dürfen wir niemals die Wirkung des Geldphänomens außer acht lassen, durch das hindurch die Realfaktoren den Wirtschaftsprozeß bestimmen.

Die Wirkung des technischen Fortschrittes wird außerdem von Verschiebungen im internationalen Verkehr und von der politischen Entwicklung (Krieg usw.) überlagert, die sich gleichfalls im Beschäftigungsgrad ausdrücken. Daher ist es unmöglich, sie aus dem Gesamtprozeß auszusondern. Das Gesamtbild der Wirtschaft, wie es sich unter dem Einfluß all dieser Tatsachenreihen gestaltet, ergibt den Verlauf der konkreten Konjunktur, und so müßte die Darstellung in ein Schema der Konjunkturbewegung mit den Modifikationen, die durch die einmalige Datenänderung begründet sind, überleiten. Innerhalb dieses Schemas wäre der Einfluß dieser arbeitsparenden technischen Methoden aufzudecken.

Eine solche Erweiterung des Problemkreises würde aber den Rahmen unserer Darstellung sprengen. Sie ist auch nicht erforderlich, um die Bedeutung des technischen Fortschritts für den Arbeitsmarkt zu klären. Denn es sind vornehmlich zwei Komponenten, die wir noch zu berücksichtigen haben, um den von uns schematisch skizzierten Tatbestand derart umzuformen, daß er annähernd ein Abbild der Wirklichkeit gibt. Zuerst haben wir zu prüfen, inwieweit eine Lockerung in der Starrheit des Geldwesens die Wirkungen des technischen Fortschritts auf den Arbeitsmarkt zu verändern, insbesondere abzumildern oder aufzuschieben vermag. Wir müssen also die Voraussetzung fallenlassen, daß sich die Geldmenge regelmäßig in einem gegebenen Trend vermehrt, und müssen prüfen, inwieweit die von uns beschriebenen Störungen gemildert und/oder verstärkt werden, wenn die Geldmenge schneller als trendmäßig wächst, bzw. periodisch relativ oder sogar absolut zurückgeht.

Ein zweiter Punkt, der später (Kap. VIII) zu behandeln ist, betrifft Strukturprobleme der modernen Wirtschaft, die zu Schwierigkeiten führen, die den bisher erörterten genau entgegengesetzt sind. Sie folgen aus der Tatsache, daß es auch kapitalsparende Erfindungen gibt, also Freisetzung von Kapital neben Freisetzung von Arbeit, und daß im Zuge der Entwicklung der Prozeß des Investierens selbst Hemmungen begegnen kann. Theoretisch heißt das, daß die Nachfragekurve nach Kapital ebenso diskontinuierlich verlaufen kann, wie nach meiner Auffassung die Nachfragekurve nach Arbeit manchmal verläuft.

Schwankungen der aktiven Geldmenge in den modernen Geldsystemen

Für unser Problem, inwieweit die Folgen arbeitsparender technischer Fortschritte durch Veränderungen, insbesondere Vermehrung der Geldmenge in der aufsteigenden und Verringerung derselben in der absteigenden Konjunktur, modifiziert werden, muß zunächst geklärt werden, in welcher Weise die *aktive* Geldmenge in unserem gegenwärtigen Banksystem vermehrt oder verringert wird. Kommt es doch immer auf die aktive, d. h. auf die auf dem Markte kaufend auftretende Geldmenge an. Hierbei handelt es sich um die in der Zeiteinheit durchschnittlich tatsächlich auf den Markt tretende Kaufkraftmenge. Steigen z. B. aufgrund eines arbeitsparenden technischen Fortschrittes die Chancen für Investitionen in einem besonderen Industriezweig schnell an, so werden die Investitionen in den übrigen Wirtschaftszweigen nur dann aufrechterhalten werden können, wenn über die bisherige Investitionsrate hinaus noch diese zusätzlichen Investitionen finanziert werden können, was eben die Erhöhung der aktiven Geldmenge voraussetzt.[1] Die folgenden Ausführungen sollen die Analyse der monetären Seite des uns hier interessierenden Prozesses vorbereiten.

1 In der älteren Diskussion unseres Problems, die das Phänomen des größeren Kapitalbedarfs bei arbeitsparenden Erfindungen vollauf gewürdigt hat, ist die Möglichkeit einer wenigstens zeitweisen Befriedigung des zusätzlichen Bedarfes durch Geldschöpfung nicht erörtert worden. (Siehe hierfür z. B. Alvin S. Johnson, a. a. O., S. 108, wo nur die zwei Möglichkeiten: Abzug von Kapital aus anderweitigen Verwendungen und Bildung von neuem Kapital ad hoc durch gesteigerte Spartätigkeit, erwähnt werden.)

Ausdehnung der Geldzirkulation

Die Vermehrung der aktiven Geldmenge erfolgt grundsätzlich auf drei Wegen:

a) Reine Goldwährung

Produktion einer Geldware: In den geltenden monetären Systemen muß jede Menge dieser Geldware, die der Notenbank angeboten wird, von dieser gekauft werden. Die Notenbank müßte diese Geldware auch ohne gesetzlichen Zwang kaufen, weil sich sonst ihr eigener Vorrat an dem Währungsmetall entwerten und weil sich dadurch die Währungsbasis verschieben würde. Wird das Äquivalent der auf den Markt gebrachten Geldware, als die wir Gold annehmen, in Noten ausbezahlt und werden diese zum Kauf von Waren verwendet, so wird damit eben unmittelbar die aktive Geldmenge vermehrt. Diese Vermehrung der Geldmenge vollzieht sich, ohne daß Eingriffe der Notenbanken erfolgen oder nötig wären. Freilich kann sich späterhin die frühere Höhe der aktiven Geldmenge wiederherstellen, sofern das Deckungsverhältnis der umlaufenden Noten entsprechend steigt. Das ist z. B. der Fall, wenn das Äquivalent des an die Notenbank verkauften Goldes wieder in Form von Noten deponiert wird, z. B. wenn die aus der Vermehrung der Geldmenge stammenden Erlöse zur Bildung von Reserven benutzt werden. Jedenfalls ist es möglich und war es in den letzten Jahren häufig der Fall, daß eine Vermehrung der Goldmenge nicht zu einer entsprechenden Vermehrung der aktiven Geldmenge führte.
Grundsätzlich derselbe Sachverhalt liegt vor, wenn die Erhöhung der Goldmenge in der Notenbank eine Folge des Außenhandels ist. Auch die weiteren Wirkungen, die sich daran anschließen können, sind dieselben.

b) Schaffung zusätzlichen Geldes

Diese erfolgt immer im Wege des Kredits. Als das wichtigste Beispiel solcher zusätzlicher Geldmengen sei die Ausgabe zusätzlicher Banknoten erwähnt. Hier seien nur diejenigen Kredite betrachtet, die von den Banken an Produzenten gegeben werden. Soweit sie ursprünglich bei Metallgeldverfassung in Form von Noten auf der Grundlage vorhandener Golddepositen gewährt wurden (auch von privaten Banken), ruhten sie auf der Faustregel, daß nur ein Teil der umlaufenden Noten zur Präsentation eingereicht zu werden pflegt. Ein erheblicher Teil der Noten blieb, ohne je an den Schaltern präsentiert zu werden, als Note im Umlauf, und derart konnte die Geldmenge dauernd über das Niveau des gemünzten Geldes hinaus wachsen. Mit der Ausschaltung des Edelmetalls aus dem binnenwirtschaftlichen Zahlungsverkehr (was in den meisten Ländern nach dem Kriege geschah) wurde die Basis für die Notenausgabe erweitert. Die einzige Begrenzung sind jetzt die Deckungsbestimmungen der Notenbank, die freilich in einigen Ländern aufgehoben wurden, und bei Metallwährung die Überschreitung der Goldpunkte. Kontrolle des Außenhandels ersetzt in manchen Ländern die automatische Verteidigung der Parität, wie sie früher durch die Edelmetallwährung garantiert war. In der Notenausgabe, die auf Grund von Goldeinlagen erfolgte, ging die Privatbank bzw. die Zentralbank, die das Monopol der Notenausgabe erhielt, ein doppeltes Risiko ein. Erstens mußte sie bei Einlösbarkeit der Noten mit der Möglichkeit rechnen, daß mehr Gold verlangt würde, als sie zur Verfügung hatte. Dagegen konnte sich die Bank, wenn dieser Fall eintrat, wirksam nur durch Suspension der Einlösbarkeit schützen, die in einem System der Barverfassung bei stürmischer Nachfrage nach Gold stets Platz greifen müßte. Diese Frage der Einlösbarkeit spielt heute im Binnenverkehr keine Rolle mehr. Das zweite, nach wie vor wesentliche Risiko der Bank liegt darin, daß es unsicher ist, ob die in Noten gewährten Kredite zurückgezahlt werden. Werden nämlich die Kredite, die immer kurzfristig sind, nicht zurückgezahlt, d. h. frieren sie ein, so wird die Bank in ihrer Bewegungsfreiheit gehemmt. Sie hat, wenn die Zahlungsmittel nicht zu ihr zurückfließen, späterhin weniger Mittel zu ihrer Verfügung. Abgesehen davon muß sie etwaige Verluste aus gewährten Krediten in ihren Büchern als Verluste ausweisen und sie aus den Gewinnen oder dem Kapital decken. Wie in jedem anderen Betrieb kann allerdings in einer Bank und speziell bei einer Notenbank ein erheblicher Teil von Verlusten »unbemerkt« bleiben, so wenn z. B. die eingefrorenen Kredite immer wieder erneuert werden und daher als Aktiva weiter in den Büchern figurieren. Ist der Schuldner der Staat, so sind die Grenzen besonders weit gesteckt. Daß die geliehenen Beträge nicht zurückzuerwarten sind, wird oft erst in der Wirtschaftskrise sichtbar.

c) Scheckzahlungen

Das System der Scheckzahlung, das sich während des 19. Jahrhunderts ausbreitete, bot weitere große Möglichkeiten der Vermehrung der aktiven Geldmenge, die von den Entscheidungen der Zentralbank weitgehend unabhängig waren. In der Tat stellt die Einführung der Scheckzahlung allen Kreditbanken innerhalb gewisser Grenzen eine Macht zur Verfügung, welche der der Notenbanken sehr ähnlich ist.

In den Möglichkeiten einer Erweiterung des Geldumlaufes innerhalb der modernen Geldsysteme ist es begründet, daß nur dann die Knappheit an zusätzlichen Zahlungsmitteln ein Hindernis dafür bildete, einen neuen Produktionsprozeß einzuleiten, wenn die Geldmenge bzw. nach der andern Auffassung die Umlaufgeschwindigkeit nicht mehr gesteigert werden könnte.

Die Vermehrung der aktiven Geldmenge durch den bargeldlosen Zahlungsverkehr wird insbesondere während desjenigen Zeitraums erfolgen, innerhalb dessen sich diese Sitte einbürgert. Dieser Zeitraum kann 50 bis 100 Jahre betragen, auf die ganze Weltwirtschaft hin betrachtet sogar mehrere Jahrhunderte. In diesem Prozeß nämlich werden Zahlungen der Kunden der Bank A an andere Leute, die bisher mit Bargeld erfolgten, durch Schecks geleistet werden, ebenso werden die anderen Leute, deren Konten bei den Banken B, C, usw. geführt werden, ihre Zahlungen an die Kunden der Bank A mit Schecks leisten, und das wird sich gegenseitig die Waage halten, da sich ja die Zahlungen und Empfänge jedes Wirtschaftssubjektes auf die Dauer ausgleichen müssen. Es wird also durch den Übergang zum bargeldlosen Zahlungsverkehr der Kreislauf der Bahrzahlungen mit immer mehr Elementen bargeldloser Zahlung durchsetzt, so daß bei gleichbleibendem Bargeldumlauf die aktive Geldmenge steigt. Das ist aber nur möglich, wenn der Scheckverkehr allgemein wird. Insofern sich die bargeldlose Zahlung einbürgert, kann der Geldvorrat der Banken bei gleichbleibenden Zahlungen sinken und bei wachsenden Zahlungen gleichbleiben. Dann verläuft die Entwicklung so, daß sich ein Teil der Zahlungen mit Bargeld, ein Teil bargeldlos abwickelt. Steht die Volkswirtschaft im Prozeß der Entwicklung des bargeldlosen Verkehrs, so wird bei gleichbleibender Bargeldmenge die aktive Geldmenge steigen können, und es wird bei steigenden Bargeldmengen die aktive Geldmenge schneller steigen können, als die Bargeldmenge wächst. Wäre der Zahlungsverkehr ganz bargeldlos, so würde vom Geldsystem her überhaupt keine Grenze für das Wachstum der Depositen und damit der Kredite gezogen sein. (Vgl. hierzu Albert Hahn, *Theorie des Bankkredits.*) Man würde allenfalls am Preisniveau und dem Absinken des Wechselkurses, vielleicht auch an Schwierigkeiten, denen der Rückstrom von Krediten begegnet, bemerken, daß das Banksystem in der Kreditgewährung zu weit gegangen ist.

Diese Feststellungen waren nötig, um die Grenzen, aber auch den Spielraum zu umreißen, den eine Ausweitung des Wirtschaftssystems im modernen Geld- und Kreditwesen hat. Was »zusätzlicher« Kredit genannt wird, ist nur die Ausnutzung der vorhandenen Entwicklungsmöglichkeiten, welche die Menge der aktiven Kaufkraft erhöht.[2]

Wenn im Zuge einer Konjunktur auf der Basis des im Geldsystem gegebenen Spielraums die Produktionsmengen und also die Umsätze und Preise steigen und wenn infolge dieses lebhafteren Geschäftsganges auch Einkommen und Kredite steigen, dann wird sich natürlich die Gesamtsumme der Depositen erhöhen, und wenn die Gesamtzahlungen in einem bestimmten Verhältnis zu den Barzahlungen stehen, dann werden die Banken letztlich auf die Zentralbank zurückgreifen, die im Rahmen der Währungsgesetze imstande sein wird, die Notengrundlage für diese gesteigerten Umsätze zu gewähren. Vermutlich wird in einer solchen Zeit die Quote der Barzahlungen sinken.

Die bankmäßige Grenze für die Ausdehnung des Kreditsystems – und das heißt für die Schaffung zusätzlicher Geldmengen – ist daher am Beginn der Konjunktur sehr weit gezogen. Daß sie fast nie vollkommen ausgenutzt wird, liegt in der Schwierigkeit, die Umlaufgeschwindigkeit zu erhöhen einerseits, in der Höhe der notwendigen Quote des Bargeldumlaufs andererseits, die wiederum bestimmt, welcher Teil der Depositen von den Banken in Geldform gehalten werden muß. Beträgt z. B. die obere Grenze der zulässigen Notenzirkulation 6 Milliarden, von denen zwei Milliarden durch Bargeld gedeckt sind, so repräsentieren die 4 Milliarden, sofern sie im Umlauf und nicht gehortet sind, zusätzliches Geld ersten Grades. Wenn von diesen 4 Milliarden 2 Milliarden im Kleinverkehr dauernd im Umlauf sind[3], hingegen 2 Milliarden als Kassenreserven bei den Banken, so sind die Banken in der Lage, die Depositen weiter zu verleihen.

In der oben beschriebenen Weise werden derart bargeldlose Zahlungsmittel geschaffen und in den Umlauf gebracht. Das wird so lange möglich sein, als die etwa eintretende Vermehrung des Bargeldumlaufs (d. h. Schaffung neuer privater Kassenreserven, z. B. bei den neueingestellten Arbeitern) die Kassenreserve der Banken nicht unter einen Betrag drückt, der es ihnen ratsam erscheinen läßt, mit der Kreditgewährung innezuhalten. Jedes Wachstum der Depositen wird somit zu einem Abfluß von Noten in den privaten Verkehr führen und umgekehrt. Ist nun ein Sättigungspunkt erreicht, so wird eine weitere Steigerung der Depositen nicht mehr eintreten. Es wird

2 Dieselbe Auffassung wird von Somary vertreten, wenn er sagt *(Bankpolitik*, 3. Auflage, S. 73), daß eine Erweiterung der Mittel des Kreditbanksystems nur möglich ist a) durch Heranziehung von Auslandsgeldern; b) durch Ausdehnung des Überweisungssystems gegenüber der Barzahlung; c) durch stärkere Inanspruchnahme der Notenbank. Die unter b) erwähnte Ausdehnung des Schecksystems hat noch größere Möglichkeiten als Somary annimmt – besonders, wenn man die gesamte Weltwirtschaft betrachtet.

3 Auch diese 2 Milliarden sind Kassenreserven, denn der Geldumlauf ist ja identisch mit den privaten Kassenreserven. Jede Zahlung ist zugleich eine Verschiebung von Geldbeträgen aus einer privaten Reserve in die andere.

dann aber auch die Schaffung zusätzlichen Geldes auf der Grundlage von Sicherheiten eine Schranke finden, weil ja die neugeschaffenen Zahlungsmittel zum Teil wenigstens die Bargeldform suchen werden, was einen neuerlichen Abstrom der Noten in den Verkehr hervorrufen muß.
Wenn also die Möglichkeiten ausgeschöpft sind, die in einem elastischen Geld- und Kreditsystem liegen, so werden weitere erhebliche Vermehrungen der aktiven Geldmenge nicht mehr stattfinden können. Jede Krise schafft nun infolge der gewaltigen Schrumpfung der Produktion wieder solche Möglichkeiten von der monetären Seite her: die umlaufende Geldmenge sinkt, die Umlaufgeschwindigkeit wird verlangsamt, und die Reserven wachsen. Damit ergeben sich dann wieder, parallel mit der Freisetzung sachlicher und persönlicher Produktionselemente, Möglichkeiten der Produktionsausweitung durch Kredit. Inwieweit diese Produktionsausweitung ohne wesentliche Störung des Preisniveaus vor sich gehen kann, hängt von den mobilisierbaren Reserven an Produktionskräften ab.[4]

Kreditausweitung für die Finanzierung des technischen Fortschrittes

Wir haben nun die Konsequenzen dieser Überlegung für unser Problem zu ziehen. Es handelt sich darum zu prüfen, welche Bedeutung der Tatsache zukommt, daß die Menge der auf den Markt tretenden Kaufkraft nicht nur, wie bisher angenommen, regelmäßig in einem bestimmten Tempo, z. B. 3 v. H., wächst, sondern daß sie, wenn »Bedarf« danach auftritt, auch um 6, 10 oder 15 v. H. hinaufschnellen kann. Nie wird dieses Hinaufschnellen freilich plötzlich erfolgen, es wird stets ein Prozeß sein, der sich innerhalb eines gewissen Zeitraums vollzieht.
Auch im normalen Wachstum der Gesamtproduktion ist die Steigerung der Gesamterzeugung an die gleichzeitige Vermehrung des Betriebs- und des Anlagekapitals gebunden. Es hat schwerlich einen Sinn zu fragen, was vorangeht. Denn es ist ebenso wahr, daß eine Steigerung der Anlagekapitalien stattgefunden haben muß, bevor es sinnvoll ist, das Betriebskapital auszudehnen, wie umgekehrt. Man kann daher wohl sagen, daß, zumal bei Synchronisierung des Wachstums in allen Produktionszweigen, die Steigerung von Anlage- und Betriebskapital gleichzeitig erfolgt.
Theoretisch der reinste Fall ist die konstante Erzeugung einer »Geldware«,

4 Reserven bedeutet hier unausgenutzte Kapazitäten und brachliegende Produktionsfaktoren; diese können als unausgenutzte Kapazität des wirtschaftlichen Systems in einem weiteren Sinn aufgefaßt werden. Aber während die unausgenutzte Kapazität einzelner Firmen schon Investierungen voraussetzt, sind brachliegende Faktoren, z. B. Arbeitslose, nur *potentielle* Kapazität.

die, in den Umlauf tretend und sich gleichmäßig verteilend, Kaufkraft in die Hände der Unternehmer spielt, die nun mehr Arbeiter bezahlen können als zuvor. Dieser ganze Prozeß kann sich also, theoretisch besehen, auch ohne Kredit abspielen. Es wachsen zwar nicht die einzelnen Einkommen, wohl aber die Einkommenssummen und damit die Betriebskapitalien der Unternehmer ebenso wie ihre Anlagekapitalien, die ja mit Überschüssen gekauft werden müssen, die auf bestimmten Strecken ihres Weges Betriebskapitalien anderer Unternehmungen werden.

Historisch war der Wachstumsprozeß in der Tat mit steigender Edelmetallproduktion verbunden; das veranlaßte viele Nationalökonomen, die Goldgewinnung als Gradmesser der Wirtschaftsentwicklung zu betrachten. Die oben erörterten Methoden zur Vermehrung der aktiven Geldmenge zeigen aber, daß das Tempo der Produktionsentfaltung nicht an die Goldgewinnung gebunden ist, selbst dort nicht, wo die Edelmetallwährung möglichst erhalten blieb.

Vermehrung der aktiven Geldmenge durch Kredit, z. B. echte zusätzliche Kredite (durch Notenausgabe) wie auch Weiterverleihung von Depositen, die bisher nicht ausgeliehen worden waren, wird nun ebenso wirken wie die Vermehrung der Edelmetallmenge bei Goldwährung. Der Zuwachs der Geldmenge wird von Anfang an in derselben Weise wie die bisherige Geldmenge umlaufen. Aus den zusätzlichen Kaufkraftmengen werden sich diejenigen Einkommen bilden, die der Leistung der zusätzlichen Arbeitskräfte entsprechen; außerdem fließen aus ihnen die für die Verzinsung und Tilgung der im letzten Jahre neu gebildeten Kapitalien. Es werden sich auch die Preise innerhalb dieses Systems – gleichbleibende Technik vorausgesetzt – nicht ändern. Der ganze Prozeß, der eine ständige Vermehrung der von Jahr zu Jahr erzeugten Produktionsmengen in sich schließt, kann eben nur dann ohne eine Steigerung des Geldwertes verlaufen, wenn zugleich die Geldmenge entsprechend vermehrt wird. Auch wenn die zusätzliche Geldmenge auf dem Kreditwege geschaffen wird (und das ist ja selbst bei Edelmetallwährung durch Ausgabe eines Mehrfachen an Noten der Fall), besagt das natürlich nicht, daß der ganze Zuwachs an Produktion, der sich daran schließt, auf Kredit gegründet ist. Denn der erste Kreditbetrag verwandelt sich doch schon durch seine Verwendung in Einkommen anderer Personen, führt zu Depositen usw. Diese sind Depositen, nicht weniger als wenn sie aus Ersparnissen gemacht worden wären. Diese Kaufkraft ist auch nicht rückholbar. Sie ist definitiv in den Kreislauf eingedrungen; das gilt von allen Zahlungen, die aus dem Kredit getätigt wurden. Nur wenn der zusätzliche Kredit zurückgerufen und zurückbezahlt wird, wird eine ganze Kette von Wirtschaftsakten unterbleiben – und in diesem Sinne bedeutet Kreditkon-

traktion eine Einschnürung der Erzeugung, die weiter geht, als dem Betrag der Kreditminderung entspricht.
Die Schaffung einer breiteren Basis der Produktion durch vermehrte Edelmetallgewinnung macht die Wirtschaftsentwicklung keineswegs stabiler, verglichen mit einer Ausweitung der Geldbasis durch Ausbreitung des bargeldlosen Zahlungsverkehrs. Konjunkturschwankungen sind ebenso möglich; inflationistische Booms waren und sind mit übermäßigem Zustrom von Gold verbunden. Umgekehrt kann Gold durchaus brachliegen. Da die Geldmenge mit verschiedener Geschwindigkeit umlaufen kann, ist der Produktionsumfang nicht durch die Geldmenge an sich bestimmt. Wenn, auf welchen Wegen immer, die Geldmenge überproportional wächst, dann wird das in den allermeisten Fällen seinen Grund darin haben, daß es Unternehmungen gibt, die ihre Betriebe über das normale Wachstumsprozent hinaus mit Kredit ausdehnen wollen, weil die Marktlage eine solche Ausdehnung rechtfertigt, während die anderen Unternehmungen keinen Anlaß haben, die Produktion nicht in der gewohnten Weise wachsen zu lassen.
Welches können nun die Ursachen solcher steigender Kreditansprüche sein?
Wenn die Technik gleichbleibt und das einzige Datum, das sich verändert, die Bevölkerung ist, und wenn, an dieses Wachstum der Bevölkerung angepaßt, sich Spargewohnheiten in der Bevölkerung entwickelt haben, dann wird aufgrund der Investition dieser Ersparnisse a) bei gleichbleibender Geldmenge ein Druck auf Löhne und Preise ausgeübt werden, der sowohl die Realproduktion per Kopf als auch das Realeinkommen aus Arbeit und Kapital ungeändert läßt; oder es wird b) die Steigerung des Geldwertes zu vermehrter Edelmetallerzeugung und damit Wiederherstellung des Preisniveaus führen. – Es wird aber in keinem dieser Fälle ein besonderer und besonders erfolgversprechender Anreiz zur massierten zusätzlichen Investition und damit zu einem massierten Kapitalbedarf entstehen. Dieser könnte das Resultat einer plötzlichen Bedarfsverschiebung sein (siehe oben, Kap. I), aber eine solche ist nicht oder nur in Ausnahmefällen zu erwarten. Plötzliche Vermehrungen der umlaufenden Geldmenge werden daher unter diesen Umständen nur von der Geldseite her erfolgen, z. B. durch Goldfunde oder durch Münzverschlechterung oder durch Staatsnotenausgabe zur Deckung eines Defizits. Der Fall großer Goldfunde kann als extraökonomische Tatsache gefaßt werden (wenngleich sie ebenso wirkt wie etwa eine plötzliche und zeitlich beschränkte Verbilligung der Goldgewinnung, also technischer Fortschritt in der Goldproduktion), während die Geldvermehrung durch Staatsakt immer Geldvermehrung zu Konsumzwecken ist.
Massierte Ansprüche an den Kreditmarkt sind daher nur als Folge plötzlich

auftauchender großer Gewinnmöglichkeiten zu erwarten, von denen die wichtigsten neue Märkte, Erzeugung neuer Produkte und verbesserte Produktionsmethoden (im weitesten Sinn des Wortes) sind. Die Auffindung neuer Absatzgebiete wird aber – jedenfalls in den späteren Phasen der Entwicklung – meist auch an technische Fortschritte geknüpft sein, so daß wir diese als die Hauptursache der stoßweise auf den Markt kommenden Kreditbedürfnisse betrachten können.

Kurzfristige Kredite sind tatsächlich langfristige Kredite

Solche zusätzlichen Kredite werden in einer kapitalistischen Volkswirtschaft von den Banken normalerweise als kurzfristige Kredite gegeben werden. Häufig ist ein Spielraum bei einem Zurückbleiben des Notenumlaufes hinter dem gesetzlich zulässigen Maximum und als Folge unausgenutzter Depositen vorhanden. Außerdem werden die oben behandelten Möglichkeiten der Ausdehnung des bargeldlosen Verkehrs wichtig sein, endlich wachsende Edelmetallreserven der Notenbanken. Moderne Geldsysteme haben also meist die Möglichkeit, Kredite zur Erhöhung des Betriebskapitals zu gewähren – insbesondere, wenn der Wirtschaftsprozeß während der Depression gereinigt worden war und zu erheblicher Flüssigkeit geführt hat. Die Ausdehnung kurzfristiger Kredite wird aber zunächst nur die Verfügung über Betriebskapital erhöhen, während jeder Betrieb im Zuge einer solchen Entwicklung auch Bedarf für ein zusätzliches, über das normale Wachstumsprozent hinausreichendes Anlagekapital haben wird. Nun wird vielfach der Bedarf nach solchem Anlagekapital zunächst in einem steigenden Bedarf der Produktionsmittelindustrien nach Betriebskapital in Erscheinung treten. Ausweitung des Betriebskapitals in diesen Produktionsmittelindustrien aber wird entsprechende Nachfrage nach langfristigem Anlagekapital zuerst bei den Konsumgüterindustrien, späterhin – nach Auffüllung der Kapazitätsreste – seitens der Produktionsmittelindustrien zur Folge haben. Die glatte Abwicklung dieser ineinandergreifenden Kreditoperationen wird aber nur dann gesichert sein, wenn solche Investitionen konsolidiert, d.h. letztlich aus Ersparnissen finanziert werden können.[5] Deshalb wird der Frage des Kapitalmarktes mit Recht eine große Bedeutung beigelegt. Jede Ausweitung der Produktion schließt zwar die Möglichkeit

5 Die tatsächlichen Ersparnisse sind allerdings jederzeit wieder von der Kreditpolitik abhängig, insofern, als sie auf den Produktionsprozeß einwirkt. Ob die Ersparnisse in genügendem Umfang zur Verfügung stehen werden, hängt also auch von dem Erfolg der Produktion ab, die durch den zusätzlichen Kredit aufgebaut wurde.

wachsender Ersparnisse in sich, aber kritische Spannungen können allerdings eintreten, wenn die Reserven an müßigen Sparkapitalien nicht sehr groß sind und wenn die Expansion der Betriebskredite über die im Zuge der Konjunktur zu erwartende Steigerung der Spartätigkeit hinausgeht, was nur zu leicht geschieht, da ja die modernen Zahlungsmittelmethoden ein sehr rasches Anwachsen der Geldmenge und also auch der Betriebskredite möglich machen.

Der »natürliche Zinsfuß«

Man kann hingegen schwer sagen, daß eine solche gefährliche Ausdehnung dann vorliege, wenn der Zinssatz für Investitionen unter den »natürlichen Zinsfuß« für Sparkapital sinkt, solange noch unausgenutzte Produktionselemente bestehen. Denn die Überspannung kann ja schon in der Gewährung des kurzfristigen Kredits begründet liegen, und für den kurzfristigen Kredit ist der Begriff des natürlichen Zinsfußes kaum anwendbar.[6]
Hier muß eine Bemerkung über das Problem des natürlichen Zinsfußes gemacht werden. Bekanntlich vertrat zuerst Wicksell die These, daß die Neutralität des Geldes nur dann gewährleistet sei, wenn sich der Marktzinsfuß mit dem möglichen Ertrag der Grenzersparnisse decke. Die praktische Bedeutung dieser Auffassung ist gering. Sind doch erstens zahlreiche Zinssätze vorhanden, für welche ein natürlicher Satz nicht zu ermitteln sein wird. Ferner liegt eine große Schwierigkeit darin, festzustellen, wie hoch die in einer Wirtschaftsperiode anfallenden Ersparnisse tatsächlich sind, treten doch viele Ersparnisse zeitweilig auf dem Geldmarkt als Angebot kurzfristigen Geldes auf. Ferner sind die Erfolgschancen von Investitionen selbst nie mit Sicherheit zu beurteilen, und es ist auch keineswegs so, daß allgemein gehegte Erwartungen über den möglichen Ertrag den Markt so gestalten, daß diese Erwartungen erfüllt werden.[7] Aus diesen Gründen kann der Gedanke des natürlichen Zinsfußes nicht die Grundlage der Kreditpolitik werden.
Nicht leichter ist es, den richtigen Bankzinsfuß für kurzfristige Kredite zu

6 In seinem Artikel: »Monetary Expansion and the Structure of Production« *(Social Research,* Nov. 1934) kommt Neisser zu dem Resultat, daß eine Begrenzung einer solchen zusätzlichen Finanzierung auf 5 v. H. des »Working Capital« jährlich eine Überspannung ausschließe, d. h. das Geld neutral machen würde.

7 Die Tatsache, daß innerhalb begrenzter Märkte allgemein gehegte Erwartungen über die Preisgestaltung diese selbst bestimmen (z. B. an der Börse), darf nicht darüber hinwegtäuschen, daß letzten Endes Erwartungen, wenn noch so allgemein gehegt und zur Grundlage wirtschaftlicher Entscheidungen gemacht, nur dann die Entwicklung definitiv bestimmen, wenn sie nicht die zum Gleichgewicht nötigen Proportionen der Wirtschaftszweige und Einkommen stören.

bestimmen. Der Begriff des natürlichen Zinsfußes ist auf den Markt des kurzfristigen Kredits nicht anwendbar. Denn immer dann, wenn der Geldmarkt sehr flüssig ist, wenn also die Kreditmöglichkeiten, die sich auf dem Markte bieten, gar nicht voll ausgenutzt werden können, ist der tatsächlich bezahlte Zinsfuß höher als der natürliche Zinsfuß. Immer dann, wenn kurzfristiges Geld in größerem Umfang zur Verfügung steht, als dem gleichzeitigen und künftigen Angebot von Sparkapital entspräche, kann grundsätzlich gar nicht das ganze Angebot an kurzfristigem Kredit für Ausweitung der Betriebskapitalien ohne Gefahr der Überspannung in Anspruch genommen werden. Bei freier Konkurrenz müßte, strenggenommen, in all diesen Fällen der Zinsfuß für kurzfristiges Geld auf Null sinken. Daß das nicht erfolgt, liegt nur daran, daß bei sehr starkem Sinken dieses Zinsfußes eine Zurückhaltung des Angebotes eintritt. In dieser Marktlage wird es sich immer, und zwar meist zu spät, zeigen, daß der Zinsfuß der kurzfristigen Kredite, und zwar nicht aus den Bedingungen des Geldmarktes, sondern aus denen des Anlagemarktes heraus, zu niedrig war. Leider liegt es nun auch nicht so, daß eine völlig freie Konkurrenz zu Zinssätzen für beide Kreditarten führte, die gerade so große Investitionen induziert, daß alle echten Ersparnisse, aber nicht mehr als diese angelegt werden können. Das wäre nur dann der Fall, wenn eine prästabilierte Harmonie zwischen den Kaufkraftmengen bestünde, die einerseits für kurz- und andererseits für langfristige Verwendung zur Verfügung stehen. Es droht also immer die Möglichkeit einer Überexpansion, die den normalen Wachstumstendenzen voraneilt.[8]

Der Mechanismus eines Vorschießens von kurzfristigen Krediten, die späterhin zur Kapitalnachfrage führen, gestattet also eine stoßweise Expansion der Nachfrage nach Produktionsmitteln, selbst wenn entsprechende Ersparnisse noch nicht vorhanden sind. Die Frage ist, ob dadurch die freisetzende Wirkung technischen Fortschritts, die nach unseren frühern Überlegungen in der Schwierigkeit bestand, alle Investitionen zu finanzieren, aufgehoben wird, d. h. also, ob in der Elastizität des Geldsystems automatisch kompensierende Wirkungen liegen. Dann würde ja die Freisetzung von Arbeitern von einem so schnellen Wachstum des Kapitalangebots begleitet sein, daß sowohl die primär als auch die sekundär freigesetzten Arbeiter zunächst bei der Erzeugung zusätzlicher Produktionsmittel und späterhin in den neugeschaffenen Produktionseinheiten Beschäftigung finden würden – soweit nicht schon vorher eine Kompensation erfolgt wäre. Zwar könnten

8 Eine solche Überexpansion könnte wirksam nur auf dem Wege der Gesamtplanung vermieden werden.

auch dann immer noch starke Verschiebungen stattfinden, die zu Freisetzungen führen. Das wären aber nur vorübergehende Reibungen. Das Problem ist dann identisch mit der Frage, ob bei Reserven an Arbeitskräften und bei der Möglichkeit, die sachlichen Produktionsmittel zu vermehren, auch bei schnellem arbeitsparendem technischen Fortschritt eine Ausdehnung der Erzeugung ohne Rückschlag möglich ist. Es geht hier also um ein allgemeines Problem jeder Konjunkturpolitik, das hier nur dadurch ein besonderes Gesicht erhält, daß infolge technischer Veränderungen in der Produktionssphäre plötzlich eine zusätzliche Nachfrage nach Arbeitern auftritt, der späterhin eine rasch sinkende Nachfrage nach Arbeitskräften folgen wird.

Krediterweiterung verringert vorübergehend die »technologische Arbeitslosigkeit«

Soweit sich also der Prozeß der Freisetzung in einem Wirtschaftssystem mit hoher Elastizität der Geld- und Kreditmenge abspielt, stellt sich die Frage der Kompensation der Arbeitslosigkeit durch technischen Fortschritt anders, als wir bisher unter der Voraussetzung einer Finanzierung der zusätzlich notwendigen Investitionen aus Ersparnissen annehmen mußten. In dieser Enge des ökonomischen Feldes erschien ein Ausweichen unmöglich, und eine Anpassung an die geänderten Bedingungen war nur von schmerzhaften Preis- und Einkommensverschiebungen und auch dann nur in einem lange andauernden Prozeß zu erwarten. Nehmen wir aber an, daß die Geld- und Kreditmenge elastisch ist, so stellt sich das Problem, ob der technische Fortschritt nicht eine neue Ausgangssituation schafft, von der aus in Kombinationen von Kapital und Arbeit neuer Arbeiterfassungsraum entsteht. Diese Kombinationen könnten dann aus zusätzlich in Anspruch genommenen kurz- und späterhin langfristigen Krediten finanziert werden. Auf diese Weise würde sich nicht nur ein regulärer, mit der Bevölkerungsvermehrung gegebener Wachstumsprozeß in Korrespondenz zu einer gleichmäßig sich erhöhenden Geldmenge vollziehen, sondern dieser wäre von einem stoßweisen, d. h. zeitweise rascheren, aber in seinen Resultaten ebenso definitiven Wachstumsprozeß überlagert, in dem die freigesetzten Arbeiter endgültig Beschäftigung und die zusätzliche Produktion endgültig ihren Absatz fänden.
Auch diese Frage des beschleunigten Wachstums der Erzeugung kann nur durch allmähliche Annäherung an die Wirklichkeit geklärt werden. Die Untersuchung soll zuerst die Wirkung des zusätzlichen Kredits zur Finanzie-

rung arbeitsparender Erfindungen bei völliger Ausschöpfung aller Reserven an sachlichen Produktionsmitteln und dann erst dieselbe Frage unter der Voraussetzung solcher Reserven an sachlichen Produktionsmitteln zum Gegenstand haben.

Die Frage der Kompensation geht also hier in die Frage über, ob die Freisetzung durch zeitweilige Beschleunigung des Wachstumsprozesses überhaupt vermieden werden kann oder ob die Arbeitslosigkeit als Folge des Konjunkturprozesses entsteht, aber vielleicht zum Teil auf Freisetzung durch technischen Fortschritt zurückzuführen ist.

Kapitel VII

Technischer Fortschritt im Konjunkturzyklus

Wirkung der Krediterweiterung bei Vollausnutzung der Kapazität

Der Gedankengang knüpft an den ursprünglich gezeichneten Tatbestand an. Wir fingieren also, daß unser Produktionssystem ohne Reserven an sachlichen Produktionsmitteln arbeitet. Wenn durch technische Fortschritte Betriebe stillgelegt werden, so schafft das auch keine Reserven in all denjenigen Fällen, in welchen die stillgelegten Produktionsmittel für andere Produktionen nicht verwendet werden können. Die Produktionsmittel scheiden dann vielmehr vorübergehend oder dauernd aus dem Kreislauf aus, ebenso natürlich die zu ihnen gehörenden Teile von Profit und Erneuerung.

Wir wollen nun annehmen, daß durch zusätzlichen Kredit im Rahmen eines elastischen Geldsystems aller Kapitalbedarf, der über den trendmäßigen hinausgeht, befriedigt werden kann. Es wird eine zusätzliche Nachfrage nach Kapital entstehen: Entweder zur Finanzierung der normalen Vergrößerung der übrigen (statischen) Produktionszweige, von denen durch die technischen Fortschritte in der dynamischen Industrie Kapitalzufuhr, mit der sie bisher gerechnet hatten, abgelenkt wird. Oder es kann das in den dynamischen Betrieben benötigte zusätzliche Kapital aus dem Spielraum des elastischen Kreditsystems gedeckt werden.

Der zusätzliche Kredit wird sich natürlich in der großen Sphäre des Kapitalmarktes gar nicht aussondern lassen. Jedenfalls werden jetzt mehr Kaufkraftsummen zur Erwerbung von Produktionsmitteln auf dem Markte sein als bisher. Auch die reale Nachfrage ist ja gestiegen, weil die arbeitsparenden Erfindungen Investitionen in den dynamischen Betrieben erfordern.

Der Bedarf an zusätzlichem Kapital wird seiner Natur nach nicht homogen sein. Er beträgt in unserem oben gewählten Beispiel 528 Millionen und wird sich etwa folgendermaßen auswirken[1]:

Die zusätzlichen Kredite strömen in die Produktion. Zusätzliche Kapitalgüter werden in Auftrag gegeben. Es ist aber unbestimmt, wo ihre Erzeugung stattfinden wird. In der ganzen Volkswirtschaft sind nach unserer Annahme keine Reserven an unbeschäftigten Produktionsmitteln vorhanden. Auch sind die späterhin freigesetzten Arbeiter noch an ihren gewohnten Arbeitsplätzen. Die zusätzliche Erzeugung kann deshalb nur folgendermaßen vor sich gehen:

a) Die Erzeugung zusätzlicher Produktionsmittel durch Einlegung von Doppel- oder Nachtschichten. Strenggenommen werden hierbei auch Kapazitätsreserven eingesetzt. Daher sei diese Möglichkeit nur der Vollständigkeit halber erwähnt, aber hier nicht weiterverfolgt.

b) Die Erzeugung von Produktionsmitteln muß durch Anlage von Betrieben zur Erzeugung von Produktionsmitteln gesteigert werden. Nun werden in jedem ökonomischen System, welches wächst, solche Betriebe zur Erzeugung von Produktionsmitteln in Errichtung begriffen sein.

Wächst die Nachfrage nach Produktionsmitteln, so werden Arbeitskräfte zur rascheren oder erweiterten Herstellung von Anlagen herangezogen, die Produktionsmittel erzeugen. Aber nach unseren Voraussetzungen sind alle Arbeitsplätze in den Betrieben besetzt, und es gibt noch keine Arbeitslosen, so daß strenggenommen weder zusätzliche Anlagen zur Erzeugung von Produktionsmitteln noch direkt zusätzliche Produktionsmittel über das im »Produktionsplan« vorgesehene Quantum hinaus erzeugt werden können. Der Prozeß wird nun folgendermaßen ablaufen: Die Käufer von Produktionsmitteln erhalten die zusätzlichen Kredite als zusätzliche Kaufkraft. Sie werden alle Kaufkraft auf einem Markte ausüben, auf welchem die Menge der Produktionsmittel noch keine Änderung erfahren haben kann, kann doch das Angebot an Produktionsmitteln nicht sofort erhöht werden. Also werden die Preise steigen. Die zusätzlichen Kredite wandern so als Kaufkraft in die Hände der Produzenten der Produktionsmittel. Sind in des Wortes strengster Bedeutung keine Reserven vorhanden, so können auch keine neuen zusätzlichen Produktionsmittel erzeugt werden. Es bliebe dann nichts anderes übrig, als die Produktionselemente umzuorientieren. Mehr Arbeiter und sachliche Produktionsmittel würden also jetzt zur Vorbereitung der Erzeugung von Produktionsmitteln eingesetzt werden. Es würden also die Anlagen zur Erzeugung von Produktionsmitteln unter Einschränkung der Erzeugung der Produktionsmittel selbst ausgedehnt werden. Diese Konsequenz erscheint nur deshalb so wirklichkeitsfremd, weil die Vor-

1 Die Frage des Zinsfußes für dieses zusätzliche Kapital wurde nicht erörtert. Bei Vorhandensein eines Kreditspielraumes können wir annehmen, daß die Steigerung des Zinsfußes nicht sehr groß ist. Denn sonst würde die Kapitalnachfrage der statischen Betriebe zurückgehen, um wieviel hängt dann von dem Stufenbau der Nachfrage ab. Die Nachfrage der statischen Betriebe würde nur dann konstant bleiben, wenn die Preissteigerung im Gefolge der Kreditschöpfung auch eine erhebliche Steigerung des Zinsfußes tragbar machen würde. Das leitet aber offenkundig schon zu Fragen des Zyklus über.

aussetzung des völligen Fehlens von Reserven nicht zutrifft. Aber selbst unter dieser wirklichkeitsfremden Annahme gibt es noch einen Ausweg: die nachgefragten Produktionsmittel können zum Teil durch Einschränkung des Konsums auf den Markt kommen. Erstens gibt es Produktionsgüter, die zugleich Konsumgüter sind, in erster Linie Kohle, aber auch Baumaterialien. Zweitens können sich Betriebe zur Erzeugung von Konsumgütern oft ohne weitere Investitionen auf die Erzeugung von Produktionsmitteln umstellen. In solchen Fällen werden auch die Arbeitsleistungen einfach umgeschaltet. In diesen Fällen wird die Erzeugung von Konsumgütern eingeschränkt werden. Dieser Umschaltung wird eine Preiserhöhung auf dem Markt der Produktionsmittel vorangegangen sein, weil nur eine solche Preiserhöhung die Umlenkung auf die Erzeugung der Produktionsmittel herbeiführen konnte. Aufgrund dieser Umlenkung ergibt sich dann eine Verknappung an Konsumgütern, deren Preise gleichfalls in die Höhe gehen werden. Diese Preissteigerungen werden sich erst nach einer längeren Zeit ausgleichen, weshalb die Profite verschieden sein werden. Dazu kommt noch, daß bei der Verschiedenheit der Elastizität der Nachfrage nach den einzelnen Produkten die neuen Preismengen-Relationen ganz verschieden sein werden. Eine Lohnerhöhung wird nicht erfolgen, weil ja (bei bloßer Umschaltung) die Nachfrage nach Arbeitskräften nicht gestiegen ist.

Erhöhung der Preise und Profite

Die Steigerung der Preise und damit der Gewinne bei Gleichbleiben oder Nachhinken der Löhne leitet also die Erhöhung der Produktionsmittelerzeugung ein. (Hat diese dann einen Umfang erreicht, bei dem die Nachfrage befriedigt werden kann, so wird der Wachstumsprozeß in der Erzeugung der Produktionsmittel zum Stillstand kommen.) Die erwähnten Preissteigerungen aber werden selbst noch zu einem Anwachsen des Kapitalbedarfs führen. Denn der oben geschätzte Betrag von 528 Millionen galt unter der Voraussetzung gleichbleibender Preise. Nicht nur die zusätzlichen Kredite reichen dann nicht zur Finanzierung der geplanten Produktion aus, es erforderte überdies die alte Nachfrage gesteigerte Geldmittel. Wenn z. B. die Preise der Produktionsmittel um 5 v. H. stiegen, dann könnten alle Käufer ihre Produktionsmittel nur zu einem um 5 v. H. erhöhten Preise erwerben.[2] Bei einer Preissteigerung von 5 v. H. würde der Geldbedarf der statischen Produzenten nebst der Nachfrage zur Erneuerung von 7000 auf 7350 steigen. Die dynamischen Produzenten, die über eine Kaufkraft von 528 zusätzlich verfügen, würden bei einer Preissteigerung von 5 v. H. nur 500 Einheiten erwerben können. Sie müßten also etwa 554 Millionen aufwenden, um die Produktion völlig auf die neue Technik umstellen zu können. Je nachdem, ob nun zu den um 5 v. H. erhöhten Preisen all die nachgefragten Produktionsmittel erzeugt werden können oder nicht, wird die Krediterweiterung ausreichen oder nicht. Sie wird jetzt schon 904 Millionen betragen. Können bei einem um 5 v. H. erhöhten Preis nicht Produktionsmittelmengen erzeugt werden, die um $7^1/_2$ v. H. größer sind, als der »normalen« trendmäßigen Nachfrage entspräche, so wird der Kreditbedarf weitersteigen und bald einen inflatorischen Charakter annehmen, innerhalb dessen eine bessere Versorgung nur mehr durch einen Vorsprung in der Kaufkraftverteilung erzielt werden kann. Durch diesen Prozeß der Preiserhöhung werden sowohl die dynamischen als auch die statischen Produzenten vorwärtsgetrieben, und sie werden versuchen, die Preiserhöhung durch weitere Kredite einzuholen. Der ganze Prozeß wird nur dann nicht ins Endlose gehen, wenn entweder die Konsumgütererzeugung eine genügend klare Einschränkung erfährt und damit eine Deckung von Nachfrage und Angebot an Produktionsmitteln eintritt oder wenn der Krediterweiterung von der Bankseite her Einhalt geboten wird. Dann aber tritt wieder der Gedankengang in seine Rechte, in welchem unser Problem unter der Voraussetzung einer normal wachsenden Geldmenge, aber ohne zusätzlichen Kredit erörtert wurde.

Der Kapitalbedarf, der durch den arbeitsparenden technischen Fortschritt ausgelöst wird, wäre noch sehr viel größer, wenn wir nun mit unserer Voraussetzung Ernst machten, daß die Produktion ohne Reserven arbeitet. Denn dann wird an der einen oder anderen Stelle der Produktionsmittelerzeugung und alsbald im ganzen Felde derselben eine Erweiterung der Anlagen, in denen Produktionsmittel erzeugt werden, stattfinden müssen; das kann zu einem ganz außerordentlichen Kapitalbedarf führen. Wenn, nach unserem Schema, 7 v. H. der Gesamterzeugung an Produktionsmitteln zusätzlich in einem Jahre erzeugt werden sollen, und wenn im Durchschnitt jährlich 4 v. H. des Anlagekapitals zur Investition gelangen, so erfordert dieses Plus der Erzeugung an Produktionsmitteln eine Erweiterung der An-

2 Die Nachfrage nach Produktionsmitteln zu Neuinvestitionen steigt von 2000 auf 2528. 5000 werden wie bisher in Form von Produktionsmitteln zum Ersatz verbrauchter Anlagen erzeugt. Wenn die Erzeugung von Produktionsmitteln gar nicht ausgedehnt werden könnte, so würde die Preissumme für 7000 Einheiten 7528 betragen, d. h., die Preise würden um 7,5 v. H. steigen. Wenn aber die Konsumgütererzeugung zugunsten erweiterter Produktionsmittelerzeugung zurückgeht, so wird sich die Preissteigerung verteilen und dementsprechend geringer sein können. Andererseits kann aber die gesteigerte Nachfrage nach Produktionsmitteln zur Erzeugung von Produktionsmitteln, wenn Kredite vorhanden sind, eine weitere Preiserhöhung und damit Steigerung des angeforderten zusätzlichen Kredits mit sich bringen.

lagen für Produktionsmittelerzeugung um fast zwei Jahresraten,die über das normale Wachstum hinaus zuwachsen müßten. Eine solche Verbreiterung wird man dann nicht erwarten dürfen, wenn von vornherein der Mehrbedarf einmalig wäre. Ist aber Aussicht vorhanden, daß er sich wiederholt, so ist die Tendenz dafür und damit rapide steigender Kapitalbedarf vorhanden. Dazu kommt noch ein über das normale Wachstum hinaus anschwellender Bedarf an Transportanlagen, Siedlungen, Kraftwerken usw. Dieses lawinenhafte Anschwellen eines Bedarfs, der wirtschaftlich darin begründet ist, daß dann die Volkswirtschaft sich auf eine höhere organische Zusammensetzung einzurichten hat, wird besonders dann zu erwarten sein, wenn es nicht bei dem Rationalisierungsbedarf einer einzelnen, wenn auch wichtigen, Industrie sein Bewenden hat, sondern wenn dieselbe technische Idee nun auf andere Wirtschaftszweige übergreift. Ist eine solche Bewegung einmal in Gang gesetzt,so wird auch die Erweiterung der Anlagen für die Produktionsmittelerzeugung gebieterische Notwendigkeit.
Eine solche Entwicklung kann mehrere Jahre andauern. Inzwischen werden die ersten rationalisierten Betriebe bereits ihre Arbeiterzahl reduzieren, und sie werden auch nicht mehr neue Produktionsmittel nachfragen. Aber an die Stelle ihrer Nachfrage wird die anderer Wirtschaftszweige treten. Ebenso werden unter unseren Voraussetzungen die freigesetzten Arbeiter in diesem Stadium durch die Nachfrage der Erzeuger von Produktionsmitteln Beschäftigung finden.
Ein solcher Prozeß wird aber bei Fehlen jeder Reserven nicht sehr lange dauern können; die Rationalisierungskonjunktur wird bald zum Stillstand kommen. Es wird dann, sobald das Kreditsystem an seine Liquiditätsgrenzen stößt – und das wird um so eher der Fall sein, je weniger Reserven vorhanden sind, weil dann der Prozeß der Preissteigerung rasch voranschreitet –, eine Rückbildung in der Erzeugung der Produktionsmittel eintreten. Das heißt, daß wir wieder auf das Problem der Arbeitslosigkeit treffen. Wie sich das Problem der Kompensation stellen wird, wird besser unter der Voraussetzung von Produktionsreserven am Beginn der Konjunktur erörtert.
Die Voraussetzung, daß die Reserven fehlen, wurde hier im strengsten Sinne des Wortes gemacht. Das System ist aber nie so starr. »Vollausnutzung des Produktionsapparates« kann auch in dem Sinn verstanden werden, daß die Zahl der Arbeitsplätze nicht absolut begrenzt ist, daß aber eine Vermehrung der Anzahl der Arbeitskräfte an den vorhandenen Produktionsmitteln eine beträchtliche Senkung des Ertrags zur Folge haben wird. Alle Produktionen stehen dann unter steigenden Kosten. Dann wird die Preissteigerung um so größer sein müssen. Es wird dann aber, infolge steigender Kosten, bei weiterer Ausnutzung des Produktionsapparates, der Reallohn aus

zwei Gründen sinken müssen: erstens weil ein Teil der Konsumgüter als Produktionsmittel verwendet wird; zweitens weil der Ertrag sinkt. Dem stehen steigende Gewinne gegenüber. Damit ist zwar ein größerer Anfall von Kapital gegeben; trotzdem wird das stürmische Streben nach Krediterweiterung dadurch nur wenig abgeschwächt werden.

Wirkung zusätzlicher Kredite bei Vorhandensein von Reserven

Wir müssen uns nunmehr einem realistischer konstruierten Tatbestand zuwenden; wir haben jetzt zu berücksichtigen, daß in der Wirklichkeit die Produktionsmittel niemals voll ausgenutzt sind. Immer wird man mit einer gewissen Kapazitätsreserve rechnen können, d.h., Lagerreserven und Reserven an stilliegenden Maschinen werden immer vorhanden sein. Dazu kommen noch weitere Reserven an leerstehenden Gebäuden, unausgenutzten Transportanlagen usw. Wenn die Nachfrage und die Preise steigen, treten diese Reserven in Aktion; sind die modernen Anlagen voll ausgenutzt, so werden in allen Industriezweigen unbenutzte, veraltete Anlagen wieder in Betrieb gesetzt werden können. Das setzt allerdings steigende Preise voraus. Endlich steht eine große, immer vorhandene Reserve in derjenigen Erzeugung von Produktionsmitteln zur Verfügung, die dem Ersatz dient. Denn die Lebensdauer der einzelnen Produktionselemente ist keineswegs unveränderlich bestimmt. Daher werden die alten neben den neuen Anlagen noch eine Zeitlang benutzt werden können. Es ist sicher nicht zu hoch geschätzt, wenn wir annehmen, daß die Produktionsanlagen selten zu mehr als 80 v.H. der höchstmöglichen Produktionsmenge ausgenutzt sind. Wie bedeutend diese Reserven sind, konnte man während des Krieges sehen, als sich die Produktion auf der Basis eines vorhandenen Produktionsapparates außerordentlich schnell erhöhte.

Das Vorhandensein solcher Reserven hat nun natürlich nicht die Wirkung, daß die Finanzierung von Produktionsanlagen zum Zwecke der Ausdehnung der Produktion überhaupt unterbleiben kann. Denn dann würden sich ja sehr bald jene Reibungen bemerkbar machen, zu deren Vermeidung die Reserven dienen. Sie sind nötig, weil die Produktion zeitweilig immer wieder den Einsatz aller Produktionsmittel erfordert, weil immer wieder Reparaturen notwendig sind, die einen Teil der Produktionsmittel lahmlegen. Genauso steht es mit den Lagerbeständen, die einen erheblichen Teil des Betriebskapitals binden. Rohstofflager sind erforderlich, um den Schwankungen des Bedarfs entsprechen zu können, Lager von Fertiggütern aus demselben Grunde und um die verschiedenen, in der Richtung schwankenden Bedürfnisse der Kundschaft befriedigen zu können. Wenigstens vorübergehend sind sehr erhebliche Steigerungen der Erzeugung in allen Produktionszweigen nötig.

Neben diesen normalen Reserven gibt es in jeder Depressionsperiode noch die unausgenutzten Anlagen, die also für jede Produktionsausdehnung als Reserven zur Verfügung stehen. Wir wollen aber hier zunächst von dieser spezifischen Situation einer wirtschaftlichen Depression absehen und lediglich annehmen, daß innerhalb gewisser Grenzen und für eine gewisse Zeit eine Erweiterung der Produktion ohne weitere Investitionen möglich ist. Führt nun eine arbeitsparende Erfindung zu plötzlich auftretendem großen Kapitalbedarf, so werden diese Reserven für die Nachfrage der dynamischen Betriebe nur indirekt eine Rolle spielen. Denn hierbei wird es sich zumeist um zusätzliche Investitionen handeln, wie z. B. Maschinenanlagen in Bergwerken, Bagger, Straßenbaumaschinen, Automatisierung des Telefons usw. Es wird das Vorhandensein von Reserven hier nur insoweit von Bedeutung sein, als die in den dynamischen Betrieben neu erforderlichen Produktionsmittel in bereits vorhandenen Produktionsanlagen hergestellt werden können. Hingegen wird der Kapitalbedarf der statischen Betriebe und Produktionszweige vorübergehend zurückgestellt werden können, ohne daß die Ausdehnung der Erzeugung darunter zu leiden braucht. Es würde also die sekundäre Arbeitslosigkeit vorerst nicht eintreten (vgl. Seite 169). Allerdings wird früher oder später nachgeholt werden müssen, was vorübergehend aufgeschoben worden ist. Es wird sich also der zusätzliche Kapitalbedarf über einen längeren Zeitraum verteilen können. Wenn keine neuen technischen Fortschritte weitere Störungen mit sich bringen, dann wird die normale Produktionsvermehrung in den technisch statischen Betrieben und Wirtschaftszweigen vorerst nicht aufgehalten werden.

Sind die Reserven genügend groß, kann sich der Prozeß folgendermaßen gestalten: Betriebe und Arbeitskräfte, die bisher Produktionsmittel für die statischen Betriebe erzeugten, erzeugen jetzt die vordringlichen Produktionsmittel für die dynamischen Betriebe. Der normale Produktionszuwachs der statischen Betriebe wird zunächst bis zu einem gewissen Grade auch ohne Investitionen erzeugt werden können. Steht zusätzlicher Kredit zur Verfügung, werden mit Zuhilfenahme der Kapazitätsreserven der Produktionsmittelindustrien nun auch die neuen Produktionsmittel für die statischen Betriebe und Wirtschaftszweige hergestellt werden. Zu ihrer Erzeugung werden die Arbeitskräfte aus der immer vorhandenen Reservearmee an Arbeitslosen zur Verfügung stehen.

Je vollständiger und rascher die Verlangsamung des Wachstums eingeholt wird, um so eher wird sich die alte Reserveratio wiederherstellen.

Prosperität, verursacht durch Investitionen für arbeitsparenden technischen Fortschritt

Obschon dieser Prozeß der vermehrten Herstellung von Produktionsmitteln durch die Mitwirkung der Reserven unterstützt wird, so ist doch zu ihrer Erzeugung die Gewährung zusätzlicher Kredite erforderlich. Die Unterschiede gegenüber dem ersten Fall (ohne Reserven) liegen darin, daß die Produktionsausdehnung rascher erfolgt, daß die Preissteigerungen geringer sind (in der ersten Phase der Kreditausweitung werden die Preise überhaupt nicht steigen) und daß die Konsumgütererzeugung nicht eingeschränkt zu werden braucht. Aus diesen Gründen wird nun die Kreditausweitung nicht so weit gehen müssen wie in dem oben behandelten Fall (ohne Reserven).

Bleibt die Einführung der arbeitsparenden Methoden auf diese eine Industrie beschränkt, so wird die Nachfrage nach Produktionsmitteln in der gesamten Volkswirtschaft nach Durchführung dieser zusätzlichen Investitionen wieder auf das alte Niveau zurücksinken. Es werden dann auch wieder die üblichen Produktionsreserven entstehen. Die Verringerung der Nachfrage nach Produktionsmitteln wird sich aber auf dem Markt fühlbar machen. Sie könnte nur dann gering sein und unbemerkt bleiben, wenn alle zusätzliche Nachfrage durch Einsetzung von Reserven befriedigt und die der Mehrproduktion über einen langen Zeitraum verteilt werden könnten, d. h., wenn der notwendige Zuwachs an Produktionsmitteln in den bisherigen Betrieben erzeugt werden und wenn durch Aufschub von Erneuerungen ein Spielraum geschaffen würde. Das würde sich ja dann auch in geringeren Ansprüchen an den Kapitalmarkt zeigen. Eine solche Verteilung über einen längeren Zeitraum, wobei also auf der ganzen Breite der Produktionsmittelerzeugung die Reserven eingesetzt werden, die späterhin wieder als normale Kapazitätsreserven »in den Schatten zurücktreten« können, wäre in einer Planwirtschaft denkbar, ist aber in unserer Marktwirtschaft nicht zu erwarten, da das stoßweise Auftreten solcher Nachfrage eben eine Konjunktur auszulösen pflegt (wenn die übrigen Bedingungen, insbesondere Kreditspielraum und infolgedessen günstige Zinsverhältnisse gegeben sind), in der es jedem zweckmäßig erscheint, in den Investitionen nicht hinter den anderen Unternehmen zurückzubleiben.

Es seien nun die weiteren Wirkungen nach Durchführung dieser zusätzlichen Investitionen skizziert:

Der Kredit von 528 Millionen, der in unserem Beispiel mindestens notwendig war, um die zusätzlichen Investitionen zu finanzieren, und entsprechend mehr, wenn Preissteigerungen eintreten, wird aus den erhöhten Ge-

winnen der dynamischen Produzenten allmählich wieder in die Banken zurückfließen und damit die frühere Liquidität derselben allmählich wiederherstellen. Solange dieser Prozeß dauert, wird die den zusätzlichen Gewinnen entsprechende Kaufkraft auf dem Markte fehlen und insoweit einen Rückgang der Gesamtproduktion verursachen. Die zusätzlichen Kredite und das Vorhandensein der Reserven hatten also zunächst die günstige Wirkung, die sekundäre Arbeitslosigkeit nicht eintreten zu lassen. Und auch die primäre Arbeitslosigkeit tritt nicht ein, insofern – bei Verteilung über einen längeren Zeitraum – die freigesetzten Arbeiter bei der Erzeugung der zusätzlichen Erzeugungsmittel beschäftigt werden. Aber die Rückschläge in der Gesamtproduktion sind nicht zu vermeiden, weil die Ausdehnung der Produktionsmittelerzeugung wieder rückgängig gemacht wird, was sich monetär in der Rückzahlung der zusätzlichen Kredite aus den Gewinnen auswirkt. Die Schrumpfung der Produktion wird noch stärker sein, wenn Ersparnisse zur Rückzahlung der zusätzlichen Kredite verwendet werden sollten, so daß die Investitionsrate unter das »Normale« sinkt.
Der Prozeß der Mechanisierung beschränkt sich aber nicht, wie etwa Erfindungen, auf eine einzige Industrie, ist doch die Mechanisierung die Ausnutzung technischer Prinzipien, die ein breites Anwendungsfeld haben. Man wird daher immer mit mehreren Wellen solcher Rationalisierungsvorschläge zu rechnen haben. Dann wird aber der Kapitalbedarf durch eine längere Zeit andauern, die Reserven werden nach und nach alle aktiviert sein, und der Prozeß wird, sowohl in der Produktion als auch monetär, den oben beschriebenen inflatorischen Charakter annehmen.
Das einzige Gegengewicht gegen rasche Preissteigerungen in den späteren Phasen dieses stürmischen Investitionsprozesses könnte die Tatsache bilden, daß allmählich die arbeitsparenden Methoden in Gang kommen und dadurch Arbeiter frei werden. Dem wirkt dann allerdings während dieser Periode wieder entgegen, daß die zusätzliche Erzeugung von Produktionsmitteln auch sekundäre Wirkungen auf alle übrigen Produktionszweige hat, die sich einer erhöhten Nachfrage gegenübersehen werden. Trotzdem kann es vorkommen, daß in den späteren Phasen des Aufschwunges sich die Verringerung der Nachfrage nach Arbeitern in den mechanisierten Industrien fühlbar macht, besonders wenn es sich um speziell geschulte Kräfte handelt, die in anderen Betrieben keine Beschäftigung finden können.

Der Rückschlag auf dem Arbeitsmarkt nach einer Periode der Mechanisierung

Nun soll noch die Situation am Ende einer solchen Aufschwungperiode betrachtet werden, deren Hauptinhalt die Mechanisierung der Produktion und nicht die Schaffung neuer Produktionszweige war. Es tritt der bekannte Rückschlag ein, der den Zusammenbruch jeder Konjunktur kennzeichnet: Die Erzeugung von Produktionsmitteln geht zurück, weil die Nachfrage nach Durchführung der Investitionen ruht oder weil die Liquiditätsgrenze erreicht ist. In der Geschäftslage der Depression werden Kredite zurückgezahlt werden müssen. Diese Rückzahlungen erfolgen oder werden durch Unterlassung von Erneuerungen finanziert. Damit sind unvermeidliche Rückwirkungen auch auf diejenigen Industrien verbunden, die selbst nicht die Hauptträger der Konjunktur waren (wie Transportanlagen, Kraftwerke usw.). Dieser allgemeine Schrumpfungsprozeß wird sich auch auf dem Arbeitsmarkt auswirken, und zwar in folgender Weise:

Mehrere Schichten von Arbeitern werden jetzt ihre Beschäftigung verlieren: 1. die Arbeiter, die in den Produktionsmittelindustrien zusätzlich beschäftigt worden waren; 2. die Arbeiter, die sekundär durch die Ausdehnung der Produktionsmittelerzeugung eingestellt worden waren. Das setzt freilich voraus, daß trotz der wachsenden Produktionsmittelerzeugung der Umfang der Fertigindustrien nicht eingeschränkt wurde. In der Tat können wir damit rechnen, und das entspricht auch der Wirklichkeit, wie jede Produktionsstatistik ausweist. 3. Endlich wird nach Abschluß der Konjunkturperiode die Kontraktion der Beschäftigung in den mechanisierten Industrien offenbar werden, die sich bisher einzig in einem langsameren Wachstum oder im Gleichbleiben der Beschäftigung ausgedrückt hatte.

Derart wird also der Schock auf dem Arbeitsmarkt sehr stark sein; und er wird kumulativ wirken, weil ja die rasche Verminderung der Beschäftigten auch einen Preisdruck zur Folge haben wird, der dann wiederum die Geschäftslage verschlechtert.

Wenn wir eine solche Mechanisierungskonjunktur mit einem Aufschwung vergleichen, der den Gewinnmöglichkeiten neu entstehender Industrien seine Entstehung verdankt (wie z. B. Eisenbahnen, Elektrizität), dann zeigen sich folgende Unterschiede: Sind während der Konjunktur neue Industrien entstanden, die einem zahlungsfähigen Bedürfnis entsprechen, ohne daß sich die Technik in den bestehenden Industrien geändert haben sollte, so wird sich das neue Produkt neben den alten durchzusetzen suchen, und soweit es einen Markt findet, wird sich auch der ganze Produktionsumfang ausdehnen (siehe Kap. I). Es wird dann nur die überproportionale Erzeugung an Produktionsmitteln, die während des Aufschwunges stattfand, rückgebildet werden, nebst den sekundären Wirkungen, die das im Gefolge hat. Es wird freilich inzwischen auch der »normale« Wachstumsprozeß weitergegangen sein, und daher wird in der Depression der Produktionsumfang über dem Niveau stehen, das zur Zeit der letzten Depression erreicht worden war. Infolgedessen wird die Konsumgütererzeugung gar nicht oder nur wenig absinken, besonders, wenn die neuen Industrien mit ihrer Nachfrage nach Arbeitern auf den Markt kommen; der Arbeiterfassungsraum wird sich erweitert haben, und die Depression wird sehr milde verlaufen. – In einer solchen Entwicklungsperiode wird die organische Zusammensetzung der Gesamtproduktion sich nicht über das Normale hinaus verändern, da die neuen Industrien vermutlich keine höhere organische Zusammensetzung als die alten haben werden; das überproportionale Wachstum der Gesamtindustrie wird eine *dauernd gesteigerte* Nachfrage nach Arbeitern involvieren.

Warum die Kompensation während einer Depressionsperiode gehemmt ist

Nach einer Mechanisierungskonjunktur aber ist der Arbeiterfassungsraum zurückgegangen, und es werden große Arbeitergruppen aus der Beschäftigung gedrängt. Die Freisetzung erfolgt jetzt in der Depression und verstärkt die »normale« Arbeitslosigkeit der Depression. In diesem Stadium der Gesamtbewegung nun sind die Kompensationstendenzen besonders schwach; an sich ist die Abwärtsbewegung der Preise einer Ausdehnung der Erzeugung nicht günstig, ganz abgesehen davon, daß die Einkommenssumme einschrumpft und die Neigung, zu kaufen, nachläßt. Es ist also möglich, daß in dieser Phase überhaupt keine Gewinne aus der Rationalisierung erzielt werden. Fallen sie trotzdem an, so werden sie nicht zur Ausdehnung der Erzeugung, sondern zur Rückzahlung der Kredite verwendet, so daß die kompensierende Wirkung der Lohnersparnis ausfällt.
Aber auch die Senkung der Preise wird in dieser Phase den Absatz nicht beleben; und die Produktion müßte ja steigen, um nur dieselbe Anzahl von Arbeitern wie bisher zu beschäftigen. Was endlich eine Lohnsenkung betrifft, die als Folge der Senkung der Grenzproduktivität von vielen Nationalökonomen in diesem Fall für unvermeidlich und zweckmäßig gehalten wird:[3] Auch eine Lohnsenkung würde keine Wirkung haben, da sie ja weder

3 Allerdings z. B. bei Wicksell unter den Bedingungen eines Gleichgewichts, in dem sinkende Löhne zu Gewinnen führen, die sofort investiert werden.

Investition von Extraprofiten noch genügend große Nachfragesteigerung zur Folge hätte, während andererseits die sinkende Nachfrage der Arbeiter selbst fühlbar würde.
Dieser Punkt scheint mir besonders wichtig: Eine allgemeine Lohnsenkung kann in einem normal ausgeglichenen Zustand durch Übertragung von Kaufkraft aus der Hand der Arbeiter in die der Konsumenten und Unternehmer eine erhebliche Wirkung üben, weil Preissenkungen zu Nachfragesteigerungen in dem ganzen Umfang der Lohnsenkung führen können. Das tut seine Wirkung, obwohl der Lohn nur ein Bruchteil der Kosten ist, macht sie sich doch durch ihre Auswirkung in alle Zweige der Produktion schließlich sehr weit fühlbar. Zwar ist nicht zu übersehen (S. 209 f.), daß diese Politik immer mit einer Einbuße an der Gesamtlohnsumme verbunden ist und daß also die Arbeiterschaft trotz Steigerung der Gesamterzeugung ihren Konsum einschränken muß. Aber nicht einmal dieser Ausweg ist jetzt gegeben: Erfolgt nämlich die Lohnsenkung mit Preissenkung in der eben behandelten Konjunkturphase, so ist die Situation für die Steigerung des Beschäftigungsgrades viel ungünstiger: Die Nachfragekurven bleiben nicht gleich[4], d.h., bei Preissenkung wird keine entsprechende Ausdehnung des Konsums in einer Situation zu erwarten sein, in der jeder auf Reservebildung bedacht ist; sollte der Absatz dennoch steigen oder sollten – umgekehrt – die Preise nicht herabgesetzt werden, so wird die etwa steigende Einnahme an Abschreibungsquoten und Gewinnen nicht in den Verkehr strömen, sondern zur Abzahlung von Krediten oder zur Reservebildung verwendet werden. Andererseits wird die Lohnsenkung zu einer Minderung der Nachfrage im ganzen Umfang der Lohnsenkung, vielleicht noch darüber hinaus (seitens der Arbeiter) führen.
Es wird also in dieser Phase der Konjunktur die Lohnsenkung (die bei ungünstiger Arbeitsmarktlage trotzdem eintritt) eine geringere Ausnutzung der bestehenden Anlagen implizieren und damit den ungenutzten Kapazitätsspielraum erweitern, der ein so großes Hindernis für die Wiederbelebung ist. Trotzdem mag die Lohnsenkung, schon aus der Lage des Arbeitsmarktes heraus, unvermeidlich sein, obwohl sie in keiner Weise durch die Senkung des (physischen) Ertrags begründet ist. Sie wird vielleicht die Wiederherstellung der Liquidität beschleunigen und bis zu einem gewissen Gra-

4 In dieser Phase der Konjunktur wird eine Preissenkung auch dann nicht zur Ausdehnung des Absatzes führen, wenn bei gleichbleibendem Preis der Absatz nicht zurückgegangen ist. D.h., die Nachfrage wird unelastisch sein. Das ist dann der Fall, wenn die bisherigen Konsumenten des Produkts die Ersparnis zur Reservebildung verwenden und wenn andere Konsumenten, die unter ausgeglichenen Verhältnissen als Käufer aufgetreten wären, es nicht wagen, ihren Konsum auszuweiten oder umzuformen.

de Fehlinvestitionen rentabel machen; aber sie wird nicht zu einer Erweiterung der Beschäftigung führen.

In der Tat geht im Konjunkturverlauf in der Depression die Lohnsenkung Hand in Hand mit sinkender Beschäftigung, und das gesamte Einkommen der Arbeiter schrumpft daher noch schneller als die Zahl der Beschäftigten.[5]

Die Kompensation kann also erst dann beginnen, wenn die Bedingungen für das Ansteigen der Produktion gegeben sind. Das wird um so länger dauern und mit um so größerer Arbeitslosigkeit verbunden sein, je mehr Arbeiter freigesetzt wurden und je geringer daher die Ausnutzung der Kapazität ist. Derart kann die Wirkung der Freisetzung durch sekundäre Arbeitslosigkeit sehr verschärft und verlängert werden, ja, es kann eine Situation eintreten, in der eine Wiederbelebung der Gesamtproduktion nur mehr durch staatliche Intervention möglich ist.

Technologische Arbeitslosigkeit im Konjunkturprozeß größer als in der harmonischen Dynamik

Wenn man also annehmen sollte, daß die Folgen arbeitsparender Methoden durch den Konjunkturverlauf nicht nur in ihrem Eintritt verzögert, sondern auch gemildert werden können, so ist gerade das Gegenteil richtig. Denn ohne zusätzlichen Kredit würde zwar eine Schrumpfung in den statischen Industrien eintreten, aber andererseits würde infolge Kapitalmangels die Mechanisierung abgebremst werden. Auch kann man im Zustand einer ausgeglichenen Wirtschaft mit einer verhältnismäßigen Beharrlichkeit der Nachfragekurven rechnen. Die Kumulation der Störungen im Konjunkturverlauf hingegen verlängert den Zeitraum bis zur Wiederherstellung eines Zustandes, von dem aus das allgemeine Wachstum des Prozesses auch die freigesetzten Arbeiter wieder resorbiert.

Dasselbe Bild bietet sich uns auf Grund einer weiteren Überlegung. Sind die

5 Das bestätigen auch die Daten der letzten Jahre für die Vereinigten Staaten *(Survey of Current Business,* 1936 Supplement, S. 29, 36, 11.)

(Monatlicher Durchschnitt 1923–25 = 100)	Beschäftigung	Lohnsummen	Lebenshaltungskosten (1923 = 100)
1929	104,7	109,1	100,1
1930	91,3	88,5	96,7
1931	77,3	67,4	87,2
1932	65,5	46,4	77,9
1933	72,0	49,4	74,9
1934	82,4	62,8	79,4
1935	85,3	71,2	82,6

Investitionen in einer Mechanisierungsperiode auf Ersparnisse beschränkt, so schrumpft die Produktion relativ ein (verlangsamtes Wachstum) und demgemäß auch die Einkommenssumme. Wieweit durch Veränderung der Einkommen (insbesondere der Löhne) oder Preise wieder volle Beschäftigung entstehen kann, wurde oben erörtert. Kann zusätzlicher Kredit eingesetzt werden, so wird vorerst das relative Zurückbleiben der Einkommenssumme verhindert. Die Einkommenssumme wird sich als unmittelbare Folge des anschwellenden Kapitalbedarfs erhöhen, und Reserven an Produktionsmitteln wie an Arbeitskräften werden mobilisiert. In der späteren Folge kann aber ein Rückschlag nicht ausbleiben. Im Unterschied zu dem Prozeß, in dem das Wachstum auf die Investition von Ersparnissen allein gegründet ist, wird zwar die Arbeitslosigkeit im Prozeß der Rationalisierung vermieden. Hingegen wird die primäre Wirkung: Freisetzung, mit voller Wucht eintreten, und sie wird nicht auf dem einen oder andern Weg der Kompensation (Investition der Übergewinne) überwunden werden können in einer Situation, in der gerade diejenige Ausweitung des Wirtschaftsprozesses nicht erwartet werden kann, durch welche allein die freigesetzten Arbeiter resorbiert werden können. Das hat weitere sekundäre Arbeitslosigkeit zur Folge, jetzt aufgrund des Ausfalles an Kaufkraft, die in der quantitativen Bedeutung hinter der sekundären Arbeitslosigkeit infolge verlangsamten Wachstums der statischen Wirtschaftszweige nicht zurückbleibt.
Es wurde eben auseinandergesetzt, daß die charakteristischen Depressionsphänomene vom technischen Fortschritt verschärft werden. Soweit sich dieser während der guten Konjunktur durchsetzt, bereitet er eine größere Arbeitslosigkeit in der Depression vor. Ein Symptom für diese Wirkung des technischen Fortschritts in der letzten Konjunkturperiode ist die Arbeitslosigkeit in der Fertigindustrie.
Da die Rationalisierungsbewegung sich in höherem Maße in der Fertigindustrie vollzog, mußte sich das in der relativen Verschiebung von Produktionsvolumen und Arbeiteranzahl zeigen. Nach dem konjunkturstatistischen Handbuch 1933 ergab sich in Deutschland für die Produktionsmittelindustrie eine Senkung des Produktionsindexes von 100 (1928) auf 47,7 oder um 52,3 v. H. Der Beschäftigungsindex sank um 47 v. H. und, mit vorsichtiger Einschätzung der Kurzarbeit, um 53,4 v. H. innerhalb desselben Zeitraums.
In der Fertigindustrie hingegen sank die Indexziffer der Gütererzeugung um 23 v. H., hingegen die Zahl der Vollarbeiter um 32 v. H. bzw. mit Berücksichtigung der Kurzarbeit um 41 v. H. Ähnliche Ziffern für die Schuhindustrie: Senkung der Erzeugung um 14,7, hingegen der Beschäftigten um 30 v. H. Diese Ziffern zeigen die Auswirkung der Rationalisierung.

Hingegen wäre das Bild einer Depression ohne eine so durchgreifende Änderung der Produktionsmethoden in der Fertigindustrie verschieden. Wenn die Erzeugung in den Fertiggüterindustrien während der Depression nur um 10 v. H. sinkt, so könnte die Zahl der Arbeiter auch nur um 10 v. H. ihres Höchststandes in der letzten Konjunkturperiode sinken. Nimmt man an, daß in der Hochkonjunktur wenigstens teilweise mit Überstunden gearbeitet wurde und daß auch Kurzarbeit eintreten wird, bevor Arbeiter entlassen werden, so ergäbe sich im Höhepunkt der Krise in der Fertigindustrie eine Arbeitslosigkeit von etwa 7 v. H. So würde man auch einen niedrigeren Prozentsatz der Arbeitslosen in der Fertigindustrie für die Periode 1928–33 erreichen, wenn man annehmen könnte, daß sich der Arbeitsbedarf der Fertiggüterindustrie parallel der Produktionsmenge bewegt hätte. Dann hätte nämlich die Arbeitslosigkeit in der Fertiggüterindustrie anstatt 41 v. H. 23 v. H. betragen. Für diese weitaus größere Menge von Arbeitskräften wären dann aber auch entsprechend mehr Fertiggüter erzeugt worden. Wenn die Anzahl der in der Fertiggüterindustrie beschäftigten Arbeiter anstatt 59 v. H. des Standes von 1928 77 v. H. betragen hätte, so wäre ihre Anzahl im Jahr 1932 um 30,5 v. H. größer gewesen, als sie tatsächlich war. Wenn nun die Lohnsumme der Fertigindustrie 40 v. H. beträgt, und wenn die Arbeiter 33 v. H. ihres Lohnes für Fertiggüter aufwenden, so wäre die Nachfrage nach Fertiggütern durch die Tatsache der besseren Beschäftigung in der Fertigindustrie selbst noch gewachsen, aber um weniger, als man annehmen würde. Der Absatz an Fertiggütern wäre nämlich noch um 3 v. H. gestiegen oder von 77 auf etwa 80 v. H. des Standes von 1928.
Hierbei darf man aber folgendes nicht außer acht lassen: Wenn die Anzahl der Arbeitskräfte in irgendeiner Wirtschaftssphäre, hier Konsumgüterindustrie, sinkt, dann wird nicht nur deren Kaufkraft auf dem Markte fehlen, sondern es wird die ganze Reihe von Kaufakten ausfallen, die von der Kaufkraft dieser jetzt fehlenden Käufer finanziert worden war. Nun ist aber gerade in der Krise die Senkung der Beschäftigten immer ein Element eines Schrumpfungsprozesses, d. h., die Kaufkraftverminderung durch Arbeitslosigkeit wird innerhalb der Krise nicht durch Entstehung aktiver Kaufkraft im Einkommen anderer Wirtschaftssubjekte kompensiert, und deshalb fällt ein Kreis von Tauschakten weg. Die Vorstellung, als ob die Senkung der Beschäftigung nur eine Verschiebung der Kaufkraft in sich schließe, ist daher für die hier betrachtete Phase des Wirtschaftsprozesses unzutreffend. Wenn die Investitionen in den Konsumgüterindustrien arbeitsparend sind und innerhalb des Konjunkturverlaufs zu zeitweilig übermäßiger Ausweitung der Produktionsmittelindustrien führen, dann wird eine Überkapazität vorbereitet, die den Rückstoß besonders heftig macht, weil sich die

Auslagen für Ersatzanlagen wie Neuanlagen nun in besonders hohem Maß verringern. So muß die Erzeugung von Kapitalgütern stark zusammenschrumpfen. Diesem Faktor ist sicher ein erheblicher Teil des Rückstoßes in der Produktionsmittelerzeugung zuzuschreiben. Man geht wohl nicht fehl, wenn man die Reduktion in der Erzeugung der Produktionsmittel innerhalb der letzten Konjunkturperiode in Ländern wie den Vereinigten Staaten oder Deutschland mit auf die Effizienzsteigerung in der Konsumgüterindustrie zurückführt.

Arbeitsparende technische Fortschritte führen daher zu einer Vertiefung und Verbreitung der Konjunkturwellen. Das ist die Form, in der sich die »technologische Arbeitslosigkeit« allein zeigen kann.

Kapitel VIII

Der Sonderfall der kapitalsparenden technischen Fortschritte

Definition

Das Phänomen der kapitalsparenden technischen Fortschritte ist bisher nur wenig behandelt worden. Hat doch die Freisetzung der Arbeitskräfte durch die Maschine und die Rationalisierung alle Aufmerksamkeit auf sich gezogen. Die arbeitsparenden Methoden gehen meist Hand in Hand mit einer Steigerung der Kapitalanwendung; sie verringern also unter den allgemein üblichen Annahmen die Grenzproduktivität der Arbeit und erhöhen die Grenzproduktivität des Kapitals. Das Gegenteil sollte die Wirkung einer kapitalsparenden Erfindung sein[1], aber die Schwierigkeit in der Beurteilung ihrer Wirkung liegt darin, daß sie zugleich auf dem Arbeitsmarkte fühlbar wird. Wir können folgende Fälle unterscheiden:

1. Die »echten« kapitalsparenden Erfindungen: Sie ersparen Kapital im Sinne von sachlichen Produktionsmitteln, z. B. werden Kabel in der drahtlosen Telegrafie überflüssig. Dieselbe Effizienz kann also jetzt mit geringeren Kaufkraftbeträgen finanziert werden.

2. Auf die Höhe des Anlagekapitals wirken aber ebenso arbeitsparende Erfindungen oder Methoden in der Erzeugung von Kapitalgütern. Es kann zwar sein, daß nur der bei der Erzeugung von Produktionsmitteln unmittelbar entstehende Arbeitsaufwand verringert wird, z. B. in der serienweisen Maschinenerzeugung, daß jedoch die für die Erzeugung der Maschinen notwendige Kapitalbasis verbreitert werden muß. In der Maschinenindustrie selbst haben wir dann den reinen Fall einer arbeitsparenden Erfindung. Diese wird sich dann (bei Preissenkung der Maschinen) als kapitalsparende Erfindung in den Industrien auswirken, welche diese Maschinen verwen-

1 Dies ist der Begriff Pigous, der von einem Tatbestand ausgeht, in dem die Erfindung nur Produkte betrifft, welche von den Arbeitern selbst nicht konsumiert werden. Er nennt dann kapitalsparende solche, die das Grenzprodukt an Waren, die die Arbeiter konsumieren, erhöhen; arbeitsparende, die es verringern; und neutrale, die es unberührt lassen (Pigou, *Economics of Welfare,* Teil V, Kap. IV, Abschnitt 3).

den. Um einen allgemeinen Begriff zu gewinnen, sei also jede Veränderung oder Erfindung als kapitalsparend bezeichnet, als deren direkte oder indirekte Wirkung die Bindung einer geringeren Kapitalmenge bei Erzeugung einer Produkteinheit erforderlich ist. Die ökonomische Wirkung dieser zweiten Gruppe kapitalsparender Erfindungen ist genau dieselbe wie die der ersten: In beiden Fällen wird das zur Erzeugung derselben Produktmenge notwendige Kapital verringert, und da Kapital in unserer Betrachtung produzierte Produktionsmittel sind, wird in beiden Fällen Arbeit gespart.
Eine kapitalsparende Erfindung liegt also dann vor, wenn zur Erzeugung von 1 Million Einheiten, die bisher eine Kapitalausrüstung von 100 erforderte, nun nur eine geringere Kapitalausrüstung, z. B. von 90, erforderlich ist. Eine kapitalsparende Erfindung sei auch angenommen, wenn die Kapitalausrüstung zwar von 100 auf 300 steigen mag, aber wenn mit dieser Kapitalausrüstung z. B. eine Produktmenge von 5 Millionen Einheiten oder eine noch größere Menge erzeugt werden kann. Also überall dort, wo der Kapitalbedarf steigt, aber nicht im Verhältnis zur steigenden Produktmenge und meistens auch nicht im Verhältnis zur Arbeiteranzahl, so daß die Produktmenge im Verhältnis zur angewendeten Kapitalbasis steigt, nehmen wir Kapitalersparnis an. Die Kostensenkung tritt dann eben auf dem Kapital- und nicht auf dem Lohnkonto ein, und die organische Zusammensetzung dieser Produktion sinkt. Demgegenüber wird bei arbeitsparenden Erfindungen dieselbe Produktionsleistung eine geringere Anzahl von Arbeitern als bisher, hingegen eine breitere Kapitalbasis erfordern, wie z. B. bei der Automatisierung des Telefons oder der Serienerzeugung von Automobilen.
Es ist aber noch eine andere Variante der kapitalsparenden Erfindungen, d. h. der Kostensenkung bei Erzeugung von Produktionsmitteln, denkbar: Es kann nämlich die Kapitalanwendung je Arbeiter steigen, hingegen je Produkteinheit sinken. Das ist der Fall, wenn die neuen Maschinen billiger werden als die alten, hingegen Arbeiter in höherem Maße freisetzen, als der Senkung ihres Preises entsprechen würde, während die Produktion so steigt, daß der auf die Produkteinheit entfallende Betrag zur Verzinsung und Amortisation des Kapitals sinkt. In diesem Falle verknüpft sich die Kapitalersparnis mit arbeitsparendem technischen Fortschritt.

Der besondere Fall der Bauindustrie

3. In der Mitte stehen die Erfindungen in der Bauindustrie. Soweit nämlich in der Bauindustrie Wohnhäuser hergestellt werden, handelt es sich theoretisch um die Herstellung lang dauernder Konsumgüter, und daher ist die Ko-

stensenkung als arbeitsparend zu bezeichnen. Da aber diese lang dauernden Konsumgüter nicht aus den Einkommen der Konsumenten bezahlt werden können, ist ihre Erzeugung andererseits mit dem Sparprozeß verknüpft. Jede Verminderung der Kosten für den gleichen Wohnraum ist daher bei gleichbleibender Nachfrage nach Wohnraum mit einer Verringerung der Nachfrage nach Sparkapital verbunden, und zwar gleichgültig, ob z. B. Kapital in der Erzeugung von Baumaterialien oder in dem Bau der Häuser selbst gespart wird. Führen diese Ersparnisse zu einer Verringerung der Mietkosten, so wird bei der großen Elastizität der Nachfrage nach Wohnraum in vielen europäischen Ländern (weniger in den Vereinigten Staaten) die Nachfrage nach Wohnraum deutlich steigen. Insoweit werden die Nachfrage nach Sparkapital und die Arbeitskapazität der Bauindustrie nicht zurückgehen. Hingegen werden die kapital- wie arbeitsparenden Erfindungen in der Bauindustrie, soweit die Erstellung von industriellen Anlagen in Frage kommt, kapitalsparend wirken, und es wird von den Umständen abhängen, ob und wieweit eine Kompensation erwartet werden kann.

Ökonomische Wirkungen kapitalsparender Erfindungen

Kapitalsparende Erfindungen eröffnen zwei Möglichkeiten: entweder die Unternehmungen in ihrer technischen Ausrüstung per Arbeiter unverändert zu belassen und das frei werdende Kapital anderweitig zu verwenden; oder aus den Ersparnissen die technische Ausrüstung zu verbessern. (Das setzt die Existenz solch technischer Möglichkeiten voraus.)

Im ersten Fall ist es wichtig, daß die Investition des frei werdenden Kapitals sofort erfolgt. Je längere Zeit bis zur Anlage des frei gewordenen Kapitals verstreicht, um so mehr wird die Kapitalersparnis länger dauernde Arbeitslosigkeit in der Erzeugung von Produktionsmitteln bedeuten. Die Nachfrage nach Arbeitskräften wird nur aufrechterhalten, wenn alles ersparte Kapital auch wirklich zur Investition gelangt.

Wenn aus den frei werdenden Ersparnissen neue Betriebe aufgebaut werden, und wenn diese Betriebe von der gleichen Art und technischen Zusammensetzung wären wie die bestehenden Unternehmungen, so wäre das nur möglich, wenn hierfür Arbeitskräfte auf dem Markte zur Verfügung stünden. Wir hätten dann ein gegenüber dem bisherigen schnelleres Wachstum der Gesamtproduktion. Der Lohn würde steigen, weil ja jetzt eine geringere Kapitalsumme für dieselbe Gesamterzeugung notwendig wäre als vordem. Bei einer solchen Verwendung der frei werdenden Kapitalien ist eine richtige proportionale Verteilung schwierig und kaum zu erwarten. Das mag späterhin Stockungen verursachen.

Im zweiten Fall werden die bestehenden Betriebe, ohne Erhöhung des Kapitalwertes, durch Verringerung der Kosten bei der Erzeugung der Kapitalgüter (deren Preise also als sinkend angenommen werden) technisch leistungsfähiger. Wenn die Steigerung der technischen Leistungsfähigkeit nicht zu schnell erfolgt, kann die bisherige Arbeiterzahl beibehalten werden. Es sollten sich dann – infolge Steigerung der Grenzproduktivität der Arbeit – die Löhne erhöhen. Wenn aber gleichzeitig diese technische Umstellung wieder eine Arbeitsersparnis großen Umfangs herbeiführt, d.h. arbeitsparende Erfindungen auslöst, so wird der Druck auf den Lohn überwiegen. Welcher der beiden Fälle Wirklichkeit wird, hängt von den technischen Möglichkeiten ab.

Kapitalsparender Fortschritt als Gegenwirkung gegen den arbeitsparenden Fortschritt

Die arbeitsparenden Erfindungen schließen eine Steigerung der Kapitalintensität, also die Notwendigkeit neuer Investitionen, in sich. Wenn in einer gleichmäßig wachsenden Volkswirtschaft das normale Wachstum der statischen Produktionszweige wegen des wachsenden Kapitalbedarfs der dynamischen Betriebe nicht mehr ausreichend finanziert werden kann, dann werden gleichzeitig auftretende kapitalsparende Erfindungen diese Störung im Wachstum balancieren können. Wenn z. B. der Kapitalbedarf einer normal wachsenden Volkswirtschaft 3 v. H. des angelegten Kapitals betrüge, und wenn infolge arbeitsparender Erfindungen der Kapitalbedarf um 16 v. H., also auf $3^1/_2$ v. H. stiege, wenn hingegen der Kapitalbedarf gleichzeitig infolge kapitalsparender Erfindungen um 8 v. H. = $^1/_4$ v. H. der Kapitalanlagen zurückginge, dann wüchse der Kapitalbedarf nicht so rasch wie in unserem früheren Beispiel, und die Kapitalversorgung der »statischen« Betriebe wäre nur um 8 v. H. beeinträchtigt worden.
In diesem Fall würde also die sekundäre Arbeitslosigkeit wesentlich geringer sein, während allerdings die primäre Arbeitslosigkeit als Folge der arbeitsparenden Erfindung einträte.

Kumulative Wirkungen beider Typen technischer Fortschritte

Die arbeitsparende Seite der kapitalsparenden Erfindungen würde aber trotzdem, wenngleich erst später, voll in Erscheinung treten: Wenn nämlich die Kapitalausstattung der dynamischen Betriebe einmal erzeugt ist, und wenn demgemäß ihre Kapitalnachfrage zurückgeht, so wird das normale Wachstum der Gesamterzeugung mit einem geringeren Gesamtkapital bewältigt werden können. Die Nachfrage nach Produktionsmitteln wird bei gleichbleibenden Preisen der Kostengüter um 8 v.H. und bei sinkenden Preisen derselben sogar mehr als um 8 v. H. fallen können. (Die Preise können nämlich aufgrund der Arbeitslosigkeit in den Produktionsmittelindustrien zurückgehen.) Es wird sich dann die Frage ergeben, ob und wie dieser Kapitalüberschuß investiert werden kann, wobei die freigesetzten Arbeiter wiederbeschäftigt werden könnten.

Noch übersichtlicher wird das Gesamtresultat, wenn der Tatbestand folgendermaßen liegt: Es können sich arbeit- und kapitalsparende Erfindungen in denselben Industrien kumulieren. Es kann dann sein, daß die Ersparnis von Arbeitskräften zwar selbstverständlich mit einer technischen Strukturveränderung verknüpft ist, daß jedoch hierfür eine zusätzliche Kapitalinvestition über das Normale hinaus nicht erforderlich ist. Wenn z. B. aus den Abschreibungen heraus, vermehrt um die in der Industrie erzielten Profite, bereits eine solche Umorganisation vorgenommen werden kann, dann wird eine zusätzliche Inanspruchnahme des Kapitalmarktes aus den Bedürfnissen der dynamischen Industrien heraus nicht erfolgen. Wenn dann mit derselben Anzahl von Arbeitskräften und demselben Kapital eine weitaus größere Produktmenge erzeugt werden kann, so müßte bei Elastizität von wenigstens gleich 1 die Produktion hinreichend ansteigen, um jede Störung zu vermeiden. Aber oft werden in solchen Fällen die Preise nicht rasch genug sinken, und dann wird sowohl Kapital als auch Arbeit funktionslos werden. Geht gleichzeitig auch in anderen Industrien der Kapitalbedarf zurück, weil eben aus den Abschreibungen heraus schon ein Teil der normalen Produktionssteigerung infolge wachsender Effizienz aufgebaut werden kann, so wird sich die Arbeiter freisetzende Wirkung der kapitalsparenden Erfindungen sofort bemerkbar machen. Es wird sich dann unmittelbar sowohl ein Druck auf den Lohn (aus zwei Quellen) als auch ein Druck auf den Zinsfuß ergeben. Diese beiden Veränderungen werden einander nur dann, wenn sich die Preise entsprechend senken, ohne weiteres kompensieren; andernfalls ergibt sich das neue Problem, wie die »freigesetzten« Kapitalien und die freigesetzten Arbeitskräfte zu neuen Produktionen verknüpft werden können, d. h. aber, wie sich ein schnelleres Wachstum der Gesamterzeugung reibungslos durchsetzen kann.[2]

Diese Situation bietet nur dann kein neues Problem, wenn die neu anfallen-

2 Dieser Fall ist theoretisch identisch mit der früher behandelten Effizienzsteigerung der Arbeit ohne vorangehende Kapitalinvestition.

den Kapitalien ohne Verzögerung zur Investition gelangen. Das ist aber schwierig, wenn infolge arbeitsparender Erfindungen Arbeitslosigkeit eingetreten war, und wenn derart die Kapitalverwertung auch in den alten Betrieben einen Rückschlag erleidet.[3] Dann wird ein Wachstum bereits bestehender Industrien nicht zu erwarten sein, und neues Kapital könnte nur in neuen Industrien oder im Ausland investiert werden. Auch die Tatsache, daß bei Akkumulation von arbeit- und kapitalsparenden Erfindungen die aktive Geldmenge sinkt, wird nicht automatisch zur Belebung beitragen. Denn dieses unbeschäftigte Geld mag zwar zur Anlage »drängen«, aber wenn die Nachfrage aus den erwähnten Gründen nicht steigt, so werden nur die Depositen anwachsen. Brachliegendes Geld ist nur potentiell steigende Erzeugung. Die Wiedereinschaltung der freigesetzten Kapitalien und Arbeitskräfte begegnet also in diesem Falle Schwierigkeiten, sofern die Preise nicht, entsprechend den sinkenden Kosten, nachgeben. Auch die Entstehung höherer Gewinne würde keinen Ausgleich bieten können, weil diese ja bei gleichbleibenden Preisen nicht investiert werden könnten. Wenn auch anderwärts, aus welchen Gründen immer, die Gewinne nicht investiert werden könnten, so würden sich ungenutzte Kapitalien und ungenutzte Arbeitskräfte auf dem Markt befinden. Der Umfang, in dem Kapitalien wie Arbeiter nun zur Disposition stehen, wird von der primär freisetzenden Wirkung der kapital- und arbeitsparenden Erfindungen und von der Starrheit der Preise abhängen. Je größer die Starrheit der Preise ist, um so mehr wird auch Kapital frei werden, das ehedem investiert war, indem z. B. die einfließenden Erneuerungsbeträge nicht wiederverwendet werden. Das ist ein Element, das die Situation sehr schwierig gestalten kann.

Diese Variante ist die interessanteste. Sie ist in der Wirkung auf den Arbeitsmarkt dem oben ausführlich dargestellten Fall arbeitsparender Erfindungen bei gleichzeitiger Steigerung der organischen Zusammensetzung sehr ähnlich, wenngleich sich hier Kapitalüberschuß, dort Kapitalmangel mit der Freisetzung verbindet. Darin zeigt sich aber, daß die Störung des Gleichgewichts von entscheidender Bedeutung ist. Es kann eben die Arbeitslosigkeit verschärft werden, wenn eine plötzliche Steigerung des Kapitalbedarfs nicht befriedigt werden kann, ebenso wenn plötzlich eine Stauung in der Nachfrage nach Kostengütern für die Herstellung von Produktionsmitteln trotz vorhandener echter Ersparnisse erscheint. In beiden Fällen tritt zunächst primäre Arbeitslosigkeit in den dynamischen Betrieben

3 Die Senkung der Preise wird auch dadurch aufgehalten, daß man solange wie möglich mit der Herabsetzung der Buchwerte der alten Anlagen zögert und daher die Herabsetzung der Kosten durch kapitalsparende Erfindungen nicht in genügendem Ausmaß in Erscheinung tritt.

ein. Steht die weitere Entwicklung unter dem Zeichen des Kapitalmangels, so schließt sich sekundäre Arbeitslosigkeit in den statischen Betrieben an. Ist umgekehrt gleichzeitig Verringerung des Arbeitsbedarfs in den Produktionsmittelindustrien zu konstatieren, so wird zwar die sekundäre Arbeitslosigkeit aus der Verringerung der Kapitalversorgung wegfallen, es wird jedoch in diesem Fall eine zweite Welle von Arbeitslosigkeit in den Produktionsmittelindustrien entstehen.

Dieses Phänomen der Arbeitslosigkeit als Folge von Schwierigkeiten für die Investition von freigesetztem Kapital erinnert an die Situation am Ende des Liquidationsprozesses einer Krise. Ebenso wie in dem hier skizzierten Verlauf treffen wir dann auf Hindernisse für die Investition neuen Kapitals wie auf lang dauernde Arbeitslosigkeit. Ein unterscheidendes Merkmal liegt aber darin, daß nach der Liquidation der Krise die Betriebe fast aller Wirtschaftszweige an Überkapazitäten leiden, welche die Aussichten für weitere Investitionen erschweren bzw. versperren. Hingegen würden in unserem Falle die bestehenden Betriebe voll beschäftigt bleiben. Daher liegt das Problem nach unserem Schema einfacher. Es stellt folgende Aufgaben: Da jetzt dieselben Produktionsmengen mit einer geringeren Arbeiteranzahl und einer geringeren Kapitalinvestition als bisher produziert werden können, werden sowohl Kapital- als auch Arbeitskräfte verfügbar. Wenn sich nun die Erzeugung harmonisch, nämlich im Einklang mit der Bedürfnisskala, ausweitete, dann würden mit der Erzeugung dieser zusätzlichen Waren auch die entsprechenden Einkommen zuwachsen. Da aber im Durchschnitt die Effizienz der Arbeit gestiegen wäre, müßten die Preise sinken, sonst könnte – ohne Kreditausweitung – die erhöhte Produktmenge nicht Aufnahme finden. Blieben die Preise gleich, so hätten wir dieselbe Einkommenssumme wie *vor* den arbeit- und kapitalsparenden Erfindungen, aber eine viel größere Produktmasse, was schwere Störungen einschlösse. Selbst bei Preissenkungen würde ja die richtige Verteilung von Kapital und Arbeitskräften auf die einzelnen Produktionszweige große Schwierigkeiten bereiten. Der Mangel an Beschäftigung für Kapital und Arbeit in der »normalen« Depression ist also an die Rückzahlung der in der Konjunktur übermäßig ausgedehnten Kredite geknüpft – hier aber dadurch verursacht, daß die Starrheit der Preise, oder bei elastischen Preisen die Schwierigkeiten richtiger Verteilung, die Ausdehnung der Erzeugung hindert.

Elastizität der Nachfrage nach Kapital entscheidend für die kompensierende Wirkung kapitalsparender technischer Fortschritte

Die Überwindungen der Störungen, die von kapitalsparenden Erfindungen ausgehen, ohne daß gleichzeitig arbeitsparende Erfindungen eingeführt werden, wird entscheidend davon abhängen, wie elastisch die Nachfrage nach Kapital ist. Ist sie innerhalb des Wirtschaftszweiges selbst, in dem die Kapitalersparnis eintritt, verhältnismäßig starr, so wird das freigesetzte Kapital nur in anderen Wirtschaftszweigen Beschäftigung finden. Sehr wichtige kapitalsparende Erfindungen dienen letztlich Bedürfnissen, deren Nachfrage nicht so elastisch ist, z. B. Transportleistungen oder Kohle. In anderen Wirtschaftszweigen könnte zwar der Absatz durch Preissenkungen sehr erhöht werden, wie z. B. Elektrizität, aber das würde in den meisten Fällen nicht zu einer Steigerung der Kapitalnachfrage, sondern nur zu einer besseren Ausnutzung der bestehenden Anlagen führen. Auf ein Feld sehr elastischer Nachfrage, nämlich den Wohnungsbau, wurde bereits hingewiesen. Er ist der einzige Produktionszweig, dessen Umfang ungefähr im Verhältnis der Kapitalersparnis ausgedehnt werden kann. Aber selbst in diesem sind die Ausdehnungsmöglichkeiten begrenzt. Wenn zumal die kapitalsparenden Erfindungen sich gleichmäßig über viele Wirtschaftszweige verteilen und bedeutsam sind, ist ein Ausweichen schwer möglich. So stellt die Senkung der Kapitalkosten überaus hohe Anforderungen an die Elastizität eines Wirtschaftssystems.

Der Grund hierfür ist folgender: Der Anteil der Kapital- und Amortisationskosten an den Gesamtkosten der Produktion ist gering bzw. die Zinseinkommen aus industriell investiertem Kapital spielen im Rahmen der Gesamteinkommen keine entscheidende Rolle. Hingegen nimmt die Herstellung der Kapitalgüter selbst einen sehr großen Teil der Arbeitskräfte in Anspruch (wobei allerdings in den üblichen Statistiken Teile von Produktionszweigen als Produktionsmittelerzeugung geführt werden, die z. B. Konsumgütererzeugung sind).[4] Jede kapitalsparende Erfindung bedeutet daher die Freisetzung von verhältnismäßig großen Arbeitermengen. Die Wiedereinfügung derselben in den Produktionsprozeß kann nur innerhalb der

4 In der üblichen Terminologie der Produktionsstatistik werden die Urerzeugung, Halbzeugproduktion usw. als Produktionsmittelerzeugung bezeichnet. Auch das Bauwesen wird hinzugerechnet. Logischerweise sollte die ganze Produktion, soweit sie direkt als Konsumgut dient (Hausbrandkohle, Häuserbau usw.), zur Konsumgütererzeugung gerechnet werden, ebenso wie diejenigen Rohstoffe, Halbzeuge, die *physisch* einen Bestandteil von Konsumgütern bilden werden – wie Leder in Schuhen, Holz in Möbeln usw. Würden diese Teile der Produktionsmittelerzeugung ausgesondert werden, so würde sich zeigen, daß die Schwankungen der Produktionsmittelerzeugung noch erheblich größer sind, als sie in der Statistik erscheinen.

Produktionsmittelindustrie erfolgen, da ja für eine Ausdehnung der Konsumgüterindustrie deshalb kein Anlaß vorhanden ist, weil die Nachfrage nach Konsumgütern bestenfalls, d. h. nach Aufsaugung der Arbeitslosen in der Produktionsmittelindustrie, unverändert bleibt. Nur insoweit die Verbilligung der Kapitalgütererzeugung zu einer Kostensenkung in den Konsumgüterindustrien führt, kann deren Absatz erhöht werden. Aber wie unten gezeigt werden wird, wird eine Kompensation nur für einen Teil der Arbeitslosigkeit durch kapitalsparenden technischen Fortschritt eintreten können. Außerdem braucht ein solcher Prozeß Zeit, und die Verbilligungen zersplittern sich überdies oft in kleine Bruchteile der Preise, so daß erhebliche Steigerungen der nachgefragten Mengen nicht erhofft werden können. So können die Störungen als Folge tiefreichender kapitalsparender Erfindungen wirksam nur durch die Entstehung neuer Produktionen oder durch Kapitalexport überwunden werden.
Daraus erklärt sich, daß eine Krise in der Erzeugung von Produktionsmitteln besonders hartnäckig ist, bedeutet sie doch die Brachlegung von Kapitalgütern und Arbeitern, die meist in anderen Zweigen der Produktion gar nicht verwendet und die nur dann wieder aktiviert werden können, wenn sich Möglichkeiten für neue große Investitionen erschließen.

Kapitalsparender technischer Fortschritt, ein neues Phänomen

Betrachtet man die Wirtschaftsentwicklung während des Zeitalters des Industriekapitalismus, so kann man wohl sagen, daß im 19. Jahrhundert entweder Erfindungen das Feld beherrschten, die zur Schaffung neuer Industrien führten, oder technische Fortschritte, die bei gleichzeitig steigendem Kapitalaufwand in der Fertiggütererzeugung arbeitsparend wirkten. Erst im 20. Jahrhundert begann die große Epoche der kapitalsparenden technischen Fortschritte. Auch die Auswirkungen dieser kapitalsparenden Verbesserungen sind in den Konjunkturprozeß eingeschaltet. Wenngleich solche Erfindungen Kapital sparen, wird sich das doch in der guten Konjunktur nur in einem relativen Rückgang der Kapitalgütererzeugung auswirken, d. h., trotz der Ersparung an Kapital werden die Investitionen über das Ausmaß der realen Ersparnisse hinausgehen, und derart werden Überkapazitäten vorbereitet. Die Produktionserweiterungen, die in der Fertigindustrie stattfinden, werden infolge der Möglichkeit, mit demselben Kapitalbetrag eine größere potentielle Kapazität aufzubauen, sehr groß sein. Andererseits wird der Kostenvorsprung der neuen Betriebe (in der Fertigindustrie), die jetzt ihre Anlagen mit geringeren Kosten erstellen, nicht so groß sein, als es bei bloß arbeitsparenden Erfindungen der Fall sein kann. (Kommt doch die Kapitalersparnis allen Betrieben zugute.)

Besondere Züge des Konjunkturprozesses unter der Wirkung kapitalsparenden technischen Fortschritts

Spielt dieses Moment der kapitalsparenden Verbesserungen eine erhebliche Rolle, so wird in der Phase der Hochkonjunktur eine Situation für die Depression vorbereitet, die sehr schwer zu überwinden ist. Wurde nämlich die Konjunktur durch Erfindungen (im Sinne des ersten Kapitels) getragen, so handelt es sich wesentlich darum, die in der Hochkonjunktur eingetretenen Disproportionalitäten in der Kapitalverwendung zurechtzubiegen und die durch Krediterweiterung finanzierten zusätzlichen Investitionen entweder nachträglich aus Sparkapital zu finanzieren oder, soweit sie falsch waren, abzuschreiben. Wenn aber die kapitalsparenden technischen Fortschritte eine erhebliche Bedeutung besitzen, so heißt dies, daß das normale Wachstum der Gesamtproduktion wie bisher mit einer viel geringeren Kapitalaufwendung, in vielen Industrien sogar ohne neue Investitionen bloß aus den Abschreibungen heraus finanziert werden kann. Dieselbe Wachstumsrate des Sozialprodukts könnte also mit der Investition eines geringeren Prozentsatzes des volkswirtschaftlichen Gesamtkapitals bewerkstelligt werden. In der Hochkonjunktur wird aber auch in diesem Fall die Investitionsquote durch Inanspruchnahme eines vorhandenen Kreditspielraums über den Normalsatz gestiegen sein, und das wird eine Gesamtkapazität schaffen, die bei gegebenen Preisen erheblich über die Kaufkraft des verfügbaren und aufgewendeten Einkommens hinausgeht. (Dabei sehen wir hier von den Komplikationen durch arbeitsparende Fortschritte ab.) Theoretisch könnten und müßten bei freier Konkurrenz zwar die Preise so gesenkt werden, daß alle Produktionselemente verwendet werden können. Es läßt sich aber nachweisen, daß selbst bei voller Auswirkung der Kostensenkungen die freisetzende Wirkung der kapitalsparenden technischen Fortschritte im Fortgang der Entwicklung nur teilweise vermieden werden kann.

Arbeitslosigkeit als Wirkung kapitalsparenden technischen Fortschritts

Wir nehmen ganz schematisch an, daß die Kostenersparnis in der Produktionsmittelherstellung 10 v. H. betrage und daß infolgedessen 20 v. H. der in der Erzeugung der Produktionsmittel beschäftigten Arbeiter freigesetzt

werden. Dann könnte, ohne Erhöhung der Gesamtkosten, die Menge der jährlich erzeugten Produktionsmittel um 11 v. H. steigen. Es sei nun weiter angenommen, daß die Kostensenkung voll im Preis zum Ausdruck kommt. Die Preise der Produktionsmittel sinken dann um 10 v. H., und entsprechend auch die Kosten der Fertiggütererzeugung. Wenn nun Jahr für Jahr die Fertiggütererzeugung um 3 v. H. wächst, wobei Jahr für Jahr 5 v. H. des Kapitalwertes neu investiert werden und die Arbeiterzahl um etwa 1 1/2 v. H. steigt, wenn ferner die Abschreibungsquote 10 v. H. beträgt, dann erscheinen die Fertiggüterindustrien mit 15 v. H. ihres Kapitalwertes als Käufer von Produktionsmitteln. Diese 15 v. H. des Kapitalwertes seien 30 v. H. des Umsatzes der Fertiggüterindustrien (ein Betrag, der den Durchschnitt erheblich übersteigt). Wenn jetzt die Preise der Produktionsmittel um 10 v. H. sinken, so beträgt die Kostenersparnis in der Fertiggüterindustrie 3 v. H. Sofern es möglich ist, die Erzeugung um 3 v. H. auszudehnen, werden auch um 3 v. H. mehr Arbeiter in der Fertigindustrie tätig sein können. Unter der weiteren Annahme, daß 60 v. H. aller Arbeiter in der Fertigindustrie beschäftigt sind (und 40 v. H. in der Produktionsmittelerzeugung), wird die Beschäftigung durch die Produktionsvermehrung in der Fertiggüterindustrie um 1,8 v. H. der Gesamtarbeiterzahl steigen.
Es ist nun wichtig festzustellen, in welchem Ausmaß die Nachfrage nach Produktionsmitteln seitens der Fertigindustrie steigen wird, um diese zusätzliche, irreguläre Steigerung der Erzeugung um 3 v. H. zu ermöglichen. Wenn die Abschreibungen 10 v. H. des Anlagekapitals betragen (was im Durchschnitt eine zu hohe Annahme ist, da die Abschreibungen auf Gebäude niedriger zu sein pflegen), und wenn 5 v. H. des Anlagekapitals investiert werden, dann geböte eine Ausdehnung der Erzeugung um 3 v. H. Neuinvestitionen, die 20 v. H. der *jährlichen* Käufe an Produktionsmitteln ausmachen. Da die Produktionsmittelerzeugung infolge des technischen Fortschritts um 10 v. H. jährlich, bei gleichbleibendem Kostenaufwand, steigt, wäre für zwei Jahre die weitere volle Beschäftigung der Produktionsmittelindustrie gewährleistet, unter der Voraussetzung, daß die Kostensenkung der Produktionsmittel voll im Preis der Ware zum Ausdruck kommt und daß die Fertiggüterproduzenten ihre Erzeugung, unter entsprechender Preissenkung, auszudehnen bereit sind.
Nach Ablauf der zwei Jahre würde nun die Fertiggüterindustrie um 3 v. H. irregulär gewachsen ein, wobei auch ihre Arbeiteranzahl um 3 v. H. zugenommen hätte. Das sind 1,8 v. H. der Gesamtarbeiterzahl. Dieser Ausdehnung der Arbeiterzahl in der Fertigindustrie würde nach Ablauf der Periode intensiverer Erzeugung von Produktionsmitteln eine Schrumpfung der Beschäftigung in der Produktionsmittelerzeugung gegenüberstehen, weil ja

nach dieser Zwischenphase einer Ausdehnung der Gesamterzeugung die Fertiggüterindustrie zu ihrer alten Wachstumsrate zurückkehrte. Das Anlagekapital wäre jetzt um 3 v. H. (in Kapitalgütern, also in »natura«) gestiegen, und obwohl dieses jetzt zu den um 10 v. H. herabgesetzten Kapitalgüterpreisen einen geringeren Wert repräsentiert als ehedem[5], könnte die Erzeugung doch nicht weiter ausgedehnt werden, da der Markt kein größeres Plus als 3 v. H. bei einer Preissenkung von 3 v. H. resorbieren kann. Diese Produktionssteigerung der Fertigindustrie um 3 v. H. bedeutet aber in Hinkunft nur eine Steigerung der jährlichen Ankäufe an Produktionsmitteln um 3 v. H. (gegenüber der Entwicklung *vor* dem kapitalsparenden technischen Fortschritt). Deshalb wird nach Auswirkung dieses kapitalsparenden technischen Fortschritts die Produktionsmittelerzeugung im ganzen wieder um 3 v. H. steigen. Wenn in der Produktionsmittelerzeugung vor der Verwirklichung des arbeitsparenden technischen Fortschritts 40 v. H. der Gesamtarbeiterzahl beschäftigt waren und diese Arbeiterzahl um 20 v. H. auf 32 v. H. gesunken war, dann wird sie jetzt wieder um 3, also auf rund 33 v. H. steigen; da 1,8 v. H. in der Fertiggüterindustrie mehr beschäftigt werden, so verringert sich die Gesamtbeschäftigung von 100 auf 33 + 61,8 = 94,8, also um 5,2 v. H. Und da nun als Folge dieser Arbeitslosigkeit sekundäre Arbeitslosigkeit in der Fertigindustrie anzunehmen ist, hätten wir, selbst bei voller Auswirkung der Kostensenkungen im Preis, mit einer dauernden Arbeitslosigkeit von mehr als 5 v. H. zu rechnen.

Die Annahme, daß die Verbreiterung der Kapitalbasis in der Fertigindustrie ohne Änderung der Technik erfolgte, ist aber wirklichkeitsfremd. Mit kapitalsparenden technischen Fortschritten gehen arbeitsparende Fortschritte in der Fertigindustrie einher. Sie würden z. B. die Steigerung der Erzeugung um 6 v. H. (nach unserem obigen Beispiel) mit derselben Arbeiterzahl wie bisher gestatten. Dann könnte aber offenbar die kompensierende Wirkung, die aus der Produktionssteigerung resultiert, ohne weitere Preissenkung nicht eintreten.

Der kapitalsparende technische Fortschritt bringt demgemäß in der Produktionsmittelindustrie dieselben Wirkungen mit sich wie der arbeitsparende technische Fortschritt in der Fertigindustrie; und die Freisetzung wird natürlich bedeutend größer sein, wenn sich die Preise nicht im Zuge der Kostensenkung ermäßigen; ferner, wenn der Zinsfuß nicht entsprechend sinkt.

Wenn also im Gegensatz zu dem eben diskutierten Schema die Preise gar

5 Das Gesamtkapital repräsentiert jetzt einen geringeren Wert, wenn die Preisherabsetzung der Produktionsmittel in einer Herabsetzung der Anlagewerte zum Ausdruck kommt.

nicht oder weniger sinken, als sie sollten, und wenn die Löhne nicht steigen, sondern sinken, weil nach Ausnutzung des Kreditspielraums die Produktion zurückgeht, dann werden unverkäufliche Produktmengen auf dem Markte sein. Dadurch wird die Fehlmeinung entstehen, daß die Löhne sinken müßten, um die Produkte verkaufen zu können, während tatsächlich die Produkte unverkäuflich sind, weil die Preise nicht gesunken waren. Eine absatzsteigernde Wirkung der Lohnsenkung ist ja nur gegeben, wenn gleichzeitig die Preise gesenkt werden und derart die Kaufkraft der anderen Einkommen erhöht und ausgenutzt wird. Geschieht das nicht, so führt die Lohnsenkung allein noch nicht zu einer Erweiterung des Absatzes. Die Starrheit der Preise ist hier das entscheidende Hindernis der Absatzerweiterung, und es ist nicht einzusehen, warum die Preise bei einer Lohnsenkung nachgeben sollten, wenn sie auch auf die Kostensenkung durch kapitalsparenden technischen Fortschritt nicht reagiert hatten.

So zeigt diese Analyse, daß keineswegs Arbeitslosigkeit ein untrügliches Zeichen für die Überhöhung des Lohnniveaus ist. Es kann nun trotzdem sein, daß die Arbeitslosigkeit zu Lohnsenkungen führt. Diese werden aber dann, zumal sie ja in einem Zeitpunkt eintreten, in dem die Ausweitung der Gesamtproduktion konjunkturell Schwierigkeiten begegnet, die Arbeitslosigkeit nicht reduzieren.

Senkung der Arbeitszeit als Hilfsmittel

Wenn das Zusammentreffen von arbeit- und kapitalsparenden Verbesserungen Arbeitslosigkeit verursacht, wird eine andere Möglichkeit der Anpassung an die daraus entstehenden Störungen in der Verkürzung der Arbeitszeit liegen. Wenn nämlich die Effizienz der Arbeit rasch steigt, dann liegt der Gedanke sehr nahe, das vorhandene Arbeitsquantum, gerade weil es ergiebiger wurde, über alle Arbeitsfähigen zu verteilen. Unter unseren Voraussetzungen wird man dann den Reallohn bei sinkendem Nominallohn des einzelnen Arbeiters aufrechterhalten können (Preissenkung angenommen). Es wird zwar auch dann die Ausnutzung der Kapazitäten nicht wirklich gewährleistet sein, wohl aber scheinbar, wenn nämlich bei Verkürzung der Arbeitszeit mehr Arbeitsplätze als bisher besetzt werden können. Die Wirkung der kapital- und arbeitsparenden Erfindungen wird dann nicht in einer Erhöhung des Reallohnes in Gütern, sondern in einer Verlängerung der Mußezeit bestehen, die allerdings auch als eine der Formen betrachtet werden kann, in denen der Reallohn erhöht wird. Wenn in einer Volkswirtschaft die Arbeitszeit verkürzt werden kann, ohne daß das Real-

einkommen leidet und ohne daß die Sparquote gestiegen war, dann muß wohl die Effizienz der Arbeit wie des Kapitals gewachsen sein. Unter diesen Bedingungen sind es in der Tat nur die inneren Widerstände gegen die Anpassung des Systems an die gesteigerte Effizienz, daß weder Arbeit noch Kapital in vollem Umfang mit dem Endeffekt eines höheren Sozialprodukts verwendet werden können, selbst wenn die Wirtschaftssubjekte eine Erhöhung ihres Arbeitseinkommens bei gleichbleibender Arbeitszeit vorzögen. Eine Planwirtschaft würde solchen Schwierigkeiten nicht begegnen.
Die kapitalsparenden Erfindungen verringern also die Anzahl der Arbeiter, die in den Investitionsindustrien notwendig sind, und sie verkürzen die Zeit, die zur Erzeugung der Produktionsmittel erforderlich ist. In der üblichen Terminologie heißt das also, daß sie den Produktionsumweg verkürzen. So kann z. B. zur Abtäufung eines Schachts eine Zeit von 4 Jahren anstatt früher 7 Jahre ausreichen, oder es kann die Bauzeit einer Fabrik von einem Jahr auf 6 Monate sinken, ohne daß mehr Arbeiter zur Errichtung notwendig wären. Diese Verkürzung der Produktionsumwege drückt sich darin aus, daß die gesamte Ausrüstung einer Volkswirtschaft mit ihren Produktionsmitteln und ihren Arbeitskräften in einer kürzeren Zeit als ehedem hergestellt werden könnte.
Dieser Prozeß ist gleichbedeutend mit der Tendenz zu einer niedrigeren organischen Zusammensetzung der Gesamterzeugung, selbst wenn dieser Tendenz immer wieder durch neue arbeitsparende Methoden in den Betrieben entgegengewirkt wird. Die Verringerung des für ein bestimmtes Produktionsquantum nötigen Kapitals bringt die alte Unterscheidung wieder in den Vordergrund, daß Wert und Reichtum zwei verschiedene Begriffe sind. Denn mit der Herabsetzung der Kosten durch technischen Fortschritt muß sich natürlich der Wert, der sich auf die Produktionskosten früherer Zeitperioden bezieht, verringern. Ist doch der Sinn der Rechnung, die Vergangenheit und Gegenwart verbindet, daß die in der Vergangenheit aufgewendeten Arbeitsleistungen nicht nach der ehemals notwendigen, sondern nach der heute geltenden Zeitaufwendung bewertet werden. Freilich braucht dieser Prozeß der Abwertung geraume Zeit, es müssen nämlich privatwirtschaftliche Widerstände überwunden werden, da die Verringerung der Kapitalwerte zumal bei Verschuldung der Unternehmungen diese mit wirtschaftlichem Zusammenbruch bedroht. Diese Widerstände gegen die Herabsetzung der Werte sind eines der wichtigsten Momente, welche die glatte Investition von frei werdendem Kapital erschweren.

Problem der Neubewertung des Kapitals als Folge kapitalsparender technischer Fortschritte

Bei einem bestimmten Tempo der kapitalsparenden Erfindungen müßte die Anpassung der Werte alter Kapitalanlagen an die verringerten Kosten zu einer Schrumpfung der Gesamtwerte der Produktionsmittelanlagen sowie der lang dauernden Konsumgüter führen. Wenn z. B. bei gleichbleibenden Preisen der Kostengüter die Kapitalausstattung der Volkswirtschaft jährlich um 3 v.H. wüchse, und wenn die Kostenersparnis bei der Herstellung der Produktionsmittel 3 v.H. oder mehr als dieses jährlich betrüge, dann bliebe der Wert des volkswirtschaftlichen Gesamtkapitals gleich oder er sänke. In kurzfristiger Betrachtung ist jedoch auch der Zinsfuß wichtig. Sinkt nämlich der Zinsfuß, weil nur weniger investiert werden kann, d. h., weil infolge der geschilderten Widerstände die Nachfrage nach Kapital nicht entsprechend steigt, so wird der Wert der Kapitalanlagen steigen. Das wird aber nur eine vorübergehende Steigerung sein, da ja die Werte auf die Dauer nicht über die Kosten hinausgehen können. Nur in einer Zwischenperiode, in der die Senkung des Ertrages nicht so rasch erfolgt wie die Senkung des Zinsfußes, werden die Kapitalwerte eine Tendenz zur Steigerung zeigen. Die Senkung der Kapitalwerte alter Anlagen kann bis auf Null gehen, wenn der technische Zuschnitt der alten Anlagen die Aufwendung von Kostensätzen, z. B. Löhnen, erfordert, die, auf die Produktionseinheit gerechnet, erheblich höher sind als in den neuen Betrieben und daher nur teilweise im Preis rückvergütet werden können. Je niedriger der Kapitalertrag, um so geringer natürlich der Spielraum für solche Verluste. Deshalb wird der Wertschwund alter Kapitalien dann besonders groß sein, wenn kapital- und arbeitsparende Erfindungen, d. h. Senkung der Kosten durch kapitalsparende Erfindungen und durch Mechanisierung in der betrachteten Produktion, zusammentreffen. Die Kapitalien der alten Betriebe werden dann schneller aus dem Gesamtprozeß verschwinden, und damit wird sich die Adjustierung der Kapitalwerte auf einen niedrigeren Gesamtwert vollziehen. Das ist ein wohlbekannter Prozeß. Aber es ist wichtig, sich klarzumachen, daß kapitalsparende Erfindungen auf lange Sicht zu einer Schrumpfung der in Kapitalgütern überhaupt investierbaren Arbeit führen können. Dies bringt für den Entwicklungsprozeß einer kapitalistischen Wirtschaft ganz besonders große Probleme mit sich. Es sei nochmals daran erinnert, daß der Prozeß der Investition neuen Kapitals immer dann schwierig sein wird, wenn die Kapazitäten in den bestehenden Industrien wenig ausgenutzt sind. Ferner sei erwähnt, daß die quasi-monopolistische Organisation wichtiger Wirtschaftszweige in großen Betrieben bzw. Aktiengesellschaften oft ein Hindernis für neue Investitionen ist, da diese Großunternehmungen die Werte ihrer alten Anlagen nicht sinken lassen wollen.

Die Frage des »Übersparens«

Eine Publikation des Brookings-Instituts: *The Formation of Capital*[6], untersucht für die Vereinigten Staaten den Prozeß der Kapitalbildung einerseits, das Ausmaß der Investitionen andererseits, also gerade die hier analysierten Schwierigkeiten, die als »Übersparen« bezeichnet zu werden pflegen.[7] Dieses Buch ist der erste größere Versuch einer quantitativen Erfassung des Problems der Wachstumsschwierigkeiten, das schon John St. Mill behandelte.[8] Seine praktische Lösung ist im Konjunkturprozeß besonders schwierig. In der Praxis führte dieser »deadlock« zu neuen theoretischen Gesichtspunkten für die Beurteilung der Wirkungen von öffentlichen Arbeiten und zu einer praktisch machtvollen und erfolgreichen Bewegung für öffentliche Arbeiten, welche diejenigen Hemmungen überwinden sollen, die ehedem durch »Erfindungen« und Kapitalexport überwunden wurden. Die Investition von Ersparnissen in öffentlichen Arbeiten oder die Inanspruchnahme von zusätzlichem Kredit sollen die störenden Wirkungen des verlangsamten Kapitalumschlags kompensieren und diejenige Ausdehnung der Investitionen forcieren, deren Unterbleiben die Beschäftigung in den Produktionsmittelindustrien und damit die Beschäftigung in der gesamten Volkswirtschaft verringert.

6 Harold G. Moulton, *The Formation of Capital,* Washington 1935.

7 Moultons Resultate wurden bestritten, und es mag wohl sein, daß die von ihm angewandte Methode nicht befriedigend ist. Aber die Feststellung ist damit nicht erledigt und sollte zur Grundlage weiterer Untersuchungen gemacht werden.

8 *Principles,* Buch IV, Kap. 4.

Robert A. Dickler

Nachwort zur Neuausgabe

Emil Lederer und die moderne Theorie des wirtschaftlichen Wachstums[1]

Die Große Depression, die dem Börsenkrach von 1929 folgte, setzte eine Umorientierung in der ökonomischen Theoriebildung in Gang. Die Tatsache, daß die Massenarbeitslosigkeit nicht notwendigerweise durch einen normalen Ablauf des Marktmechanismus beseitigt wird, stand im Widerspruch zu den damaligen etablierten Theorien über die Funktionsweise der kapitalistischen Verkehrswirtschaften. Keynes' *General Theory*[2] war ein Versuch, mit Hilfe der Analyse des *kurzfristigen Mangels an effektiver Nachfrage auf dem Gütermarkt — vor allem auf dem Markt für Investitionsgüter* — die Ursache der zyklischen »unfreiwilligen Arbeitslosigkeit« auf dem Arbeitsmarkt aufzudecken. Zu Keynes' Zeit gab es jedoch auch alternative, nicht-traditionelle Theorieansätze. Auf dem europäischen Kontinent betonten mehrere wirtschaftstheoretische Arbeiten den langfristigen Zusammenhang zwischen dem *Angebot von neuen Typen von Investitionsgütern* einerseits und der »Arbeiterfreisetzung«, d. h. dem Wegfall von Arbeitsplätzen, andererseits.[3] Fast zwei Jahrzehnte vor der Depression der dreißiger Jahre hatte Schumpeter in seiner *Theorie der wirtschaftlichen Entwicklung*[4] mit klarem Rückblick auf die Depression der siebziger bis neunziger Jahre des 19. Jahrhunderts behauptet, daß die

1 Die Aufarbeitung und Weiterentwicklung von Emil Lederers Theorie der strukturellen Arbeitslosigkeit sind Bestandteile der Arbeit in dem Forschungsvorhaben »Arbeitsteilung, Teilarbeitsmärkte und strukturelle Arbeitslosigkeit« im Forschungsschwerpunkt »Reproduktionsrisiken, soziale Bewegungen und Sozialpolitik« an der Universität Bremen. Wie in der Vergangenheit war Frau Carla Jerke auch diesmal außerordentlich hilfsbereit bei der Fertigstellung des Manuskripts.

2 John Maynard Keynes, *Allgemeine Theorie der Beschäftigung, des Zinses und des Geldes* (Deutsche Übersetzung von F. Waeger), Berlin 1936.

3 Hans Neisser, »Öffentliche Kapitalanlage in ihrer Wirkung auf den Beschäftigungsgrad: Ein Beitrag zur Theorie der Arbeitsbeschaffung«, in: *Economic Essays in Honour of Gustav Cassel,* London 1933, S. 459-470.

4 Joseph Schumpeter, *Theorie der wirtschaftlichen Entwicklung: Eine Untersuchung über Unternehmergewinn, Kapital, Kredit, Zins und den Konjunkturzyklus,* Berlin 1911, 1926², 1930³, 1934⁴.

Vollbeschäftigung, die sich nach der reinen ökonomischen Theorie in einer statischen idealtypischen Konkurrenzwirtschaft als Normalzustand herausbilden müsse, in der dynamischen Wirklichkeit des Wirtschaftslebens ein Ausnahmezustand sei, wozu jedoch die Wirtschaft tendiere, nachdem die Unternehmer grundlegende Neuerungen (Innovationen) durchgesetzt hätten. Die Rationalisierungswelle der zwanziger Jahre in Deutschland und in den USA hatte das Interesse an diesem theoretischen und empirischen Weg zur Erforschung von innovationsbedingten Strukturwandlungen geweckt.[5] Auch Ricardos Analyse der Anwendung von Maschinen gewann dadurch an Aktualität[6], und die statistischen Analysen von »langen Wellen« wie die des russischen Konjunkturforschers Kondratieff fanden internationale Beachtung.[7]
Die Depression war der Anlaß für den Verein für Socialpolitik, im Jahre 1930 eine Untersuchung über die Ursachen der Massenarbeitslosigkeit in Auftrag zu geben.[8] Dieser Theorieansatz maß der Rationalisierung, Monopolisierung und dem technischen Fortschritt großen Wert bei[9], aber eine überzeugende Begründung für das Argument, daß der technische Fortschritt »durch eine Zeit hemmungslosen Einsetzens neuer technischer Verfahren und Maschinen, ohne Rücksicht auf die Aufnahmefähigkeit des Marktes und auf die Beschäftigungsmöglichkeiten der erwerbslos werdenden Arbeiter« auf Dauer Arbeitslosigkeit erzeuge, blieb aus.[10] Genau mit dieser Frage befaßte sich der an der Humboldt-Universität in Berlin lehrende Professor Emil Lederer in der ersten Auflage seiner theoretischen Arbeit *Technischer Fortschritt und Arbeitslosigkeit* (im folgenden zitiert: *TFA* 1931), die im Jahre 1931 erschien.[11]

5 Otto von Zwiedineck-Südenhorst, »Beiträge zur Erklärung der strukturellen Arbeitslosigkeit«, in: *Vierteljahreshefte zur Konjunkturforschung*, Jg. 1927, Ergänzungsheft I. Zwiedineck kritisiert die ausschließliche Betonung der Rationalisierung als Ursache der strukturellen Arbeitslosigkeit. Er hebt die Vielfalt der »Strukturwandlungen« (Harms) hervor.

6 A. a. O., S. 55-60

7 N. D. Kondratieff, »Die langen Wellen der Konjunktur«, in: *Archiv für Sozialwissenschaft und Sozialpolitik*, Bd. 56, Heft 3, S. 580 ff.

8 Manuel Saitzew (Hrsg.), *Die Arbeitslosigkeit der Gegenwart* (Schriften des Vereins für Socialpolitik Bd. 185 I/II/III), München und Leipzig 1932/1933.

9 Manuel Saitzew, »Eine lange Welle der Arbeitslosigkeit«, in: a. a. O., S. 55-73.

10 A. a. O., S. 69.

11 Emil Lederer, *Technischer Fortschritt und Arbeitslosigkeit*, Tübingen 1931. In einer zeitgenössischen deutschsprachigen Rezension heißt es: »Seine Arbeit, die mit der Forderung nach gesellschaftlicher Zügelung des technischen Fortschritts schließt, bringt die Theorie der Arbeitslosigkeit um ein gutes Stück vorwärts.« Kurt Mandelbaum, Rezension zu *Technischer Fortschritt und Arbeitslosigkeit*, in: *Zeitschrift für Sozialforschung*, Jg. 1 (1932), S. 237.

In dieser Schrift greift Lederer zentrale Gedanken der klassischen politischen Ökonomie und der Marxschen Akkumulationstheorie auf und verbindet sie mit Schumpeters Vorstellungen von Innovationen und Kredit im langfristigen Wirtschaftsablauf.[12] Er versucht zu zeigen, unter welchen Bedingungen das Tempo des technischen Fortschritts schneller ist als das Tempo, das sich mit Vollbeschäftigung vereinbaren läßt. Er macht darauf aufmerksam,

»daß die Kapitalbildung allein noch nicht das Wachstum in der Zahl der Beschäftigten verbürgt. Wenn das Tempo in der Steigerung der organischen Zusammensetzung so rasch wird, daß trotz der Kapitalakkumulation die Nachfrage nach Arbeitskräften zurückbleibt, so wird die Arbeitslosigkeit strukturell« (*TFA* 1931, S. 72).

Lederer nimmt *branchenspezifische* technische Veränderungen zum Ausgangspunkt der Untersuchung von gesamtwirtschaftlichen Abläufen.[13] Obwohl also ein ungleichmäßiger, ungleichgewichtiger und langfristiger Wandel der Angebotsseite (Produktionsbedingungen) im Vordergrund steht und nicht etwa die globalen Veränderungen der Nachfrageseite (Absatzbedingungen) wie in der post-keynesschen Theorie der Wirtschaftsdynamik (z. B. Harrod[14]), besteht kein Zweifel daran, daß Lederers Arbeit ein wichtiger Vorläufer der modernen Wachstumstheorie ist.[15] In diesem Nachwort soll die, freilich provozierende, Frage erörtert werden: Fallen aus der heutigen Sicht die Analysen Lederers hinter die post-keynessche Wachstumsforschung zurück, oder weisen sie einen aussichtsreichen Weg über deren Grenzen hinaus?

12 Schumpeter, (4. Auflage), a. a. O., S. 334 ff. und S. 153 ff.

13 Joseph Schumpeter, »The Instability of Capitalism«, in: *Economic Journal* Bd. XXXVIII (1928), S. 361-386, insbesondere S. 376-378. Schumpeter betont die *branchenspezifischen* Innovationen.

14 R. F. Harrod, »An essay in dynamic theory«, in: *Economic Journal* Bd. XLIX (1939), S. 14-33. Deutsch in H. König (Hrsg.), *Wachstum und Entwicklung der Wirtschaft* (Neue Wissenschaftliche Bibliothek Nr. 23), Köln 1968. Siehe auch A. K. Sen (Hrsg.) *Growth Economics*, Harmondsworth 1970.

15 Gottfried Bombach, »Wirtschaftswachstum«, in: *Handwörterbuch der Sozialwissenschaften*, Bd. 12, Göttingen 1965, S. 765. A. E. Ott, »Technischer Fortschritt«, in: *Handwörterbuch der Sozialwissenschaften*, Bd. 7, Göttingen 1959, S. 302. Da Lederer an Marx anknüpft, ist die Verwandtschaft zwischen der Analyse der erweiterten Reproduktion bei Marx und der modernen Wachstumstheorie hier ebenfalls zu erwähnen. Siehe William J. Baumol, *Economic Dynamics*, 2. Aufl. New York 1959; auch Harald Gerfin »Nachwort: Zur Theorie der kapitalistischen Entwicklungsgesetze«, in: Karl Marx, *Das Kapital*, Bd. III (Ullstein Buch Nr. 2807), Frankfurt/M-Berlin-Wien 1971, S. 847-879. Der Beitrag Lederers wird nicht gewürdigt. Er paßt nicht ins Schema der gleichgewichtstheoretischen Interpretation von Marx.

Von allen Rezensionen, die in der deutsch- und englischsprachigen Fachliteratur damals (1932) erschienen, ist eine besonders bemerkenswert, da sie von einem Ökonomen an der London School of Economics stammt, der nach dem Zweiten Weltkrieg ein führender Wachstumstheoretiker der post-keynesschen Schule in Cambridge wurde: Nicholas Kaldor. Seine Beurteilung der von Lederer zur Diskussion gestellten vorläufigen Ergebnisse faßt er in einem außerordentlich dramatischen Satz zusammen:

»[Lederers] Schlußfolgerungen, wenn sie richtig sein sollten, könnten eine fundamentale, fast revolutionäre Bedeutung haben, sowohl aus der Sicht der Theorie als auch im Hinblick auf die Praxis der Wirtschaftspolitik.«[16]

Die sich über siebzehn Seiten erstreckende ausführliche Auseinandersetzung, die Kaldor mit dieser herausfordernden Bemerkung einleitet, unterzieht die wichtigsten Thesen Lederers einer außergewöhnlich scharfen Kritik. Nicht der technische Fortschritt führe zur Arbeitslosigkeit, sondern die monopolistische Beeinträchtigung des Marktmechanismus durch Unternehmen und Gewerkschaften verhindere, daß sich die erforderliche Senkung der Preise und Löhne vollziehe, um das Gleichgewicht auf dem Arbeitsmarkt wiederherzustellen.[17] Das »Argument gegen technischen Fortschritt?« (so der polemische Titel von Kaldors Rezension) schien die Rechtfertigung einer weitverbreiteten öffentlichen Meinung zu sein, die allerdings einer strengen wissenschaftlichen Prüfung nicht standhielt.[18] Die damals in Fachkreisen als gelungen geltende Widerlegung war für Lederer und seine Mitarbeiter (vor allem Jakob Marschak und Gerhard Colm) keineswegs einwandfrei. Er bemühte sich (mit Unterstützung der genannten Mitarbeiter) bestimmte seiner Argumente zu verfeinern und seinen Kritikern mit wichtigen Ergänzungen zu antworten. 1938 erschien die Neufassung als eine in drei Sprachen veröffentliche Drucksache des Internationalen Arbeitsamtes. Die zweite Auflage von *Technischer Fortschritt und Arbeitslosigkeit*[19] (zitiert als *TFA* 1938), die hier als Neuausgabe vorliegt (und die im Jahre 1975 als Reprint auf englisch neu erschien), war 1936 abgeschlossen worden und trug den Untertitel »Eine Untersuchung der Hindernisse des ökonomischen Wachstums«. Eine der Folgen des großen, aufsehenerregenden, bahnbrechenden Versuchs Har-

16 Nicholas Kaldor, »A Case Against Technical Progress?« in: *Economica*, May 1932, S. 180-196.

17 A. a. O., S. 195-196.

18 A. a. O., S. 195.

19 Emil Lederer, *Technischer Fortschritt und Arbeitslosigkeit. Eine Untersuchung der Hindernisse des ökonomischen Wachstums* (= Internationales Arbeitsamt. Studien und Berichte, Reihe C, Bd. 22), Genf 1938.

rods, im Jahre 1939 die keynessche Theorie für die Analyse der langfristigen Dynamik[20] weiterzuentwickeln, war, daß Lederers erweiterte Auflage einschließlich der Antikritik in der Wirtschaftswissenschaft kaum Beachtung fand.

Muß der Leser dieser Schrift gewarnt werden, daß die wichtigsten Gedanken Lederers entweder irreführend, verkehrt, unpräzise, obskur und weitgehend durch den Fortschritt der ökonomischen Theoriebildung veraltet seien?[21] Oder gibt es wichtige Gründe für die Vermutung, daß eine grundlegende Debatte, die in den dreißiger Jahren angefangen hatte, wegen sehr ungewöhnlicher Umstände abgebrochen worden ist? Ein Grund für die Meinung, daß das letztere zutrifft, leuchtet sofort ein: Im Jahre 1939, ein Jahr nach der Veröffentlichung der zweiten Auflage, starb Lederer in New York; er war 56 Jahre alt. Es gibt jedoch noch andere Gründe, z.B. die Art und Weise, wie die Lederer-Kaldor-Kontroverse ausgetragen wurde. *Erstens* läßt sich rückblickend feststellen, daß seit der Beurteilung der ersten Auflage der Fortschritt der Wirtschaftstheorie die Relevanz aller Argumentation grundsätzlich in Frage stellt, die sich auf die neoklassische allgemeine Gleichgewichtstheorie der kapitalistischen Verkehrswirtschaft beruft.[22] In seiner vor-keynesschen Phase stützte sich Kaldor in seiner Kritik an Lederer im großen und ganzen auf die damals reifende statische neoklassische Lohntheorie.[23] Angesichts der gegenwärtigen Auffassungen von einigen Zeitgenossen Lederers zur Theorie der langfristigen

20 Harrod, a. a. O. In Deutschland wurden die Arbeiten der »schwedischen Schule« zur Theorie der Wirtschaftsdynamik berücksichtigt: Erich Preiser, »Dynamische Wirtschaftstheorie. Bemerkungen zu Erik Lindahl, Studien zur Geld- und Kapitaltheorie«, in: *Jahrb. f. Nat. ök. u. Stat.* 155 (1942), S. 141-161, wiederabgedruckt in: Erich Preiser, *Politische Ökonomie im 20. Jahrhundert* (Beck'sche Schwarze Reihe, Bd. 69), München 1970, S. 116-141.

21 »Die Wirtschaftsanalyse zeigt, daß für die Art von Wirtschaft, die wir hier betrachten, Rationalisierungsmaßnahmen — ob Kapital oder Arbeit oder beides einsparend — notwendigerweise zu einem Anwachsen der Reallöhne führen müssen. [. . .] Das gegenteilige Verhältnis trifft man nur gelegentlich, und es ist dann auch zeitlich sehr begrenzt und taucht im langfristigen Trend unter. Wie wir gesehen haben, gilt diese Feststellung für die jüngsten Ereignisse in den USA angesichts des neuen Schreckgespenstes ›Automation‹ ebenso, wie es in früheren Zeiten der Fall war.« Herbert A. Simon, *Perspektiven der Automation für Entscheider* (Band 1 der Schriftenreihe »Entscheidungsverhalten in Organisationen«), Quickborn 1966. Siehe auch A. E. Ott, a. a. O., Teil IV: *Problematik der Freisetzung und Kompensation*, S. 312-314; ders. «Investitionen und Beschäftigung« in: *Beiträge zur Diskussion und Kritik der neoklassischen Ökonomie (Festschrift für Kurt W. Rothschild und Josef Steindl),* Berlin - Heidelberg - New York 1979, S. 177-185. In der herrschenden Theorie wird das Problem der strukturellen Arbeitslosigkeit bagatellisiert, wie bei den Ausführungen Simons.

22 Kaldor, a. a. O., S. 186, Fußnote 7.

23 John R. Hicks, *The Theory of Wages,* London und New York 1932.

Wirtschaftsdynamik[24] ist es in der heutigen »post-postkeynesschen« Zeit wohl nicht unangebracht, darüber nachzudenken, ob vielleicht die damaligen Kritiken, nicht aber die ursprünglichen Thesen inzwischen hinfällig geworden sind. *Zweitens* wurde die Auseinandersetzung mit Lederers Thesen dadurch erheblich erschwert, daß eine Reihe von entscheidenden Argumenten auf numerische Beispiele Bezug nahmen, die kaum genau nachvollziehbar sind. Dies führt sehr leicht zu Mißverständnissen. In Lederers Exposition in der ersten Auflage war das Verhältnis der für die herrschende Theorie ungewöhnlichen Annahmen zu den »fast revolutionären« Schlußfolgerungen häufig unklar; ferner setzte Lederer offenbar stillschweigend voraus, daß der Leser einige seiner früheren Schriften kannte, vor allem den *Aufriß der ökonomischen Theorie*[25] sowie seinen Beitrag zum *Grundriß der Sozialökonomik*, »Konjunktur und Krisen«.[26] Dort werden die Grundbegriffe seiner Analysen ausführlicher erörtert. Es ist also durchaus denkbar, daß eine exaktere, explizitere, transparentere Fassung seiner Gedankengänge Mißverständnisse beseitigt hätte, die zu ihrer Ablehnung in der Fachwelt geführt hatten. *Drittens* kommt der wissenssoziologisch nicht zu vernachlässigende Tatbestand hinzu, daß Lederer aus der Sicht der klassischen Ökonomie und der Marxschen Theorie Keynes' *General Theory* kurz nach der Veröffentlichung im Jahre 1936 sehr kritisch kommentierte. Trotz Anerkennung der brillanten intellektuellen Leistung des britischen Nationalökonomen wendet er ein:

»Keynes versäumt es, gerade die Veränderungen der Tatsachen zu betrachten, die zu den Problematiken geführt haben, die in diesem Buch zu diskutieren beabsichtigt ist.«[27]

Die Analyse Keynes' sei zu sehr von den Annahmen abhängig, daß die Anreize zu Investitionen von allmählichen, stetig wirkenden Kräften langfristig beeinträchtigt werden; statt dessen müsse den Gesichtspunkten der wirtschaftlichen Strukturwandlungen Rechnung getragen werden, die

24 Einen Überblick über die unterschiedlichen Positionen gibt Graham Hacche, *The Theory of Economic Growth: An Introduction,* London und Basingstoke 1979, S. 22-28, wo die Ansichten von Kaldor, Hicks und Joan Robinson verglichen werden. Siehe auch Josef Steindl, »Stagnation theory and stagnation policy«, in: *Cambridge Journal of Economics* 1979, Nr. 3, S. 1-14; Amit Bhaduri und Joan Robinson, »Accumulation and exploitation: an analysis in the tradition of Marx, Sraffa and Kalecki«, in *Cambridge Journal of Economics* 1980, Nr. 4, 103-115.

25 Emil Lederer, *Aufriß der ökonomischen Theorie*, Tübingen 1931.

26 Emil Lederer, »Konjunktur und Krisen«, in: *Grundriß der Sozialökonomik* Bd. IV.1, Tübingen 1925, S. 354-413.

27 Emil Lederer, »Commentary on Keynes«, in: *Social Research*, Jg. 1936, Bd. 3, S. 478-487.

Ausdruck von gewaltigen Störungen sind, so z. B. die drastische Verlangsamung der Erfindung von neuen Produkten, die schnelle Verbreitung von arbeits- und kapitalsparenden Techniken, starke, auch technologiebedingte Autarkiebestrebungen (Protektionismus) sowie der Mangel an neuen Märkten für die Produkte der alten Industrieländer. Um wirtschaftspolitische Maßnahmen wie Einkommensverteilung, staatliche Zinsregelung und öffentliche Investitionen in die Praxis umzusetzen, müßten die Macht der Unternehmer und der Besitzstand der Eigentümer eingeschränkt werden; das aber würden die Herrschenden nicht hinnehmen. Die Maßnahmen würden nur dann wirksam, wenn das System transformiert werde, nicht wenn die Herrschenden von der Richtigkeit der Theorie überzeugt seien. Ob und inwiefern diese Einwendungen Lederers zutreffend sind oder nicht, bleibe dahingestellt; mit diesem Kommentar jedoch geriet er damals zweifellos ins Abseits.

Lohnt es sich also heute, das Werk von Emil Lederer wiederzulesen? Sowohl die Lage der Wirtschaft als auch die Lage der Wirtschaftstheorie in den westlichen Industrieländern ist durch Umbruchstimmungen gekennzeichnet. Seit 1975 hält sich die Massenarbeitslosigkeit auf hohem Niveau; gleichzeitig breitet sich die revolutionäre Computer-Technologie in schnellem Tempo aus. Zwar sind mit erhöhten Investitionen konjunkturelle Aufschwünge herbeigeführt worden, aber die Arbeitslosigkeit konnte so nicht beseitigt werden. In der Wirtschaftstheorie, vor allem in dem Lager der Post-Keynesianer, scheint ein Umdenken hinsichtlich des Zusammenhangs zwischen technischem Fortschritt und Arbeitslosigkeit unerläßlich zu sein.[28] Die Neuausgabe von Lederers Werk soll der Diskussion des wirtschaftstheoretischen und wirtschaftspolitischen Leitgedankens »Nicht hinter Keynes zurück, sondern über Keynes hinaus« dienen.[29]

In seinem vorletzten Beitrag zu dem von ihm von 1922 bis 1933 herausgegebenen *Archiv für Sozialwissenschaft und Sozialpolitik:* »Die Lähmung der Weltwirtschaft«, faßte Lederer seine wirtschaftstheoretische und wirtschaftspolitische Position zur Frage des schnellen technischen Fortschritts zusammen; sie verdient noch heute Beachtung:

»Die Einführung arbeitsparender Methoden in bereits bestehenden Produktionszweigen wird daher dem Beschäftigungsgrad zunächst einen Auftrieb geben können. Die Reaktion aber wird nach dem Gesagten unvermeidlich sein, wenn der

28 Joan Robinson, »The organic composition of capital«, in: *Kyklos*, Jg. 1978, Bd. 31, S. 5-18; Amit Bhaduri und Joan Robinson, a. a. O., S. 103-104, 111.

29 Joan Robinson, »The Second Crisis of Economic Theory«, in: *American Economic Review*, Papers and Proceedings, Vol. 62, 1972; dies. »What are the Questions«, in: *Journal of Economic Literature*, Vol. 15, 1977, S. 1318-1339.

technische Fortschritt gewisse Grenzen überschreitet. Innerhalb eines Automatismus der kapitalistischen Wirtschaft ist keine Gewähr dafür gegeben, daß diese Grenzen nicht überschritten werden. Die Erfahrung der langjährigen Arbeitslosigkeit wird in der nächsten Konjunkturperiode vielleicht bis zu einem gewissen Grad als Bremse gegen zu drastische technische Veränderungen wirken. Sollte sich die hier vertretene Erkenntnis als richtig erweisen und durchsetzen, so wird eben jede Rationalisierung größeren Stils von vornherein der Kritik ausgesetzt sein.«[30]

I.

Wie begründet Lederer seine Kritik am *schnellen* technischen Fortschritt in einer kapitalistischen Verkehrswirtschaft? Wie kommt er zu dem überraschenden und bemerkenswerten Ergebnis, daß eine starke Beschleunigung des Tempos der Rationalisierung in den dynamischen Wirtschaftszweigen eine Verlangsamung des Wachstums der Gesamtwirtschaft zur Folge haben kann? Diesen Kernpunkt seiner Diagnose möchten wir als das »Lederer-Stagnationstheorem« bezeichnen. Das Theorem gibt die Bedingungen an, unter denen schneller technischer Fortschritt zu einem Hindernis des Wirtschaftswachstums werden kann.
Bei der Vermittlung dieser Grundgedanken in Kapitel V der zweiten Auflage (*TFA* 1938) stützt sich Lederer nicht nur auf die Ausführungen in der ersten Auflage, sondern auch auf seine eigenen, eben erwähnten anspruchsvollen kapital- und konjunkturtheoretischen Arbeiten. Darüber hinaus ist es offensichtlich, daß er sich in der paradigmatischen Frage der Stabilität oder Instabilität der kapitalistischen Wirtschaftsentwicklung bzw. des Wirtschaftswachstums Schumpeter anschließt, der den Standpunkt vertritt, daß das kapitalistische Wirtschaftssystem sich in der Regel im dynamischen Ungleichgewicht befinde.[31] Gerade weil die Begründung des Stagnationstheorems die Einzelargumentation der ersten Auflage nicht nur nicht wiederholt, sondern voraussetzt, sollen deren wesentliche Elemente in diesem Teil des Nachworts rekapituliert werden. Im zweiten Teil werden die Einzelheiten von Kaldors scheinbar vernichtender Kritik erörtert werden, mit dem Ziel, jene Teile der zweiten Auflage erkennbar

30 Emil Lederer, »Die Lähmung der Weltwirtschaft«, in: *Archiv für Sozialwissenschaft und Sozialpolitik*, 1932, Bd. 67, S. 1-28.

31 Joseph Schumpeter, »The Instability of Capitalism«, a. a. O., S. 378. Lederer sagt kritisch dazu: »Aber diese Betrachtung, welche sich eng an einen Grundgedanken seiner ›Theorie der wirtschaftlichen Entwicklung‹ anschließt, ist nicht befriedigend, weil sie gar nicht zu erklären versucht, wieso die Unternehmer periodisch, gleichsam in Schwärmen auftreten, welches die Bedingungen sind, unter denen sie auftreten können, und ob sie immer dann auftreten werden, und warum, wenn die Bedingungen für sie günstig sind.« »Konjunktur und Krisen«, a. a. O., S. 368.

zu machen, die als Anti-Kritik zu verstehen sind. Hinter dieser notwendigen Vertiefung in eine sehr verzweigte Argumentation, Gegenargumentation und Verteidigung verbirgt sich indes die Gefahr, daß der Leser ein verzerrtes Bild von dem bahnbrechenden Beitrag Lederers zur Theorie der Wirtschaftsdynamik erhält. Es muß nochmals betont werden, daß die maßgeblichen, übergreifenden Gesichtspunkte der Methoden und Inhalte der Theoriebildung in dieser Schrift ohne nähere Begründung zur Geltung gebracht werden, da die ausführliche Abhandlung in dem *Aufriß der ökonomischen Theorie* erörtert wird.[32] Dort sind vor allem die Hinwendung zur objektiven Wertlehre (einschließlich Marx) und die scharfe Kritik an der subjektiven Wertlehre (Neoklassik) eingehend formuliert. Und die für Lederer charakteristische Betonung der Ungleichmäßigkeit der Entwicklung der Produktivkräfte im Kapitalismus ist ausführlich in »Konjunktur und Krisen« dargelegt.[33] Seine Ansichten zur Monopolpreisbildung und zur Möglichkeit der Stabilisierung des Wirtschaftsablaufs hat er in dem Aufsatz »Monopol und Konjunktur« erläutert.[34] Soweit diese und andere wichtige Arbeiten für die Begründung des Stagnationstheorems von Belang sind, werden sie hier einbezogen. Es besteht dann die Hoffnung, daß die intensive Befassung mit einem einzigen Werk Lederers den Blick auf seine übrigen wirtschaftstheoretischen Hauptwerke nicht versperrt.
In den ersten drei Kapiteln der ersten Auflage erläutert Lederer die Grundgedanken der herrschenden Kompensationstheorie und begründet seine Ablehnung der ihnen zugrunde liegenden statischen Theorie. Die Anwendung der Maschinerie stelle in der Statik keine dauerhafte Belastung des Arbeitsmarktes dar. Wenn die Löhne und Preise sinken und die Gewinne steigen, bleibe die Kaufkraft (effektive Nachfrage) der Gesamtwirtschaft erhalten. Verschiebungen der Struktur der Nachfrage seien unvermeidlich, und es würden Anpassungsvorgänge ausgelöst, die damit verbundene Arbeitslosigkeit sei jedoch nur vorübergehend. Im Prinzip sei

32 Siehe dazu: Nicholas Kaldor, Rezension zu *Aufriß der ökonomischen Theorie,* in *Economica*, November 1932, S. 479-483.

33 Lederer, »Konjunktur und Krisen«, a. a. O. Dort wird das Problem der Disproportionalität behandelt, S. 368-376.

34 »Im ganzen mag man annehmen, daß die Monopolgewinne, zumal bei den Trusts, vielleicht weniger durch direkte Einschränkung der Produktion erzielt werden als durch innere Rationalisierung. Der Monopol hat es in der Hand, durch Schaffung technischer Kombinationen, Spezialisierung, Anschluß an andere Industrien einen glatten, reibungslosen, ineinandergreifenden Produktionsprozeß herzustellen, dessen Selbstkosten wesentlich sinken mögen. Bei gleichbleibenden Preisen und gleichbleibender Menge der Produktion mag sich so ein weitaus höherer Gewinn ergeben.« Emil Lederer, »Monopol und Konjunktur«, in: *Vierteljahreshefte zur Konjunkturforschung*, Bd. 2, 1927, Ergänzungsheft 2, S. 30.

die Beschäftigung aller zu dem neuen Lohnsatz arbeitswilligen Arbeitskräfte möglich.

»Dieser Gedanke besagt also im Wesen, daß in einer Verkehrswirtschaft die Gesamtmenge der Kaufkraft unzerstörbar ist, daß jeweils nur Verschiebungen in der Kaufkraftverteilung eintreten, die zwar vorübergehende Störungen in sich schließen, daß aber durch Umschichtungen hindurch sich doch immer wieder ein Gleichgewichtszustand herstellen muß.«
»Diese Auffassung habe ich bisher für richtig gehalten. Sie fußt im Wesen auf Grundvorstellungen der Statik. Hier soll nachgewiesen werden, daß dieser Gedankengang nicht den Gesamtprozeß erfaßt, daß in ihm nicht alle Glieder des Zirkulationsprozesses berücksichtigt sind« (*TFA* 1931, S. 4—5).

Im *gesamtökonomischen Prozeß* gebe es »typische Formen von Störungsreihen« (S. 9): technischen Fortschritt (einschließlich organisatorischer Veränderungen) und Bevölkerungswachstum. Die dynamische Wirtschaftstheorie müsse daher die Folgen auf den gesamtökonomischen Prozeß von typischen Verläufen von »aneinandergeschalteten Störungen« dieser Art analysieren.

»Wenngleich jeder einzelne Abschnitt der Bewegung unter Bezugnahme auf ein gedachtes Gleichgewicht erfaßt werden muß, so ist es vielleicht trotzdem möglich, das ›Bewegungsgesetz‹ aufzufinden, d. h. einen Gesichtspunkt zu wählen, nach dem die typischen Impulse, die wir in einer dynamischen Wirtschaft finden, einheitlich begriffen werden können.« (Ebenda).

In der dynamischen Analyse des *Zirkulationsprozesses* muß die Notwendigkeit eines elastischen Kreditsystems erkannt werden. Im VI. Kapitel der ersten Auflage begründet er, warum die konventionelle Beschränkung der statischen Theorie auf kommerzielle Kredite unzulänglich ist. Die ausschließliche Befassung mit den Darlehen von *vorhandenen* Produktionsüberschüssen übersieht das für die Wirtschaftsdynamik entscheidende Phänomen des »zusätzlichen Kredits« (S. 74—94). Die Möglichkeiten, neue Kombinationen in den Produktionsprozeß einzuführen, sind in der Regel ein Garant dafür, daß *zukünftige* Produktionsüberschüsse erwartet werden, die durch »erzwungenes Sparen« (S. 89) nachträglich finanziert werden.

»Die kreditgewährenden Stellen, also die Banken, verfügen durch ihre Fähigkeit, neue Kaufkraft zu schaffen, über die Produktivkräfte — und nicht nur das, sie bestimmen durch ihr Handeln die Kaufkraft des Geldes und damit den tatsächlichen Inhalt der Verträge.«
»Ist also der Begriff des Eigentums und des Vertrages in einem dynamischen System noch in dem Sinne anwendbar wie ihn das römische Recht geschaffen hat?« (Ebenda)

Die Gewährung von zusätzlichen Krediten aufgrund der erwarteten Rentabilität des Einsatzes neuer Typen von Investitionsgütern bedeutet, daß das Bild »eines von den Wellenbewegungen des Konjunkturverlaufs gereinigten dynamischen Prozesses« (S. 10) nicht ausreicht, als Grundvorstellung der Analyse der Wirtschaftsentwicklung zu dienen:

»Wir könnten zwar eine gleichmäßige fortschreitende Dynamik abstrakt zeichnen, wenn wir von der Gliederung in Produktionsmittel- und Fertiggüter absehen würden. Sowie wir aber die Elemente des wirklichen ökonomischen Prozesses zugrunde legen, werden wir genötigt, Deviationen (Abweichungen) von diesen — gleichmäßigen Fortschreitens — festzustellen, die in ihrer Gesamtheit das gleichmäßige Fortschreiten in die Form einer mehr oder weniger regelmäßigen Wellenbewegung zwingen.« (S. 10)

In diesen wenigen einleitenden Passagen verbindet Lederer seine bisherigen gesellschafts- und wirtschaftstheoretischen sowie methodischen Überlegungen zur Statik und Dynamik in der Wirtschaftstheorie[35] sowie seine Beiträge zur Konjunkturtheorie[36] mit der Formulierung eines Basiskonzepts für eine problembezogene Analyse des technischen Fortschritts. Um die nach der bisherigen statischen Theorie als unsystematisch geltenden »Deviationen vom Gleichgewicht« in der realen Dynamik einer kapitalistischen Verkehrswirtschaft zu bestimmen, betrachtet Lederer vor allem das Tempo der Steigerung der organischen Zusammensetzung des Kapitals, aber auch das Ausmaß der zusätzlichen Kredite, die durch den Prozeß des erzwungenen Sparens gedeckt werden sollen.
Ein Hauptergebnis seiner Bemühungen um eine dynamische Theorie wird in Kapitel IV der ersten Auflage entwickelt. Was wir hier als das »*Lederer-Stagnationstheorem*«* bezeichnen, faßt die Argumentation Lederers knapp zusammen und stellt dabei zwei wesentliche Sachverhalte heraus. Erstens, die Einführung von revolutionären neuen Techniken erfordert eine erhöhte Rationalisierungsinvestition, d. h. eine beschleunigte Akkumulation des konstanten Kapitals in den dynamischen, innovativen Unternehmen. Diese Investition rentiert sich, weil die kapitalintensivere Technik eine erhebliche Einsparung von Arbeitskräften erlaubt. Zweitens, die zusätzlichen Finanzmittel für die Rationalisierungsinvestitionen, soweit sie nicht durch zusätzliche Kredite ermöglicht werden, stammen

* Dieses Theorem verallgemeinert das numerische Beispiel, das Lederer für die Darstellung seiner Theorie verwendete. Zur Erläuterung des Beispiels siehe den *Anhang* zu diesem Nachwort.

35 Emil Lederer, *Aufriß der ökonomischen Theorie*, a. a. O., S. 96-98.

36 Emil Lederer, »Konjunktur und Krisen«, a. a. O., S. 379-387 (zum Begriff der »zusätzlichen Kredite«).

von den Überschüssen der statischen Wirtschaftszweige und Unternehmen. Kapital wird umgelenkt zu den dynamischen Betrieben, um Extra-Profite zu realisieren. Die daraus resultierende Verlangsamung des Wachstums der Produktionskapazität der statischen Betriebe bedeutet, daß die Beschäftigung dort ebenfalls langsamer steigt als im Gleichgewicht.

Diese beiden Wirkungen des technischen Fortschritts auf den ökonomischen Gesamtprozeß — die Rationalisierungseffekte und die Kapitalumlenkungseffekte — sind die Komponente der gesamtwirtschaftlichen Freisetzung infolge des beschleunigten technischen Fortschritts.

Die Verwandschaft dieser Analyse mit der Marxschen Abhandlung über das »allgemeine Gesetz der kapitalistischen Akkumulation« im *Kapital* (Bd. 1) ist offensichtlich. Die *schnelle* Steigerung der organischen Zusammensetzung des Kapitals ist mit einer im Gleichgewicht sonst nicht eintretenden Konzentration und Zentralisation der Produktion verbunden. Denn das konstante Kapital der »statischen« Betriebe wächst langsamer als in der hypothetischen gleichmäßigen Entwicklung; dagegen wächst das konstante Kapital der »dynamischen« Betriebe schneller. Ferner ist das Wachstum der Gesamtwirtschaft *langsamer* als im »gleichgewichtigen« Wachstum. Wie man sieht, ist das Moderne an dieser Neufassung des Marxschen Gesetzes die *Relativierung* zur hypothetischen, in Wirklichkeit niemals eintretenden gleichmäßig erweiterten Reproduktion. Die gesamtwirtschaftliche Freisetzung von Arbeitskräften ist *nicht* gleichzusetzen mit einem absoluten Rückgang des Sozialprodukts und der Beschäftigung, sondern mit einer *relativen* Stagnation. Produktion und Beschäftigung dehnen sich *langsamer* aus. Diese Einschränkung des Geltungsbereiches ist wichtig. Wenn sie nicht beachtet wird, können leicht Mißverständnisse entstehen. Lederer untersucht den Zusammenhang zwischen *schnellem* technischen Fortschritt einerseits und den daraus folgenden »Deviationen« der Wachstums- und Beschäftigungspfade von ihrem hypothetischen Gleichgewichtspfad andererseits.

Der *erste* Schritt seiner Analyse ist also die Bestimmung eines hypothetischen Gleichgewichtspfads. Wir werden im dritten Teil dieses Nachworts auf die Beziehung dieser Gedanken zur modernen Wachstumstheorie (z. B. Harrod) näher eingehen. Es genügt hier, festzuhalten, daß der *Ausgangspunkt* von Lederers Analyse mit der Wachstumstheorie große Ähnlichkeiten zeigt; doch im Gegensatz zu den meisten modernen Wachstumstheoretikern interessiert sich Lederer für die Bestimmungsfaktoren der *anhaltenden* Abweichungen vom Gleichgewicht. An dieser Stelle kommt es nun darauf an, die Argumente der ersten Auflage soweit wie nötig nachzuvollziehen, damit Kapitel V der vorliegenden Neuausgabe richtig verstanden werden kann.

Zur Bestimmung des hypothetischen Gleichgewichtstempos des konstanten Kapitals macht Lederer eine bedeutsame Annahme über die Entstehung von Ersparnissen sowie eine wichtige Annahme über deren Verwendungsmöglichkeiten. Eine zentrale Voraussetzung der ganzen Analyse des Gleichgewichtspfads ist, daß das Kapital *keine* Realisierungsprobleme hat: Es werden normale Profite gemacht. Und wenn Lederer von dem Ertrag des Kapitals spricht, meint er *konstantes* Kapital. Die Ersparnisse der Wirtschaft entstehen zunächst aus den Überschüssen des Erlöses der gegenwärtigen Produktion über die Kosten derselben hinaus. Institutionell betrachtet sind es nur die Unternehmen und ihre Eigentümer, die »freiwillig« sparen. In der Analyse des »Gleichgewichtspfads« abstrahiert Lederer vom »erzwungenen Sparen«:

»Ich fasse das dynamische System hier als kapitalistische Produktion, d. h. als Warenerzeugung zum Zwecke der Profiterzielung. Die Profite werden wieder investiert und steigern das Gesamtvolumen der Produktion. Diese Erhöhung der Produktion ist nicht eine Störung, sondern das Ergebnis des Prozesses.«
»Bei der Analyse des dynamischen Prozesses darf auch der soziale Aspekt nicht ausfallen, wenn anders er der Bestimmtheit und Bestimmbarkeit entbehren soll. Hier genügt es, daran zu erinnern, daß die kapitalistische Produktion eine Konzentration der Produktionsmittel bei einer bestimmten Gruppe von Produzenten und die Beschäftigung einer großen Anzahl von grundsätzlich besitzlosen Lohnarbeitern in sich schließt.« (S. 28)

Die Unternehmen verfügen über die Überschüsse — Surplus —, und diese werden zum größten Teil reinvestiert. Die Produktionskapazität wächst ebenso wie das Produktionsvolumen, da zur Erweiterung der Kapazität Arbeiter bei der Produktion von Produktionsmitteln beschäftigt werden, die wiederum mit ihrem Einkommen (Löhne) zusätzlich Konsumgüter kaufen.

»Das Problem, wieso die Unternehmer insgesamt mehr einnehmen, als sie ausgeben, löst sich, auf die ganze Volkswirtschaft hin angesehen, so, daß diese Gewinne ja auch schon in der vorangehenden Wirtschaftsperiode auf das damals vorhandene Kapital erzielt und ausgegeben, d. h. investiert wurden, also Produkte kauften, deren Hersteller wiederum durch Verkauf dieser Produkte ihre Investitionen zu finanzieren vermochten. Die Gewinne erzielen die einzelnen Produzenten eben nicht ›aneinander‹, sondern dadurch, daß der Gesamtbetrag ihrer Kosten hinter dem Erlös zurückbleibt.* Den so entstehenden Überschuß setzen sie (eventuell durch eine Kette von Tauschakten) in zusätzliche Produktionsmittel um. Der Geldumlauf ist einer solchen Aufteilung des Sozialprodukts angepaßt, so daß die Einkommenssumme im Sinne der verbrauchten Güter geringer ist als die der Preissumme des gesamten Produktionsvolumens. Die hier angenommene Steigerung des Sozialprodukts setzt aber bei gleichbleibenden Preisen und gleichbleibender Umlaufgeschwindigkeit des Geldes natürlich eine steigende Geldmenge voraus.« (S. 33-34)

Diese sehr knappe Umschreibung der gleichgewichtigen erweiterten Reproduktion der Arbeitskräfte und des konstanten Kapitals kann wie folgt erläutert werden. In einer Wirtschaftsperiode t entsteht das Sozialprodukt W_t, das den Erlös der Warenerzeugung darstellt. Die Kosten der Produktion bestehen aus Aufwendungen für Betriebskapital V_t, d. h. der Lohnsumme und den Aufwendungen für Amortisation der Anlagen C_t/T, die eine durchschnittliche Lebensdauer von T Jahren haben. Die Differenz zwischen dem Erlös W_t und den Kosten $(V_t + C_t/T)$ ist der Surplus, M_t, d. h. der Unternehmergewinn:

$$\hat{W}_t = \frac{\hat{C}_t}{T} + \hat{V}_t + \hat{M}_t. \qquad (1)$$

Die Unternehmer produzieren, um die Gewinne M_t zu erzielen. Dazu setzen sie ihr eigenes Kapital in Produktionsmittel um (das Betriebskapital setzt sich öfters um und wird zu Beginn mit kommerziellen Krediten finanziert). Die Ertragsrate wird als konstant angenommen:

$$\hat{M}_t = \pi_S \hat{C}_t. \qquad (2)$$

Der Anteil des Surplus (Ersparnisse) der Unternehmer, der wieder investiert wird, ist durch *a* gekennzeichnet, und diese Proportion bleibt ebenfalls unverändert im hypothetischen Gleichgewichtszustand. Die Investitionen (Vermehrung des konstanten Kapitals) betragen also:

$$\hat{C}_{t+1} - \hat{C}_t = \alpha \hat{M}_t. \qquad (3)$$

Nur Eigentümer an Produktionsmitteln können sich Surplus aneignen, und nur aus dem Surplus können die Mittel für die Erweiterung der Produktionskapazität bestritten werden. Arbeiter sparen deshalb nicht, weil sie an der Aneignung des Surplusprodukts nicht beteiligt sind. In diesem gleichmäßigen Gleichgewichtswachstum (»Steady State«) werden alle Ar-

* »Daß in der kapitalistischen Produktion, abgesehen von dem Moment des Vorsprungs, ein Überschuß über die Kosten realisiert werden kann, ist in der eigenartigen Marktsituation begründet, in welcher sich der Unternehmer befindet. Die Grundlage ist die Tatsache, daß die Produktionsmittel in der Gesellschaft ungleich verteilt sind. Diese Tatsache ist mit dem freien Arbeitsmarkt unerbitterlich gegeben. Unfreie Arbeiter oder freie besitzlose Arbeiter sind in der ganzen bisherigen Geschichte Träger der Großproduktion gewesen. Kapitalistische Produktion ist Produktion mit freien und besitzlosen Arbeiten.« (*Aufriß*, S. 316-317)

beitskräfte zum konstanten Geldlohn beschäftigt, so daß die Lohnsumme im gleichen Tempo wächst wie die Erwerbsbevölkerung:

$$\lambda_s = \frac{\hat{V}_{t+1} - \hat{V}_t}{\hat{V}_t}. \tag{4}$$

Von den Gleichungen (1) bis (4) können 1. die Wachstumsraten des Sozialprodukts, 2. die Akkumulationsrate des konstanten Kapitals und 3. das implizite Gleichgewichtstempo der Steigerung der organischen Zusammensetzung des Kapitals abgeleitet werden.
Das Wesen des ökonomischen Wachstums ist schon aus den Gleichungen (2) und (3) erkennbar, nämlich von der Einkommensseite her:

$$\frac{\hat{M}_{t+1} - \hat{M}_t}{\hat{M}_t} = \alpha\pi_s, \text{ (Wachstum des Mehrwerts)}, \tag{5}$$

oder von der Produktionsseite her:

$$\frac{\hat{C}_{t+1} - \hat{C}_t}{\hat{C}_t} = \alpha\pi_s, \text{ (Wachstum des konstanten Kapitals)}, \tag{6}$$

Im Gleichgewicht wachsen sowohl der Überschuß als auch die Produktionsmittel in einem Tempo, das vollständig von der Rentabilität des konstanten Kapitals und von der Spar- bzw. Reinvestitionsquote der Unternehmer bestimmt wird.
Das Tempo des technischen Fortschritts, d. h. die Steigerungsrate der organischen Zusammensetzung des Kapitals, das mit Gleichgewicht auf dem Arbeitsmarkt vereinbar ist, beträgt

$$\varphi_s = \frac{(\hat{C}_{t+1}/\hat{V}_{t+1}) - (\hat{C}_t/\hat{V}_t)}{(\hat{C}_t/\hat{V}_t)} = \frac{\alpha\pi_s + 1}{1 + \lambda_s}. \tag{7}$$

Nun fragt Lederer,

»wie in einem solchen System ein partiell auftauchender technischer Fortschritt wirkt, der in einem Produktionszweig die organische Zusammensetzung der Produktion wesentlich verändert.« (S. 35)

Die Untersuchung von »wesentlichen Veränderungen« oder von »durchgreifendem technischen Fortschritt« (S. 40) ist das Ziel. Im Gegensatz zum evolutionären technischen Fortschritt interessiert sich Lederer also für »schnelle«, sagen wir: »revolutionäre« Innovationen.

Zur Rekapitulation seiner Argumente wird nun das Stagnationstheorem formuliert. (Die Rekonstruktion wird in dem technischen Anhang zu diesem Nachwort näher erläutert.) Zur Hervorhebung des partiellen Charakters der Innovation wird die Wirtschaft in zehn Industriezweige (I, II, III, . . ., X) eingeteilt, wobei die Betriebe der Zweige I bis IX und der größte Teil der Betriebe des Zweigs X — Lederer benutzt das Beispiel »Bergbau« — *statisch* sind. Das bedeutet keineswegs, daß sie keine technischen Veränderungen durchführen, sondern nur, daß das Tempo des technischen Fortschritts mit dem Gleichgewichtstempo übereinstimmt. In den »statischen« Betrieben findet evolutionärer, »steady-state« technischer Fortschritt statt. In den dynamischen Betrieben des Sektors X findet revolutionäre Innovation statt. Diese Innovationen führen zu erheblicher Arbeitsersparnis. Es handelt sich also um *Rationalisierungsinvestitionen*, die Extra-Profite abwerfen.
Vier Annahmen sind notwendig, um solche Rationalisierungsinvestitionen allgemein zu charakterisieren. Der Begriff Extra-Profitrate π_d besagt, daß im Ungleichgewicht das konstante Kapital einen erheblich größeren Ertrag hat als im Gleichgewicht.
i. *Es existieren Extra-Profite* (S. 41-42):

$$\pi_d - \pi_s \gg 0. \qquad (8)$$

Zur Realisierung von solchen Extra-Profiten muß das Unternehmen kapitalintensivere Techniken einsetzen. Das bedeutet, daß im Ungleichgewicht die Akkumulationsrate in dynamischen Betrieben höher ist als im Gleichgewicht:
ii. *Die Akkumulation des konstanten Kapitals in den dynamischen Betrieben wird beschleunigt* (S. 40):

$$\rho - \alpha\pi_s \gg 0. \qquad (9)$$

Die Extra-Gewinne entstehen durch erhebliche Kostensenkung, vor allem durch Senkung der Arbeitskosten. Der Begriff »Rationalisierungsinvestition« wird so verstanden, daß nur Kostensenkung angestrebt wird. Produktionserhöhung wird dabei ausgeschlossen. Preise werden administrativ festgelegt. Die Preissumme der Warenerzeugung bleibt konstant. Dieses *Werterhaltungspostulat* ist sehr restriktiv und wirft viele Fragen auf, die mit der Preisbildung und den Mengenrestriktionen von Kartellen zusammenhängen[37]:

37 Siehe Anmerkung 34.

iii. *Die Preissumme der Erzeugung in den dynamischen Betrieben im Ungleichgewicht, W^{x}_{dt+1}, hat denselben Wert wie im Gleichgewicht:*

$$W^{X}_{dt+1} - \hat{W}^{X}_{dt+1} = 0. \qquad (10)$$

(Die Periode t + 1 bezeichnet den Zustand *nach* der Einführung der neuen Technik.)
Die Mittel für die zusätzlichen Investitionen werden beschafft durch Ablenkung von anderen Verwendungen in den »statischen« Betrieben.

iv. *Die Beschleunigung der Akkumulation des konstanten Kapitals in den dynamischen Betrieben im Ungleichgewicht bewirkt eine Verlangsamung der Akkumulation des konstanten Kapitals in den statischen Betrieben im Ungleichgewicht* (S. 40):

$$C^{X}_{dt+1} - \hat{C}^{X}_{dt+1} = -(C^{I\text{-}IX}_{st+1} - \hat{C}^{I\text{-}IX}_{st+1}). \qquad (11)$$

Es folgen nun zwei Annahmen über die Wirkung der Rationalisierungsinvestitionen in den dynamischen Betrieben auf die statischen Betriebe. Die Umlenkung des konstanten Kapitals läßt die Verwertungsbedingungen des verfügbaren konstanten Kapitals in den statischen Betrieben im Ungleichgewicht unberührt.

v. *Normale Profite werden in den statischen Betrieben im Ungleichgewicht erzielt* (S. 43):

$$M^{I\text{-}IX}_{st+1}/C^{I\text{-}IX}_{st+1} = \hat{M}^{I\text{-}IX}_{st}/\hat{C}^{I\text{-}IX}_{st} = \pi_S. \qquad (12)$$

Da der technische Fortschritt in den Investitionen »embodied« (»kapitalgebunden«) ist, bewirkt eine Verlangsamung der Akkumulation des konstanten Kapitals per definitionem auch eine Verlangsamung des technischen Fortschritts in den dynamischen Betrieben im Ungleichgewicht (Fn. S. 45). Lederer nimmt an, daß dieses Verhältnis proportional ist.

vi. *Das Tempo der Steigerung der organischen Zusammensetzung des Kapitals in den statischen Betrieben im Ungleichgewicht verhält sich zu dem im Gleichgewicht in der gleichen Relation, wie das Tempo der Akkumulation des konstanten Kapitals in den statischen*

Betrieben im Ungleichgewicht zu dem im Gleichgewicht sich verhält (S. 43-45):

$$\frac{\tilde{\varphi}_S}{\psi_S} = \left[\frac{\dfrac{C^{I-IX}_{st+1}}{\hat{C}^{I-IX}_{st}} - 1}{\dfrac{\hat{C}^{I-IX}_{st+1}}{\hat{C}^{I-IX}_{st}} - 1}\right] \tag{13}$$

Diese sechs Annahmen beziehen sich auf *branchenspezifische* Veränderungen. Das »Lederer-Stagnationstheorem« ist eine Aussage über die Wirkung des ungleichmäßigen, ungleichgewichtigen, branchenbezogenen technischen Fortschritts auf den ökonomischen *Gesamtprozeß*, insbesondere auf den Arbeits- und Kapitalmarkt. Die unmittelbaren Wirkungen sind erstens die Verminderung der gesamtwirtschaftlichen Lohnsumme im Vergleich zur Gleichgewichtshöhe, zweitens die Erhöhung des Surplus (Profite) relativ zum Gleichgewichtsniveau. *Das Stagnationstheorem besagt, daß unter den Annahmen i. bis vi. die relative Verminderung der Lohnsumme größer ist als die relative Erhöhung der Gewinne.* Da theoretisch gesehen das Volkseinkommen ausschließlich aus Löhnen und Profiten besteht, bewirkt eine Beschleunigung des technischen Fortschritts eine *Stagnation* des ökonomischen Wachstums.
Um die Wirkungen des schnellen technischen Fortschritts auf den gesamtökonomischen Prozeß zusammenzufassen, führen wir das Konzept eines *Freisetzungsmultiplikators* ein. Von Interesse sind die Veränderungen gegenüber dem Gleichgewichtszustand auf dem Arbeitsmarkt und auf dem Kapitalmarkt, insbesondere die Relation dieser Veränderungen zueinander. Wir rufen in Erinnerung, daß »Veränderung« eine »Deviation« bedeutet (Deviationen sind Abweichungen vom Gleichgewicht). Der Freisetzungsmultiplikator nun mißt das Verhältnis der Lohnsummen-Deviation zu der Gewinn-Deviation:

$$\Omega_{t+1} = - \frac{V_{t+1} - \hat{V}_{t+1}}{M_{t+1} - \hat{M}_{t+1}}. \tag{14}$$

Dieses Maß gibt an, wieviel die Lohnsumme im Ungleichgewicht von der Lohnsumme im Gleichgewicht abweicht, wenn infolge des technischen Fortschritts die Gewinne im Ungleichgewicht größer sind als die Gewinne im Gleichgewicht.

Das »Lederer-Stagnationstheorem« ist eine Aussage über die Größenordnung des Freisetzungsmultiplikators unter den Annahmen der Rationalisierungseffekte und Umlenkungseffekte des technischen Fortschritts. *Wenn erstens das Tempo des technischen Fortschritts in den dynamischen Betrieben größer ist als im Gleichgewicht, und wenn zweitens die dazugehörige Rationalisierungsinvestition in den dynamischen Betrieben durch Umlenkung von Kapital, das sonst in den statischen Betrieben investiert wäre, erfolgt, dann ist der Freisetzungsmultiplikator größer als eins: Die relative Vermehrung von Profiten steht einer größeren relativen Verminderung der Lohnsumme gegenüber. Das Volkseinkommen und die Beschäftigung wachsen langsamer im Ungleichgewicht als im Gleichgewicht.* (Der im *Anhang* skizzierte Beweis verdeutlicht, daß die in der ersten Auflage enthaltene und hier rekonstruierte Argumentation hinsichtlich der Stagnation im Ungleichgewicht logisch konsistent ist. Damit können auch einige technische Unstimmigkeiten zwischen Kapitel IV der ersten und Kapitel V der zweiten Auflage behoben werden.)

Gibt das Theorem Aufschluß über die Ursachen der strukturellen Arbeitslosigkeit? Die höhere organische Zusammensetzung in den dynamischen Betrieben ist verbunden mit einer Steigerung der Arbeitsproduktivität. Bei gleichbleibendem Produktionsausstoß wird weniger Arbeit nötig als im Gleichgewichtszustand in den dynamischen Betrieben. Auch die Umlenkung des Überschusses in den statischen Betrieben setzt Arbeitskräfte frei, da die Produktionskapazität und damit die Beschäftigungsmöglichkeiten herabgesetzt werden. Gesamtwirtschaftlich gesehen ist der »Arbeiterfassungsraum« — heute sagt man Arbeitskräftebedarf oder »Manpower requirements« oder »employment opportunities« — geringer geworden als im Gleichgewichtszustand auf dem Arbeitsmarkt. Arbeitskräfte werden überflüssig, selbst wenn im Lauf der Zeit die Anzahl der Arbeitsplätze steigt. Der Begriff *relative Stagnation* meint gerade, daß im Vergleich zum hypothetischen evolutionären Gleichgewicht Produktion und Beschäftigung sich im Ungleichgewicht verringern, d. h. sie wachsen langsamer.

Man sieht, der Schluß liegt nahe, daß das »Lederer-Stagnationstheorem« als eine Revision des Marxschen allgemeinen Gesetzes der kapitalistischen Akkumulation zu interpretieren ist. Im Ungleichgewicht, d. h. in der Regel, ist die erweiterte Reproduktion von Arbeit und Kapital nicht harmonisch. Extra-Profite werden realisiert, und zugleich wird eine industrielle Reservearmee geschaffen. Die Verelendung ist jedoch *relativ* zu einem hypothetischen, nie realisierten Wachstumspfad und schließt daher keineswegs aus, daß die Wirtschaft expandiert und daß im Ungleichgewicht eine

Mehrheit der Lohnabhängigen von einem langsamer steigenden Sozialprodukt immerhin Vorteile hat. Der gesellschaftliche Widerspruch zwischen Lohnarbeit und Kapital drückt sich in der Tatsache aus, daß im Ungleichgewicht die Vermehrung der Profite eine *mehrfach* größere Senkung der Lohnsumme voraussetzt. Macht man die realistische Annahme, daß der Geldlohn sich im Durchschnitt nicht verringere, dann bedeutet dies Massenarbeitslosigkeit infolge der Realisierung von Extra-Profiten. Nicht der Mangel an rentablen Investitionsmöglichkeiten, sondern ausgesprochen gewinnträchtige Rationalisierungsinvestitionen verursachen strukturelle Arbeitslosigkeit.
Mit Hilfe des Freisetzungsmultiplikators und des Stagnationstheorems kann also die Analyse der strukturellen Arbeitslosigkeit vorangetrieben werden. Im Ungleichgewicht beträgt die Arbeitslosenquote

$$u_{t+1} = \Omega_{t+1} \cdot \left[\frac{\rho\,(n_d - n_s)}{(1 + \lambda_s)}\right] \cdot \left[\frac{\hat{C}_t}{\hat{V}_t}\right] \cdot \left[\frac{\hat{C}^X_{dt}}{\hat{C}_t}\right] \qquad (15)$$

Für $\Omega_{t+1} > 1$ ist es klar, daß die erhöhte Akkumulationsrate und die Erhöhung der Profitrate der dynamischen Betriebe die wesentlichen Aspekte der *Strukturwandlungen des Kapitals* sind. Diese Strukturwandlungen drücken sich in der Steigerung der organischen Zusammensetzung sowie in der Umlenkung des Kapitals von den statischen zu den dynamischen Betrieben aus. Diese Analyse abstrahiert ganz und gar von den Qualitäten und der Mobilität der Arbeitskräfte. Wir sehen, daß strukturelle Arbeitslosigkeit nicht aus mangelnder Übereinstimmung zwischen der Struktur der Nachfrage und der Struktur des Angebots von Arbeitskräften (Qualifikation, Alter, Geschlecht, Region) herrührt, sondern daß sie nach dieser Analyse ein Ausdruck der ungleichmäßigen Veränderungen der Struktur des Kapitals ist.
Im V. Kapitel der ersten Auflage wird nun die Frage gestellt: Tritt eine Kompensation ein? Die Ausführungen dazu stehen weitgehend in Übereinstimmung mit dem Text der zweiten Auflage und brauchen daher nicht erörtert zu werden (Kapitel V, Teil D). Die Reinvestition der Extra-Profite kann nur einen kleinen Bruchteil der Freisetzung kompensieren, da die Verringerung der Lohnsumme größer ist als die Steigerung der Gewinne. Preissenkungen können den *beschäftigten* Arbeitern eine Reallohnerhöhung bescheren, sie führen aber nicht zur Wiederbeschäftigung der freigesetzten Arbeitskräfte. Lohnsenkungen helfen hier kaum, da das Tempo der Steigerung der organischen Zusammensetzung nicht durch

vorstellbare Verbilligung der einzelnen Arbeitskräfte beeinflußt werden kann: Die Größenordnung der Arbeitsersparnis würde eine Lohnsenkung weit unter das Existenzminimum im dynamischen Sektor erfordern, um die Arbeitskräfte mit den neuen Techniken »wettbewerbsfähig« zu machen. Realistische Lohnsenkungen würden deshalb kaum eine Verringerung der Arbeitslosigkeit zur Folge haben, da es im wesentlichen um ein technisch mitbedingtes relativ starres Verhältnis zwischen Mengen von Kapitalgütern und Mengen von Arbeitskräften geht (S. 63-68).
Das Fazit lautet:

»So bleibt also das Resultat bestehen, daß unter unseren Voraussetzungen, die nicht noch einmal wiederholt werden müssen, der größte Teil der freigesetzten Arbeiter nicht durch eine automatisch kompensierende Bewegung wieder in den Produktionsprozeß eingefügt werden kann. Der Prozeß der Aufsaugung kann nur einen Teil wieder in die Betriebe bringen, braucht viel mehr Zeit und erfordert eine spontane initiative Tätigkeit, nämlich rasche und zweckmäßige Investitionen der in den Betrieben erzielten Überschüsse.« (S. 73)
»Erst die Bildung neuer Produktionseinheiten schafft wieder die Möglichkeit, Arbeiter einzustellen. Ob der Überschuß an Arbeitsuchenden dadurch ausgeglichen werden kann, hängt von den Daten ab. Jedenfalls findet nicht eine automatische Kompensation statt.« (S. 61)

Kapitel VI der ersten Auflage untersucht die Wirkung des »zusätzlichen Kredits« auf die Freisetzung von Arbeitskräften. Ausgangspunkte sind Schumpeters Geldtheorie und die Theorie des »erzwungenen Sparens«.[38]
Die Umlenkung des Kapitals von den statischen Betrieben auf die dynamischen Betriebe (Annahme iv oben) wird fallengelassen. Statt dessen wird angenommen, daß die Geldmenge sich überdurchschnittlich schnell ausdehnt. Die Produktionskapazität der statischen Betriebe bleibt dann erhalten, und Arbeitskräfte können im normalen Tempo eingegliedert werden. Die erste Wirkung der Finanzierung des Baus des neuen Produktionsmittels ist die Steigerung des Verbrauchs der Lohnabhängigen. Bei gleichbleibendem Produktionsvolumen von Verbrauchsgütern findet dann eine Preissteigerung statt (S. 79). Nach Fertigstellung der Produktionsgüter sind die Arbeitskräfte freigesetzt, und der reale Verbrauch ist durch die Preissteigerung eingeschränkt. Mit schnellem technischen Fortschritt, finanziert durch »zusätzlichen Kredit«, kehrt eventuell das heute rätselhafte Phänomen von Preissteigerung und Massenarbeitslosigkeit ein.
Die Lage ist anders zu betrachten, wenn es Kapazitätsreserven gibt. Lederer behandelt die Frage der Überkapazität im VII. Kapitel der ersten Auf-

38 Schumpeter, *Theorie der wirtschaftlichen Entwicklung*, a. a. O., S. 153-156.

lage. Hier werden die inflationären Wirkungen des zusätzlichen Kredits gedämpft (S. 99 ff.). Wiederum hängt die Wirkung davon ab, ob die neue Produktion zur Beschleunigung der Steigerung der organischen Zusammensetzung führt oder ob neue Betriebe gegründet werden. Denn

»je vehementer der technische Fortschritt ist, um so höher muß die Akkumulationsrate sein, um die Wiedereinstellung der Arbeitslosen zu ermöglichen«. (S. 103)

Die Frage der kompensatorischen Wirkung ist nicht mehr aus der Sicht der Verlangsamung der Steigerung der organischen Zusammensetzung des Kapitals im dynamischen Sektor gestellt; es geht auch nicht darum, ob Kompensationsmöglichkeiten in den vorhandenen Betrieben bestehen. In dem letzten Kapitel der ersten Auflage von *Technischer Fortschritt und Arbeitslosigkeit* wird die Frage der Lohnsenkung gekoppelt mit der Möglichkeit der Gründung neuer Betriebe:

»Beschleunigter technischer Fortschritt bei gleichzeitiger dauernder Vernichtung alten Kapitals würde also mit dauerndem Lohndruck Hand in Hand gehen — eine gesteigerte Sinnlosigkeit technischer Entwicklung, die durch internationale Konkurrenz und damit gegebenen Zwang zum technischen Fortschritt unentrinnbar werden könnte.« (S. 113)

»Es kann keinem Zweifel unterliegen, daß unter diesen Bedingungen eine Kontrolle der technischen Entwicklung erzwungen werden müßte. Wenn einmal Lohndruck oder ungehemmter technischer Fortschritt als Alternative erkannt ist, wird man an dem Problem der gesellschaftlichen Kontrolle der Produktivkräfte und ihrer Entwicklung nicht mehr vorbeikommen. Jetzt zeigt sich, wie oberflächlich eine Betrachtung ist, die aus der Tatsache eines hohen Zinsfußes allein schon eine Überhöhung der Löhne deduziert. Kann doch — aus unserem Gedankengang wird das völlig klar — der hohe Zinsfuß gerade die Folge großer technischer Möglichkeiten sein. Dann aber ist der Kapitalmangel nicht die Folge der hohen Löhne, sondern weil aus der Produktionssphäre heraus der Kapitalbedarf gestiegen ist, wird ein Druck auf gleichbleibende, ja auf sinkende Löhne geübt.« (S. 114)

Die Entstehung neuer Betriebe ist nicht allein durch Lohnsenkung zu gewährleisten! Gerade wegen der »großen technischen Möglichkeiten in den vorhandenen dynamischen Betrieben«

»werden Gewinne und Ersparnisse immer wieder in dieselben falschen Bahnen gelenkt [. . .] Die kapitalistische Wirtschaft steht dann in dem Dilemma: erzielt sie keinen Profit, so fehlt der Anreiz zur Produktion, erzielt sie Profit und investiert sie — was sehr vielfach geschehen wird — in der eigenen Produktion, so führt das zu Disproportionalitäten mit darauffolgenden Verlusten. [. . .] Die Produktion wird durch Fehlleitung teurer anstatt billiger, wird die Freisetzung von Arbeitskräften und Angestellten definitiv, ohne daß eine Kompensation eintritt — so haben wir das Bild einer schweren Wirtschaftskrise, aus der es keinen Ausweg zu geben scheint — wenigstens keinen Ausweg mit kapitalistischen Mitteln«. (S. 125-126)

II.

Welche prinzipiellen Einwände wurden gegen Lederers Analyse der Wirkung des technischen Fortschritts erhoben? Waren sie berechtigt? Wie hat Lederer auf seine Kritiker geantwortet? Hat er die vorläufige Argumentation der ersten Auflage aufgegeben oder weiterentwickelt?
Zweifellos war die Rezension von Nicholas Kaldor maßgeblich für die fachliche Beurteilung von Lederers Arbeit (zitiert unten als *A Case Against TP?* 1932). In diesem Teil des Nachworts sollen die Kernpunkte von Kaldors Kritik erörtert werden. Ferner werden diejenigen Teile der zweiten Auflage behandelt, die als Anti-Kritik zu begreifen sind. Allerdings ist vorab zu klären, warum der Stellenwert einer Rezension hier hervorgehoben wird. In seiner vor-keynesschen Phase war Kaldor ein Vertreter der statischen neoklassischen Gleichgewichtstheorie. Es ist bekannt, daß seine späteren Werke sich sehr kritisch mit dieser Theorie auseinandersetzen.[39] Aber damals waren die Einwände, die er erhob, aus *der Sicht der modernen subjektiven Werttheorie trotz einiger unvermeidlicher Mißverständisse korrekt und klar formuliert.* Lederers Erwiderung bzw. Anti-Kritik ist deshalb nicht bloß als eine Auseinandersetzung mit Kaldor, gar eine von bloß antiquarischem Interesse heute, zu verstehen; sie stellt vielmehr eine Kritik der Neoklassik dar. Insbesondere verteidigt Lederer den Begriff der organischen Zusammensetzung des Kapitals und den Begriff des »Arbeiterfassungsraums« gegen die Kritik Kaldors, die sich im ersten Falle auf Lederers ehemaligen Lehrer Böhm-Bawerk stützt und in dem letzteren Fall sich der Auffassung von J. B. Clark anschließt (beide gehörten zu den Mitbegründern der Grenznutzentheorie). Kaldors Kritik, die offensichtlich im Geist von Hicks' damals noch nicht veröffentlicher *Theory of Wages* verfaßt wurde, reiht sich eindeutig in diese Tradition ein.
Der Titel der Rezension »A Case Against Technical Progress?« ist nicht nur polemisch, er ist irreführend. Unsere These ist, daß Lederer sich gewiß nicht bloß auf eine pauschale Kritik des technischen Fortschritts eingelassen hat. Hätte Kaldor den methodischen Stellenwert von Lederers vergleichender dynamischer Analyse auch in dem Titel anerkannt, dann hätte er fragen müssen: »A Case Against Rapid Technical Progress?« Die praktische Implikation von Lederers Beitrag gilt ebenfalls für die Analyse von dauerhaften Ungleichgewichtszuständen, die durch *schnellen* techni-

39 Nicholas Kaldor, »Die Irrelevanz der Gleichgewichtsökonomie«, in: W. Vogt (Hrsg.), *Seminar: Politische Ökonomie*, Frankfurt/M. 1973, S. 85-93. Vergleiche dazu Kapitel III der vorliegenden Neuausgabe.

schen Wandel herbeigeführt werden. Denn die große praktische Bedeutung dieser Frage tangiert nicht primär unmittelbar *jeden* von technischen Veränderungen Betroffenen unter den Umständen des evolutionären Wachstums, sondern sie bezieht sich in erster Linie auf die Grenzen der Entschädigungsleistungen der staatlichen Sozialpolitik. Führt schneller technischer Wandel auf Dauer zu relativer Stagnation statt zu gleichgewichtigem Wachstum der Gesamtwirtschaft, dann wird die Leistungsfähigkeit der Arbeitslosenversicherung ausgerechnet in der Zeit stark beeinträchtigt, in der die Leistungsansprüche rapide und dauerhaft steigen. Nur wenn der technische Fortschritt, wie in der herrschenden Theorie angenommen wird, »nie eine dauernde Störung verursachen konnte«, können die Arbeitslosen mit Gewißheit materiell gesichert werden. Ruft man diesen praktischen Gesichtspunkt explizit in Erinnerung, dann ist klar, daß es sich bei Lederers Konzept nicht um eine Rechtfertigung einer »modernen« Maschinenstürmerei handelt, wie Kaldors Titel suggeriert, sondern um das Programm der gesellschaftlichen Kontrolle der Entwicklung der Produktivkräfte. Zwei Zitate verdeutlichen die Intentionen Lederers:

»Die verheerenden Wirkungen, die der technische Fortschritt nach sich ziehen *kann* [Hervorhebung R. D.], und zwar um so mehr, je wirksamer er die Erzeugungskapazität steigert, macht die gesellschaftliche Zügelung der technischen Entwicklung zu einer Lebensfrage der europäischen Nationen.« (*TFA* 1931, S. V.)*
»Die Analyse der kapitalistischen Wirtschaft der Gegenwart entrollt ein düsteres Bild. Das rasende Tempo technischer Umwälzungen zersprengt das Gefüge des Produktionskörpers. Die kapitalistische Dynamik ist nicht nur ›Entwicklung‹, sondern zugleich ›Zerstörung‹. Arbeiter und Angestellte halten die Maschinerie im Gange, deren Opfer sie zugleich werden. Trotzdem bietet die technische Entwicklung ungeheure Möglichkeiten rascher Ausweitung der Produktion und steigender Beschäftigung bei wachsendem Realeinkommen der Massen. Die Aufdeckung des inneren Zusammenhangs einer technisch sich rasch wandelnden Warenproduktion setzt die Frage der gesellschaftlichen Organisation der Produktionskräfte erneut und mit besonderer Dringlichkeit auf die Tagesordnung.« (*TFA* 1931, S. VI)

Entscheidend für Lederer sind das Tempo des technischen Fortschritts und seine Wirkung auf den gesamtökonomischen Prozeß einer realen kapitalistischen Wirtschaft. Kaldors Rezension ignoriert diese Einschränkung an mehreren wichtigen Stellen:

* Kaldor zitiert diesen entscheidenden Satz, aber seine Übersetzung ist m. E. sehr fraglich. Eine Rückübersetzung von Kaldors Text ergibt: »nach sich zieht« oder »Die verheerenden Wirkungen *des* technischen Fortschritts . . .«
Aber auf die differenzierte Analyse der *objektiven Möglichkeiten* kommt es an! Die Unstimmigkeit der Rückübersetzung mit dem Original ist symptomatisch für ein grundsätzlicheres Mißverständnis der Argumentation Lederers. Es geht um das Tempo!

»Professor Lederer befaßt sich erst mit einem statischen und dann mit einem dynamischen Gleichgewicht und untersucht die Wirkung der Einführung einer technischen Verbesserung in einem Wirtschaftszweig auf das Gesamtsystem.« (*A Case Against TP,* S. 183)

Die Frage bleibt offen, ob Kaldor die Analyse der Wirkung als einen Vergleich zwischen zwei Gleichgewichtspunkten begreift (das ist m. E. der Fall) oder ob er Lederers Vorgehen richtig charakterisiert als einen Vergleich eines dynamischen hypothetischen Gleichgewichtszustandes mit einem realitätsnäheren dauerhaften Ungleichgewichtszustand. Diese Unklarheit verdüstert auch die Wiedergabe von Lederers Verfahren in dem entscheidenden numerischen Beispiel:

»In einem gleichmäßig fortschreitenden Zustand (proportionately progressing state) führen einige Unternehmen in einem von den Wirtschaftszweigen [. . .] eine neue Methode ein. [. . .] Am Ende dieses Jahres sind 1,3 Prozent der Arbeiter arbeitslos, das Sozialprodukt ist 1 Prozent weniger, als es sonst wäre (da die Produktion der ›dynamischen‹ Unternehmen gleich bleibt, während die Erzeugung der anderen Unternehmen geringer ist); Profite (einschließlich Kapitaleinkommen) werden größer, aber die Verminderung des Lohneinkommens wird viermal so groß sein wie die Zunahme der Profite.« (S. 185)

Erstens ist festzuhalten, daß in Lederers Analyse des dynamischen Gleichgewichts ebenfalls technischer Fortschritt stattfindet. Hier liegt ein Mißverständnis vor, das auf Lederers Exposition zurückzuführen ist. Die Darstellung im Kapitel IV der ersten Auflage nimmt *zunächst*

»das einfachste Schema eines solchen dynamischen Gleichgewichts mit gleichmäßig wachsenden Daten der Produktionsmittel und der Bevölkerung, der Akkumulation wie des Konsums« (*TFA* 1931, S. 30)

zum Ausgangspunkt.

»Es kennt keinen technischen Fortschritt und danach auch keine Änderung der organischen Zusammensetzung.« (Ebenda)

Dagegen ist die Analyse in dem numerischen Beispiel, das Kaldor in der zuletzt zitierten Passage seiner Rezension zusammenfaßt,

»durch eine langsame Erhöhung der organischen Zusammensetzung«

charakterisiert. Das numerische Beispiel behandelt nicht irgendwelche technischen Verbesserungen, sondern eine »wesentliche« Veränderung. Stagnation tritt dann ein, wenn das Tempo des technischen Fortschritts eine bestimmte Grenze überschreitet. Unberechtigt ist der Einwand, daß die zugrunde liegende Vorstellung der gleichgewichtigen Wirtschaftsdynamik theoretisch uninteressant sei, weil

»das Kapital und die Arbeitskräfte sich jährlich im gleichen Verhältnis vermehren, während Arbeitsproduktivität, die organische Zusammensetzung und Einkommensverteilung konstant bleiben«. (*A Case Against TP,* S. 183)

Es handelt sich im wesentlichen um die Folgen des revolutionären (relativ zum evolutionären) technischen Fortschritts. Um diese zu bestimmen, legt er einen hypothetisch evolutionären Pfad zugrunde und fragt dann, wie der Ungleichgewichts- vom Gleichgewichtspfad abweicht. Dic Lohnsumme wird nicht verringert, sondern ihre Steigerung ist *geringer*, als sie es sonst wäre.
Ein schwerer Vorwurf ist ferner, daß Lederer nicht unterscheide zwischen dem Wandel, der auf Veränderungen der relativen Knappheit der Produktionsfaktoren zurückzuführen ist, und dem, der von »außen« kommt (*A Case Against TF*, S. 184). Die Unterscheidung zwischen Substitution und technischem Fortschritt (so wie sie noch heute in der neoklassischen Theorie vorgenommen wird), sei nicht beachtet. Die Folgen mangelhafter Anpassungen an neue Bedingungen der relativen Knappheit dürften nicht verwechselt werden mit denen neuer Entdeckungen. Diese Kritik ist von prinzipieller Bedeutung. In seinem *Aufriß der ökonomischen Theorie* stellt Lederer diese Unterscheidung in Frage.[40] Dort setzt er sich mit der Zurechnungslehre auseinander und nennt zwei Umstände, die die praktische Relevanz der Gleichgewichtstheorie für die Analyse von Veränderungen der Produktionsbedingungen stark beeinträchtigen: steigende Erträge und nicht ausgelastete Produktionskapazität (*Aufriß*, S. 265). Beide Phänomene bezeugen, daß die Erweiterung der Produktion nicht unbedingt mit steigenden Produktionskosten pro Einheit verbunden sein muß. In Kapitel III der zweiten Auflage (siehe oben »Steigender und sinkender Ertrag«) knüpft Lederer an Sraffas Beitrag von 1926[41] an und arbeitet seine eigene Begründung im *Aufriß* explizit ein. Der Kern der Argumentation betrifft die durchschnittlichen Generalunkosten, die bei Produktionsausdehnung stark sinken (*TFA* 1938).

»Erst der sinkende Ertrag macht also das Zurechnungsproblem, dessen praktische Lösbarkeit nie bezweifelt wurde, auch theoretisch nach dem Grenznutzengedanken denkbar. Wenn der Ertrag aber steigt, so ist der Grenzertragsgedanke offenbar nicht anwendbar.«

Die Zusammenstellung von Daten über die Industrialisierung illustriert die Tatsache,

40 Emil Lederer, *Aufriß der ökonomischen Theorie*, a. a. O., S. 242-279.
41 Piero Sraffa, »The Laws of Returns under Competitive Conditions«, in: *Economic Journal* Bd. XXXVI (1926), S. 535.

»daß in einer Volkswirtschaft die überwiegende Zahl der Betriebe — oder sogar alle Betriebe — unter dem Gesetz steigenden physischen Ertrags stehen . . .«

Die Auseinandersetzung mit der neoklassischen Verteilungstheorie wird in Kapitel V in dem Teil »Technischer Fortschritt und die Erhöhung der Kapitalintensität« fortgesetzt. Böhm-Bawerks Vorstellungen von der Steigerung der Kapitalintensität als einer Verlängerung der Produktionsumwege, die dann einsetzt, wenn der relative Preis des Produktionsfaktors Kapital sinkt, werden kritisiert. Neuere Techniken, die viel kapitalintensiver sind als die alten, brauchten nicht unbedingt mehr Zeit zu ihrer Herstellung. Der Zins sei daher keine Belohnung für das Warten der Sparer auf künftige Einkommensströme. Grundsätzlich bezweifelt Lederer, daß die Zinshöhe die Spartätigkeit, vor allem die der Unternehmer, überhaupt beeinflusse. Vielmehr seien dabei die Rentabilitätschancen bestimmend. Die Steigerung der Kapitalintensität sei von der Rentabilität der vorangegangenen Investitionen abhängig, und nicht von der Bewegung der relativen Preise der Produktionsfaktoren. Die neoklassische Unterscheidung zwischen technischem Fortschritt und Substitution verliert dann ihre Bedeutung:

»Technische Fortschritte sind meist mit einer Steigerung der organischen Zusammensetzung der Gesamterzeugung verbunden.«

Genauso, wie er Lederers Begriff von technischem Fortschritt kritisiert, wendet Kaldor ein, daß der Begriff »Arbeiterfassungsraum« analytisch unbrauchbar sei. Er übersetzt »Arbeiterfassungsraum« mit »Wage Fund« (Lohnfonds). Diese Übersetzung ist irreführend. Der »Arbeiterfassungsraum« ist analytisch bestimmt durch zwei Annahmen, die mit der herkömmlichen diskreditierten Lohnfondstheorie nichts zu tun haben. Erstens schließt Lederer die Substituierbarkeit von Arbeit und Kapital bei gegebenen Anlagen aus. Zweitens geht er von einem konstanten Geldlohn aus. Für eine gegebene Kapitalinvestition ist also der »Arbeiterfassungsraum« vom technischen Koeffizienten und vom Geldlohn abhängig. Lederer nimmt Kaldors Kritik schon in der ersten Auflage und in dem *Aufriß* vorweg. Er kritisiert den neoklassischen Theoretiker Clark explizit an diesem Punkt:

»Wir werden hier schwerlich eine Transformation der gesamten Kapitalausrüstung der Betriebsgruppen I-IX in dem Sinne annehmen können, daß nun eine optimale Beziehung zwischen dem relativ langsamer wachsenden Kapital [der statischen Betriebe — R. D.] und der relativ schneller wachsenden Arbeiterzahl sich gewissermaßen automatisch herstellt.« (*TFA* 1931, S. 64)
»Nichts verbürgt, daß Kapital und Arbeit in der Wirklichkeit als ›abstrakte Gallerten‹ (Schumpeter) angesehen werden können. Das ökonomische Prinzip bzw. die

Tendenz zum Gleichgewicht wird auf die Ausnutzung einer solchen Wandelbarkeit hinwirken, aber es ist die Frage, ob sie so groß ist, wie Clark annimmt.« (*Aufriß* 1931, S. 261)

Dieser Grundsatz wird in der zweiten Auflage an einer entscheidenden Stelle der Argumentation nochmals bekräftigt:

»Diese Steigerung der Kapitalintensität (organische Zusammensetzung) ist als steigende Ausstattung mit Realkapital zu verstehen. Das relativ schnellere Wachstum der Kapitalausrüstung und die damit verbundene Verringerung in der Anzahl der Arbeitsplätze sind das grundlegende Problem.«

In der Fußnote zu dieser Passage geht Lederer auf einen nicht genannten Kritiker ein:

»Der Begriff des Arbeiterfassungsraums wird wichtig bei einer Verringerung der Nachfrage nach Arbeitskräften als Folge einer steigenden Effizienz des Kapitals bzw. der Arbeit an diesem Kapital. Wenn man, wie das im Schema von Clark geschieht, beliebige Kombinationen von Produktionsausstattung und Arbeiteranzahl annimmt, ist der Begriff des Arbeiterfassungsraums allerdings entbehrlich. Dann aber muß man das in der modernen technischen Entwicklung so entscheidende Phänomen der technischen Starrheit ganz außer acht lassen.«

Wir wenden uns nun dem Haupteinwand Kaldors gegen Lederers Analyse der Wirkung des technischen Fortschritts auf den gesamtökonomischen Prozeß zu: unter den Bedingungen des vollkommenen Wettbewerbs könne der technische Fortschritt kein Hindernis des Wirtschaftswachstums sein. Auf zwei Ebenen findet man in der zweiten Auflage eine Erwiderung. Die erste Ebene bildet das Paradigma des ökonomischen Wachstums:

»Die Grundvorstellung (wenn man so will, das *a priori*) der Dynamik ist aber nicht die Bewegung zum Gleichgewicht hin, sondern das Gesamtbild eines Prozesses, dessen einzelne Phasen nur vom Boden der Statik als Störungen erscheinen, innerhalb der Dynamik aber notwendige Phasen der Entwicklung sind.«

Lederer betrachtet die »reale Erscheinungsform« der gesamtwirtschaftlichen Entwicklung und stellt fest, daß sie nicht gleichmäßig ist. Würdigt man den »Realgehalt« des Wachstums der Produktion, dann ist er zu begreifen als die Gegentendenz der Überwindung der kumulativen Wirkung von »regelmäßigen Bewegungsanreizen«, die eher dazu tendieren, das System zu sprengen, als es zu stabilisieren (ebenda).* Nicht die idealen stati-

* Eine Quelle des Mißverständnisses der Argumentation Lederers ist seine Bezeichnung dieser Bewegungsanreize als »außerökonomisch« (*Aufriß* S. 320). Die wichtigsten »außerökonomischen Tatsachenreihen« seien: 1. Die Bevölkerungsbewegung, 2. Der technische Fortschritt, 3. Die Dynamik der Bedürfnisse, 4. Das Kreditsystem. [. . .] Die entscheidende Einschränkung wird übersehen: »Dabei ist noch zu vermerken, daß die entwickelte Volkswirtschaft, einmal etabliert, dieser ständigen Impulse nicht mehr bedarf, bzw. sie z. T. immer wieder neu reproduziert.«

schen Tauschbeziehungen der reinen Ökonomie, sondern die realen dynamischen Prozesse der kapitalistischen Verkehrswirtschaft sind für den Wachstumsbegriff maßgeblich. Der Hinweis Kaldors auf die Unmöglichkeit von Stagnation infolge technischen Fortschritts ist, vom theoretischen Standpunkt der Statik gesehen, vollkommen berechtigt. Im *Aufriß* aber wird dieses Paradigma verworfen:

»Es ist nicht möglich, eine Theorie der entwickelten Verkehrswirtschaft aufzubauen, in welcher das bewegende Element des Wirtschaftens überhaupt (Gewinne), das Motiv jeder Produktion, soweit der entscheidende Träger der Produktion, eben der Unternehmer, in Frage kommt, lediglich als eine Deviation, als eine Friktionserscheinung, als eine Störung aufgefaßt wird. Wir müssen vielmehr diese aus dem Gesichtswinkel der Statik heraus als Störung gegebenen Überschüsse über die Kosten als das Normale der kapitalistischen Verkehrswirtschaft ansprechen. Und wir müssen demgemäß fragen, ob wir nicht die gewinnlosen Betriebe, sondern die Betriebe mit normalem Gewinn als die Basisbetriebe ansprechen können, von denen aus sich das Preissystem der kapitalistischen Verkehrswirtschaft aufbaut.« (*Aufriß* 1931, S. 314)

Der Einwand Kaldors, daß es keinen ökonomischen Anreiz zu technischen Veränderungen gibt, wenn die Kosten nicht dadurch gesenkt werden, ist zwar im allgemeinen richtig, aber er darf nicht gegen Lederers Analyse erhoben werden. Was Kaldor als »Kosten« bezeichnet, sind nach Lederer z. T. »Gewinne«. Wir stoßen hier auf den paradigmatischen Unterschied zwischen der klassischen und der neoklassischen Theorie. Während die Grenzproduktivitätstheorie die Veränderungen, die Lederer beschreibt, als eine Umschichtung des Einkommens durch Wandel der Kostenstruktur begreift, sieht die objektive Wertlehre darin einen erhöhten Überschuß. Ein Anreiz zur beschleunigten Erhöhung der organischen Zusammensetzung besteht in dynamischen Wirtschaften dann, wenn über den normalen Profit hinaus ein Surplus-Profit verdient werden kann. In der dynamischen Betrachtungsweise

»wissen wir, daß diese Zinsmasse [. . .] einen Teil des Gewinnes bildet, der in der Volkswirtschaft erzielt wird. Nur soweit Gewinne, also Überschüsse in der Produktion erzielt werden, kann regelmäßig Zins bezahlt werden«. (*Aufriß* 1931, S. 309)

In den Fällen, die Lederer in der ersten Auflage analysiert, ist der technische Fortschritt mit einem erhöhten Überschuß durch Senkung der Lohnkosten erzielt worden. Nur aus der Sicht des statischen Gleichgewichts kann gesagt werden, daß keine Kostensenkung in dem hypothetischen dynamischen Gleichgewichtsfall stattfindet: Der Surplus steigt, auch im dynamischen Gleichgewicht.
Auch die Frage, ob die Produktion in den dynamischen Betrieben im Un-

gleichgewicht sich ausdehnen müsse, ist aufgrund unterschiedlicher theoretischer Grundauffassungen unterschiedlich zu beantworten.

»Solange die gesamten Aufwendungen des Unternehmers für Arbeit und Kapital bei Anwendung der neuen Kombination geringer sind als die Einnahme, hat er einen unmittelbaren Anreiz, die Produktion auszudehnen, und diese wird sich fortsetzen, solange die Grenzeinheit einen Surplus abwirft.« (*A Case Against TP*, S. 187)

Hier übersieht Kaldor das Phänomen der Normalprofite, bzw. er definiert den Überschuß als einen Bestandteil der Kosten.
Das zusammenfassende Urteil Kaldors, daß der Argumentation Lederers

»ein Fall zugrunde [. . .] liegt, der sich in einer Gesellschaft mit vollkommenem wirtschaftlichen Wettbewerb nicht ereignen kann« (*A Case Against TP*, S. 185),

ist zugleich richtig und falsch. In Lederers Analyse ist der Preismechanismus inoperativ. Mit dem Begriff »entwickelte kapitalistische Verkehrswirtschaft« thematisiert Lederer die Irrealität der Marktgesetzmäßigkeit, wie sie in der Neoklassik analytisch formuliert ist. Wettbewerb besteht zwar immer noch, aber die Anpassungsprozesse nach dem alten Muster existieren nicht mehr:

»Der Unternehmer im Sinne Schumpeters, ist eine historische Persönlichkeit geworden. [. . .] Das Kapital wird eben, soweit es nicht in die vorgebahnten Investitionskanäle fließt, festverzinslich angelegt, der Kapitalismus wird ein Rentnerkapitalismus. Diese Entwicklung steht aber offensichtlich mit dem technischen Fortschritt, der Grundlage der Monopolorganisation in der Produktionssphäre und in der Kreditverteilung, in engem Zusammenhang. Die Kräfte der Expansion sind erlahmt, die Investitionen erschließen nicht mehr neue Felder industrieller Tätigkeit, der technische Fortschritt reduziert die Zahl der Beschäftigten — wo ist noch der Automatismus am Werke, der die Freisetzung kompensieren könnte?« (*TFA* 1931, S. 122)

Auf diese konkrete Frage gibt Kaldor keine Antwort.

III.

Wie ist Lederers Analyse der Auswirkungen des technischen Fortschritts aus der Sicht der modernen Theorie der Wirtschaftsdynamik zu beurteilen? Wieso kann behauptet werden, Lederer sei ein Vorläufer moderner Wachstumstheoretiker?[42] Worin bestehen die Gemeinsamkeiten mit und die Unterschiede zu der neokeynesianischen, neoklassischen und neoricardianischen Wachstums- und Kapitaltheorie? Eine definitive Beantwortung dieser Fragen würde den Rahmen dieses Nachworts sprengen.

42 Gottfried Bombach, a. a. O., S. 765.

Es ist immerhin bemerkenswert, daß Vergleiche zwischen der modernen Wachstumstheorie und der Marxschen Analyse der erweiterten Reproduktion in der Literatur zu finden sind, die Leistung Lederers in diesem Punkt jedoch bislang nirgendwo gewürdigt worden ist. Das läßt vermuten, daß das Schema der erweiterten Reproduktion sich vielleicht doch leichter mit den Begriffen der herkömmlichen Gleichgewichtstheorien verbinden läßt, während eine moderne Formulierung des allgemeinen Gesetzes der kapitalistischen Akkumulation auf sich warten läßt.[43] Lederer befaßte sich mit dem letzteren.

Immerhin können die Vergleiche zeigen, welche Akzente Lederers Theorie der Wirtschaftsdynamik setzt. Die »Magnificent Dynamics« (Baumol)[44] von Marx und Schumpeter bildeten die Grundlagen für Lederers Konzept. Der Ausgangspunkt der modernen Wachstumstheorie war die kurzfristige Analyse von Keynes.

Harrod war der erste, der an Keynes anknüpfte, um die Kerngedanken für die Analyse von langfristigen Entwicklungen weiterzuentwickeln. Wie bei Keynes wird die Wirksamkeit des Zinses als Mechanismus des Ausgleichs zwischen Sparen und Investition auf dem Kapitalmarkt in Frage gestellt. Beschränkt man den Vergleich mit Lederers Analyse auf den Gleichgewichtspfad der Investition bzw. Kapitalakkumulation, dann fallen bestimmte Gemeinsamkeiten und Unterschiede sofort ins Auge:[45]

$$\frac{\dot{I}}{I} = \frac{s}{ß} \tag{16}$$

wobei s die Sparquote der Haushalte und ß die Kapitalkoeffizienten der Produktion bezeichnen. Wir vergleichen dieses Ergebnis mit Lederers Analyse:

$$\frac{\hat{C}_{t+1} - \hat{C}_t}{\hat{C}_t} = \alpha \Pi_s \tag{6}$$

wobei die linke Seite die Akkumulationsrate des konstanten Kapitals angibt. Harrods Gleichung erklärt die Veränderungsrate der Investition, während Lederers Gleichung für den gesamten Kapitalstock gilt. Das Wachstum des Kapitalstocks ist abhängig von der Spar- und Reinvesti-

43 Donald J. Harris, »On Marx's Scheme of Reproduction and Accumulation«, in: *Journal of Political Economy,* Jg. 1972, S. 505-521; D. Furth, A. Heertje und R. J. van der Veen, »On Marx's Theory of Unemployment«, in: *Oxford Economic Papers* N. S., Vol. 30 (1978), S. 263-276.

44 Baumol, a. a. O., Kapitel II.

45 Vgl. Bombach, a. a. O., S. 776; Gerfin, a. a. O., S. 860-861.

tionsquote der Unternehmen und von der Rentabilität des investierten Kapitals p. Im Gleichgewicht ergibt sich jedoch bei Lederer, daß auch die Investition in diesem Tempo steigt.* Daher sind die Ansätze vergleichbar. Sowohl bei Harrod als auch bei Keynes werden die Entscheidungen über die Verwendungen des Überschusses von den Haushalten getroffen. Im Gleichgewicht stimmen die Entscheidungen der Haushalte über Ersparnisse überein mit den Entscheidungen der Unternehmer hinsichtlich ihres zusätzlichen Kapitalbedarfs. Der zufällige Charakter dieser Übereinstimmung in einer kapitalistischen Wirtschaft ist der Angelpunkt für die Konjunkturtheorie der postkeynesianischen Theorie der Wirtschaftsdynamik. Sie ist eine Theorie der Realisierungskrisen, d. h. des Mangels an Verwertungsmöglichkeiten für das investierte Kapital. Bei Lederer taucht dieses Problem der Koordination von Spar- und Investitionsentscheidungen gar nicht auf. Die Unternehmen allein sparen und investieren. Insofern bestimmt die Verteilung zwischen Löhnen und Profiten die Höhe der Investition bei gegebenem Volkseinkommen. Lederer ist in dieser Hinsicht, wie die Klassiker und Marx, ein Vorläufer von Kalecki und Kaldor, die den Zusammenhang zwischen Wachstum und Distribution hervorgehoben haben.[46] Andererseits gibt es bei Lederer keinen Mechanismus wie die Reaktion der Unternehmer auf enttäuschte Erwartungen hinsichtlich der Umsätze und Gewinne, der allmählich zur Veränderung des Verhaltens führt. Vielmehr gibt es »Engpässe« (Disproportionalitäten) der Finanzierung von bestehenden Unternehmen, die im *Ungleichgewicht* keine Extra-Profite abwerfen. Es gibt eine normale Unterauslastung der Kapazität (Reserven), aber der Grund für die Verminderung der Investition der »statischen« Betriebe sind nicht enttäuschte Erwartungen, sondern technologischer Rückstand, der dann die Stellung der Betriebe auf dem Kapitalmarkt (bzw. innerhalb des Unternehmens) schwächt. Implizit benutzt Lederer ein Rationierungsmodell des Kapitalmarkts.

Bestimmt wird der Gleichgewichtspfad nach Harrod von *globalen* Verhaltensregeln (Sparquote) und technischen Bedingungen (Kapitalkoeffizient), die unabhängig voneinander sind. Lederer sieht Technik, Investition und Sparen als einen interdependenten Komplex, der vom Bankensystem und von Unternehmen auf Branchenebene geprägt

* Setze $\hat{I}_t = \hat{C}_{t+1} - \hat{C}_t$. Aus (2) und (3) folgt $\hat{I}_t = a\pi_s \hat{C}_t$

und daher $\frac{\hat{I}_{t+1} - \hat{I}_t}{\hat{I}_t} = \frac{\hat{C}_{t+1} - \hat{C}_t}{\hat{C}_t} = a\pi_s$.

46 M. Kalecki, *Werkauswahl*, Neuwied 1976; Nicholas Kaldor, *Essays on Economic Stability and Growth*, Ducksworth 1960.

wird. Da beide Theoretiker annehmen, daß kurzfristig keine Substitutionsmöglichkeiten bestehen, ist der Gleichgewichtspfad der Akkumulation des fixen Kapitals maßgeblich für die Bestimmung der Nachfrage nach Arbeitskräften (Lederer: »Arbeiterfassungsraum«). Harrod fragt, welches Tempo des Wirtschaftswachstums notwendig ist, um eine Kapitalakkumulation hervorzurufen, die Vollbeschäftigung bei exogen bestimmten Steigerungsraten der Arbeitsproduktivität und der Arbeitsbevölkerung sicherstellt. Lederer möchte lediglich wissen, welches Tempo des technischen Fortschritts notwendig ist, um zu gewährleisten, daß alle freigesetzten Arbeitskräfte, einschließlich des Nachwuchses, in den Produktionsprozeß wieder eingegliedert werden können. Die Gleichgewichtspfade haben unterschiedliche Bedeutung für die beiden Theoretiker. Für Harrod gilt es zu zeigen, daß ein Gleichgewicht zwar existiert, aber selbst wenn es zufällig realisiert wäre, gäbe es soziale Kosten der unausgelasteten Kapazität und unfreiwilligen Arbeitslosigkeit. Für Lederer ist Gleichgewicht ein Vollbeschäftigungsgleichgewicht (abgesehen von normalen Reserven) rein hypothetischen Charakters. Es ist der Orientierungsrahmen für die Bestimmung des Tempos des technischen Fortschritts, das sich mit einem Gleichgewicht auf dem Arbeitsmarkt vereinbaren läßt. Die »Deviationen« vom Gleichgewicht sind nicht Ausdruck eines stabilen oder instabilen Gleichgewichts (für Harrod trifft das letztere zu). Im Gegenteil, nach Lederer ist der Gleichgewichts*pfad* real nicht existent und hat als Gravitationslinie keine Rolle zu spielen. Die reale Bewegung der organischen Zusammensetzung des Kapitals in den dynamischen und statischen Betrieben ist unterschiedlich und ein Ausdruck von unternehmerischen Entscheidungen, die Disproportionalitäten hervorrufen. Die »Deviationen« wirken weder selbstverstärkend noch selbstkorrigierend; sie sind allein von der Rentabilität der Kapitalinvestition, der Reinvestitionsquote der dynamischen Unternehmen und vom Fortschritt der Technik abhängig.

Die neoklassische Wachstumstheorie stellt die Anpassungsfähigkeit der Wirtschaft in den Vordergrund des Interesses. »Deviationen« von dem Gleichgewichtszustand können im Prinzip nur vorübergehend sein. Die Substituierbarkeit der Produktionsfaktoren Arbeit und Kapital garantiert, daß alle freigesetzten Arbeitskräfte wieder eingestellt werden können, solange der Reallohn der Grenzproduktivität entspricht.[47] Auch das

47 R. M. Solow, »A Contribution to the theory of economic growth«, in: *Quarterly Journal of Economics,* vol. 70 (1956), S. 65-94, wiederabgedruckt in A. K. Sen, a. a. O., S. 161-192.

Sparverhalten der Haushalte ist von Marktbedingungen abhängig. Das Angebot an Kapital ist vom Zins abhängig. Die Sparquote und die technischen Koeffizienten sind also variierbar.[48] Die Modelle in dieser theoretischen Tradition heben die Tendenz zum Gleichgewicht hervor, während Lederer die technischen Veränderungen kurzfristig als unabhängig von *relativen* Preisveränderungen vorstellt. Sein Modell des Ungleichgewichts ist notwendigerweise *disaggregiert* (statische und dynamische Sektoren), während die Grundbegriffe der Akkumulationstheorie der Neoklassik auf Aggregate bezogen sind.[49] In Lederers Analyse werden zusätzliche Kredite im Ungleichgewicht herangezogen, um Investitionen der dynamischen Betriebe zu finanzieren. Die Ersparnisse werden durch Preissteigerung der wegen Kapitalzerstörung in den statischen Betrieben knapp gewordenen Konsumgüter nachträglich finanziert. Die entlassenen Arbeiter verfügen über keine Kaufkraft mehr. Die Sparquote paßt sich nicht an im Sinne einer optimalen Entscheidung der sparenden Unternehmer oder der Verbraucher; das Sparen wird vielmehr erzwungen. Die Profitrate wird dadurch erhöht, daß der Geldlohn konstant bleibt, die Preise steigen und der Reallohn sinkt. Eine Profitinflation ist die Folge einer schnellen Steigerung der organischen Zusammensetzung des Kapitals.
Eine andere Vorstellung der Finanzierung des Wirtschaftswachstums und der Produktivitätssteigerung wird in dem disaggregierten Modell einer »Dual Economy« entwickelt. Wegbereiter dieser Analyse ist W. A. Lewis.[50] Nicht die Zerstörung von »alten« Anlagen, sondern die Beschäftigung von »versteckten« Arbeitslosen erlaube es, die Sparquote der Wirtschaft zu erhöhen und zugleich Kapitalakkumulationsprozesse zu beschleunigen. Die ungleichmäßige Entwicklung der verschiedenen Sektoren ergibt sich aus dem Transfer von Arbeitskräften aus dem »traditionellen« Bereich (wo ihre Entlohnung nach gewöhnlichen Maßstäben mehr als ihrem Grenzprodukt entspricht) in den »modernen Sektor« (wo die Entlohnung dem Grenzproduktivitätsprinzip folgt). Dadurch wird mehr Arbeit geleistet, ohne daß die Lohnsumme der Gesamtwirtschaft steigt. Diese zusätzlichen Arbeitskräfte können eingesetzt werden zum Bau von Straßen, Anlagen usw. Sie sind zwar vom »traditionellen Sektor« abgezo-

48 James Tobin, »A dynamic aggregative model«, in: *Journal of Political Economy*, vol. 63 (155), S. 103-115, wiederabgedruckt (ohne den Anhang) in A. K. Sen, a. a. O., S. 235-252.

49 Tobin, a. a. O.

50 W. A. Lewis, »Economic Development with Unlimited Supplies of Labor«, in: *The Manchester School*, May 1954, S. 139-91; ders., »Unlimited Labor: Further Notes«, in: *The Manchester School*, January 1958, S. 1-32.

gen worden, aber die Produktion wird dadurch nicht vermindert. In Lederers Analyse ist es nicht Arbeit, die transferiert wird, sondern Kapital; die Produktion des statischen Sektors geht zurück. Bei Lewis bleibt die Produktion im traditionellen Sektor konstant, wenn Arbeitskräfte umgelenkt werden. In den dynamischen Betrieben setzt Lederer jedoch eine Konstanz der Produktionsmenge voraus; die Produktivitätssteigerung führt nur zur Kostensenkung. In Lewis' Modell steigt die Produktion im »modernen« Sektor, da neue Arbeitskräfte eingesetzt werden.

Die Modelle von Lewis und Lederer sind miteinander verwandt. In beiden Modellen ist eine Beschleunigung der Kapitalakkumulation mit Arbeitslosigkeit verbunden. Im Lewis-Modell ist die Arbeitslosigkeit eine Voraussetzung der gesteigerten Kapitalakkumulation, wogegen sie in der Analyse Lederers eher eine gesamtwirtschaftliche Folge der beschleunigten Akkumulation in den dynamischen Betrieben darstellt. Beide Autoren scheinen bestimmten Aspekten der Marxschen Theorie der industriellen Reservearmee eine neue Fassung zu geben. Einerseits, nach Lewis, wird die beschleunigte Akkumulation durch die Reservearmee erklärt; andererseits, nach Lederer, schafft die branchenspezifische beschleunigte Akkumulation die Reservearmee.

Das Ausscheiden von »statischen Betrieben« mit relativ niedriger organischer Zusammensetzung des Kapitals erfolgt, weil die mit besonders hoher Zinsbelastung arbeitenden Betriebe ihre »prime costs« (fixe Kosten) nicht mehr decken können. Diese Betonung des »Stufenbaus der Produktion« (*TFA* 1931, S. 106) ist ein Kernpunkt der modernen Wachstumsmodelle mit kapitalgebundenem technischen Fortschritt.[51] Die »altersmäßige Heterogenität« des Kapitalstocks wird berücksichtigt, um zu erklären, weshalb bei konstanter Kapitalintensität die Arbeitsproduktivität noch steigen kann. Neuere Kapitalgüter sind aufgrund des Fortschritts der Technik von besserer Qualität. Solche Fälle sieht Lederer ebenfalls vor (*TFA* 1931, S. 110), aber in ihrer Mehrzahl gibt es (nach der ersten Auflage) eine enge Beziehung zwischen Alter und Höhe der organischen Zusammensetzung. Dieser Punkt ist in der zweiten Auflage eingehend bei der Frage des kapitalsparenden technischen Fortschritts behandelt wor-

51 F. H. Hahn und R. C. O. Matthews, »The theory of economic growth: a survey«, in: *Economic Journal*, vol. LXXIV, 1964, S. 825 ff., Auszüge in A. K. Sen, a. a. O., S. 367-397, insbesondere, S. 377 ff. Die neoklassische Lehrmeinung zu diesem Problemkomplex ist abgehandelt in E. Burmeister und A. R. Dobell, *Mathematical Theories of Economic Growth,* London 1970, S. 90-96; die postkeynessche Theorie ist dort überhaupt nicht erwähnt. Siehe aber Nicholas Kaldor und J. A. Mirlees, »A new model of economic growth«, in: *Review of Economic Studies,* vol. 29 (1961-62), S. 174-190, wiederabgedruckt in A. K. Sen, a. a. O., S. 343-366.

den. Unzweifelhaft ist Lederers Vorstellung vom technischen Fortschritt in dieser Hinsicht mit der erweiterten Analyse Solows[52] sowie mit der Kaldors und Mirlees[53] vergleichbar: der technische Fortschritt ist verbunden mit neuer Investition (»embodied technical progress«). Je »jünger« der Kapitalstock, desto höher die Arbeitsproduktivität. Konkurrenzvorteile werden erworben durch die Einführung von neuen Techniken in einem immer schnelleren Tempo.

»Die kapitalistische Dynamik ist nicht nur Entwicklung, sondern zugleich Zerstörung.« (*TFA* 1931, S. V)
»Aber nicht nur Elementarereignisse wie Überschwemmungen, Erdbeben, ferner all dies weiter überragend Kriege, haben den Reichtum der kapitalistischen Welt immer wieder vermindert — die Zerstörungen, welche mit dem technischen Fortschritt unvermeidlich verknüpft sind, übertreffen alle diese Reichtumsminderungen wahrscheinlich noch erheblich, und zwar deshalb, weil sie kontinuierlich sind.« (*TFA* 1931, S. 108)

Von den modernen Wachstumstheoretikern, die die Interdependenz zwischen dem technischen Fortschritt und der Kapitalakkumulation untersucht haben, verdienen die Arbeiten des Lederer-Kritikers Nicholas Kaldor in seiner postkeynesianischen Phase große Aufmerksamkeit. Einerseits, sagt Kaldor, erfordere eine *meist kapitalintensivere* Produktion erfinderische Leistungen, andererseits sei es so, daß

»die meisten technischen Innovationen, die die Produktivität der Arbeiter steigern können, die Verwendung von mehr Kapital pro Arbeiter, mehr ausgefeilte Anlagen und/oder mechanische Kraft erfordern«.[54]

So erscheinen Kaldors Wachstumsmodelle besonders geeignet, um die Aktualität von Lederers Analyse zu beurteilen. Ein Kernpunkt ist die »Technische-Fortschritts-Funktion«. Sie drückt das Verhältnis zwischen dem Tempo der Kapitalakkumulation und der Steigerungsrate der Arbeitsproduktivität aus. Dieses Verhältnis bleibt im Laufe der wirtschaftlichen Entwicklung stabil. Je schneller die Steigerung der Kapitalintensität, desto größer die Steigerung der Arbeitsproduktivität. Dieser Gedankengang kommt in Lederers Analyse ebenfalls vor; er ist auch grundlegend bei Marx und bei Schumpeter. Es gibt jedoch einen Unterschied. Die Annahme Kaldors, daß die »Technische-Fortschritts-Funktion« im Konjunkturzyklus konstant bleibe, wird offenbar weder von der Akkumula-

52 R. M. Solow, »Technical Progress, Capital Formation and Economic Growth«, in: *American Economic Review Papers and Proceedings,* LII (May 1962), S. 76-86.
53 Kaldor und Mirlees, a. a. O.
54 Nicholas Kaldor, »A model of Economic Growth«, in: *Economic Journal,* Vol. LXVII, 1967, wiederabgedruckt in: ders., *Essays on Economic Stability and Growth,* a. a. O.

tionstheorie Marxens noch von Schumpeter und Lederer geteilt. Wäre die Kontroverse zwischen Lederer und Kaldor in den sechziger Jahren weiter ausgetragen worden, dann müßte bei Lederer kritisiert werden, daß seine Analyse nicht »geschlossen« sei und nicht der Tatsache der Stabilität des Wachstums Rechnung trage: Kaldor übersieht jedoch die vorzeitige Kapitalzerstörung, die für Lederer eine Quelle der Instabilität bildet.

Wir gelangen damit zu dem zentralen Aspekt der Beurteilung von Lederers Analyse. Es wird immer offensichtlicher, daß Wachstumstheorien, die sich die Aufgabe gestellt haben, Existenz und Stabilität eines hypothetischen Wachstumspfads aufzuzeigen, kaum eine erfahrungswissenschaftliche Grundlage haben.[55] Ein ausgesprochen scharfsinniger Kenner der modernen Wachstumstheorie, Graham Hacche, stellt fest, es gebe keine Übereinstimmung unter den Wachstumstheoretikern darüber, daß der Wachstumsprozeß, langfristig gesehen, stabil verläuft. Hacche weist darauf hin, daß das Ziel der Wachstumstheorie Kaldors die Erklärung der Entwicklungstendenzen der »makroökonomischen Wirtschaftsgeschichte« sei.[56] Diese ergeben sich aus der Konstanz des Kapitalkoeffizienten, der Profitrate, der Sparquote und der Lohnquote, den sogenannten »stylised facts« (»stilisierten Fakten« oder »idealtypischen ökonomischen Tatbeständen«). Hacche erinnert auch daran, der führende neoklassische Wachstumstheoretiker Solow sei ebenfalls der Meinung, daß

»die groben Tatbestände des Wachstums der entwickelten Industriegesellschaften mit Hilfe der Theorie des stabilen Wachstums erklärt werden können, die Abweichungen, die historisch feststellbar sind«, seien »verhältnismäßig klein, zufällig und kaum sich selbst verstärkend«.[57]

Weder mit Kaldor noch mit Solow stimmt Joan Robinson in der Frage der Stabilität des historischen Wachstums überein. Hacches Ausführungen dazu sind lehrreich:

55 Lloyd G. Reynolds, *The Three Worlds of Economics* (Studies in Comparative Economics Nr. 12), New Haven und London 1971, S. 309-315; E. J. Nell, »Theories of Growth and Theories of Value«, in: *Economic Development and Cultural Change,* Vol. 16 (1967), S. 15-26, wiederabgedruckt in: G. C. Harcourt und N. F. Laing (Hrsg.), *Capital and Growth,* Harmondsworth 1971, S. 196-210. Die Gegenüberstellung von klassischer und neoklassischer Begrifflichkeit ist auch eine Stärke von Lederers *Aufriß der ökonomischen Theorie*, a. a. O. Siehe auch Anwar Shaikh, »Marxian Competition versus perfect competition: further comments of the so-called choice of technique«, in: *Cambridge Journal of Economics* 1980, 4, S. 75-83: »But what really lies behind this discussion is the difference between Marx's conception of competition and the conventionally accepted notion of perfect competition« (S. 83).

56 Graham Hacche, *The Theory of Economic Growth: An Introduction,* a. a. O., Part IV: *Steady Growth and Economic History,* S. 251-300.

57 R. M. Solow, zitiert in Hacche, a. a. O., S. 27.

»Bei Robinson scheint es nicht so, als wenn sie die Brauchbarkeit der ›Erklärung‹ des ›Steady-State‹-Wachstums anerkenne: das Wachstum dieser Art könne vernünftigerweise nur als ein ›Goldenes Zeitalter‹ betrachtet werden, eine Bezeichnung, die sie mit der Absicht verwendet, seinen mythischen Charakter zu kennzeichen. Sie macht von dem Begriff Gleichgewichtswachstum insofern Gebrauch, als es erforderlich ist, den einfachst möglichen Verlauf der Ereignisse aufzuzeigen und dann als Grundlage dafür die Art und Weise zu bestimmen, wie das wirtschaftliche Wachstum es vermöge und wahrscheinlich dazu tendiere, von diesem Pfad abzuweichen. ›Die Eigenschaften des Goldenen Zeitalters aufzuzeigen, heißt keineswegs die Vorhersage, daß sie in irgendeiner Periode der Geschichte verwirklicht werden. Vielmehr ist der Begriff nur dann brauchbar, wenn er geeignet ist, als Mittel zu dienen, um die verschiedenen Typen von Widersprüchen (engl.: Disharmonies), die sich in einer unkontrollierten Wirtschaft herausbilden, zu differenzieren.‹«[58]

Diese Meinung, so Hacche, wird von anderen führenden Theoretikern der Wirtschaftsdynamik geteilt:

»Hicks ist im gleichen Lager wie Robinson. Im Hinblick auf die Beurteilung des ›Steady State‹ (Gleichgewichtspfad) schreibt Hicks: ›Solche Gleichförmigkeit des Wachstums ist selbstverständlich ganz unrealistisch; die Gewalt, die wir den Tatsachen antun, wenn wir, statt sie an einem statischen Modell, sie mit einem Gleichgewichtswachstumsmodell zu interpretieren versuchen, ist nicht erheblich geringer.‹ Und noch einmal: ›Die reale Welt ist nicht im Gleichgewicht: sie ist es auch nie gewesen und kann dies wahrscheinlich nie sein.‹«[59]

Welche Perspektive für die Wachstumstheorie ergibt sich aus dieser Kritik? Kann man Lederers Schrift heute als zukunftweisend betrachten? Ich halte es für sinnvoll, diese Fragen zu stellen, auch in dem vollen Bewußtsein, daß hier keine Antworten angeboten werden können. Joan Robinson hat Kriterien aufgestellt, die beachtet werden müssen, wenn eine Analyse des Akkumulationsprozesses des Kapitals die wesentlichen Elemente erfassen soll. Diese Bestimmungsfaktoren sind[60]:

(1) technische Bedingungen,
(2) Investitionspolitik,
(3) Determinanten des Sparens,
(4) Wettbewerbsbedingungen,
(5) der Lohnbildungsprozeß,
(6) finanzieller Rahmen,
(7) Ausgangslage des Kapitalstocks und der Erwartungen.

Gefragt wird nun, ob Lederer zu allen diesen Aspekten klare Aussagen gemacht hat, und ob die Aussagen eher einen ungleichgewichtigen Prozeß

58 Hacche, a. a. O., S. 27.
59 John Hicks, zitiert in Hacche, a. a. O., S. 27.
60 Joan Robinson, *Essays in the Theory of Economic Growth,* London und Basingstoke 1962, Kapitel II, wiederabgedruckt in A. K. Sen, a. a. O., S. 115-140.

bedingen als einen Prozeß, der sich als stabil erweist. Wir müssen dabei die beiden Schritte der Analyse Lederers unterscheiden. Der erste Schritt ist wie die Bestimmung eines »Goldenen Zeitalters«: Kapitalakkumulation, Wirtschaftswachstum und technischer Fortschritt sind mit Vollbeschäftigung vereinbar. Der zweite Schritt betrifft die Auswirkungen des beschleunigten technischen Fortschritts.

Nach Joan Robinson sind die sieben Elemente weitgehend unabhängig voneinander. Es wird sofort deutlich, daß Lederers Spezifizierung solche klaren Trennungen nicht zuläßt. Damit werden Anpassungsmöglichkeiten im Prinzip geringer.

Technische Bedingungen, Investitionspolitik und Determinante des Sparens

Zu den »technischen« Bedingungen gehört auch die Verfügung über ein adäquates Arbeitskräftereservoir. Sowohl die moderne Wachstumstheorie als auch Lederer nehmen in der Regel an, daß die Wachstumsrate der Bevölkerung und das Arbeitskräftepotential langfristig konstant bleiben. Was die Veränderung der Technik im eigentlichen Sinne betrifft, so besteht in Lederers Modell eine enge Beziehung zwischen dem Tempo des technischen Fortschritts, der Höhe der Profitrate und dem Sparverhalten der Unternehmen im Gleichgewicht. Die Investitionspolitik der Unternehmen ist charakterisiert durch die empirische Analyse ihrer bisherigen Erfolge und ihrer bisherigen Finanzpraktiken. Für einen »Normalprofit« π_S und eine »normale« Reinvestitionsquote von a ist die »normale« Akkumulationsrate $a\pi_S$. Mit einem Arbeitskräftepotential, das sich im Tempo von λ_S vermehrt, ist ein Gleichgewichtstempo des technischen Fortschritts annähernd $a\pi_S$-λ_S. Die Motive sind nicht die »Animal Spirits« der kapitalistischen Unternehmer, sondern die normalen Aufstiegs- und Überlebensbedürfnisse einer Industriebürokratie (also normales »Wachstum«)[61], die vorwiegend aus technischen und kaufmännischen Angestellten besteht. Nur die Unternehmen sparen, und sie können nur dann sparen, wenn sie erfolgreich investiert haben.

Wettbewerbsbedingungen

Lederers Konzept vom Gleichgewichtspfad setzt die Realisierung von normalen Profiten voraus. Im Prinzip ist sein Preisbildungsmodell eng ver-

61 »Die wachsenden Generalunkosten in den Betrieben höherer Kapitalintensität würden eine solche steigende Produktion erzwingen.« Lederer, »Monopol und Konjunktur«, a. a. O., S. 40. Diese Bemerkung betrifft die Phase nach der Einführung einer Innovation. Vgl. J. K. Galbraith, *The New Industrial State,* Boston 1967, Kapitel XIV.

bunden mit der Annahme einer konstanten Profitrate. Denn bei steigender Produktion pro Arbeiter und steigender Kapitalintensität wachsen die Profite im gleichen Tempo wie das konstante Kapital. Der Surplus wird nicht wegkonkurriert. Die monopolistische Organisation einer »entwickelten kapitalistischen Verkehrswirtschaft« ist die Begründung dafür, daß die Warenpreise in einer technologisch progressiven Wirtschaft nicht sinken.

Der Lohnbildungsprozeß
Im Gleichgewicht bleibt der Geldlohn konstant. Der Reallohn bleibt ebenfalls konstant, weil die Preise im Gleichgewicht ihrerseits unverändert bleiben. Steigende Arbeitsproduktivität bei gleichbleibendem Reallohn bedeutet Vermehrung des Surplus. Die Lohnsumme wächst ebenfalls, aber nur so schnell wie das Arbeitskräftepotential. Und sie wächst langsamer als das konstante Kapital, da der technische Fortschritt arbeitsparend ist.

Finanzieller Rahmen
Lederer nimmt an, daß die Geldmenge sich im Gleichgewicht vermehrt, um die wachsende Warenerzeugung zu konstanten Preisen zu finanzieren. Die Erneuerung der Maschinerie und sonstiger Anlagen wird aus dem Bruttogewinn finanziert. Im Ungleichgewicht führen »zusätzliche Kredite« zu Preissteigerungen von Konsumgütern, zur Einschränkung des Konsums und zu steigender Investition.

Ausgangslage
Hier sind grundsätzliche Abweichungen von den Konstruktionsprinzipien der Wachstumstheorie in Lederers Analyse festzustellen. Lederer nimmt an, daß die Ausgangslage einen Gleichgewichtszustand darstellt. Ferner spielen die Erwartungen in seinem Modell keine Rolle, sondern es sind etablierte Verhaltensregeln der Unternehmensführung (Vorschriften) und normale Rentabilitätsbedingungen, die dazu führen, daß die Unternehmen äußerst inflexibel sind (technische und organisatorische Starrheit).
Aufgrund dieser Annahmen ist unschwer auszumachen, daß das System, einmal aus dem Gleichgewicht geraten, keinen Weg zu diesem zurückfinden wird, obwohl der akkumulierte Surplus laufend wieder investiert wird (keine Realisierungskrise).
Joan Robinson analysiert auch den Fall der Auswirkungen des »ungleichmäßigen Fortschritts« (»unsteady progress«).[62] Hierbei berührt sie zwar den Kern der Analyse Lederers, aber sie erörtert nur den Fall des vollkom-

menen Wettbewerbs. Schneller technischer Fortschritt führe zu Lohn-und Preissenkungen und zu steigendem Reallohn. Stagnation (»slumpy conditions«) sei jedoch möglich,

»wenn technischer Fortschritt sich verlangsamt oder wenn der Wettbewerb schwächer wird«.[63]

Im Unterschied zu Joan Robinson ist der hypothetische Gleichgewichtspfad bei Lederer jedoch auch unter monopolistischen Bedingungen expansiv. Für Robinson sind monopolistische Hemmungen, nicht das Tempo des technischen Fortschritts, entscheidend:

»Wenn der technische Fortschritt die Arbeitsproduktivität steigen läßt und wenn das Geldeinkommen konstant bleibt, dann bleibt die Menge der verkauften Erzeugung konstant, falls auch die Preise konstant bleiben. In dieser Situation ist die einzige Wirkung des technischen Fortschritts eine Verminderung der Beschäftigung.«
»In einem weniger extremen Fall ist diese die Ursache von dem, was im Volksmund als technologische Arbeitslosigkeit betrachtet wird. Die Schwierigkeit entsteht jedoch nicht von dem technischen Fortschritt, sondern von der Unbeweglichkeit der Preise.«[64]

Diese Schlußfolgerung ist von Joan Robinson neuerdings modifiziert worden. Sowohl in ihrem Aufsatz »Organic Composition of Capital« als auch in den neueren Beiträgen Schefolds zur Verbindung von Wachstums-, Akkumulations- und Kapitaltheorie wird darauf hingewiesen, daß auch unter Konkurrenzbedingungen, wenn technischer Fortschritt vorwiegend die Form der Mechanisierung annimmt, die Absorption von Arbeitskräften von einer Beschleunigung der Kapitalakkumulation abhängt.[65] Dies geschieht jedoch keineswegs automatisch. Andere Formen des technischen Fortschritts können Abhilfe schaffen, doch ob sie rechtzeitig zur Verfügung stehen, hängt von den konkreten historischen Umständen ab.

IV.

Gibt eine historische Perspektive der kapitalistischen Wirtschaftsentwicklung Aufschluß über den Zusammenhang zwischen technischem

62 Joan Robinson, *Essays in the Theory of Economic Growth*, a. a. O., S. 106-107.
63 A. a. O., S. 106.
64 A. a. O., S. 110.
65 Joan Robinson, »The organic composition of capital«, a. a. O., S. 17-18. Bertram Schefold, »Different forms of technical progress«, in: *Economic Journal*, Bd. LXXVI, 1976, S. 806-819; ders. »Wert und Preis in der Marxistischen und Neokeynesianischen Akkumulationstheorie«, in: *Mehrwert*, Febr. 1974, S. 125-173.

Fortschritt und Arbeitslosigkeit? Was haben maßgebliche, theoretisch fundierte Studien zur Geschichte des Kapitalismus bisher aufgedeckt? Ist der Entwicklungsprozeß zwangsläufig mit einer steigenden Tendenz der Arbeitslosigkeit verbunden, oder führt das Wirtschaftswachstum mehr oder weniger automatisch zur Wiedereingliederung der vom technischen Fortschritt freigesetzten Arbeitskräfte?

Es ist unmöglich, an dieser Stelle einen erschöpfenden Überblick über die wirtschaftshistorische Forschung im allgemeinen und über die besondere quantitativ historische Wachstums- und Konjunkturforschung zu geben.[66] Hier kommt es darauf an, mit Hilfe von exemplarischen Auszügen aus einschlägigen zusammenfassenden Arbeiten die Ergebnisse solcher Forschung anzuzeigen. Die Auswahl der Studien wird unter dem Gesichtspunkt der Relevanz der Untersuchung der Auswirkungen des technischen Fortschritts auf den gesamtökonomischen Prozeß getroffen. Der Leser wird bemerkt haben, daß Lederer in der »Zusammenfassung« der zweiten Auflage »Anregungen für Spezialuntersuchungen« gab. Seit 1938 sind sehr viele solcher Studien vorgelegt worden, aber es ist nicht beabsichtigt, hier deren spezielle Ergebnisse zu erläutern, da sie sich keineswegs genau die Fragestellung Lederers zu eigen gemacht haben.[67]

Den Ausgangspunkt für die Erkundung der wirtschaftshistorischen Forschungsergebnisse bilden Schumpeters *Konjunkturzyklen*. In dieser monumentalen Arbeit analysiert Schumpeter drei Zyklen, die er »Kitschen«, »Juglar« und »Kondratieff« nennt. Sie unterscheiden sich durch ihre unterschiedlichen durchschnittlichen Wellenlängen. Seine Untersuchung der nicht ganz periodischen »langen Welle« (Kondratieff) ist, forschungsgeschichtlich betrachtet, eine Fortsetzung seiner eigenen theoretischen Studien zum Preismechanismus einerseits und zur wirtschaftlichen Entwicklung andererseits[68]; aber sie ist auch eindeutig eine empirische Arbeit, die

66 Simon Kuznets, *Modern Economic Growth: Rate Structure and Spread,* (Studies in Comparative Economics Nr. 7), New Haven und London 1966; Walther G. Hoffmann, *Das Wachstum der deutschen Wirtschaft seit der Mitte des 19. Jahrhunderts* (Enzyklopädie der Rechts- und Staatswissenschaft), Berlin-Heidelberg-New York 1965; Peter Mathias und M. M. Postan (Hrsg.), *The Cambridge Economic History of Europe, Volume VII: The Industrial Economies: Capital, Labour and Enterprise,* Parts I und II, Cambridge 1978; Wilhelm Heinz Schröder und Reinhard Spree (Hrsg.), *Historische Konjunkturforschung* (Historisch-Sozialwissenschaftliche Forschungen, Bd. 11), Stuttgart 1980.

67 Eine vieldiskutierte Studie dieser Art ist Robert W. Fogel, *Railroads and American Economic Growth: Essays in Econometric History,* Baltimore 1964; siehe auch L. E. Davis, R. A. Easterlin und W. N. Parker (Hrsg.), *American Economic Growth: An Economists History of the United States,* New York 1972, insbesondere das Kapitel von Albert Fishlow (Kapitel 13: *Internal Transportation)* S. 513-531.

vom Verein für Socialpolitik 1930 begonnen worden war, und die er fortführte. Es empfiehlt sich sogar, die Forschung der Untersuchungskommission als komplementär zum Schumpeterschen wirtschaftshistorischen Hauptwerk zu begreifen. Denn über die Arbeitslosigkeit findet der Leser in *Konjunkturzyklen* kaum Angaben, obwohl sich aus der Theorie der wirtschaftlichen Entwicklung schließen läßt, daß Arbeitsersparnis eine wichtige Quelle des Unternehmergewinns ist. Trotz des Mangels an empirischen Materialien zur Arbeitslosigkeit ist die Periodisierung der Innovationswellen sehr aufschlußreich. Und eben diese Systematik der »langen Wellen« fehlt in den Studien des Vereins für Socialpolitik. Schumpeter faßt seine Ergebnisse wie folgt zusammen:

»Technologische Arbeitslosigkeit aber gehört zum Wesen unseres Prozesses, und da sie mit der Innovation verknüpft ist, ist sie ihrem Wesen nach zyklisch. Wir haben in der Tat in unserer historischen Übersicht gesehen, daß Perioden langausgedehnter, übernormaler Arbeitslosigkeit mit den Perioden zusammenfallen, in denen sich die Ergebnisse der Innovation über das ganze System ausbreiten und in denen die Reaktion des Systems [gemeint ist das Preissystem der statischen Theorie - R. D.] sich ausbreitet, und in denen die Reaktion des Systems auf diese Innovationen die Wirtschaftslage beherrscht, wie z. B. in den zwanziger und in den achtziger Jahren des neunzehnten Jahrhunderts.«

»Daraus folgt weiter, daß die technologische Arbeitslosigkeit genauso wie die Gewinne ephemär ist. Sie könnte trotzdem ständig vorhanden sein, aber ebenso wie im Falle von Gewinnen hat jede Quelle der Arbeitslosigkeit im Wirtschaftsorganismus die Tendenz, sich selbst zu erschöpfen, während neue Quellen periodisch an den Tag treten. Im gleichen Sinne aber wie die Gewinne kann auch die technologische Arbeitslosigkeit eine Friktionserscheinung genannt werden, da eine sofortige Anpassung des Systems [der idealtypische Preismechanismus der neoklassischen allgemeinen Gleichgewichtstheorie - R. D.] sie schon bei ihrem Entstehen zerstören würde. [. . .] Unsere Theorie gibt uns keine Veranlassung, einen resultierenden Trend beim *Prozentsatz der Arbeitslosigkeit* [Hervorhebung durch Schumpeter] zu erwarten. [. . .] Das Fehlen eines Trends im Prozentsatz der Arbeitslosen würde im Falle einer nach Zahl und Altersverteilung konstanten Bevölkerung bedeuten, daß der Entwicklungsprozeß so funktioniert, daß er die gesamte von ihm selbst geschaffene zyklische Arbeitslosigkeit technologischer und anderer Art wieder absorbiert.«[69]

68 Josef Schumpeter, *Konjunkturzyklen*, Göttingen 1961; ders. *Theorie der wirtschaftlichen Entwicklung*, a. a. O.,; ders., *Wesen und Hauptinhalt der theoretischen Nationalökonomie*, Berlin 1908. Schumpeters Konjunkturtheorie steht und fällt mit der neoklassischen Theorie des statischen Gleichgewichts. Die Dynamik sei die Negation eines statischen Zustandes. Dieses statische Gleichgewicht ist aber gegenstandslos, und daher ist in seiner Konjunkturtheorie eine Tendenz zum neuen Gleichgewicht nicht weniger gegenstandslos. Siehe Alfred Sohn-Rethel, »Von der Analytik des Wirtschaftens zur Theorie der Volkswirtschaft: Methodologische Untersuchung mit besonderem Bezug auf die Theorie Schumpeters«, in: *Warenform und Denkform*, Frankfurt/M. 1978.

69 Schumpeter, *Konjunkturzyklen*, a. a. O., S. 528-529.

Schumpeters Analyse der »industriellen Revolution der zwanziger Jahre« dieses Jahrhunderts betont die Analogie mit den siebziger und achtziger Jahren des 19. Jahrhunderts:

»Wir stoßen auf all die allgemeinen Merkmale, welche mit Kondratieff-Abwärtsbewegungen zu verbinden uns die Analyse und die historische Betrachtung gelehrt haben. [. . .] Wir stoßen auf das Vorherrschen einer Arbeitslosigkeit, die, wie viele andere Umstände auch zu ihr beigetragen haben mögen, in ihren Grundlagen eine »technologische« war. Wenn auch durch andere Umstände verschärft, ergab sich jene Überkapazität, die untrennbar mit dem Vorgang einer rapiden Reorganisation des industriellen Apparates verbunden ist und Hand in Hand mit einer starken Ausweitung der Produktion geht.«[70]

Das Problem der »Wellen« von Arbeitslosigkeit infolge der Einführung der Maschinerie ist auch von John Hicks in seinem außerordentlich lesenswerten Band *A Theory of Economic History*[71] aufgegriffen worden. Er versucht, die klassische Frage Ricardos mit Hilfe der modernen Theorie zu beantworten. Dabei verläßt er den Boden der Neoklassik, die zu fundieren er selbst mit *The Theory of Wages* maßgeblich beigetragen hatte. Im Gegensatz zu Schumpeter leitet Hicks die zyklischen Bewegungen ab, ohne sich auf Friktionen zu berufen. Allerdings kommt auch er zu dem analytischen Ergebnis,

»daß zum Schluß — nach einer sehr langen Zeit — die Wirtschaft sich in einem expandierenden Kursus befindet. Dies muß zum Schluß so sein, solange irgendwelcher Anteil der zusätzlichen Gewinne gespart wird. Eine einzige Verbesserung der Technik, mit angemessenen Sparneigungen (und keinen Lohnsteigerungen), kann eine statische in eine wachsende Wirtschaft umwandeln.« »Aber der Preis dafür könnte groß sein.« »Es ist aber darauf aufmerksam zu machen, daß ein Hauptgrund dafür, daß diese Wirkung so gewaltsam ist, wie es in dem Beispiel erscheint, die hohen Kosten sind, gemessen in Arbeitseinheiten, die ich dem Bau der neuen Maschinen zugeschrieben habe. Eine Verminderung dieser Kosten hätte die Sache erheblich erleichtert. Ich habe in dem Text in Erwägung gezogen, daß dies der Hauptweg gewesen sein könnte, von dem in dem historischen Fall der industriellen Revolution Britanniens die Abhilfe gekommen ist.«[72]

Senkung der Kosten für Maschinerie bedeutet, daß der Akkumulationsprozeß, so wie Hicks ihn versteht, schneller zur Vermehrung von Produktion und Beschäftigung geführt hätte. Hicks sagt nicht, daß es kapitalsparender Fortschritt gewesen sein könnte, sondern spricht von Verbilligung der Maschinerie. Das geschieht sowohl durch Lohnsenkung als auch durch technischen Fortschritt im Maschinenbausektor. Durch die Aus-

70 A. a. O., S. 776.
71 John Hicks, *A Theory of Economic History,* Oxford 1969.
72 A. a. O., S. 171.

dehnung der Nachfrage nach billigen Investitionsgütern, so die Argumentation, werden Arbeitskräfte absorbiert.

Die analytischen und historischen Arbeiten Schumpeters und Hicks' sind durch den Rekurs auf die neoklassische und klassische Theorie gekennzeichnet. Zu fragen ist jetzt nach den Zusammenhängen, die von führenden Forschern festgestellt werden, die das Marxsche allgemeine Gesetz der kapitalistischen Akkumulation zum Ausgangspunkt nehmen. Den Auszügen aus den Arbeiten von Schumpeter und Hicks stellen wir nun solche aus den Hauptwerken von Kuczynski und Dobb gegenüber.

Im Band 36 seines Hauptwerks *Die Geschichte der Lage der Arbeiter unter dem Kapitalismus*[73] faßt Jürgen Kuczynski die »Theorie der Lage der Arbeiter« im Sinne des Marxismus-Leninismus zusammen. Geprüft wird, ob die Theorie der absoluten Verelendung der Arbeiterklasse gültig sei. Materialien zur Beweisführung hat Kuczynski in 35 Bänden zusammengestellt. Wir konzentrieren uns hier auf das systematische Fazit, das er aus dieser vergleichenden historischen Forschung zieht. Es ist sozusagen der rote Faden, der sich durch dieses bahnbrechende Werk zieht. Auch klammern wir dabei die dazugehörige Klassen- und Schichtenanalyse sowie die Ableitung der relativen Verelendung aus der absoluten Verelendung aus. Nicht die Umschichtung der Lohnabhängigen, sondern die Analyse des technischen Fortschritts interessiert uns, insbesondere die Ausführungen über die industrielle Reservearmee:

»[. . .] diese wird eben dadurch geschaffen, daß zwar laufend mehr Arbeiter eingestellt, aber gleichzeitig eine immer geringere Anzahl im Verhältnis zur Kapitalausweitung zusätzlich beschäftigt werden. Der Strom der neuen Arbeiter, die in den Produktionsprozeß gezogen werden, unterliegt mit dem technischen Entwicklungsprozeß einer Verlangsamung und Verdünnung im Verhältnis zum Strom zusätzlich einfließenden Kapitals, während der Akkumulationsprozeß gleichzeitig immer mehr potentielle Lohnarbeiter schafft.«[74]

Diese grundsätzliche Aussage über die Steigerung der organischen Zusammensetzung des Kapitals wird sodann relativiert. Unter den Bedingungen des Monopolkapitalismus in der »Periode der allgemeinen Krise des Kapitalismus« treten eher Schwankungen der Produktionsmengen ein statt Schwankungen der Preise, wie vor dieser Phase. Kuczynski, der die Produktions-, Produktivitäts-, Beschäftigungs- und Arbeitslosenstatistik der größten kapitalistischen Industrieländer jahrelang erforscht hat, kommt zu folgendem Schluß:

73 Jürgen Kuczynski, *Die Geschichte der Lage der Arbeiter unter dem Kapitalismus,* Teil III: *Zusammenfassung: Die Theorie der Lage der Arbeiter,* Bd. 36, Berlin 1968.

74 A. a. O., S. 7.

»Wir hatten bereits die produktionshemmenden Wirkungen der Monopole erwähnt, die es vorziehen, um der Erhaltung hoher Preise willen lieber die Produktion einzuschränken. Mit zunehmender Schwierigkeit, »neue Märkte zu öffnen« und neue Verwertungsmöglichkeiten für die Produktion zu finden, nehmen diese Tendenzen zu. Da aber die Produktivität trotz gewisser Hemmungen ebenfalls wächst, und zwar häufig sehr schnell, entsteht durchaus nicht selten eine Lage unter dem Monopolkapitalismus, in der die Produktivität schneller heraufgeht als die Produktion. Infolgedessen wird dann, selbst bei weiterer Verkürzung der Arbeitszeit, eine absolut geringere Zahl von Arbeitern gebraucht, um eine steigende Produktion zu leisten, und zwar nicht nur vorübergehend und in einzelnen Industrien, wie es stets unter dem Kapitalismus der Fall ist, sondern laufend und in einer beachtlichen Zahl von Industrien. Diese Entwicklung trägt zu dem bei, was wir Dauer-Arbeitslosigkeit nennen, eine Arbeitslosigkeit, die nicht nur in der Krise auftritt und die in der Aufschwungsphase verschwindet, um auf deren Höhepunkt einer Arbeiterknappheit Platz zu machen, sondern die während des ganzen Zyklus anhält, auch in der Phase der stärksten Produktionsentwicklung.«[75]

Kuczynski schließt sich hier der Auffassung seines Lehrers Varga an, der 1928 auf dem 6. Weltkongreß der Kommunistischen Internationale von einer »neuen Art von Arbeitslosigkeit, die ich strukturelle Arbeitslosigkeit nenne«*, gesprochen hat:

»Es ist ganz gut möglich, wie das Beispiel der Vereinigten Staaten und Deutschlands in den letzten Jahren zeigt, daß für die Kapitalisten zeitweilig eine glänzende Konjunktur vorhanden ist, trotz einer großen massenhaften Arbeitslosigkeit.«[76]

Das Phänomen der absoluten Verminderung der Industriearbeiterschaft ist für Kuczynski ein wichtiger Beweis für die Gültigkeit des Gesetzes der absoluten Verelendung. (Daß dabei die Anzahl der Angestellten sich vergrößert hat, leugnet er nicht, doch er sieht auch klare Tendenzen ihrer Deklassierung.) In einem gegebenen Zeitraum nimmt die Anzahl der arbeitslosen Arbeiter infolge des technischen Fortschritts im Monopolkapitalismus tendenziell zu.[77]

In seiner historischen Darstellung der Wirkung von technischen Verbesserungen verbindet Maurice Dobb die Marxsche Analyse des Akkumulationsprozesses mit der modernen dynamischen Wirtschaftstheorie.[78] Ei-

* Vgl. Anmerkung 6. (Wir erinnern uns, daß auch Zwiedineck-Südenhorst sie im Jahre 1927 so nannte. - R. D.)

75 A. a. O., S. 120-121.
76 E. Varga, zitiert nach J. Kuczynski, a. a. O., S. 121.
77 A. a. O., S. 123.
78 M. Dobb, *Die Entwicklung des Kapitalismus: Vom Feudalismus zur Gegenwart,* Köln, Berlin 1963. Siehe auch Dobb, *Political Economy and Capitalism,* London 1937, sowie Anwar Shaikh, »Political economy and capitalism: notes on Dobb's theory of crisis«, in:*Cambridge Journal of Economics*, 1978, 2, 233-251.

nen ökonomischen Zwang zur *fortlaufenden* Steigerung der organischen Zusammensetzung des Kapitals sieht er nicht. Viele Techniken mit unterschiedlicher Arbeitsintensität haben historisch miteinander koexistiert, da der technische Wandel sich nicht vor allem in Sprüngen vollzieht, sondern eher allmählich.

»Dabei waren zwar die Unterschiede hinsichtlich der technischen Produktivität zwischen den gegebenen Alternativen beachtlich, wahrscheinlich aber nicht so groß, daß ein Unterschied zwischen wohlfeiler und teurer Arbeit die Entscheidung beeinflußt hätte.«[79]

Investitionen, die eine Erweiterung des Kapitals bei gegebener organischer Zusammensetzung darstellen, werden unterschieden von einer »Vertiefung« im Sinne der Arbeitseinsparung. Die letztere könne durch eine ausgedehnte Zeit der Erweiterung »induziert« werden, da die Arbeitskosten dann nach einem gewissen Punkt stark steigen. In Dobbs Analyse verläuft die historische Entwicklung nicht linear. Perioden der steigenden organischen Zusammensetzung werden von Perioden abgelöst, in denen keine eindeutigen Tendenzen beobachtet werden können. Dobbs Analyse der Depressionen im letzten Viertel des 19. Jahrhunderts und während der zwanziger und dreißiger Jahre dieses Jahrhunderts betont die beiden Richtungen der Erhöhung der Kapitalinvestition, doch seine Darstellung der Wirtschaftsdynamik berücksichtigt ebenso die Nachfrageseite wie monetäre Phänomene. Die Preissenkung in den siebziger und achtziger Jahren wird als eine Periode der erheblichen Zeit- und Arbeitseinsparung geschildert[80], doch damit allein sei keine Krise erklärt, denn nach Dobb fiel die Profitrate *trotz* der Kostensenkung. Vielmehr habe die Erweiterung der Kapitalinvestition zur Überkapazität geführt:

»Ein Sinken der Preise begründete in diesem Fall die Vermutung, daß die Produktionskapazität die wachsende Nachfrage tatsächlich überholt hat. Unsere Aufgabe gestaltet sich besonders dadurch schwierig, daß die Investitionen in dem genannten Zeitabschnitt offenbar in beiden Formen und dazu in einem Verhältnis vorgenommen wurden, das nicht genau bestimmbar ist.«[81]

Dobb setzt jedoch andere Akzente bei der Betrachtung der Weltwirtschaftskrise der dreißiger Jahre. Er verweist auf die Rationalisierungswellen der zwanziger Jahre und auf die Tatsache, daß die Beschäftigtenzahl der Industriearbeiter in den USA nicht mehr anstieg. Vieles deutet darauf hin, daß die Investitionstätigkeit vorwiegend eine »Vertiefung des Kapi-

79 Dobb, *Die Entwicklung des Kapitalismus,* a. a. O., S. 286.
80 A. a. O., S. 298-317.
81 A. a. O., S. 303.

tals« (Steigerung der organischen Zusammensetzung) herbeiführte. Doch wiederum schränkt Dobb ein, daß diese allein die Dauerarbeitslosigkeit nicht erkläre:

»Da die kostensparenden Neuerungen in einem industriellen Bereich wirksam wurden, in dem der Wettbewerb stumpf und gehemmt war, diente ihre Einführung häufig nur dazu, eine Periode chronischer Unterauslastung [›underutilization of capacity‹, fälschlicherweise als ›Unterkapazität‹ übersetzt — R. D.] und verminderter Rentabilität zu schaffen. Der gewohnte Mechanismus, wonach die kostensparenden Verfahren nach einer gewissen Zeit die kostspieligen ablösten, funktionierte nicht mehr. [. . .] In diesen Fällen bestand die Hauptwirkung der Kapazitätsausweitung durch neue und billigere Methoden darin, die Industrie sehr rasch in eine Krise zu stürzen.« [82]

Dobb benennt noch einen Grund, warum die Arbeitslosigkeit nicht bloß als durch den »technischen Fortschritt« allein bedingt zu erklären sei. Es treffe nicht zu, wenn behauptet werde,

»daß sich die Investitionstätigkeit zwischen den Weltkriegen nur auf die »Vertiefung« und nicht eine »Verbreitung« des Kapitals erstreckt habe«. [83]

Die Verbilligung von Nahrungsmitteln setzte Kaufkraft frei für andere, vor allem elektrotechnische Verbrauchsgüter (Haushaltsgeräte). Der Staat, fügt Dobb hinzu, war aktiv beim Ausbau der Elektrizitätsversorgung und schuf damit einen neuen Markt für elektrotechnische Investitionsgüter. Der Verbrennungsmotor und die Elektrifizierung bildeten die Grundlage für beachtliche Investitionen im Kommunikations- und Verkehrsbereich. Deshalb ist es für Dobb keineswegs eindeutig, daß auch in diesem Zeitraum die Freisetzung unvermeidlich die Kompensation übertreffen mußte. Besonders bemerkenswert ist, daß er den Begriff »Erfindungen« genau in dem Sinne wie Lederer in der zweiten Auflage verwendet (siehe Kapitel I: »Verschiedene Formen des technischen Fortschritts«). Hierin lagen die Kompensationsmöglichkeiten: Kapitalerweiterung bei der Produktion neuer Waren. Die »technische Revolution« der zwanziger Jahre habe, so Dobb, *beide* Aspekte gehabt: arbeitsparende Verbesserungen und Erfindungen, die zur Erschließung neuer Felder industrieller Tätigkeit führten. Die Frage, ob es eine abrupte Terminierung des technischen Fortschritts in dieser Form gegeben habe, wird von Dobb nicht beantwortet, ja, er hat sie gar nicht gestellt.
Die hier zitierten Werke markieren nicht den neuesten Stand der wirtschaftshistorischen Forschung. Andererseits muß festgestellt werden, daß

82 A. a. O., S. 334.
83 A. a. O., S. 335.

die Erforschung der strukturellen Arbeitslosigkeit im dritten Viertel dieses Jahrhunderts nicht intensiv vorangetrieben wurde. Vielmehr befaßten sich Wirtschaftshistoriker hauptsächlich mit Wachstum, Akkumulation, Produktivität und Beschäftigung.[84]

Neuere Standardwerke sind keine großen Würfe, wie es die Arbeiten von Schumpeter, Kuczynski, Hicks und Dobb sind, sondern umfangreiche arbeitsteilige Produkte von Spezialisten. Der Leser der *Cambridge Economic History of Europe*[85] oder des *Handbuchs der Deutschen Wirtschafts- und Sozialgeschichte*[86] findet kaum eine beachtenswerte These über den Zusammenhang zwischen technischem Fortschritt und Arbeitslosigkeit, obwohl nicht nur die Arbeit Lederers, sondern auch die einschlägigen Werke der genannten Analytiker der Wirtschaftsdynamik in der Geschichte des Kapitalismus das Problem behandelt haben. Die Hinweise auf Kondratieff-Zyklen, »lange Wellen« und »Wechsellagen« reichen nicht aus, um dem Leser zu verdeutlichen, daß Innovationen und Arbeitslosigkeit in einem zu vermittelnden komplexen kausalen Zusammenhang miteinander stehen.[87] In dem 500 Seiten starken Werk *American Economic Growth: An Economist's History of the United States*[88], dem maßgeblichen amerikanischen Lehrbuch, das sich einerseits an die neoklassische und neokeynessche Wirtschaftstheorie anlehnt, andererseits die quantitative historische Waehstumsforschung Kuznets'[89] fortsetzt, wird

84 Mathias und Postan, a. a. O., sowie Davis, Easterlin und Parker, a. a. O.

85 Das Thema technologischer Wandel wird ausführlich behandelt in H. J. Habakkuk und M. Postan (Hrsg.), *The Cambridge Economic History of Europe,* Vol. VI: *The Industrial Revolutions and After: Incomes, Population and Technological Change,* Parts I und II., Cambridge 1965. Davon das als Buch erschienene Kapitel: David S. Landes, *Der entfesselte Prometheus: Technologischer Wandel und industrielle Entwicklung in Westeuropa von 1750 bis zur Gegenwart,* Köln 1973.

86 Wolfgang Zorn (Hrsg.), *Handbuch der Deutschen Wirtschafts- und Sozialgeschichte,* Bd. 2, Stuttgart 1976. Der Zusammenhang wird jedoch thematisiert, und wie die Wachstumstheoretiker berufen sich die Wirtschaftshistoriker auf Kuznets, der die Analysen von Kondratieff und Schumpeter anzweifelt. Siehe Knut Borchardt, »Wirtschaftliches Wachstum und Wechsellagen 1800-1914«, in: Zorn, a. a. O., S. 204-210.

87 Borchardt, a. a. O., S. 208, sowie ders., »Wachstum und Wechsellagen 1914-1970«, in: Zorn, a. a. O., S. 685-696: »Vielfach hat man sogar (fälschlich) geglaubt, der technische Fortschritt sei zu intensiv gewesen und er sei für die relativ hohe Arbeitslosigkeit in der Zwischenkriegszeit verantwortlich. In Deutschland hat man der vermutlich überschätzten Rationalisierungsbewegung eine Verantwortlichkeit für ›technologische Arbeitslosigkeit‹ zugeschrieben.« (S. 688). Siehe auch D. Landes, a. a. O., S. 221-222 und S. 444-448, der andere Akzente setzt.

88 Dort wird die Kontinuität der technischen Entwicklung hervorgehoben. Siehe das Kapitel von Nathan Rosenberg, »Technological Change«, in: Davis, Easterlin und Parker, a. a. O., S. 276. Ferner, Nathan Rosenberg (Hrsg.), *The economics of technological change,* Harmondsworth 1971, vor allem die Aufsätze von Schumpeter, Usher und Ruttan.

89 Simon Kuznets, *Capital in the American Economy: Its Formation and Financing;* New York 1961; Davis, Easterlin und Parker, a. a. O., S. 285-310.

dem Thema Arbeitslosigkeit wenig mehr als eine Seite gewidmet.[90] Der führende Wachstumstheoretiker der Neoklassik, Solow, verweist in einer Fußnote der Einleitung zu Band 7 der *Cambridge Economic History* darauf, daß nach dem Arbeitsplan der Reihe die sozialen Aspekte der wirtschaftlichen Entwicklung getrennt erörtert werden sollen.[91] Gewiß haben die Prosperität der Nachkriegszeit und die Überzeugung, daß der Markt sich den technischen Veränderungen anpasse, zur Vernachlässigung dieses Themas beigetragen. Wie Borchardt treffend bemerkt, es ist »stiller geworden«.[92]

Es gibt aber auch wissenssoziologische und wissenschaftstheoretische Gründe für die tendenzielle Ausblendung dieses Fragenkomplexes.[93] Von den jetzt etablierten Lehrbüchern hat man indes den Eindruck, daß sie ungewollt eine These Horkheimers über Wissenschaft und Krise hervorragend bestätigen:

»In dem Maß, als an der Stelle des Interesses für eine bessere Gesellschaft, von der die Aufklärung noch beherrscht gewesen war, das Bestreben trat, die Ewigkeit der gegenwärtigen zu begründen, kam ein hemmendes und desorganisierendes Moment in die Wissenschaft. [. . .] Die Absperrung der Wissenschaft gegen eine angemessene Behandlung der Probleme, die mit dem Gesellschaftsprozeß zusammenhängen, hat eine methodische und inhaltliche *Verflachung* [Hervorhebung - R. D.] verursacht, die nicht bloß in der Vernachlässigung der dynamischen Beziehungen zwischen den einzelnen Gegenstandsbereichen zum Ausdruck kommt, sondern sich auf die verschiedenste Weise in dem Betrieb der Disziplinen fühlbar macht.«[94]

Deshalb erschien es hier geboten, auf Schumpeter, Hicks, Kuczynski und Dobb zurückzugreifen. Genauso wie Lederer haben sie in ihren analyti-

90 Historiographisch betrachtet stehen die Autoren Kuznets nah, Schumpeter und Marx fern.

91 Robert M. Solow und Peter Temin, »Introduction: The Inputs for Growth«, in: Mathias und Postan, a. a. O., S. 2 und S. 629 Fn. 5.

92 Borchardt, a. a. O., S. 687. Dafür haben die »stylised facts« gesorgt. Zweifel sind jedoch angebracht, wie Hacche zeigt (siehe Anmerkung 56). Vgl. G. Ackley *Macroeconomic Theory,* New York 1961, S. 542 ff.

93 »It is easy enough to argue away Kondratiev long waves on statistical grounds, because nobody has explained them satisfactorily. The speed with which they dropped out of the economists' sight in the 1950s and 1960s suggests an active will to forget what not be understood.« Eric Hobsbawm, »The development of the world economy«, in: *Cambridge Journal of Economics,* 1979, 3, 305-318, Rezension zu W. W. Rostow, *The World Economy: History and Prospect,* London 1978. Die von Borchardt festgestellte Stille ist seit etwa 1975 gebrochen worden. Siehe z. B. Christopher Freeman, »The Kondratiev Long Waves, Technical Change and Unemployment«, in: OECD, *Structural determinants of employment and unemployment,* vol. II (Reports prepared for the Experts meeting Paris 7-11. March 1977), Paris 1979, S. 181-196; vgl. auch Schröder und Spree (Hrsg.), a. a. O.

94 Max Horkheimer, »Bemerkungen über Wissenschaft und Krise«, in: *Zeitschrift für Sozialforschung,* Jg. 1 (1932), S. 3.

schen und historischen Studien den Blick für das Ganze, wie auch immer theoretisch angeleitet, durchgehalten. Alle sind sich darüber einig, daß, abstrakt-analytisch und konkret-historisch gesehen, Perioden des schnellen arbeitsparenden technischen Fortschritts in der gegenwärtigen Gesellschaft mit der Tendenz erhöhter Arbeitslosigkeit verbunden sind. Sie unterscheiden sich jedoch grundsätzlich hinsichtlich der Analyse des Mechanismus, der zur Überwindung der Arbeitslosigkeit führt. Schumpeter und Hicks zeigen, wie der Marktmechanismus langfristig automatisch die Wiedereingliederung von freigesetzten Arbeitskräften bewirkt. Dobb betont den zufälligen Charakter dieses Prozesses. Er meint, Erfindungen seien notwendig, um rechtzeitig die erforderliche Kapitalerweiterung zustande zu bringen; es gebe zwar induzierten arbeitsparenden technischen Fortschritt, aber es habe bisher keine Garantie dafür gegeben, daß Erfindungen (im Sinne von neuen Produkten für neue Märkte) ebenfalls induziert seien; die Kompensation sei möglich, jedoch nicht notwendig. Für Kuczynski besteht kein Zweifel, daß unter den Bedingungen des Monopolkapitalismus die Kompensationsmöglichkeiten relativ immer geringer werden. Er diagnostiziert eine Tendenz zu immer größerer Arbeitslosigkeit unter den Industriearbeitern.

Das Problem ist, wie ich vermute, nach wie vor offen. In seinem vielbeachteten Werk *The Shape of Automation for Men and Management* über die langfristigen Wirkungen der Automation argumentiert der Computer-Apostel und Nobelpreisträger in den Wirtschaftswissenschaften, Herbert Simon, aufgrund der »stilisierten Fakten« von Kendrick und Satos für die USA:

»Weil sie dazu in der Lage waren, das benötigte Kapital selbst aufzubringen, konnten Volkswirtschaften, deren Industrie sich im Aufbau befand, ein großes Maß an technologischem Fortschritt absorbieren, der sich im Endeffekt wiederum arbeitsparend auswirkte.

Endlich deutet im laufenden Fortschritt der Automation nichts darauf hin, daß diese Fortschritte irgendwelche anderen ökonomischen Auswirkungen haben werden als die frühere Industrialisierung und Mechanisierung. Ein Anstieg der Reallöhne wird, auf lange Sicht gesehen, der Haupteffekt einer Erhöhung der Produktivität sein — eine Folgerung, die historisch wahr und analytisch beweisbar ist. Die Geschwindigkeit, mit der Änderungen eintreten, scheint nicht höher zu sein als in früheren Zeiten. Eine Störung des Gleichgewichts wird sich als erstes in Formen von hohen Gewinnen auswirken [und hoher Arbeitslosigkeit - R. D.]. Die geeignete Maßnahme zur Wiederherstellung des Gleichgewichts ist, wenn unsere Analyse richtig ist, eine Ermutigung der privaten oder öffentlichen Kapitalbildung, die, wenigstens zu einem gewissen Teil, durch die Gewinne selbst zustande kommen wird.«[95]

95 Simon, a. a. O., S. 38.

Diese Einschätzung gibt die heutige herrschende Meinung ziemlich exakt wieder. Sie umgeht die Frage, ob das Kapital mittelfristig fehlgeleitet werden kann. Die makroökonomische Wirtschaftsgeschichte ist Simons »Beweis«, daß auch dieses Problem historisch langfristig gelöst wurde. Allerdings wäre zu fragen, ob der Autor in einer Neuauflage heute seine »kurze Vorrede für den deutschen Leser« wiederholen würde:

»Die Ereignisse der letzten zwei Jahre [. . .] haben zur Unterstützung der These dieses Buchs beigetragen: Automation und Vollbeschäftigung lassen sich sehr wohl miteinander vereinbaren.«[96]

Denn die wirtschaftstheoretisch fundierte wirtschaftsgeschichtliche Forschung neigt heute zu der Annahme, daß Innovationswellen zu dauerhaftem gesamtwirtschaftlichen Ungleichgewicht führen. Die Aktualität dieser Forschung hat kürzlich E. Hobsbawm bestätigt:

»Es sieht so aus, als wenn wir in unserer gegenwärtigen Zeit 1975 gerade in eine neue Periode von allgemeinen wirtschaftlichen Schwierigkeiten eingetreten sind. Ich möchte nicht besonders die Periodizität dieser Schwankungen [Kondratieff-Zyklen sind gemeint - R. D.] hervorheben, aber in einer groben Weise erlauben sie uns einige Voraussagen. Der Hauptpunkt, den ich hier betonen möchte, ist, daß in solchen problematischen Zeiten in der Vergangenheit die Probleme immer die Resultate der Erfolge vorangegangener Perioden gewesen sind. Jeder Aufschwung schaffte die Bedingungen, die, wie wir jetzt sehen, zu den darauffolgenden Schwierigkeiten führten. Ich möchte jedoch darauf hinweisen, daß jede dieser Perioden von Schwierigkeiten eine Wandlung des kapitalistischen Systems herbeigeführt hat, die wiederum Lösungen für die Probleme lieferte, die vorher gestellt waren; sie schaffte die Bedingungen für den darauffolgenden säkularen Aufschwung.«[97]

V.

Zum Schluß wollen wir kurz erwägen, ob neuere Forschungen in der Tradition der Kritik der politischen Ökonomie in der Lage sind, den Zusammenhang zwischen technischem Fortschritt, Akkumulation und langfristigen Schwankungen der Profitrate um einen ideellen, aber nicht realisierbaren hypothetischen Durchschnitt zu erklären.[98] Werden verschiede-

96 A. a. O., S. 10.

97 Eric Hobsbawm, »The Crisis of capitalism in historical perspective«, in: *Marxism Today*, October 1975, S. 3. Siehe auch Thomas Kuczynski, »Überproduktion und Innovation«, in: *Jahrbuch für Wirtschaftsgeschichte*. 1979/IV, S. 139-145.

98 Zur Einführung in die Problemstellung halte ich die Ausführungen Steindls für lehrreich: Josef Steindl, *Maturity and Stagnation in American Capitalism,* Oxford 1952 und New York 1976², S. 228-246, insbesondere S. 231. Eine empirische Analyse mit Hilfe der verschiedenen Varianten der Marxschen Krisentheorie versucht Thomas E. Weisskopf, »Marxian crisis theory and the rate of profit in the postwar U.S. economy«, in: *Cambridge Journal of Economics* 1979, 3, 341-378.

ne Formen des technischen Fortschritts beachtet? Ist es der neueren Analyse gelungen, den Wechsel von Perioden der beschleunigten Steigerung der organischen Zusammensetzung mit Perioden ohne solche Tendenzen oder sogar mit rückläufigen Tendenzen plausibel zu bestimmen?
Die Fragestellung der Forschung, die wir hier keineswegs erschöpfend zu erläutern vermögen, betrifft das Marxsche Gesetz vom »tendenziellen Fall der Profitrate«. Der zentrale Aspekt, der uns interessiert, ist die Erklärung von »langen Wellen«.[99] Die Akzentsetzungen der Krisenforschung in der Tradition von Marx sind jedoch sehr unterschiedlich: 1. Rekonstruktion der Marxschen Akkumulations- und Krisentheorie, zum Teil mit Hilfe der modernen dynamischen Wirtschaftstheorie; 2. Analyse und Darstellung der gegenwärtigen Entwicklung in einzelnen entwickelten kapitalistischen Industrieländern; 3. historische und systematische Analysen der Epoche des Monopolkapitalismus, des organisierten Kapitalismus oder Spätkapitalismus.
Von den Arbeiten zur Theorierekonstruktion ist das Werk *Krise und Kapitalismus bei Marx* am klarsten in der Explizierung seines analytischen Vorhabens. Die Berliner Autorengruppe hat sich die Aufgabe gestellt, ausgehend von der Annahme, daß keine Realisierungsschwierigkeiten auftreten, zu zeigen, »daß die Akkumulation bei technischem Fortschritt immer wieder Momente einschließt, die zur Überproduktion treiben.«[100] Die Autoren untersuchen das *gleichgewichtige*, aber *ungleichmäßige* Wachstum im Gefolge der Steigerung der Wertzusammensetzung des Kapitals. Sie nehmen an, daß Kapitaltransfer zwischen den beiden Abteilungen der Produktion in dem Marxschen Reproduktionsschema möglich sei. Die Definition von Kapitaltransfer erfaßt einen Teil der Kapitalumlenkungseffekte, die wir oben beschrieben haben:

»Kapitaltransfer soll heißen: a) Verwandlung des in einer Abteilung produzierten Mehrwerts in Kapital der anderen Abteilung; b) Verwandlung von bereits in einer Abteilung fungiert habendem Kapital in solches der anderen Abteilung. a) bedeutet, daß die Abteilung, aus der Mehrwert abgezogen wird, trotz gleicher Profitrate und gleicher Akkumulationsrate relativ geringer wächst. b) bedeutet absolute Abnahme der betroffenen Abteilung.«[101]

Die Struktur des Modells kann verdeutlicht werden, indem man das uns

99 Im Vordergrund dieser Theorien steht die Steigerung der organischen Zusammensetzung des Kapitals. Siehe Weisskopf, a. a. O., S. 344.

100 Veit-Michael Bader, Johannes Berger, Heiner Ganssmann, Thomas Hagelstange, Burkhard Hoffmann, Michael Krätke, Beate Krais, Lor Kürschner, Rüdiger Strehl, *Krise und Kapitalismus bei Marx,* Frankfurt/M., 1975, S. 444.

101 A. a. O., S. 437, Fn. 196.

interessierende Beispiel des beschleunigten technischen Fortschritts betrachtet. Die Steigerung der Wertzusammensetzung in der Abteilung I ist so groß, daß die Abteilung II absolut schrumpft. Der Wert der Warenerzeugung in beiden Abteilungen insgesamt wächst, und die Wertzusammensetzung in beiden Abteilungen wächst im gleichen Tempo. Im Vergleich zu dem Beispiel, in dem die Wertzusammensetzung nur 1 % jährlich wächst, zeigt das Beispiel der rapiden Steigerung (50 % jährlich) der organischen Zusammensetzung eine *langsamere* Erhöhung des Produktwerts.[102] In diesem Punkt kommen die Autoren Lederers Analyse sehr nahe, wenn sie schreiben:

»Es ist nun möglich, daß die Erhöhung der Wertzusammensetzung, die von der Ausdehnung der Nachfrage nach Produktionsmitteln (cet. par.) abhängt, zu weit geht und damit die Nachfrage nach konstantem Kapital selbst abschneidet, soweit sie aus Abteilung II kommt.«[103]

Andererseits belegt das Beispiel, daß die Autorengruppe dem Grundprinzip der Konkurrenz Rechnung trägt, während Lederer wie Hilferding die Konkurrenz in ihrer monopolistischen Form zugrunde gelegt hat. Lederers Analyse setzt daher voraus, daß die Beschleunigung der Steigerung der organischen Zusammensetzung nur in den »dynamischen« Betrieben stattfindet. Überdies wird eine Steigerung der Produktion in den dynamischen Betrieben zunächst ausgeschlossen, da die Preise von administrativen Regelungen der Kartelle bestimmt werden. Kostensenkung ist das Ziel dieser Rationalisierungsinvestition. Insofern Lederer sich auf die »entwickelte kapitalistische Verkehrswirtschaft« beschränkt, ist seine Analyse im Vergleich mit derjenigen der Berliner Autorengruppe eher eine »Ungleichgewichtsanalyse« des technischen Fortschritts unter monopolistischen Bedingungen. Mit diesem Problem indes befassen sich die Berliner Autoren nicht. Ihre Modellberechnung zeigt jedoch, daß schneller technischer Fortschritt unter hypothetischen Konkurrenzbedingungen im Extremfall zu relativer Stagnation führen muß.

In der Studie von Altvater, Hoffmann und Semmler[104] wird versucht, auf dem Hintergrund der grundlegenden Tendenzen des Akkumulationsprozesses des Kapitals seit 1930 und der konkreten strukturellen und zyklischen Probleme der bundesrepublikanischen Wirtschaft den Handlungsspielraum der staatlichen Wirtschaftspolitik im allgemeinen und der alter-

102 A. a. O., S. 445-459.
103 A. a. O., S. 451.
104 Elmar Altvater, Jürgen Hoffmann, Willi Semmler, *Vom Wirtschaftswunder zur Wirtschaftskrise: Ökonomie und Politik in der Bundesrepublik,* Berlin 1980².

nativen gewerkschaftlichen Wirtschaftspolitik im besonderen zu bestimmen. Die Betrachtung der technischen Entwicklung der Nachkriegszeit ist leider nicht systematisch; die Ausführungen dazu sind jedoch aufschlußreich.

»Der technische Fortschritt ist in Westdeutschland in den 60er Jahren vor allem arbeitsparend gewesen: Arbeitskräfte werden durch fixes Kapital ersetzt. Dieser empirischen Erscheinung entspricht auch die Marxsche Annahme von dem im Verlauf der Kapitalakkumulation ansteigenden Verhältnis von toter zu lebendiger Arbeit.«
»Die These, daß ein neutraler oder gar kapitalsparender technischer Fortschritt zeitweise oder längerfristig überwiegen könne und dies die Marxsche Theorie der Surplusarbeitsbevölkerung und der fallenden Tendenz der Profitrate widerlegen würde, trifft zumindest für die 60er Jahre in der BRD-Entwicklung nicht zu.«
»In gravierendem Ausmaß zeigt sich das Problem von Freisetzung und Kompensation in den 70er Jahren. Bei geringeren Wachstumsraten des Sozialprodukts und geringeren Raten der Kapitalerweiterung (die Akkumulationsraten und die Investitionsquoten sind in der BRD in den 70er Jahren stark abgefallen) tritt die bisher nur latente industrielle Reservearmee als tatsächliche industrielle Reservearmee hervor, deren Wiederbeschäftigung — ebenso wie die Wiederbeschäftigung der durch Produktionseinschränkung entlassenen Arbeiter — für bestimmte Alters- und Qualifikationsgruppen unmöglich geworden ist.«[105]

Diese Darstellung wirft eine Reihe von entscheidenden Fragen auf. Eine davon betrifft die Investition in Forschung und Entwicklung. Ist auch sie in den siebziger Jahren zurückgegangen? Das Verhältnis von öffentlichen und privaten Investitionen in Phasen des beschleunigten technischen Fortschritts ist überaus komplex und verbirgt massive Werttransfers und zahlreiche Formverwandlungen des Kapitals. (Die Innovationswelle der siebziger und achtziger Jahre des 19. Jahrhunderts war begleitet vom Aufstieg des technischen und wissenschaftlichen Ausbildungswesens.) Die rasche Erhöhung der organischen Zusammensetzung dauert, wie ich vermute, heute an, obschon die konventionelle volkswirtschaftliche Gesamtrechnung den empirischen Nachweis dafür erschwert. Die Autoren analysieren die Verlangsamung des Wirtschaftswachstums jedoch unabhängig vom Tempo des technischen Fortschritts. Der Vorzug von Lederers Konzept in diesem Zusammenhang ist, daß es zwischen »technischen Veränderungen« und »Inventionen« genau unterscheidet. *Eine rapide Steigerung des Tempos der Rationalisierungsinvestitionen (»technische Veränderungen mit dem Ziel der Kostensenkung«) führt unter monopolistischen Bedingungen zur Verlangsamung der Kapitalerweiterung, solange keine Beschleunigung der »Inventionen« stattfindet.*

105 A. a. O., S. 113-114.

In ihrer Betrachtung der Dauerarbeitslosigkeit gehen die Autoren auf die »Motive« für Investitionen wie folgt ein:

»Hier wird deutlich, daß Rationalisierungsinvestitionen sehr stark auf Großunternehmen mit mehr als 1000 Beschäftigten konzentriert sind. Darüber hinaus findet gerade in der Krise eine mit Beschäftigungseffekt verbundene Restrukturierung der Einzelkapitale in der Branche durch Zentralisation von Kapital statt.«[106]

Auf der mittleren Betrachtungsebene der »statischen« und »dynamischen« Betriebe wird die Tendenz der Investitionsquote mit Recht nach der Größe des Unternehmens unterschieden. Die »Umstrukturierung des Arbeitsprozesses« (Rationalisierung) hängt nämlich eng mit der »Restrukturierung des Kapitals« zusammen. Rufen wir uns hier das »Lederer-Stagnationstheorem« nochmals ins Gedächtnis: Wenn sich technische Veränderungen schnell verallgemeinern, dann verlangsamt sich das Wirtschaftswachstum. Wenn die Beschleunigung des technischen Fortschritts durch zusätzliche Kredite vom Bankensystem finanziert wird, dann verläuft die »Restrukturierung des Kapitals« langsamer; sie ist ebenso mit Inflation verbunden wie mit Dauerarbeitslosigkeit. Die Extraprofite werden realisiert, und die Rationalisierungsinvestitionen werden durch erzwungenes Sparen finanziert. Die Einführung einer neuen Generation von Investitionsgütern, die mit Mikroelektronik und Mikroprozessoren ausgerüstet ist, ist gewiß ein Phänomen, das viele Branchen betrifft und sie in »dynamische« und »statische« Betriebe spaltet. Führt man diesen Gedanken Lederers zu Ende, so wird auch verständlich, daß Altvater, Hoffmann und Semmler zwar die empirische, nicht aber die theoretische Argumentation Schumpeters befürworten:

»Die BRD-Entwicklung könnte eine Bestätigung dieses Drei-Zyklen-Schemas abgeben: Der lange Weltmarktaufschwung nach dem Zweiten Weltkrieg als »lange Welle«, die 7-9jährigen Zyklen mit bedeutenden konjunkturellen Einbrüchen und Krisen 1958, 1967 und 1974 und die kurzen 3-4jährigen Zyklen, deren Abweichung vom Trend der Entwicklung relativ gering ist.«[107]

Die Frage, ob die hohen Wachstumsraten des Kapitalgütersektors in den siebziger Jahren eine Innovationswelle anzeigten, wird offenbar verneint. Wie wir gesehen haben, ist in Schumpeters *Theorie* die technologische Arbeitslosigkeit ein wesentliches Moment seiner Schemata. Doch weder das »Starnberger Drei-Phasen-Modell«[108] noch die hier besprochenen Auto-

106 A. a. O., S. 269.
107 A. a. O., S. 230.
108 Die Starnberger sehen die billigen Löhne der Dritten Welt als Quelle der Extrapofite. Sonst ist ihre Stagnationsthese analog zu derjenigen von Lederer, wobei die Aufteilung

ren scheinen einen Kausalzusammenhang zwischen beschleunigtem technischen Fortschritt einerseits und der Stagnation der siebziger Jahre andererseits anzunehmen. Ob dieser Zusammenhang besteht, ist freilich nicht erwiesen — die Analyse Lederers legt es jedoch nahe, diesen Gesichtspunkt in der aktuellen Diskussion über die »langen Wellen« zu beachten. Ernest Mandels Buch *Spätkapitalismus* greift die Ergebnisse von Kondratieff und anderen Konjunkturforschern auf, um die Aktualität der Diskussion über »lange Wellen« zu erhärten.[109] Mandels Schema der Innovationswellen wäre freilich überzeugender ausgefallen, wenn er sich mit den herrschenden Klassifikationen der Formen des technischen Fortschritts ebenso kritisch auseinandergesetzt hätte, wie mit der von ihm zu Recht kritisierten empirischen Wachstumsforschung Kuznets'.[110] Die Übergänge von Perioden der steigenden zu Perioden der sinkenden Profitrate hat er ad hoc aus zahlreichen konkreten Einzelerscheinungen »erklärt«. Die Dynamik der kapitalistischen Entwicklung wird zwar in allgemeinen Kategorien der Marxschen Werttheorie beschrieben, aber die Notwendigkeit vieler Erscheinungsformen wird nicht systematisch begründet. An Mandels problematischer, aber instruktiver Darstellung[111] wird deutlich, wie grundlegend Lederers Unterscheidung zwischen »technischen Verbesserungen« und »Inventionen« ist. Sie ist ein erster Schritt zur Differenzierung zwischen jenen Innovationen, die vorwiegend zur Freisetzung von Arbeitskräften führen, und solchen, die langfristig eine Absorption von Arbeitskräften erlauben — der letztere Sachverhalt ist eine »Ursache« der Steigerung der Mehrwertrate durch Gründung neuer Betriebe und durch Ausdehnung der absoluten Mehrwertproduktion.

Die drei hier kurz dargelegten Positionen sind repräsentativ für die Forschung in der Tradition der Kritik der politischen Ökonomie. Sie befassen sich mit dem Gesetz des tendenziellen Falls der Profitrate und mit gegen-

der Weltwirtschaft in Hoch- und Niedriglohn-Länder hervorgehoben wird. Statt Stagnation der »statischen Betriebe«, gilt die Stagnation der »dominanten Ökonomien« als unausweichlich. Siehe Gernot Müller, Ulrich Rödel, Frank Stille, Winfried Vogt, *Ökonomische Krisentendenzen im gegenwärtigen Kapitalismus,* Frankfurt/New York 1978, S. 34-35. Sehr aufschlußreich ist das Drei-Phasen-Modell in David Levine, »The Theory of the Growth of the Capitalist Economy«, in: *Economic Development and Cultural Change,* Vol. 24, Nr. 1 (October 1975), S. 47-74. Er betont, wie Lederer, die Unterscheidung zwischen Produkt-Innovationen (nach Lederer »Inventionen«) und Prozeß-Innovationen (oder »technischen Veränderungen«). Die neuen Energieeinsparungs-Technologien stellen ein Verwertungspotential dar, das die Starnberger merkwürdigerweise in ihrem Schema kaum aufarbeiten können; siehe aber Levine, a. a. O., S. 72-73.

109 Ernest Mandel, *Der Spätkapitalismus,* Frankfurt/M. 1972, S. 101-137.

110 A. a. O., S. 123-125.

111 A. a. O., S. 131-132.

läufigen Tendenzen. Sie bemühen sich um eine Auseinandersetzung mit den etablierten Theorien und um die Aufhellung gegenwärtiger Entwicklungstrends. Eine befriedigende Auskunft geben sie nicht. Es bleibt nach wie vor rätselhaft, warum, langfristig gesehen, zu bestimmten Zeitpunkten der Trend der Profitrate sich ändert. Die künftige Forschung wird versuchen müssen, die historisch beobachtbare, über mehrere »lange Wellen« hinweg sich durchhaltende Konstanz der Profitrate bzw. die bisherige Überlebensfähigkeit des kapitalistischen Systems zu erklären. Eine solche Erklärung darf jedoch nicht bei der Analyse der Schwankungen um einen realen (realisierbaren) Gleichgewichtspunkt stehenbleiben. Die Wirklichkeit des Akkumulationsprozesses ist das Ungleichgewicht in der Entwicklung der Produktivkräfte. Die Bedingungen des Akkumulationsprozesses im modernen Kapitalismus sind charakterisiert durch eine Situation, in der

»unterschiedliche Profitraten in den verschiedenen Branchen fortbestehen, Monopole auf die Preisbildung wirken, Kapitalakkumulation Hand in Hand mit dem technischen Fortschritt stattfindet, die Leistungsbilanz ins Bild tritt und Gleichgewicht ein Gespenst ist. Die Wirtschaftstheorie muß noch einen weiten Weg hinter sich bringen, um zu erklären, wie diese Dinge zusammenhängen«.[112]

Lederers Studie *Technischer Fortschritt und Arbeitslosigkeit* steht für den ersten Schritt auf dem Weg zur Einlösung dieses Forschungsprogramms.

Anhang. Der Freisetzungsmultiplikator, das »Lederer-Stagnationstheorem« und die Analyse der strukturellen Arbeitslosigkeit

Die folgende Skizze setzt die Notation der Tabelle 1 sowie die Definition in der Tabelle 2 voraus.

Die Definition des *Freisetzungsmultiplikators* ist

$$\Omega_{t+1} = -\frac{V_{t+1} - \hat{V}_{t+1}}{M_{t+1} - \hat{M}_{t+1}}. \qquad \text{(A-1)}$$

Man merke, daß

$$W_{t+1} - \hat{W}_{t+1} = \frac{C_{t+1} - \hat{C}_{t+1}}{T} + V_{t+1} - \hat{V}_{t+1} + M_{t+1} - \hat{M}_{t+1}. \qquad \text{(A-2)}$$

112 Donald J. Harris, a. a. O., S. 520-521.

Zum Beweis des Stagnationstheorems muß gezeigt werden, $\Omega_{t+1} > 1$ genau dann, wenn die Annahmen I bis VI in dem Text gelten.

Von der Annahme über Kapitalumlenkung (Annahme III, Gleichung 11 im Text) folgt

$$C_{t+1} - \hat{C}_{t+1} = O\,. \tag{A-3}$$

Es folgt dann von (A-1) und (A-2)

$$W_{t+1} - \hat{W}_{t+1} = (1 - \Omega_{t+1})\,(M_{t+1} - \hat{M}_{t+1}) \tag{A-4}$$

Nun $(M_{t+1} - \hat{M}_{t+1}) > O$, da $\rho\,(\pi_d - \pi_s) > O$ (siehe Tabellen 2 und 3 sowie die Annahmen I und II). $W^X_{dt+1} - \hat{W}^X_{dt+1} = O$ per Annahme III.

Es kommt darauf an zu zeigen, daß $W^{I-IX}_{st+1} - \hat{W}^{I-IX}_{st+1} < O$. Da alle Ausdrücke der Deviationen der statischen Betriebe Minus-Vorzeichen haben sowie positive Ausgangswerte, konzentriert sich die Analyse auf die Teilausdrücke, die die Konstanten enthalten. Die Deviation der Abschreibung ist negativ, da $\rho - a\pi_s > O$. Die Deviation des Mehrwerts ist ebenfalls negativ, da $\pi_s\,(\rho - a\pi_s) > O$. Die Deviation der Lohnsumme ist negativ, solange $\delta > O$: diese Bedingung ist jedoch erfüllt, wenn $\rho - a\pi_s > O$, und per Annahme II ist es der Fall. Daher ist $W^{I-IX}_{st+1} - \hat{W}_{st+1} < O$. Es folgt, daß $W_{t+1} - \hat{W}_{t+1} < O$. Die Realisierung von Extraprofiten führt zur Stagnation der Produktion, d. h. $\Omega_{t+1} > 1$.

Die Berechnung von Ω_{t+1} erfolgt nach

$$\Omega_{t+1} = \frac{\left((\rho\pi_d - a\pi_s^2) + \frac{1}{T}(\rho - a\pi_s)\right) + \left(\left\{1 + \lambda_s\right\} - \left\{\frac{1 + a\pi_s\,[1-\delta]}{1 + [a\pi_s - \lambda_s]\,[1-\delta]}\right\}\right) \cdot \left(\frac{\hat{C}^{I-IX}_{st} / \hat{C}^X_{dt}}{\hat{C}^{I-IX}_{st} / \hat{V}^{I-IX}_{st}}\right)}{\rho\,(\pi_d - \pi_s)}\,. \tag{A-5}$$

Zur Bestimmung der „Arbeitslosenquote" der strukturellen Arbeitslosigkeit u_{t+1}, merke

$$u_{t+1} = \frac{|V_{t+1} - \hat{V}_{t+1}|}{(1 + \lambda_s)\,\hat{V}_t}. \tag{A-6}$$

Aus der Gleichung (A-1) folgt

$$u_{t+1} = \Omega_{t+1} \left(\frac{M_{t+1} - \hat{M}_{t+1}}{(1 + \lambda_s)\,\hat{V}_t}\right) \tag{A-7}$$

und ferner von Tabelle 3

$$u_{t+1} = \Omega_{t+1} \left[\frac{\rho(\pi_d - \pi_s)}{(1 + \lambda_s)}\right] \cdot \left[\frac{\hat{C}_t}{\hat{V}_t}\right] \cdot \left[\frac{\hat{C}^X_{dt}}{\hat{C}_t}\right] \tag{A-8}$$

(siehe Tabelle 4)

Tabelle 1
Notation

Betriebe	Variable	Anlagekapital		Lohnsumme		Gewinne		Preissumme	
	Zustand/Periode	t	t + 1	t	t + 1	t	t + 1	t	t + 1
Dynamische	Gleichgewicht	$\hat{C}_{dt}^{X}$	$\hat{C}_{dt+1}^{X}$	$\hat{V}_{dt}^{X}$	$\hat{V}_{dt+1}^{X}$	$\hat{M}_{dt}^{X}$	$\hat{M}_{dt+1}^{X}$	$\hat{W}_{dt}^{X}$	$\hat{W}_{dt+1}^{X}$
	Ungleichgewicht		C_{dt+1}^{X}		V_{dt+1}^{X}		M_{dt+1}^{X}		W_{dt+1}^{X}
Statische	Gleichgewicht	$\hat{C}_{st}^{I-IX}$	$\hat{C}_{st+1}^{I-IX}$	$\hat{V}_{st}^{I-IX}$	$\hat{V}_{st+1}^{I-IX}$	$\hat{M}_{st}^{I-IX}$	$\hat{M}_{st+1}^{I-IX}$	$\hat{W}_{st}^{I-IX}$	$\hat{W}_{st+1}^{I-IX}$
	Ungleichgewicht		C_{st+1}^{I-IX}		V_{st+1}^{I-IX}		M_{st+1}^{I-IX}		W_{st+1}^{I-IX}
Gesamt-wirtschaft	Gleichgewicht	$\hat{C}_{t}$	$\hat{C}_{t+1}$	$\hat{V}_{t}$	$\hat{V}_{t+1}$	$\hat{M}_{t}$	$\hat{M}_{t+1}$	$\hat{W}_{t}$	$\hat{W}_{t+1}$
	Ungleichgewicht		C_{t+1}		V_{t+1}		M_{t+1}		W_{t+1}

Tabelle 2

Numerische Werte der Konstanten und Ausgangswerte der Variablen

Symbole	Definition	Numerischer Wert
π_s	Profitrate der statischen Betriebe im Gleichgewicht und Ungleichgewicht	6% jährlich
π_d	Profitrate der dynamischen Betriebe im Ungleichgewicht	15% jährlich
α	Spar- bzw. Reinvestitionsquote der statischen Betriebe im Gleichgewicht und im Ungleichgewicht	2/3
ρ	Akkumulationsrate der dynamischen Betriebe im Ungleichgewicht	33 1/3% jährlich
λ_s	Zuwachsrate des Arbeitskräftepotentials im Gleichgewicht	1 1/2% jährlich
T	Lebensdauer der Produktionsanlagen	10 Jahre
$\bar{w}$	Jahreslohn pro Arbeiter	DM 3000
$\hat{C}_{dt}^{X}$	Investiertes (Anlage) Kapital in den dynamischen Betrieben	DM 1800 Mio.
$\hat{C}_{st}^{I-IX}$	Investiertes Kapital in den statischen Betrieben	DM 48200 Mio.
$\hat{B}_{dt}^{X}$	Beschäftigte in den dynamischen Betrieben	100000 Arbeiter
$\hat{B}_{st}^{I-IX}$	Beschäftigte in den statischen Betrieben	4900000 Arbeiter
$\hat{V}_{dt}^{X}$	Lohnsumme in den dynamischen Betrieben	DM 300 Mio.
$\hat{V}_{st}^{I-IX}$	Lohnsumme in den statischen Betrieben	DM 14700 Mio.

Tabelle 3

Ableitung der Deviationen der Ungleichgewichtswerte von den Gleichgewichtswerten für die Periode t + 1

	Deviation	Ableitung		Numer. Werte in Mio. DM	
				1. Auflage	2. Auflage
Dynamische Betriebe	$C^X_{dt+1} - \hat{C}^X_{dt+1}$	$(\rho - \alpha\pi_s)\,\hat{C}^X_{dt}$	Abschreibung	+ 528,0 (52,8)	+ 528,0 (52,8)
	$V^X_{dt+1} - \hat{V}^X_{dt+1}$	$-\left(\left\{\left[\frac{1}{T} + \pi\delta\right]\rho - \left[\frac{1}{T} + \pi_s\right]\alpha\pi_s\right\}\frac{\hat{C}^X_{dt}}{\hat{V}^X_{dt}}\right)\hat{V}^X_{dt}$		- 138,48	- 138,48
	$B^X_{dt+1} - \hat{B}^X_{dt+1}$	$\frac{V^X_{dt+1} - \hat{V}^X_{dt+1}}{\bar{w}}$	Beschäftigte	- 46 157	- 46 157
	$M^X_{dt+1} - \hat{M}^X_{dt+1}$	$(\rho\pi_d - \alpha\pi_s^2)\,\hat{C}^X_{dt}$		+ 85,68	+ 85,68
	$W^X_{dt+1} - \hat{W}^X_{dt+1}$	o per Annahme (III)		0,00	0,00
Statische Betriebe	$C^{I-IX}_{st+1} - \hat{C}^{I-IX}_{st+1}$	$-(\rho - \alpha\pi_s)\,\hat{C}^X_{dt} = -\delta\alpha\hat{M}^{I-IX}_{st}$	Abschreibung	- 528,0 (- 52,8)	- 528,0 (- 52,8)
	$V^{I-IX}_{st+1} - \hat{V}^{I-IX}_{st+1}$	$-\left(\left\{1 + \lambda_s\right\} - \left\{\frac{1 + \alpha\pi_s\,[1-\delta]}{1 + [\alpha\pi_s - \lambda_s]\,[1-\delta]}\right\}\right)\hat{V}^{I-IX}_{st+1}$		- 63,0	- 60,4§
	$B^{I-IX}_{st+1} - \hat{B}^{I-IX}_{st+1}$	$\frac{V^{I-IX}_{st+1} - \hat{V}^{I-IX}_{st+1}}{\bar{w}}$	Beschäftigte	- 21 000	- 20 133§
	$M^{I-IX}_{st+1} - \hat{M}^{I-IX}_{st+1}$	$-\pi_s(\rho - \alpha\pi_s)\,\hat{C}^X_{dt} = \alpha\delta\hat{M}^{I-IX}_{st+1}$		- 31,68	- 31,68
	$W^{I-IX}_{st+1} - \hat{W}^{I-IX}_{st+1}$	$\left[\frac{C^{I-IX}_{st+1}}{T} - \frac{\hat{C}^{I-IX}_{st+1}}{T}\right] + \left[V^{I-IX}_{st+1} - \hat{V}^{I-IX}_{st+1}\right] + \left[M^{I-IX}_{st+1} - \hat{M}^{I-IX}_{st+1}\right]$		- 147,48	- 144,88

Gesamtwirtschaft	$C_{t+1} - \hat{C}_{t+1}$	0 per Annahme (IV)		0,00	0,00
	$V_{t+1} - \hat{V}_{t+1}$	$[(V^{X}_{dt+1} - \hat{V}^{X}_{dt+1}) + V^{I-IX}_{st+1} - \hat{V}_{st+1})]$		- 201,48	- 198,48
	$B_{t+1} - \hat{B}_{t+1}$	$[(B^{X}_{dt+1} - \hat{B}^{X}_{dt+1}) + (B^{I-IX}_{st+1} - \hat{B}^{I-IX}_{st+1})]$	Beschäftigte	- 67 160	- 66 290
	$M_{t+1} - \hat{M}_{t+1}$	$[(M^{X}_{dt+1} - \hat{M}^{X}_{dt+1}) + (M^{I-IX}_{st+1} - \hat{M}^{I-IX}_{st+1})]$		+ 54,0	+ 54,0
	$W_{t+1} - \hat{W}_{t+1}$	$[(W^{X}_{dt+1} - \hat{W}^{X}_{dt+1}) + (W^{I-IX}_{st+1} - \hat{W}^{I-IX}_{st+1})]$		- 147,48	- 144,88

Anmerkungen zu Tabelle 3

$$* \delta = \left(\frac{\rho - \alpha\pi_s}{\alpha\pi_s}\right)\left(\frac{\hat{C}^{X}_{dt}}{\hat{C}^{I-IX}_{st}}\right) = 0{,}273856.$$

Dieser Koeffizient faßt die Kapitalumlenkungseffekte der beschleunigten Akkumulation und technischen Veränderungen im dynamischen Sektor zusammen.

§ Die Berechnung der Freisetzung in dem statischen Betrieb setzt kapitalgebundenen technischen Fortschritt voraus. (Annahme IV). Die Berechnung hat also das „Steady-State"-Tempo der Steigerung der organischen Zusammensetzung des Kapitals im Gleichgewicht zu berücksichtigen. In der ersten Auflage verwendet Lederer einen Annäherungswert: 2,5%, d. h. $\alpha\pi_s - \lambda_s$. In der zweiten Auflage verwendet er den exakten Wert: 2,46%, d. h. $[(\alpha\pi_s + 1)/(\lambda_s + 1)]$.

Tabelle 4

Revolutionärer technischer Fortschritt und strukturelle Arbeitslosigkeit

Ausgangswert	Numerischer Wert	Bestimmungsfaktor	Numerischer Wert
$C_t/\hat{V}_t$	3,3333	$[\rho(\pi_d - \pi_s)/(1 + \lambda_s)]$	0,0296
$\hat{C}^{X}_{dt}/\hat{C}_t$	0,0360	Ω_{t+1}	3,7354

$$u_{t+1} = 0{,}0133 = 1{,}33\,\%$$